Integrale Steuerung von Organisationen

von
Dr. Jürgen Deeg,
Dr. Wendelin Küpers
und
Univ.-Prof. Dr. Jürgen Weibler

Oldenbourg Verlag München

Bibliografische Information der Deutschen Nationalbibliothek

Die Deutsche Nationalbibliothek verzeichnet diese Publikation in der Deutschen Nationalbibliografie; detaillierte bibliografische Daten sind im Internet über <http://dnb.d-nb.de> abrufbar.

© 2010 Oldenbourg Wissenschaftsverlag GmbH
Rosenheimer Straße 145, D-81671 München
Telefon: (089) 45051-0
oldenbourg.de

Lektorat: Wirtschafts- und Sozialwissenschaften, wiso@oldenbourg.de
Herstellung: Anna Grosser
Coverentwurf: Kochan & Partner, München
Gedruckt auf säure- und chlorfreiem Papier
Gesamtherstellung: Grafik + Druck GmbH, München

ISBN 978-3-486-58702-9

Vorwort

Mit dem vorliegenden Buch möchten wir die fragmentierte Diskussion zur organisationalen Steuerung um einen transdiziplinären Denkansatz bereichern, der konsequent versucht, die isolierte Betrachtungsweise und Aspektselektivität gängiger Managementmodelle zu vermeiden. Die Idee einer integralen Steuerung bietet eine ganzheitliche Sichtweise an, die in differenzierter Weise bisher oftmals getrennt gedachte und behandelte Sachverhalte in einem relational-systemischen Denken dynamisch verbindet und in größere Zusammenhänge integriert. Als wir vor einigen Jahren dieser Idee begegnet sind, hat dies vielfältige Überlegungen und Diskussionen angeregt. Es galt, sich darüber klar zu werden, inwieweit dieses verschiedensten Schulen und Disziplinen entstammende integrale Denken bereichernd – mit den notwendigen Modifikationen – auf organisationale Fragen angewandt werden könnte. Von vornherein war uns dabei bewusst, dass dies kein einfaches Unterfangen sein würde. Nicht nur, weil das integrale Denken immer das Ganze in seinen Teilen und in seinen Teilen auch das Ganze mitbedenkt, sondern sich auch einer teilweise ungewohnten Sprache bedient, die für spezifische Gegebenheiten korrespondierende Begriffe entwickelt.

Wir sind den Weg, wie man nun sieht, dennoch gegangen, weil wir auch in vielen Gesprächen erfahren haben, dass das integrale Denken den häufig zu beobachtenden Vereinfachungs- und Selbstberuhigungstendenzen des Managements bei der Steuerung von Organisationen entgegengesetzt werden kann. Eine integrale Steuerung soll dabei bewirken, dass der Hintergrund und die Konsequenzen von Entscheidungen breiter aufgefächert und vielgestaltiger ausgeformt werden können. Damit sollen sie langfristig angemessener und nachhaltig wirksamer sein. In diesem Zusammenhang ist es uns wichtig, darauf hinzuweisen, dass Sinn und Zweck der Ausführungen dieses Buches primär in dem Versuch einer begrifflichen und konzeptionellen Annäherung an bisher ungedachte Leerstellen der Diskussion zur organisationalen Steuerung besteht. Dementsprechend stehen nicht die noch weiter konkretisierbaren Details seiner Anwendung im Vordergrund der Darstellung, sondern grundlegende Überlegungen sowie Interpretations- und Syntheseangebote für einen anderswertigen Umgang mit dem Steuerungsproblem in und von Organisationen. Wir verbinden damit die Hoffnung, dass dies dem Leser einen neuartigen Einblick in das Organisationsgeschehen eröffnet und innovative Gedanken entstehen lässt.

Zum Schluss bleibt uns die gerne wahrgenommene Pflicht, verschiedene Danksagungen auszusprechen. Bei der Manuskripterstellung haben wir besonders von den Studierenden der FernUniversität in Hagen profitiert, die durch unterschiedlichste Rückmeldungen geholfen haben, Fehler zu reduzieren und die Klarheit und Aussagefähigkeit des Textes zu optimieren. Die nächste Danksagung gilt Frau Nadine Schumann, die mit Sorgfalt, Termintreue und Geduld viele, vor allem aber die letzte Layout-Fassung des Werkes herstellte. Ein weitere geht an Moritz Gottschalk, der den Text im vorgegebenen Duktus sprachlich mit disziplinär unverbautem Blick bearbeitete. Die letzte, ganz besondere geht an den Lektor des Oldenbourg Verlages, Herrn Dr. Jürgen Schechler, der spontan an der Idee zum Werk Gefallen fand und mit großer Geduld auf die sich verzögernde Abgabe wartete.

Hagen und Auckland/Neuseeland, Dezember 2009

Dr. Jürgen Deeg   Dr. Wendelin Küpers   Univ.-Prof. Dr. Jürgen Weibler

Inhalt

Abbildungsverzeichnis

1   Einleitung

1609 entwickelte Galileo Galilei ein Teleskop, das ihm erlaubte, die Monde des Jupiters zu beobachten. Nicht nur, das hierdurch das heliozentrische Weltbild Kopernikus bestätigt werden konnte, war eine seinerzeit immer noch revolutionäre Erkenntnis. Viel revolutionärer war der Siegeszug der Wissenschaft über das Dogma des Glaubens in den Naturwissenschaften. Das Credo, die Welt über rationale Methoden zu erklären, prägte das weitere gesellschaftliche und wissenschaftliche Denken. Dieses Denken war und ist beseelt von der Vorstellung, dass Naturgesetze existieren, die, einmal erkannt, eindeutige Zustandsbeschreibungen beobachteter Sachverhalte und Prognosen über deren Entwicklung zulassen. Um der Komplexität der Welt gerecht zu werden, kommt es dabei vielfach entscheidend darauf an, solche Analysen auf wenige Beobachtungsgrößen mit den stärksten Effekten zu konzentrieren. Dies entspricht dem evolutionär in uns angelegten Wunsch nach Einfachheit in der Orientierung zur Welt und nach energiesparendem Einsatz einer daraufhin einsetzenden Handlung. Denn es ist immer der gestaltende Eingriff, im günstigen Fall eben die beruhigende, weil alternativlos gesetzmäßige Steuerung von Systemen oder Menschen, die den Zielpunkt erkenntnisgetriebener Suche nach dem Weltverstehen und dem Handeln in eben dieser Welt bildet. Dieser Wunsch nach Einfachheit und damit nach Klarheit ist überall anzutreffen; auch in der Managementlehre. Doch anders als etwa die Gesetze der Pyhsik sind die Gesetze des Managements nicht vorherbetimmt und universell gültig, sondern veränderlich (vgl. Hamel 2008, S. 9). Der rasante Wandel von Wirtschaft, Gesellschaft und Technologie der vergangenen Jahrzehnte hat dabei nicht nur die Anpassungsfähigkeit von Organisationen wie Individuen auf eine harte Probe gestellt, sondern auch die Zweifel wachsen lassen, dass die bewährten Denkansätze und Methoden der Problembewältigung hierfür noch angemessen sind.

Dennoch ist der Wunsch nach Einfachheit und Klarheit in der Managementlehre und -praxis unverändert lebendig und hat immer wieder dazu geführt, dass mit einer erfolgreichen Führung von Unternehmen, oder sagen wir allgemeiner, Organisationen, alternativlose, quasi gesetzmäßige Steuerungsprinzipien herausgestellt wurden, deren aussschließliche Beachtung und Formung sicheren Erfolg versprechen. Und man muss dabei nicht gleich an die unüberschaubare Trivialliteratur zum Management denken, sondern sie finden sich sehr wohl auch bereits bei den Gründungsdenkern der Management- und Organisationslehre wieder: Einmal war es die Bürokratie, ein anderes Mal die Hierarchisierung oder dann wieder die zwischenmenschlichen Beziehungsgestaltung oder die Organisationskultur, die als Erfolgsgaranten den Weg weisen sollten (vgl. Deeg/Weibler 2008). Diese einstmals zeitgebundene, aber in Variation immer wieder auftretende Fokussierung auf einzelne Steuerungsgrößen organisationalen Erfolgs geht bis hinein in unsere Zeit, wo es dann vielfach allgemeinere, in sich noch

ausdifferenzierungsfähige und -bedürftige Prinzipien sind, deren prioritäre Beachtung ange-
mahnt wird: Kernkompetenzen, Qualität oder Balanced Scorecard sind hier beispielhafte
Schlagworte unterschiedlichster Bezugsebenen, die entweder für sich alleine stehen oder
miteinander kombiniert werden können. Der Organisationsforscher Alfred Kieser (1996)
spricht hier von Moden und Mythen des Managements, die nicht selten von Vermarktungsin-
teresse inspirierten oder idealistisch missionierenden Personen ins Feld geführt werden.
Gemeinsam ist ihnen im Kern, nicht immer dem ersten Anschein nach, das komplexe Gebilde Organisation auf eine Trivialmaschine und mechanistische Funktionsprinzipien zu reduzieren. Denn praktisch ohne Ausnahme bilden diese Organisationsmoden oder Moden des
Organisierens nur Partiallösungen zur Verbesserung des Gesamtgebildes (vgl. Broekstra
1996, S. 55). Einige richten sich allein auf die Veränderung von Einstellungen (Motivation,
Empowerment), andere auf die Aufgabe oder Strukturen (Business Process Reengineering,
Lean Management) und so weiter, unter praktisch vollständiger Ausblendung aller anderen
Aspekte des Organisationsgeschehens.

Diese Konzentration der Vielfalt auf die Einfalt ist auch wenn sie das eigentliche Problem
nur am Rande berührt, nicht ganz so unsinnig, wie es vielleicht durch diese Ausführungen
wirken könnte. Es ist nicht zu unterschätzen, was herauskommt, wenn eine gemeinsame
Wirklichkeitswahrnehmung in einer Organisation existiert und alle mit frei gewordener E-
nergie an ihrer Herstellung arbeiten. Dies kann einer erratisch agierenden Organisation immer noch überlegen sein und damit den Bestand der Organisation relativ besser absichern.
Dennoch bleiben Verabsolutierungen eines Prinzips außerhalb trivialer Welten suboptimal
und die Beteiligten laufen Gefahr, die Kontingenz, die in ihrer Selektion liegt, zu übersehen
und sich darin zu täuschen, wie zufällig ihre vermeintlich außerhalb des Zufalls liegende
Problemlösung im Vergleich zu anderen Optionen sein kann. Auch sind Verabsolutierungen
oft deshalb ideologiegleich herausgebildet, um sich damit Gefolgschaft zu sichern. Dies
bezieht sich dabei mitnichten nur auf die praktische Steuerung von Organisationen, sondern
dezidiert auch auf die Lehre von der Steuerung (hier: Führung) von Menschen in Organisationen. Es ist ein bleibendes Verdienst des Psychologieprofessors Oswald Neuberger, die
Ideologiegefahr von der Behauptung einer zielgerichteten Steuerung von Menschen an sich
und einigen ihrer prominentesten Modelle herausgearbeitet zu haben (vgl. Neuberger 2002).
Wir sehen also, was im Großen gilt, gilt auch im Kleinen, auch wenn das Kleine in diesem
Fall so klein nicht ist und strenggenommen neben seinem fraglos zuzustehenden Eigenwert
im Großen bereits mitzubedenken ist, wie das nur scheinbar Kleine selbst die Wirkrichtung
der Steuerung, also andere Menschen, mitzubedenken hat, um sich sinnvoll auszubilden.

Wir sind an dieser Stelle angetreten, um den systematischen Webfehler herkömmlichen
Steuerungsverständnisses von Organisationen, die Verabsolutierung im Extrem *eines* Er-
folgsprinzips, aufzuzeigen und dem ein komplexeres Verständnis entgegenzusetzen. Diese
zunächst ungewohnte Sichtweise mag für den Leser herausfordernd, da sie dem Wunsch
nach Wunsch nach eindimensionaler Einfachheit und vordergründiger Eindeutigkeit entge-
gensteht. Auch wenn diese Sichtweise sich an einer Reihe voraussetzungsvoller Annahmen
orientiert, verspricht deren Akzeptanz einen reichhaltigen und vielfältigen Zugang zum Verständnis der Steuerung von Organisation. Dahinter steht nicht minder der Anspruch an eine
Synthetisierung verbreiteter, dominanter Prinzipien einzelner Organisations- und damit auch
Steuerungsverständnisse mit jedoch eigenständiger Gestalt. Der Neuigkeitsgrad und das

Innovationspotenzial dieser Synthese machen sich aber an eben dieser voraussetzungsvollen Zusammenschau und der hieraus erwachsenden Steuerungsheuristik fest. Auf diese Steuerungsheuristik, deren Entfaltung vorbereitet wird, kommt es dann entscheidend an. Sie ist ein Plädoyer für die selbständige Betrachtung verschiedener Logiken, für die wechselseitige Bedingtheit von Teilen und Ganzen und vor allem für dynamisch zu denkende Relationen in diesem Geflecht. Dies bedeutet in der Konsequenz, dass sich Organisationen einer alternativlosen, deterministischen Steuerung entziehen und dass Steuerungsversuche keinesfalls zwangsläufig in strukturellen oder interaktionellen Harmonien mündet. Indem Individuum, Handlung, Interaktion, Kultur, Sturktur und System sehr spezifisch miteinander in Beziehung gesetzt werden, ergibt sich aber eine Verständnis organisationaler Steuerung, das darauf angelegt ist, typische und tägliche Fehler in der Organisationspraxis zu vermeiden und eine Denkinfrastruktur zu schaffen, deren Umsetzung eine bessere Wirksamkeit und nachhaltigeren Erfolg ermöglicht; und wie wir denken, mit einer höheren Wahrscheinlichkeit, als lauteren Konzepte und Modelle der herkömmlichen managerialen Gralslehre.

Die besondere Bedeutung einer solchen integralen Steuerung liegt aktuell in ihrem Potenzial, zu einer erweiterten Betrachtung sowie Umsetzung der Prinzipien und Praktiken der Nachhaltigkeit in Unternehmen und Organisationen beizutragen. Zum einen impliziert eine integrale Steuerungskonzeption gesamtstrategisch gesehen die Ausrichtung der Organisation und Führung auf die Prinzipien der Nachhaltigkeit. Zum anderen zeigt sich, dass einer integralen Steuerung eine wachsende Dringlichkeit zukommt, um den Herausforderungen einer größeren Verantwortlichkeit des Operierens von Organisationen und Institutionen zu begegnen. Dies verweist dabei sowohl auf einen gegenwärtigen Bedarf, wie auf zukunftsorientierte, paradigmatische und strategische Ausrichtungen. Dabei stellt eine integrale Orientierung Antworten auf die Frage bereit, was und wie in einer und durch eine Organisation nachhaltig zu steuern ist. Dazu bietet das integrale Modell Interpretationszugänge, die eine organisationale Transformation zur Nachhaltigkeit erleichtern (vgl. Edwards 2009a) sowie Visionen für eine neuen Führungsausbildung bieten (vgl. Edwards 2009b,c). Dazu versucht es isolierte Sichtweisen zu überschreiten und ein zeitgemäßes Verständnis von Weisheit zu entwickeln (vgl. Voros 2008, Küpers 2007b, Küpers/Statler 2008).

Angesichts aktueller Entwicklungen vermag ein integraler Zugang darüber hinaus interessengeleitete Vereinseitigungen aufzubrechen (vgl. Thielemann/Weibler 2007) sowie kritisch eine Pseudo-Nachhaltigkeit zu entlarven. Damit sind auch Bestrebungen, die als „Greenwashing" oder „window-dressing" fungieren und damit eher einem ideologisch wachstumsorientiertem business as usual das Wort reden (vgl. dazu McWilliams/Siegel 2001, Martin 2002, Tullberg 2005, Banerjee 2008, Barth/Wolff 2009), ja manchmal gar zu einer Strategie der "sustainable degradation" mutieren (vgl. Luke 2006), aufzudecken. Eine Integralität fordert demgegenüber einen authentischen und profunden Wandel (vgl. Carroll 2004, S. 2), der in eine genuine „corporate integrity" münden soll (vgl. Brown 2005). Sie ermöglicht damit einen transformativen Zugang, mit dem eine verantwortliche nachhaltige Praxis realisiert werden kann (vgl. White 2008, S. 270; Küpers 2008a). Eine integrale Perspektive wird so Teil einer kritischen Neubewertung und Neuausrichtung herkömmlicher Denkrichtungen, die über reine Steuerungsüberlegungen hinaus auch visionär danach fragt, welche Art von Organisation, Wirtschaft und Gesellschaft das 21. Jahrhundert braucht. Dies vor allem, weil ein Blick in die Zukunft neue Probleme, Konflikte und Dilemmata erwarten lässt, die sich mit

etabliertem Managementwissen allein wohl nicht zu lösen sind. Unbeschadet aller unbe-
streitbaren Verdienste des modernen Managements sind neue Denkansätze und Vorgehensweisen nötig (vgl. Hamel 2008, S. 21). Auch wenn die Theorie und Praxis einer integralen,
nachhaltigen Steuerung und Entwicklung noch am Anfang ihrer Entstehung und Wirksamkeit steht, zeigt sie doch in dieser Hinsicht ein besonderes Potential (vgl. Brown 2006a,b),
das zukünftig noch an Bedeutung gewinnen wird.

2 Grundlagen der Steuerung in und von Organisationen

2.1 Begriff und Bedeutung organisationaler Steuerung

Mit einem **Beispiel aus der Seefahrt** soll einführend die Komplexität von Steuerungsfragen sowie die Bedeutung von Steuerungszusammenhängen beim täglichen Denken, Handeln von Einzelnen und Gruppen sowie Strukturen und Funktionen verdeutlicht werden (vgl. Bea/Göbel 2006, S. 20). Ein Kapitän und seine Mannschaft haben den Auftrag, eine bestimmte Ladung von einem Hafen zu einem Zielhafen sicher und pünktlich zu befördern. Dabei sollen Kosten für Besatzung, Transport und Ladung möglichst gering gehalten und ein möglichst optimaler Reiseweg gewählt sowie Schäden an Menschen, Schiff, Fracht und Umwelt vermieden werden. Um die Ziele zu erreichen, müssen sich der Kapitän und seine Offiziere bzw. die Besatzung Gedanken darüber machen, welche Problemstellung und Schwierigkeiten durch die beabsichtigte Fahrt entstehen. So müssen sie abschätzen, wie Wind und Meer sich während der Reise verhalten. Auch ist es für sie wichtig zu berücksichtigen, welche Sperrgebiete, Untiefen, Sandbänke oder Klippen auf ihrer Route liegen. Es bedarf ferner der Information, ob andere Schiffe ihre Route kreuzen können und ob mit Strömungen, Treibholz, Eis oder anderen Behinderungen zu rechnen ist. Weiterhin müssen sie sich Informationen darüber verschaffen, was das Schiff und die Mannschaft zu leisten im Stande sind. Dieses Wissen dient dann als Grundlage von Entscheidungen, von denen das Gelingen des Unternehmens (der Schifffahrt) abhängt. Hierzu sind u.a. zu rechnen: Die Stärke und Qualifikation der Mannschaft, der Umfang der Ladung, die Art der Verstauung, Zeitpunkt der Abreise sowie die Navigationshilfen, die zweckmäßigste Route, die anzulaufenden Häfen usw. Der Kapitän und sein Offiziersteam müssen aber auch Vorkehrungen dafür treffen, dass während der Fahrt neu auftretende Probleme im Zusammenhang mit Schiff, Ladung, Mannschaft oder Route adäquat gelöst werden können. Dies kann bedeuten, dass bereits getroffene Entscheidungen oder Pläne revidiert bzw. modifiziert oder nur grob festgelegte Größen in der fraglichen Situation präzisiert oder angepasst werden müssen. Zu einer adäquaten Lösung solcher Aufgaben und Herausforderungen, die im Zusammenhang mit der Schifffahrt auftreten, bedarf es einer hinreichenden Steuerung.

Bei bekannten Gewässern, ruhiger See und konstantem Wind und einer Fahrt ohne Untiefen und Unterbrechungen kann ein Schiff relativ leicht gesteuert, d.h. auf Kurs zum Zielhafen gehalten werden. Schwieriger wird es, wenn die Reise durch instabile und komplexe Situationen bestimmt wird (☞ Kapitel 2.3.1), was eine stärkere Steuerung durch Selbstorganisation verlangt (Kapitel 5.3.2). Übertragen auf Organisationen ist es damit der **Hauptzweck** einer Steuerung, für eine **wirkungsvolle Gesamtkoordination** des Unternehmens i.S. einer bestmöglichen **Zielerreichung** und **Wertschöpfung** zu sorgen. Zur Wertschöpfung gehören dabei – neben leistungsbezogenen und monetären Größen – auch immaterielle Dimensionen, wie z.B. Kunden- oder Mitarbeiterzufriedenheit. Eine solche erweiterte Wertschöpfung manifestiert sich in erhöhter Arbeits-, Beziehungs- und Lebensqualität sowie einem umfassenden Wohlergehen in der Organisation und ihren Mitgliedern sowie Anspruchsgruppen. Damit strebt eine über die Steuerung zu verwirklichen gesuchte **integrale Wertschöpfung** über die kurzfristige ökonomische Ergebnisorientierung hinaus, auch eine langfristigere und umfassendere strategische Orientierung und Umsetzungspraxis an.

Steuerung meint im Allgemeinen den Ablauf von Prozessen und Veränderungen, die nicht zufällig, sondern geplant und bewusst verlaufen bzw. gestaltet werden. In einer einfachen Begriffsfassung kann unter Steuerung „das Bemühen um eine Verringerung der Differenz" (Luhmann 1988, S. 328) verstanden werden, die zwischen einem gewünschten Soll-Zustand und dem wahrgenommenen Ist-Zustand besteht (Sydow/Windeler 2000, S. 2). Notwendig hierfür ist eine erfolgreiche Koordination organisationaler Akteure (vgl. auch Görlitz/Burth 1998, S. 79). Grundlegend dient eine Steuerung der **Lenkung und Gestaltung von Organisationen** und deren internen und externen Vorgängen. Dabei ist Steuerung in einem umfassenderen Sinn nicht nur eine **gestaltbildende Ordnungs- und Integrationsleistung**, sondern auch durch die systematische Berücksichtigung von Implikationen und Wirkungszusammenhängen gekennzeichnet. So heißt steuern immer auch umsteuern bzw. umgestalten zu können, um organisationale Ziele und Zwecke wertschöpferisch zu erreichen. Steuerung muss also die untereinander vernetzten Organisations-, Führungs- und Wertschöpfungsprozesse zugleich systematisch und flexibel koordinieren, um eine angestrebte Leistung im Unternehmen zu erzielen. Mit diesem erweiterten Steuerungsverständnis sind bereits die **Probleme einer starren mechanistisch-instrumentellen Auffassung** von Steuerung als Programmierungslogik angesprochen. Ein rein produktions- und informationstechnisches oder instrumentelles Steuerungskonzept, nach dem Steuerung sich wie in einem programmierten Schaltkreis vollzieht und nur Abweichungsanpassungen vornimmt und einem zweckrationalen Verständnis und quantitativen Kontrollsystemen verhaftet ist, bleibt somit unzureichend. Organisationen sind keine Maschinen, die es vor Verschleiß zu schützen gilt oder die bei Defekten durch gezielte Eingriffe sachkundiger Personen repariert werden können. Als soziale Gebilde weisen sie vielmehr charakteristische eigendynamische Phänomene und Probleme (☞ Kapitel 4) auf, die mit einem reduktionistischen Steuerungsverständnis nicht hinreichend berücksichtigt werden können.

Bei einer organisationalen Steuerung ist noch zu bedenken, dass der **Begriff der Organisation** unter zwei verschiedenen Aspekten gesehen werden kann:

Organisationen können einerseits im **institutionellen Sinn** als Personenzusammenschlüsse zur Erreichung bestimmter Ziele verstanden werden. Sie stellen damit zielorientierte Leistungsgemeinschaften dar. Der Leistungsaspekt ist bei erwerbswirtschaftlichen Organisationen (Unternehmen) besonders ausgeprägt. Ihre besondere Wirkung entfalten Organisationen durch die Prinzipien der Arbeitsteilung und Koordination. Durch die Aufspaltung von Aufgaben in Teilaufgaben und eine anschließende Koordination der geteilten Aufgaben vermögen sie komplexe und langandauernde Problemstellungen zu lösen, die von nicht-organisierten Individuen nicht in gleichem Umfang zu leisten sind. Andererseits können Organisationen im **instrumentellen Sinn** als verfestigtes Gefüge von Regelungen zur Steuerung des Leistungserstellungsprozesses verstanden werden. Organisieren heißt demnach, Regeln zu schaffen (vgl. Schreyögg 1999, S. 11). Mit ihrer Hilfe soll das Verhalten von Organisationsmitgliedern in eine bestimmte Richtung koordinierend gelenkt und damit vorhersagbar gemacht werden (vgl. hierzu auch Burr 1998). Indem diese Regelungen definieren, welche Verhaltensweisen in Organisationen erwünscht und welche unerwünscht sind, stellen sie eine Formulierung von Verhaltenserwartungen dar.

2.2   Optionen organisationaler Steuerung

Es gibt eine Vielfalt von unterschiedlichen Steuerungsmöglichkeiten in Organisationen. Im Rahmen einer Systematisierung von Steuerungsarten kann zwischen Funktionsbereichen (z.B. Beschaffungs-, Produktions- oder Absatzsteuerung usw.) sowie nach Leitungshierarchie (z.B. Unternehmens-, Bereichs- oder Stellensteuerung) unterschieden werden. Hinsichtlich des Strukturierungs- und Detaillierungsgrades reicht das Spektrum von globaler Grob- bzw. Zentralsteuerung bis hin zu spezifischer Feinsteuerung bzw. dezentraler Steuerung. Bedeutsam ist zudem eine Unterscheidung in **explizite** und **implizite Steuerung** (vgl. Cardinal/Sitkin/Long 2004, Krämer/Deeg 2008, S. 174): Explizite Steuerung umfasst dabei verbalisierte Absprachen, schriftliche Abläufe oder festgelegte Prozesse als objektive, sichtbare Formen der Steuerung. Dagegen besteht eine implizite Steuerung aus ungeschriebenen, inoffiziellen Werten und Normen sowie gemeinsamen Vorstellungen als eher (inter-)subjektive, teilweise unsichtbare Formen der Steuerung. Dabei beruht eine explizite Steuerung auf einer strukturellen wie auf einer interaktiven Steuerung, während sich die implizite Steuerung über Kognitionen und Affekte vollzieht. Diese Formen ersetzen und ergänzen sich untereinander, da eine der Formen nie alle sachlichen Erfordernisse wie menschlichen Bedürfnisse in der Organisation abzudecken vermag. So kann eine strukturelle Steuerung nie eine interaktive gänzlich ersetzen, da auch in hochgradig versachlichten, technisierten oder standardisierten Kontexten immer soziale Bedürfnisse bestehen bleiben.

In einer idealtypischen Differenzierung kann zudem nach der **Instanz (bzw. Kompetenz)** der Steuerung in Fremd- und Selbststeuerung und nach dem **Zeitpunkt** der Steuerung in prä-situative und situative Steuerung unterschieden werden (vgl. dazu Krüger 2001, S. 130ff; Weibler 2001, S. 104ff; Deeg/Weibler 2005, S. 31f.; ☞ Kapitel 4.3.7). Gerade die Unterscheidung in eine (direktive) **Fremd-Steuerung** (Fremd-Eingriffe einer Steuerungsinstanz) sowie der (subsidären) **Selbst-Steuerung** (Emergenz durch mehrere, wechselseitige Steuerungsinstanzen) ist von grundlegender Bedeutung. Zeitlich ist neben vor- bzw. nachsorgender und sukzessiver bzw. simultaner Koordination sowie kurz-, mittel- und langfristiger

Differenzierung v.a. auch eine prä-situative und situative Steuerung wichtig. Aus einer Kombination dieser beiden Dimensionen der Instanz und Zeitlichkeit ergeben sich dann folgende vier Ausprägungformen bzw. **Grundtypen einer Steuerung** in bzw. von organisierten Sozialgebilden:

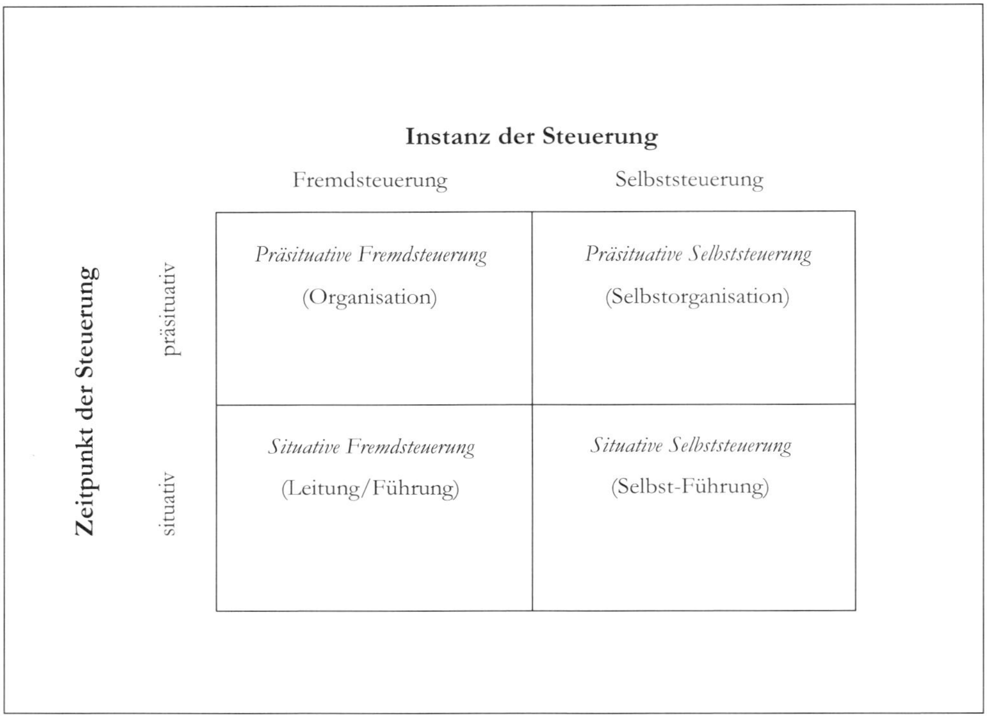

Instanz der Steuerung

		Fremdsteuerung	Selbststeuerung
Zeitpunkt der Steuerung	präsituativ	*Präsituative Fremdsteuerung* (Organisation)	*Präsituative Selbststeuerung* (Selbstorganisation)
	situativ	*Situative Fremdsteuerung* (Leitung/Führung)	*Situative Selbststeuerung* (Selbst-Führung)

Abb. 2.1: Vier Ausprägungsformen von Steuerung (vgl. auch Deeg/Weibler 2005, S. 31f.)

Diese Ausprägungen der Steuerung lassen sich dabei wie folgt beschreiben:

- **Präsituative Fremdsteuerung:** Sie versucht bereits im Vorfeld von erforderlichen Steuerungseingriffen verbindliche Regelungen für eine Vielzahl möglicher Sachverhalte und zukünftiger Bedingungen zu formulieren. Das zentrale Steuerungsmedium ist die Organisation bzw. das Organisieren, insbesondere in Form der **Regel- und Strukturbildung** (instrumenteller Organisationsbegriff). Sie richtet sich in einem abstrakten und unpersönlichen Sinn auf formale Positionen und eine Vielzahl möglicher Adressaten, die nicht näher bestimmt sind (z.B. Satzungen, Ordnungen, Richtlinien, spezifische interne Regelungen).

- **Situative Fremdsteuerung:** Sie versucht zeitnah und situationsgerecht unter jeweils spezifisch vorfindbaren Bedingungen eine **Regelung für einen Einzelfall** zu finden. Ihr zentrales Medium ist die Führung in Form des Führer- bzw. Vorgesetztenverhaltens, das individuell konkretisiert und in Form eines **Führungsstils** persönlich ausgestaltet wird. Sie richtet sich an genau bestimmbare Personen und etabliert in ihrer wiederholten Anwendung eine wechselseitige aber asymmetrische Einflussbeziehung (Führungsbeziehung). Daneben sind aber auch situative Leitungsstrukturen zu finden, z.B. Kommissionen oder Stäbe für Sonderaufgaben.

- **Präsituative Selbststeuerung:** Sie besteht aus den überindividuellen Regelungskräften **spontaner, emergenter Ordnungsbildungen**. Der Steuerungseffekt ist dabei zwar Ergebnis menschlichen Handelns, aber nicht absichtsvoll von einer Instanz geplant. Ihr zentrales Medium ist die **Selbstorganisation** (☞ Kapitel 3.5), die als alltägliche Ordnungsbildung alle Handlungspraktiken und Entscheidungsroutinen umfasst, die im weiteren Sinn der Sicherung der Leistungseffektivität und -effizienz organisierter Personen dienen. Sie manifestiert sich im Organisationsalltag vorwiegend in **informalen Beziehungs- und Organisationsformen**, die in Ergänzung, aber auch in Konkurrenz zu formalen Strukturen stehen können. Dabei besteht die Möglichkeit, die in alltäglichen Abstimmungsprozessen ungeplant gewachsenen Routinen in formale Strukturen zu überführen.

- **Situative Selbststeuerung:** Sie liegt dann vor, wenn Organisationsmitglieder anlassbezogen die Steuerung selbst in die Hand nehmen oder wenn Personen fallweise wie von fremder Hand gesteuert scheinen. Diese Steuerungsoption folgt der Grundidee, dass eine Aufgabenkoordination durch die **Selbstabstimmung und Selbstkontrolle** der organisierten Personen in der Regel effizienter erfolgt, als durch Anweisung und Fremdkontrolle. Deswegen versucht sie die Regelungskräfte der Autonomie der gesteuerten Personen zu überlassen und Steuerungseffekte weitgehend durch die Eigenmacht und intrinsische Motivation von Individuen unter geringer Zuhilfenahme externer Anreize bzw. Grenzsetzungen zu erreichen. Sie vollzieht sich und wirkt v.a. einerseits durch ein breites Spektrum an zugelassenen **Einflussstrategien der Geführten** (Führung von unten) und der gewollten Ermächtigung bzw. Bevollmächtigung der Mitarbeiter zur besseren Aufgabenerfüllung und Stärkung der **Selbstbestimmungsmöglichkeiten** (Empowerment, Superleadership) sowie andererseits durch die **indirekte Führung** in Form von Medien der entpersonalisierten Führung. Gerade bei den letzteren geschieht die Steuerung nicht unter Anwesenden, sondern verdeckt und anonym durch „Surrogate" der Verhaltensbeeinflussung (v.a. Kultur, Bürokratie, Differenzierung, Technologie). In diesem Fall kommt es zu einer situativen Nutzung oder Wirkung eigentlich präsituativer Steuerungsformen.

Organisationen stehen all diese Steuerungsoptionen mit ihren jeweiligen Vor- und Nachteilen zur Verfügung; jedoch machen sie davon oft nur eingeschränkten Gebrauch. Eine **Steuerungsfähigkeit** bezeichnet das Vermögen, in einem veränderlichen internen und externen Kontext eine situationsadäquate, dynamische Balance zwischen den Steuerungsoptionen im Spannungsfeld der Innen- und Außenorientierung zu realisieren. Organisationen müssen zudem mit **Umbrüchen in der Steuerungslogik** umzugehen lernen. Die Fähigkeit zur Steuerung erweist sich damit als grundlegend für die Gegenwarts- und Zukunftsfähigkeit von Organisationen.

Für die Bestimmung weiterer Steuerungsoptionen ist es zweckmäßig, an bekannte Steuerungsinstrumente von Führung und Kooperation (vgl. Küpper 1995 Sp. 1999) sowie **organisationale Steuerungskonfigurationen** anzuschließen. So sind neben Hierarchie und Büro-

kratie Steuerungen durch soziale Netzwerke und binnenmarktliche Koordinationsmechanis-
men (z.B. Verrechnungspreise) häufiger verwendete Steuerungsformen. Diese existieren oft
gleichzeitig in Organisationen, erfahren dabei jedoch unterschiedliche Gewichtungen (vgl.
Ouchi 1981). Die folgende Abbildung zeigt für diese einzelnen Steuerungsformen die Legi-
timationsgrundlagen, Führungsphilosophie, Rollenschwerpunkte, Bezugsgruppenausrichtung
sowie spezifische Qualifikationsindikatoren. Ergänzt werden diese durch entsprechende
HRM-Politikfelder, die situative Rahmenbedingungen und eine ergebnisorientierte Harmonisierung der Interessengruppen berücksichtigen (vgl. dazu Beer/Spector 1985, S. 669;
Festing/Groening/Weber 1998, S. 412):

	Soziales Netzwerk	Interner Markt	Hierarchie	Bürokratie / Technokratie
Konzepte				
Legitimations-grundlage	• Kooperation • Reziprozität • Verpflichtung • Gefühle	• Wettbewerb • Leistungen/ Kosten • Erträge/Gewinn	• Herrschaft • Entscheidungen/ Weisungen/ Anordnungen/ Gehorsam	• Profession • Gesetze • Regeln/ Vorschriften/ Ordnung
Steuerungsmedium	• Vertrauen	• Geld	• Macht	• Funktionalität
Führungs-philosophie	• beziehungs-/ abstimmungs-/ orientiert	• Marktlogik/ gewinnorientiert	• formell/ weisungsorientiert	• funktional/ professionell
Rollenschwerpunkt	• Kollege/ Mitarbeiter	• Unternehmer/ Marktteilnehmer	• Untergebener/ Ausführender	• Mitglied einer Funktionseinheit
Vorherrschende Bezugsgruppen-ausrichtung	• „Selbst-„/ • Kollegen-/ • Mitarbeiter-/ • Vorgesetzten-zufriedenheit	• Marktpartner-/ Kundenzufriedenheit	• Vorgesetzten-zufriedenheit	• Professionelle Zufriedenheit • Systemloyalität
Spezifische Qualifikations-indikatoren	• Beziehungs-fähigkeit (soziale Kompetenz) • Individuelle und wechselseitige Unterstützung • Gesinnung/ Standhaftigkeit/ • Verständnis	• Innovations-fähigkeit/ • Risikobereitschaft • Durchsetzungs-fähigkeit/ • Chancen-/ Gewinn-orientierung	• Anpassungs-fähigkeit/ -bereitschaft • Verlässlichkeit • Operative Umsetzungsfähigkeit und -bereitschaft	• Kompetenz • Erfahrung • Verlässlichkeit • Regelorientierung • formale Gerechtigkeit
HRM-Politikfelder				
Mitarbeitereinfluss	• Beratung • Konsens	• Verträge	• Anweisung	• Dienstweg
Personaleinsatz/ -politik	• vertikaler und lateraler Einsatz nach Betriebstreue, Alter	• Einstellungen und Entlassungen nach Bedarf	• top-down bestimmter Einsatz	• professionell und funktional bestimmter Aufstieg
Bezahlungs-politik	• sozialgerechte Bezahlung (evtl. nach Ab-stimmung/Seniorität) • Kapitalbeteiligung	• leistungsgerechte Bezahlung • Erfolgsbeteiligung, • Kapitalbeteiligung	• stufengerechte Bezahlung/ • materielle Anreizpolitik	• anforderungs-gerechte Bezahlung (tariflich gegliederte) abgestufte Zahlungs-modalitäten
Unternehmens-spezifische Arbeits-organisation	• ganzheitliche Auf-gabenorganisation • Selbstabstimmung in Gruppen	• binnenmarktliche Arbeitsaufträge an Einzelne, Gruppen, Organisationseinheiten • Leistungsverrechnung	• hierarchisch zugeteilte Arbeitsaufträge an Einzelne oder Gruppen	• hohe Arbeitsteilung

Abb. 2.2: Erweiterte Steuerungs- und Führungskonfigurationen (in Anlehnung an Wunderer/Küpers 2003, S. 352 und Beer/Spector 1985, S. 669)

Warum müssen Organisationen überhaupt auf so viele verschiedene Steuerungsoptionen setzen? Wir können die Gründe dafür als grundlegende **Probleme der organisationalen**

Steuerungslogik, d.h. der Verhaltensbeeinflussung allein durch Regelungen, bezeichnen (vgl. hierzu auch Katz/Kahn 1966, S. 304ff.; Kossbiel 1990, S. 1147ff.). Dies stellt sich im Einzelnen wie folgt dar:

- Organisationen wissen zu jedem Zeitpunkt zu wenig, um alle Konsequenzen, die aus ihrer engen Verflochtenheit mit ihrer Umwelt entstehen, rechtzeitig im Vorfeld zu bestimmen.
- Es ist faktisch unmöglich, für alle Eventualitäten, die aufgrund bisheriger Erfahrung eintreten könnten, Vorkehrungen zu treffen. Dies würde zu viele Ressourcen binden und wäre auch vollkommen unpraktikabel. Organisationale Regeln und Strukturen bleiben damit immer bis zu einem gewissen Grad unvollkommen.
- Organisationen koordinieren die Handlungen von Organisationsmitgliedern, ohne die Personen, die eine Stelle besetzen, im Voraus genau zu kennen. Insbesondere kann die Leistungsmenge und Leistungsgüte eines Stelleninhabers im Vorfeld nur schwer mit hin-reichender Genauigkeit abgeschätzt werden. Deswegen wird in Organisationen die durch-schnittlich zu erwartende Leistungsmenge und Leistungsgüte unterstellt. Faktisch variiert aber die Leistungsmenge und Leistungsgüte in erheblichem Umfang, so dass sich un-planbare Leistungsunterschiede einstellen.
- Organisationen leiden nicht nur unter den Leistungsschwankungen ihrer Mitglieder, son-dern sehen sich auch den Folgen der Eigenwilligkeit und Eigensinnigkeit ihrer Mitglieder ausgesetzt. Dies bedeutet, dass individuelle Mitgliederziele – wenigstens temporär, in Einzelfällen auch systematisch – organisationale Ziele behindern oder gar konterkarieren können. Und insbesondere kann das Verhalten von Organisationsmitgliedern nicht voll-ständig vorprogrammiert werden. Vor allem kann ein für die Existenzsicherung und die Zielerreichung von Organisationen produktives Verhalten nicht durch ausschließliche Selbststeuerung und Selbstkontrolle erwartet werden.
- Insbesondere ist auch zu bedenken, dass Organisationen soziale Gebilde sind, in denen ganz verschiedene Menschen über längere Zeit hinweg gemeinsam an der Erfüllung von Aufgaben arbeiten. Dies bleibt nicht ohne Spannungen und Konflikte. Erschwerend kommt hinzu, dass sich in Organisationen Personen zusammenfinden, deren persönliche Ziele deutliche Differenzen aufweisen und sich nur teilweise überlappen. Dies kann nicht allein durch organisatorische Mittel aufgefangen werden.

2.3   Rahmenbedingungen organisationaler Steuerung

2.3.1   Gewandelter Kontext organisationaler Steuerung

Eine Vielzahl von Organisationen – darunter besonders Unternehmen – sieht sich heute in erheblichem Maß sowohl extern wie intern verursachten Veränderungsprozessen ausgesetzt. Dabei resultieren viele dieser Veränderungen aus der allgemeinen gesellschaftlichen Ent-wicklung wie auch aus dem Wandel der marktwirtschaftlichen Rahmenbedingungen der Organisationstätigkeit und technologischen Veränderungen (vgl. DGFP 2005, S. 22ff.). Zahlreiche weltwirtschaftliche Charakteristika wie Globalisierung, neue Informations- und Kommunikationstechnologien, zunehmender Kosten- wie Innovationsdruck und starker Wettbewerb sind zum Kennzeichen der Rahmenbedingungen in entwickelten Staaten geworden (vgl. Weber 2005, S. 5). Dies zeugt von einer zunehmend dynamischen und kontingenten Umwelt, die Organisationen zu entsprechenden Anpassungsleistungen z.B. durch Innovationsbeschleunigung, Kostensenkung oder Flexibilitätssteigerung zwingt (vgl. Baethge/Denkinger/Kadritzke 1995, S. 31; Draeger-Ernst 2003, S. 1; Wunderer/Dick 2006, S. 83). Dazu müssen Entscheidungswege in Organisationen anders gestaltet bzw. vereinfacht werden (vgl. Neubauer 2003, S. 147), um unter solchen Umweltbedingungen rasch und flexibel reagieren zu können. Dies bedeutet tendenziell eine Abkehr von bürokratischen und zentralistischen Strukturmodellen und Steuerungskonzeptionen, die zugunsten lockerer, netzwerkförmiger Gebilde mit immer durchlässigeren hierarchischen Grenzen aufgegeben werden (vgl. Minssen 2007, S. 132). Dieser Wandel in der organisatorischen Gestalt und Konfiguration hat wiederum für Führungskräfte als zentrale Instanzen und Medien organisationaler Steuerung zahlreiche Konsquenzen. Ihr Status, ihre Karrieremöglichkeiten, aber auch ihre Autoritätsposition wie die an sie gestellten Anforderungen verändern sich tiefgreifend (vgl. u.a. Kotthoff 1997, Faust/Jauch/Notz 2000, Pongratz 2002, Kotthoff/Wagner 2008). Die neuen offeneren, vernetzten und kooperativen Strukturen erfordern vom Einzelnen mehr Eigenveranwortung und mehr Flexibilität (vgl. Berner 2004, S. 5). Im Zuge der Gewichtsverschiebungen in der organisationalen Hierarchie und damit korrespondierender Werteveränderungen wird die Position der Mitarbeiter/Geführten insgesamt aktiver, verantwortungsvoller und initiativer (vgl. Weibler 2001, S. 63). Somit kommt es zu einem paradigmatischen Wechsel von der Fremd- und Vorgesetztensteuerung zu einer stärkeren Selbst- und Gruppensteuerung (vgl. Manz/Sims 1995a, Sp. 1891).

Eine der größten unternehmerischen Herausforderungen stellt derzeit der überaus harte, vielschichtige und weitreichende Wettbewerb (so genannter **„Hyperwettbewerb"**, vgl. dazu D'Aveni 1995) dar. Mit dem Hyperwettbewerb wurde im Unternehmenskontext eine neue Stufe in der Dynamisierung von Märkten erreicht. Denn mit dem dadurch allgegenwärtigen Wandel bieten keine Organisationsform und keine Strategie mehr eine Gewähr für andauernde Wettbewerbsvorteile und damit für ein längerfristiges Überleben. Es bedarf im Gegenteil einer ständigen Entdeckung neuer Möglichkeiten, andauernder Kreativität in der Entwicklung neuartiger Problemlösungen und einer hohen Agilität in den Reaktions- und Entscheidungsprozessen. Ein solcher Hyperwettbewerb weist folgende Kennzeichen auf (vgl. dazu Bruhn 1997, S. 342f.): Das erste Merkmal ist eine zunehmende Dynamik, die sich an einer immer weiter fortschreitenden Schnelligkeit in der Veränderung von Rahmenbedingungen und Einflussfaktoren unternehmerischer Entscheidungen manifestiert. Das zweite Merkmal beinhaltet die gestiegene Vielschichtigkeit des Wettbewerbs, durch die der Konkurrenzkampf von Unternehmen auf immer mehr gleichzeitig zu berücksichtigende Ebenen ausgeweitet wird. Damit zusammenhängend ist das dritte Merkmal die Gleichzeitigkeit von Wettbewerbsschauplätzen, die eine strategische Konzentration auf eine Arena der Auseinandersetzung nicht mehr zulässt. Das vierte und letzte Merkmal bildet schließlich eine immer größere Aggressivität im Wettbewerb, die entsteht, weil aufgrund des hohen Tempos in der Auseinandersetzung ständig erneute Repositionierungen auf Kosten der Mitbewerber notwendig sind. Im Rahmen eines Hyperwettbewerbs können Unternehmen folglich auch nur noch temporäre Wettbewerbsvorteile erzielen, die keinen längeren Bestand mehr haben. Deswegen sind sie gezwungen, fortlaufend neue Strategien zu entwerfen sowie möglichst aktiv auf die jeweilige Wettbewerbssituation einzuwirken (vgl. Bruhn 1997, S. 344). Gleichermaßen hat die Vielschichtigkeit des Wettbewerbs zugenommen, da Organisationen untereinander im Konkurrenzkampf um knappe materielle Ressourcen, um die in der Informationsgesellschaft schmaler werdende Aufmerksamkeit oder die im Überangebot der „Multi-Optionsgesellschaft" (Gross 1994) schwindenden Anreize zum Beitritt oder zum Engagement stehen.

Eine der treibenden Kräfte in der Veränderung des Kontextes von Organisation ist der Fortschritt in der **Informations- und Kommunikationstechnologie**. Dies hat für die Verfasstheit wie die Steuerung von Organisationen vielfache, einschneidende Konsequenzen (vgl. Bea/Göbel 2006, S. 491f.): Erstens ermöglichen diese Technologien eine stärkere räumliche Verteilung und Dezentralisierung von Arbeitsplätzen. Zweitens können durch eine vertikale Zerlegung des Wertschöpfungsprozesses verstärkt Marktmechanismen in Organisastionen integriert werden. Drittens nimmt durch die allgemeine Verfügbarkeit von Informationen exklusives Herrschaftswissen ab, wodurch die Tendenz zur Aufgabenintegration weiter zunimmt. Die räumliche Flexibilität wird außerdem um eine zeitliche Entkoppelung von Arbeit (Asynchronisation) erweitert, da durch neue Möglichkeiten der Datenspeicherung und dezentralen Nutzung feste Arbeitsabläufe zunehmend aufgeweicht werden. Dieser Entwicklungsprozess mündet in einer rein virtuellen Zusammenarbeit in Form von **Telearbeit (**vgl. dazu Schmeisser/Boden 2003, Jensen 2004). Die zunehmende Telearbeit stellt Organisationen und ihre Führungskräfte vor neue Herausforderungen sowohl im Bezug auf die Personalbetreuung und -entwicklung als auch hinsichtlich der personellen und organisatorischen Integration von räumlich verteilten Telearbeitern (vgl. DGFP 2005, S. 21). Durch die zunehmende **Virtualisierung von Arbeitsplätzen** werden Arbeits- und Führungsbeziehungen anonymer und oberflächlicher, wodurch das Risiko einer Entfremdung und Isolation von Beschäftigten wächst und Interaktions- und Führungsprozesse generell erschwert werden (vgl. Wunderer/Dick 2006, S. 15; Weibler/Deeg 2005, Krämer/Deeg 2008). Damit hat der technologische Forschritt insbesondere gravierende Auswirkungen auf die innerorganisationale Hierarchie, die bisher allein den Informationsfluss lenkte (vgl. Seitz 2006, S. 130 u. 217f.). Der Vorgesetzte fungiert nicht länger als „Schleusenwächter" und Informationsfilter, wodurch die bisherige Kanalisierung von Informationen nach Hierchieebenen weitgehend aufgehoben wird (vgl. Baethge/Denkinger/Kadritzke 1995, S. 176). Im Gegenzug eröffnen neue Hard- und Softwaresysteme/-standards, vereinfachte Zugriffsmöglichkeiten und darauf aufbauende Strategie-/Controlling-, und Personalinformationssysteme neue Kontrollressourcen und Steuerungsmöglickeiten. Vorgesetzte können sich damit auch von dezentralen Organisationseinheiten wie von einzelnen Personen schnell ein Bild der Lage verschaffen und gegebenenfalls direkt eingreifen. Darüber hinaus erzeugt der unmitttelbare Kontakt über Kommunikationsmedien unter Umgehung klassischer Dienstwege eine gewisse Verbindlichkeit und sorgt für eine erhöhte Austauschfrequenz auch über größere hierarchische wie räumliche Distanzen, die auf anderem Wege nicht zu realisieren wäre. Insgesamt sorgen diese technologischen Veränderungen für eine Verlagerung von personalen zu apersonalen und von direkten zu indirekten Steuerungsformen.

Zu den Einflüssen aus der Gesellschaft zählen das steigende Bildungsniveau, der demographische Wandel und der geschaftliche Wertewandel (vgl. DGFP 2005, S. 23f.). Darunter ist der **Wertewandel** von besonderer Relevanz für die Ausgestaltung organisationaler Steuerung, weil er die Legitimation und Akzeptanz von Steuerungskonzepten, -konfigurationen und -interventionen tangiert. So lenken Werte als „bewusste oder unbewusste Vorstellungen des Gewünschten" (Friedrichs 1995, S. 739) im Sinne von Handlungsprämissen die Auswahl zwischen Handlungsalternativen und stellen außerdem Handlungsrechtfertigungen dar (vgl. Neuberger 1990, S. 107; Weibler 2008, S. 24). Diese Werte unterliegen allerdings einem beständigen Wandel, der sich bezogen auf Organisationen in veränderten Einstellungen zur Arbeit und anderen Erwartungen an die Organisation ausdrückt. Dabei sind vor allem zwei Entwicklungen der vergangenen Jahrzehnte von besonderer Relevanz (vgl. Wild 1997, S. 99ff.; sowie Weibler 2008, S. 32ff.): Die Gewichtungsverschiebung von Pflicht- und Akzeptanzwerten (Pflichterfüllung, Ordnung, Fleiß, Gehorsam, Disziplin) zu Selbstentfaltungswerten (Selbstkontrolle, Kreativität, Innovation, Individualität, Autonomie) und von einem quantitativ-ökonomischen Denken (Wohlstand, Aufstieg, Karriere, Status) zu einem qualitativ-ökologischen Denken (Sinn, Freiheit, Unabhängigkeit, Umweltschutz) (vgl. auch Seitz 2006, S. 177f., Wunderer/Dick 2006, S. 26). Dabei zeichnet sich eine Tendenz zu hedonistischen Einstellungen ab, wonach (Lebens-)Genuss im Mittelpunkt steht sowie Freizeit und Spaß, aber auch Spaß an der Arbeit einen hohen Stellenwert besitzen (vgl. DGFP 2005, S. 32). Dadurch haben Mitarbeiter zunehmend das Bedürfnis, eine ihre Fähigkeiten entsprechende und anspruchsvolle Tätigkeit auszuüben, die ihnen weitere Entfaltungs- und Entwicklungsmöglichkeiten bietet (vgl. Wunderer/Dick 2006, S. 26). Das Streben von Individuen nach Souveränität, Gestaltungsfreiräumen und Partizipation erschwert allerdings die klassische hierarchische Koordination, da die bisherige Legitimation der Autorität bzw. der Herrschaftsstrukturen in Frage gestellt wird und die Bereitschaft zur Unterordnung abnimmt (vgl. Laske/Weiskopf 1992, Sp. 797). Werte wie Disziplin verschwinden aber nicht völlig, sondern wandeln sich in Selbstdisziplin. Noch größere Schwierigkeiten in der Steuerung als der Wertewandel als solcher bereitet allerdings das Fehlen einer einheitlichen Wertebasis, durch das Zunehmen von Mischtypen in den Wertorientierungen, Wertesynthesen bzw. dem verbreiteten Wertepluralismus (vgl. dazu u.a. Inglehart 1995, Klein/Pötschke 2000, Thome 2001, Klages/Gensicke 2006). In diesen Fällen bleiben herkömmliche Wertorientierungen auf hohem Niveau erhalten und werden nur durch andere Werte ergänzt oder überlagert. Oder es kommt zu gleichrangig hohen Orientierungen an sehr verschiedenen Werten. Dies schafft neue Spannungsfälle in Organisationen, da es in der organisationalen Steuerung nicht unbedingt eine Wahl zwischen Fremd- *oder* Selbststeuerung gibt, sondern stets ein gewisses Maß an Fremd- *und* Selbststeuerung gleichzeitig verwirklicht werden muss (vgl. auch Neuberger 1990, S. 107). Ausserdem sehen sich Organisationen wie auch ihre Führungskräfte in Abetracht dieser Heterogenität und Unübersichtlichkeit zu diskursiven Koordinierungen statt autokratischer Entscheidungen genötigt (vgl. in diesem Sinn auch Faust/Jauch/Notz 2000, S. 144).

Die zunehmende Ausdehnung der Steuerungsprinzipien des Wirtschaftslebens und die Dominanz erwerbswirtschaftlicher, leistungsorientierter Organisationen sorgen für eine fortschreitende Ökonomisierung der Gesellschaft. So hat der Versuch, das Marktprinzip umfassend für die Regelung sozialer Beziehungen und die Steuerung sozialer Gebilde zu nutzen, zu einer wachsenden Ökonomisierung der gesamten Lebenswelt des Individuums geführt (vgl. z.B. Kurbjuweit 2003). Die langen Schatten der Ökonomie sorgen für eine Abnahme der organisationalen Diversität (in Strukturmustern wie strategischen Orientierungen), wie die Isomorphie-Diagnose des Neo-Institutionalismus (vgl. dazu Walgenbach/Meyer 2008, S. 33ff.) auf anderem Weg und mit anderen Begründungsmustern zu zeigen versucht hat, sowie für eine Vereinheitlichung von Organisationskontexten und ihren Anforderungen bzw. Rahmenbedingungen. So gerät eine zunehmende Zahl von Non-Profit-Organisationen unter Kosten- und Leistungsdruck und hat neben idellen Zielen zunehmend ökonomische Erwägungen ins Kalkül zu ziehen. Ein aktuell besonders prominenter Ansatz organisationaler Steuerung ist vor diesem Hintergrund der Versuch, durch die Verschränkung von Nutzenkalkülen mit Hilfe des Unsichtbare-Hand-Prinzips, d.h. über die **marktliche Steuerung** des Organisationsgebildes durch den Preismechanismus, eine Koordination zu erreichen. So sollen egoistische Eigeninteressen für das Gesamtwohl nutzbar gemacht werden, die Partialinteressen der Einzelnen sinnhaft miteinander verzahnt und Gegensätze zwischen Kollektiverfordernissen und Individualbedürfnissen ohne eine personale Instanz zur Zufriedenheit aller aufgelöst werden. Dabei wird das klassische Steuerungsmedium der hierarchisch begründeten Macht zumindest teilweise durch das Medium Geld ersetzt (vgl. Rüegg-Stürm/Achtenhagen 2000, S. 5f.). Dabei fällt das Marktprinzip insofern hinter etablierte (integrierte) Steuerungsverständnisse zurück, als dass es den Menschen als emotionales und soziales Wesen nicht ernst nimmt und vom Individuum einseitig eine Angepasstheit (Marktförmigkeit) verlangt. Die subtile Disziplinierung durch den Markt ermöglicht die Etablierung eines sehr umfassenden Kontrollsystems, dem sich auch die schon organisational Integrierten kaum zu entziehen vermögen (vgl. Dörre 2006, S. 189). Dies zeigt sich an einer Selbst-Ökonomisierung und Selbst-Rationalisierung des Individuums, das die selbstverantwortliche Vermarktung der eigenen Fähigkeiten und Leistungen übernimmt und seine ganze Lebensführung „verbetrieblicht" (vgl. Pongratz/Voß 2001, S. 44ff.). Damit stellt die Anwendung des Marktprinzips nicht nur einen einseitigen Lösungsweg für organisationale Steuerungsprobleme dar, sondern internalisiert das Steuerungsproblem in das Individuum, wobei es die nun selbst zu leistende und im vorauseilenden Gehorsam zu vollziehende Angepasstheit zur Voraussetzung macht.

Der gewandelt Kontext von Organisationen führt insgesamt zu Veränderungsprozessen einer Auflösung und Umgestaltung organisatorischer Strukturen, die mit dem Begriff des **Post-Taylorismu**s umschrieben werden können und vielfältige Facetten beinhalten (vgl. dazu Voswinkel 2002, S. 74f.). Die Veränderung von Organisationstrukturen durch Dezentralisierung und Vermarktlichung von Entscheidungen verändert Handlungsrahmen und -zwänge organisationaler Aktuere und modifiziert ihre Handlungsorientierungen. So werden kurzfristige Erfolgsmaßstäbe aufgewertet, wie sie besonders das Leitbild des „Shareholder-Value" versinnbildlicht. Die Dezentralisierung von Unternehmen und die Kurzfrist-Ökonomie führen zudem zu einer Erosion langfristiger Bindungen und einer gesteigerten Unsicherheit von Karriereverläufen sowie der Ablösung integrativer Unternehmenskulturen. Besonders markant zeigt sich die Abkehr vom Leitbild des Taylorismus an der neuen Wertschätzung der Selbstorganisation von Mitarbeitern. Statt Verfahrensvorgaben erhalten sie zunehmend Zielvorgaben, bei denen es ihnen bis zu einem gewissen Grad selbst überlassen bleibt, die entsprechenden Koordinations- und Organisationsformen zu finden, mit denen diese Ziele effizient erreicht werden können. Dies geht einher mit einer Aufwertung des „Humankapitals" als Produktions- und Innovationspotenzial. Dadurch steigen die Anforderungen an die Arbeit wie die Arbeitnehmer. Gefordert werden mehr Flexibilität und Kreativität bei hoher Identifikation mit den vorgegebenen Zielen, aber auch mehr Eigeninitiative und Eigentätigkeit. Im Gegenzug erwarten Mitarbeiter aber auch größere Entscheidungsspielräume, mehr Eigenverantwortung und Chancen zur Selbstverwirklichung. Dies führt herkömmliche bürokratisch-hierarchische und tayloristisch-funktionale Steuerungsformen (vgl. dazu Deeg/Weibler 2008, S. 38ff.) zunehmend an ihre Grenzen.

2.3.2 Grenzen herkömmlicher organisationaler Steuerung

Wenn wir nochmals die zuvor verwendete Seefahrt-Metapher aufgreifen (☞ Kapitel 2.1), dann vermitteln herkömmliche Steuerungsansätze ein Bild von Organisationen als einer Art klar steuerbaren **trivialen Maschine**, das sich wie folgt beschreiben ließe (vgl. im Folgenden Backhausen/Thommen 2007, S. 25f.): Das Ziel der Steuerung ist es, das Schiff der Organisation durch die raue See der Wirklichkeit zu lotsen und die Technik (Segel, Maschinen) wie die Mannschaft dabei stets im Griff zu haben. Der Kapitän auf der Brücke hat – vergleichbar einem Feldherrn auf dem Hügel – den Überblick über die gesamte Lage und weiß, wie das Schiff zu lenken ist und kann so dank seiner Fähigkeiten Wind und Wellen zum Trotz den Kurs auf das Ziel halten. Dieser klassischen Idee von organisationaler Steuerung liegt ein heroisches Steuerungsverständnis und technokratisches Führungsmodell zugrunde. Demzufolge können Führungskräfte durch „heroische" Einflussnahme einen Apparat unter wechselnden Kontextbedingungen zuverlässig steuern, ohne selbst dessen Teil zu sein. Diese Vorstellung entspricht dem Ideal einer trivialen Maschine, die bei gleichen Bedingungen auf gleiche Steuerungsimpulse immer gleich vorhersehbar reagiert. Eine Steuerungskompetenz ergibt sich dabei aus der bloßen Kenntnis der Funktionsweise des Apparats und dem Wissen um die genauen Umweltbedingungen. Diese Vorstellung von organisationaler Steuerung basiert allerdings auf recht engen, in der Realität kaum gegebenen idealen Voraussetzungen, die dementsprechende Steuerungsmodelle dann schnell in sich zusammenbrechen lassen.

Damit technokratische Steuerungskonzeptionen auch tatsächlich funktionieren, müssten folgende Annahmen gegeben sein (vgl. Backhausen/Thommen 2007, S. 27):

- Es muss möglich sein, im Voraus klare Ziele zu bestimmen.
- Es müssen langfristige Vorhersagen möglich sein.
- Eine Strategie ist aufgrund der Kenntnisse des Handlungsfeldes planbar und kann zuverlässig umgesetzt werden, um vom Ist-Zustand zum Soll-Zustand zu kommen.
- Der Ist-Zustand und die herrschenden Rahmenbedingungen können eindeutig bestimmt werden.
- Es existiert ein sicheres Handlungswissen, auf dessen Basis verschiedene Vorgehensmöglichkeiten analysiert und hinsichtlich ihrer Tauglichkeit zur Zielerreichung bewertet werden können.
- Die Umwelt verändert sich während der Strategieumsetzung bis zur Zielerreichung nur gering, so dass kein großer Nachsteuerungsbedarf entsteht oder ein Strategiewechsel nötig wird.

- Schließlich dürfen aus der umgesetzten Strategie nur direkt ausgelöste Ereignisse eintreten, aber dadurch nicht die Regeln und Gesetzmäßigkeiten des Handlungsfeldes verändert werden (d.h. keine Rückkopplungen auftreten).

Es wird im Vergleich mit den zuvor skizzierten Kontextveränderungen schnell deutlich, dass die Annahmen herkömmlicher organisationaler Steuerungsversuche mit der heutigen Realität organisationaler Steuerung und ihren Anforderungen nicht sehr viel gemein haben. Mit anderen Worten sind die Prämissen für die Verwendung klassischer, mechanistischer Steuerungsmodelle gar nicht mehr gegeben. Die Möglichkeit eindeutiger, präziser Ziel- und Strategiebestimmung, das Vorhandensein universell gültigen und situationsinvariant zuverlässigen Wissens und eines in seiner Gesetzmäßigkeit und Regelhaftigkeit unabhängigen Umfelds sind für die zu steuernden Organisationen wie auch ihre Kontexte nicht mehr gegeben. Versucht man die eingetretenen Kontextveränderungen auf eine Formel zu bringen, so kann vom Ende der Eindeutigkeit, Stabilität und der Gewissheit gesprochen werden (vgl. Schreyögg 2000). Im Gegenzug bedeutet das auch die Anerkenntnis von Vieldeutigkeit, Instabilität und Ungewissheit als Randbedingungen heutiger organisationaler Steuerung. Diese neue Unübersichtlichkeit und Kompliziertheit der Kontextverhältnisse von Organisationen kann dabei an drei Faktoren festgemacht werden (vgl. Thomae 2004, S. 39): Die wachsende Vielfalt und Heterogenität der beteiligten bzw. einzubeziehenden Elemente. Die zunehmende Dynamik der Elemente und der Beziehungen zwischen ihnen. Und schließlich die vermehrte Diskontinuität vermeintlich sicherer oder stabiler Konstellationen. Mit Scharmer (2007, S. 61) lässt sich damit von einer neuartigen Form **emergenter Komplexität** sprechen, die sich von den bisher schon bekannten Formen dynamischer und sozialer Komplexitäten durch eine Steigerung und Zuspitzung der Problemlage auszeichnet. In der Situation einer solchen emergenten Komplexität sind nicht nur Problemlösungen unklar, sondern bereits die Problemdefinitionen und die Beteiligten (d.h. vom Problem betroffenen Personen bzw. legitimierten Problementscheider). Dies ergibt zunehmend **disruptive Wandelprozesse**, durch die Irritationen und Brüche im Struktur- und Interdependenzgefüge mit entsprechenden negativen Folgen für das Überleben von Organisationen entstehen (vgl. dazu auch Deeg 2005, S. 155f.).

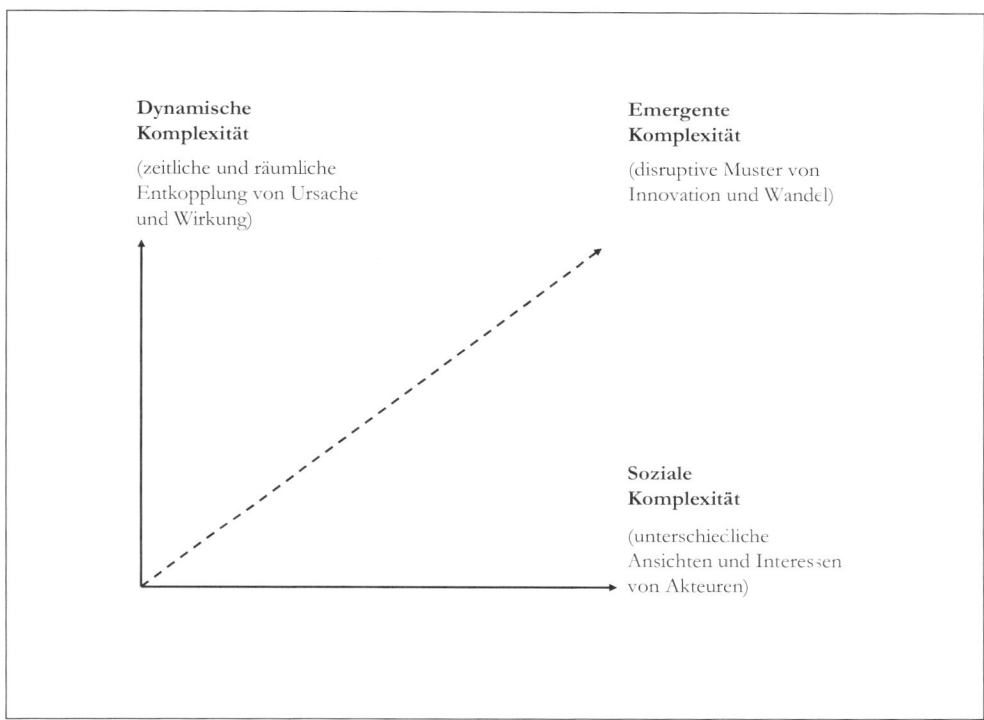

Abb. 2.3: Drei Typen von Komplexität (vgl. Scharmer 2007, S. 60, übersetzt)

Damit ist klar ersichtlich, dass Dynamik und Komplexität als zentrale Herausforderungen der organisationalen Steuerung anzusehen sind, auf die mit einer größeren Bandbreite von Reaktionen zu antworten ist. Folglich ergeben sich dadurch verschiedene Steuerungsoptionen für Organisationen, die in Abhängigkeit eines stabilen/instabilen Systemzustands oder einer einfachen/komplexen Systemstruktur unterschiedlich günstig sind. Stabilität des Systemzustands bedeutet dabei eine regelhafte Entwicklung; eine Instabilität meint hingegen Fälle, in denen eine Eigendynamik des Systems entsteht, die Vorhersagen erschwert und eine geplante Optimierung unmöglich macht. Eine Einfachheit der Systemstruktur ist gegeben, wenn die Anzahl seiner Einflussfaktoren noch überschaubar ist. Eine Komplexität liegt hingegen vor, wenn ein unüberschaubares Ausmaß von Einflussfaktoren besteht, das eine kontraintuitive Dynamik entfaltet und linear-kausale Logiken außer Kraft setzt. Auf dieser Basis lassen sich folgende vier grundlegende **alternative Handlungsoptionen** für die Steuerung im Wandel ableiten (vgl. Müller-Stewens/Lechner 2001, S. 393; Deeg 2005, S. 119):

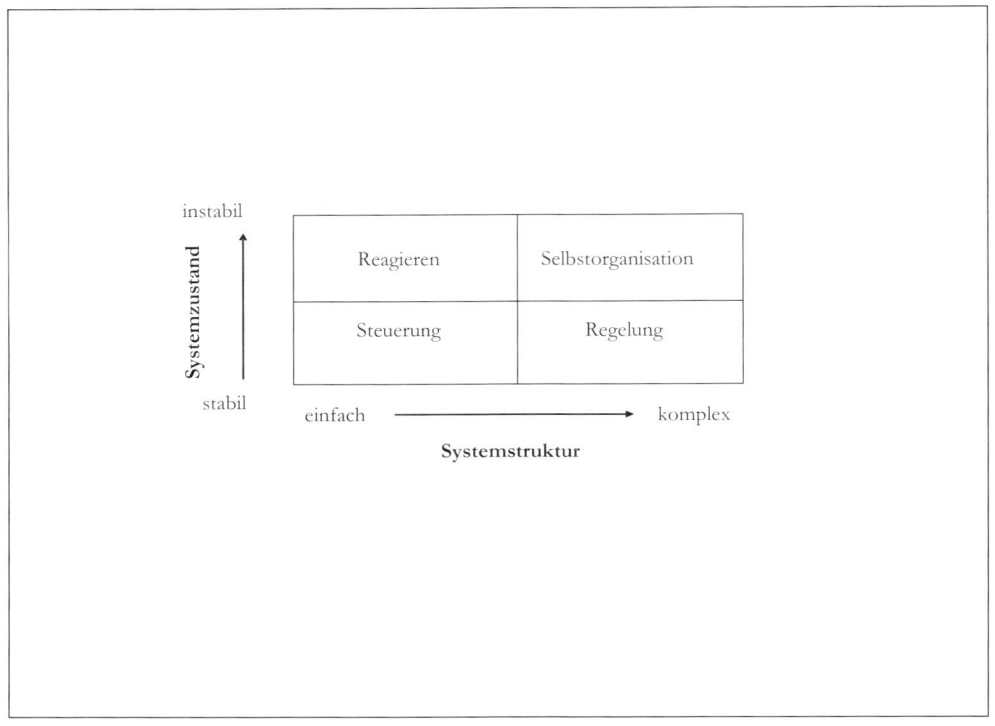

Abb. 2.4: Alternative Handlungsoptionen der Steuerung im Wandel

- **Steuerung:** Ziele lassen sich durch einfache Handlungsautomatismen erreichen. Veränderungsprozesse folgen kausal-linearen Ketten.
- **Regelung:** Bestehende Regelwerke und rational-logisches Handeln ermöglichen mit Hilfe von Soll-Ist-Vergleichen eine flexible Kursanpassung. Veränderungsprozesse folgen negativen Rückkopplungen.
- **Reagieren:** Entwicklungen sind nicht mehr vorhersehbar und es erfolgt ein situatives Handeln aufgrund verschiedener denkbarer Szenarien. Veränderungsprozesse folgen dem Versuch- und Irrtums-Prinzip.
- **Selbstorganisation:** Aufgrund mangelnder Anhaltspunkte bilden Intuitionen und Visionen die Richtschnur des Handelns. Dazu ist eine sensible Signalwahrnehmung und hohe Aufmerksamkeit notwendig, bei der alle zur Verfügung stehenden Interpretationsmuster zum Einsatz kommen. Die Kursbestimmung entsteht aus dem permanenten Abgleich verschiedenster Faktoren und erfordert ein hohes Maß an Flexibilität und Bereitwilligkeit. Veränderungsprozesse folgen damit den Mustern einer eigendynamischen Ordnungsbildung.

Eine zuverlässige Fremdsteuerung im Sinne herkömmlicher technokratisch-funktionalistischer Steuerungsverständnisse gelingt demzufolge letztlich nur, wenn der Systemzustand stabil und die Systemstruktur einfach ist. In Anbetracht der Tatsache, dass dies für immer weniger Organisationen und ihre Kontexte gegeben ist, impliziert dies die verstärkte Suche nach neuen Wegen der Steuerung jenseits der klassischen Vorstellungen von Ordnung und Organisiertheit. Sicherlich kommt das zuvor gezeichnet Bild des Maschinenmodells von Organisationen und das damit korrepondierenden technokratisch-heroischen Führungsverständnis in seiner konzeptionellen Zuspitzung fast einer Karrikatur gleich und entspricht damit nicht unbedingt dem differenzierteren Denken und Handeln von Organisationpraktikern und Führungskräften, die um die Begrenztheit solcher idealisierten, abstrakten Vorstellungen wissen. Dennoch ist die Maschinenidee – wenn auch in abgeschwächten Varianten – bis heute noch stark bewusstseinsprägend (vgl. Faust/Jauch/Notz 2000, S. 120ff.) und damit oft genug auch noch implizit handlungsbestimmend. Die „Verlockungen einer Trivialisierung" (Backhausen/Thommen 2007, S. 33ff.) von Organisationen und organisationaler Steuerung ist nach wie vor groß. Sie erlauben Individuen und Organisationen ein relativ bequemes „carry on carrying on" (Senge 2007, S. XII), das in seinen Konsequenzen freilich fatal sein kann.

Als Antwort auf die zu beobachtende Erosion klassischer Steuerungsmittel haben sich – besonders in der Organisationspraxis – verschiedenste **neue Steuerungsstrategien** entwickelt, die teils an herkömmliche Steuerungskonzepte anknüpfen und diese fortsetzen wie steigern, die teils aber auch andere Maßnahmen ergreifen, um Organisaton weiterhin im konventionellen Sinn steuerbar zu halten. Dazu werden zunächst eine ganze Reihe von Kompromissen und Konzessionen gemacht, um traditionelle Managementprinzipen, überkommene Organisationsmodelle und klassische Beziehungsverhältnisse nicht vollständig aufgeben zu müssen. So versuchen etwa die Konzepte der Teil-Autonomie, loser Kopplung oder Team-/Selbstorganisation doch noch letzte Reste der Autorität zu retten, indem Unterordnung und Fremdsteuerung zwar reduziert, aber keineswegs abgeschafft werden. Die neuen, teils euphorischen Bezeichnungen vom Empowerment oder Intrapreneurship verdecken die Tatsache, dass die dazu in Gang gesetzten Restrukturierungen nicht notwendigerweise zu mehr Souveränität und Autonomie der Mitarbeiter gegenüber der Organisation und mehr Steuerungsfreiraum zur Folge haben, sondern in der Anwendungspraxis oft auch mehr Verfügbarkeit und Engagement bei geringerer Sicherheit verlangen. Weiterhin wird trotz des Zerfalls der einheitlichen Organisationskultur unverdrossen auf den Kollektivgeist gesetzt und die Gemeinschaft beschworen. Dazu rechnen eine zunehmend zur Schau gestellte Werteorientierung und ostentative, rhetorische Betonung von einzelnen Werten (Altruismus, Solidarität), insistierende Gemeinschaftsappelle und Versuche der Erzeugung und Steigerung von „Wir-Gefühl" (z.B. durch Gruppentrainings). Gleichzeitig werden Drohkulissen oder Untergangsszenarien aufgebaut oder auf übergeordnete Rechte, unausweichliche Entwicklungen wie rational-begründbare Notwendigkeiten verwiesen. Dahinter steht die nicht artikulierte Hoffnung, dass die Erzeugung von Angst und Druck die unverbundenen Individuen wieder zu einem gestaltbaren Ganzen „zusammenschweißt". Das diffuse Gefühl der Ersetzbarkeit, das in solchen Verhältnissen das Individuum beschleicht, sorgt zusätzlich für eine weitere Disziplinierung des Einzelnen (vgl. auch Dörre 2006). Es bleibt auch oft genug in der Personalpraxis bei der Betrachtung von Menschen als „funktionalen Maschinen", die als aggregiert betrachtetes Personal strukturell gekoppelt aber zwischenmenschlich beziehungslos bleiben (vgl. Backhausen/Thommen 2007, S. 42).

Letzlich beruhen herkömmliche Steuerungskonzepte auf einem inzwischen fragwürdig ge-
wordenen **linearen Denkansatz**, der von einer Proportionalität von Ursache und Wirkung
ausgeht (vgl. Backhausen/Thommen 2007, S. 33ff.). Dabei entsprechen Veränderungen der
Eingabe (Input) in ihrer Größe stets den Veränderungen der Ausgabe (Output) und gleiche
Ursachen haben immer gleiche Auswirkungen. Unter solchen linearen Bedingungen lässt
sich das Ganze auch als einfache Summe seiner Teile begreifen und das Verhalten eines
Gesamtsystems aus den Eigenschaften seiner Elemente ableiten. Gleichermaßen kann auf
dieser Basis davon ausgegangen werden, dass Umfeldverhältnisse stabil und für alle Handelnden gleich sind. Damit können bewährte Handlungsstrategien unbedenklich fortgesetzt
werden, wozu eine auf genaue Beobachtung gestützte Expertise ausreicht. Die Vorzüge eines
solchen Maschinenmodells liegen dabei auf der Hand, da es eine enorme **Komplexitätsreduktion** ermöglicht, bei der viele Faktoren und Randbedingungen nicht beachtet oder einkalkuliert werden müssen. Zusätzlich gewährt es Vorhersehbarkeit und ermöglicht eine klare
Einflussnahme, was es für die Übertragung auf die Steuerung von Organisationen (und Menschen) attraktiv erscheinen ließ. Jedoch hat sich mehr und mehr die Erkenntnis durchgesetzt,
dass die Prämissen einer einfachen Linearität gerade für soziale Gebilde wie Organisationen
nicht haltbar sind und zu einer gefährlichen Fiktion der Beherrschbarkeit führen. Das atomis-
tisch-sperarierende Vorgehen linearer Denkansätze erschafft Illusionen der Überschaubar-
keit, die metaphorisch gesprochen nur künstliche „Inseln der Ordnung" in einem „Meer von
Chaos" (Waldrop 1996) sind. Die Eigenschaft der Nicht-Linearität von sozialen Systemen
zeigt sich dabei an vielen einzelnen Phänomenen, wie etwa der Pfadabhängigkeit, der Existenz von Rückkopplungen und zirkulären Verknüpfungen, die in Eskalationen, Teufelskreise
oder Blockaden münden. Nimmt man diese grundlegende Charakteristik von Organisationen
ernst, dann sind damit letztlich keine universell gültigen, allgemeinen Handlungsprinzipien
(„Rezepte") bestimmbar und kein einfaches Lernen aus der Vergangenheit mehr möglich
(vgl. auch Scharmer 2007, S. 56). So laufen gerade konventionelle Beobachtungslernsequen-
zen in Situationen disruptiver Veränderung Gefahr in pfadabhängige Erstarrung, strukturelle
Trägheit oder organisationaler Kurzsichtigkeit zu münden (vgl. Deeg 2009, S. 195). Und
nicht zuletzt sind Organisationen in der Realität durch eben jene – ebenfalls nicht-linear
verfassten – Konflikte, Dilemmata, Paradoxien und Pathologien gekennzeichnet, auf die wir
später noch näher eingehen wollen (☞ Kapitel 4) und die so gar nicht mit jenem idealisierten, harmonistischen Bild von Organisationen korrespondieren, das das Maschinenmodell
zeichnet. Aber auch viele generische Organisationsprobleme (☞ Kapitel 3) werden in herkömmlichen Steuerungsansätzen ausgegeblendet, unterreflektiert oder fehleingeschätzt.

Weil Steuerungsverständnisse immer auch mit Organisationsverständnissen korrespondieren,
wollen wir uns im Folgenden die Grenzen herkömmlicher organisationaler Steuerung anhand
von vier zentralen Organisationsverständnissen bzw. -theorien noch etwas näher vor Augen
führen und die darin vorhandenen Defizite und Missverständnisse beleuchten, die ganz besonders die Debatte um die personal getragene wie personenbezogene organisationale Steuerung prägen.

Dabei sind die auf klassischen Organisationstheorien basierenden Steuerungsansätze vor
allem durch die Einseitigkeit in ihrem Vorgehen gekennzeichnet. So werden Individuen in
bürokratisch-hierarchischen und tayloristisch-funktionalen Steuerungsformen einseitig ver-
machtet (vgl. Deeg/Weibler 2008, S. 37) und damit zum Steuerungsobjekt degradiert. Die

Steuerung geht weitgehend unidirektional vom Vorgesetzten aus. Manager mutieren so zu bloßen Mechanikern der trivialen Funktionsmaschine, die dann einschreiten, wenn etwas an dieser Maschine nicht „in Ordnung" ist und Störungen durch interventionistische „Reparaturen" beseitigen (vgl. Kühl 2000, S. 32f.). Deswegen ist Bürokratie heute zum Synonym für weitgehende Fremdbestimmung (vgl. Göbel 1998, S. 233) und für Ineffizienz geworden (vgl. Schreyögg 1999, S. 35). Besonders problematisch an hierarchisch-bürokratischen Ansätzen ist auch, dass sie von einem geschlossenen System ausgehen, womit sie oft keine adäquaten Antworten auf gewandelte Kontextbedingungen finden können. Weil von der Situation, in der sich die Organisation befindet, abstrahiert wird, lassen sich Fragen der Veränderungen und des Wandels von Organisationen nur schwer aufnehmen. Dabei ist besonders die strenge Regelbindung, die verengte Sicht auf intraorganisationale Beziehungen und die angenommene Stabilität und Gleichförmigkeit von Aufgaben ist in Situationen einer dynamischen Umwelt unangemessen und ineffizient (vgl. Göbel 1998, S. 23). Die Forderung nach strikt regelkonformem Verhalten führt weiterhin dazu, dass der Zweck von Regeln nicht mehr hinterfragt und absoluter Regelgehorsam zu einem Wert an sich wird. Hierdurch gelingt es nicht mehr, die bürokratischen Regeln an neue Verhältnisse anzupassen, was die alten Strukturen zunehmend verfestigt und konserviert (vgl. Deeg/Weibler 2008, S. 135). Im Ergebnis können daraus gefährliche, existenzbedrohliche Stillstände (**Organisationsblockaden**) werden, die aufgrund verschiedener weiterer Ursachen schließlich nur noch sehr schwer zu überwinden sind (vgl. dazu Deeg/Weibler/Schimank 2009).

Das Problem des Taylorismus liegt ganz wesentlich in seinem unterkomplexen Denkansatz, da seine simplifizierenden Managementprinzipien in komplexen und dynamischen Umwelten eher „Rezepte für ein Desaster" (Freedman 1992, S. 28) darstellen: Tayloristischen Managementprinzipien vernachlässigen in der Regel ebenso die jeweiligen situativen Bedingungen, unter denen sie wirksam waren – und angesichts der Komplexität des Handelns in Organisationen ist es auch meist schwer bis unmöglich, diese Bedingungen eindeutig und in ihrem wechselseitigen Aufeinander-Bezogen-Sein zu identifizieren (vgl. Deeg/Weibler 2008, S. 139). In seiner praktischen Vorgehensweise zeigt sich dagegen eine überraschende Nähe zum Behaviorismus und dessen Verfahren der operanten Konditionierung. Dadurch liegt dem Taylorismus eine durchaus nicht ungefährliche Self-fulfilling-Prophecy zugrunde (vgl. auch Weisbord 1987, S. 129): Die Anwendung tayloristischer Prinzipien machen den Menschen zu der „Einzweckmaschine", als die ihn das Scientific Management schon von Anfang an sehen will. Genau dies macht seine Ablösung in der Praxis so schwer, weil aus einer sich selbst bestätigenden, ideologischen Denkfigur letztlich Sachzwänge und kognitive Barrieren geworden sind. Manager werden so zu den Gefangenen des Systems, das sie eigentlich managen sollten (vgl. Freedman 1992, S. 33). Die in unserer Gesellschaft derzeit vorherrschenden Wertvorstellungen sind zudem mit dem tayloristischen Menschenbild nicht mehr vereinbar, denn seine normative, autoritär-paternalistische Steuerungsideen passen nicht zu partizipativen, verfahrens- und verständigungsorientierten Praktiken (vgl. Reimer 2005, S. 125). Die stupide und unreflektierte Ausführung von Vorgaben des Managements, die eine unausweichliche Folge tayloristischer Arbeitsorganisation in ihrer Extremform sind, unterdrücken Kreativität, Originalität und Inspiration der Mitarbeiter, weil sie den rationalen, objektiven Plan nur stören würden (vgl. Kühl 2000, S. 33). Genau diese Eigenschaften werden jedoch von Mitarbeiter in den heutigen Zeiten hoher Umweltdynamik und Volatilität nicht nur genau benötigt, sondern im Zuge des Wertewandels hin zu einer stärkeren Individualität und Selbstverwirklichung in der Arbeit auch von ihnen selbst einzubringen gewünscht.

Schließlich darf auch nicht vergessen werden, dass die funktional begründete Anwendung bestimmter Mittel stets manifeste wie latente Folgen hat, die außerhalb des Zwecks ihres Einsatzes liegen und diesem sogar widersprechen können (vgl. auch Luhmann 1999, S. 385). Solche schon von Merton (1957) beschriebenen nichtintendierten (Handlungs-)Folgen begleiten viele Entscheidungsprozesse und Steuerungs- und Interventionsversuche in sozialen Systemen mit der Folge, dass sich sozusagen ironischerweise Effekte ergeben, die nicht vorhergesehen waren (vgl. dazu auch Hoyle/Wallace 2008, S. 1433f.). Aufgrund dieser geradezu zwangsläufigen Abweichungen vom idealen Plan, der solche Nebenfolgen eben nicht einkalkuliert, ist es letztlich unmöglich, Organisationen in Analogie zu Maschinen zu konzipieren oder zu verstehen. Die ungeahnten Nebenfolgen bringen laufend „Sand ins Getriebe der Maschine", der auch nicht mit einem als Reparatur- und Wartungsdienst verstandenen Management zu beseitigen ist. Die „Ironie der Automation" im tayloristischen Sinn liegt bei einer hochgradigen Komplexität in ihrer gleichzeitig hohen Störanfälligkeit (vgl. Ridder 2007, S. 226). Denn der Versuch, besonders reibungslos funktionierende Organisationen zu konzipieren, endet paradoxerweise in umfangreichen Reibungsverlusten. Der Taylorismus offenbart in seinen konzeptionellen Bemühungen einen übertriebenen Harmonismus, der an die idealistisch anmutende Vorstellung von der Gesellschaft als System harmonisch kooperierender Teile im Sinne des soziologischen Funktionalismus (vgl. Daheim 1993, S. 28) erinnert. Eine solch idealistische Steuerungskonzeption wird dem realen Organisationsgeschehen allerdings kaum gerecht, das sich gerade auch durch generisch-unvermeidbare Probleme (☞ Kapitel 3) wie unplanbare, emergente Prozesse (☞ Kapitel 4) auszeichnet.

Mit dem Human Relations-Ansatz wurde anschließend scheinbar die Perspektive eröffnet, organisierte Sozialgebilde durch die Anwendung von Sozialtechniken gezielt zu verändern (vgl. Deeg/Weibler 2008, S. 146). Jedoch ist der Human Relations-Ansatz insbesondere hinsichtlich seiner praktischen Konsequenzen paradoxerweise recht nah am Maschinendenken der tayloristisch-funktionalistischen Sichtweise. Besonders sinnhaft kommt diese Nähe in den von schon vorher verwendeten Bezeichnungen des „social engineering" für die „Kunst und Wissenschaft der Menschenbehandlung" zum Ausdruck (vgl. Bruce 2006, S. 183). Gegen die „Verklügelung" des Betriebs durch den Taylorismus und die Seelenlosigkeit rationaler Organisation (Türk/Lemke/Bruch 2006, S. 216) setzte der Human Relations-Ansatz bewusst auf einfache, intuitiv gut nachvollziehbare Rezepte. Statt ausgefeilter ingenieurmäßiger Bewegungsstudien und Materialexperimente wird eher die Kunst, „einfühlsame Gespräche" zu führen, kultiviert (vgl. auch Walter-Busch 2006, S. 332). Dies entspringt ganz einer Strategie, auf komplexe Fakten eine vergleichsweise einfache Theorie anzuwenden. Dazu nimmt er eine simplifizierende Sicht der Psychopathologie und der in Parallele zur Humanmedizin angewandten Heilmittel ein, die sich wenig um das Risiko der Maßnahmen oder ihrer Folgen kümmerte (vgl. Zaleznik 1984, S. 3). Aufgrund dieser Perspektive konnte der Human Relations-Ansatz in seiner Umsetzungspraxis auch nicht sehr viel mehr als ein „Reparaturbetrieb" (Kieser 2006, S. 134) wirken. Darin manifestiert sich eine Art sozio-funktionalistisches Denken, demzufolge das psycho-physische Subjekt zur Vermeidung von Störungen der Leistungsgemeinschaft einer ständigen Beobachtung und diagnostischen Kontrolle ausgesetzt werden muss und im Fall von Störungen „repariert" (verbessert oder korrigiert) oder bei irreparabler Beeinträchtigung entfernt werden muss. Letzlich leistete so auch der Human Relations-Ansatz einer Heroisierung des Managements Vorschub (vgl. O'Connor 1999, S. 242). So wird der Manager herausgehoben durch die ungeheure Bedeutung seiner Aufgaben, die wesentlich in dem Versuch bestehen, das irrationale Individuum durch rationales Management unter Kontrolle zu bekommen, was einmal mehr den Ansatz der heroischen Einflussnahme im Sinne des technokratischen Führungsmodells unterstreicht.

Als deutlich mehr auf der Höhe der Zeit erweisen sich dagegen **kulturalistische Steuerungsansätze**, die von einer explizitem, unidirektionalen und interventionistischen Steuerung Abstand nehmen und so dem eingetretenen Wertewandel und der damit verbundenen Delegitimation hierarchischer Steuerungsprinzipien Rechnung tragen. Da die Prinzipien von Zwang und Kontrolle immer weniger Akzeptanz in modernen Gesellschaften erfahren (vgl. auch v. Rosenstiel 2000, S. 119), werden Befehl und Gehorsam als Mechanismen der Steuerung im klassischen Sinn zunehmend untauglich. Die damit verbundene Tendenz, den Grad der Selbststeuerung von Mitarbeitern zu erhöhen, muss dabei keineswegs mit einer wachsenden Gefahr von Chaos, Missbrauch, Ineffizienz, Richtungslosigkeit oder gar Ungesteuertheit einher gehen (vgl. Link 2004, S. 52). Die Abnutzung des Mediums der Anweisung oder des Befehls bedingt aber den vermehrten Einsatz indirekterer Beeinflussungsmaßnahmen wie z.B. Versprechungen, Rollenwerbung oder gesteigerte „Darstellungskünste" des Führenden (vgl. auch Remer 1992, S. 240). Damit gewinnen das Wertesystem und die Kultur einer Organisation als neue Möglichkeiten einer impliziten Steuerung an Bedeutung. Um die durch mehr Eigenständigkeit der Mitarbeiter gelockerten „Zügel der Führung" nicht gänzlich aus der Hand zu geben, wird deswegen seit einiger Zeit auf eine „kulturelle Programmierung" durch kollektive Wertsysteme gesetzt (vgl. auch Link 2004, S. 52). Da die zunehmende Variabilität und Komplexität der Umwelt sowie die veränderten Anspruchshaltungen der Mitarbeiter eine hochgradig formalisierte und standardisierte strukturelle Steuerung nicht mehr zulassen, sollen Werte, Normen und Grundüberzeugungen („Philosophien") die Orientierungsfunktion für die Geführten erfüllen (vgl. u.a Bleicher 1991, S. 916f.). Diese Vorgehensweise wird durch den Begriff der straff-lockeren Führung (vgl. Peters/Waterman 1983) sehr gut veranschaulicht: Locker ist diese Form der Führung, weil den Mitarbeitern dabei viel Raum für Selbstentscheidung gelassen wird. Straff dagegen ist sie, weil dafür die Orientierung am kollektiven Wertsystem umso unbedingter eingefordert wird. Darüber hinaus ist Kultur als „Summe aller Selbstverständlichkeiten" (Hinterhuber/Krauthammer 1998) eine weithin „unsichtbare Einflussgröße" (Sackmann 1983). Diese an sich viel versprechende Eigenschaft, die eine unaufdringliche, subtilere und nur noch mittelbare, unpersönliche Lenkung des Individuums versprach, erwies sich auch als hinderlich in der Nutzung des kulturellen Einflusses auf das Verhalten. Denn die Indirektheit von Kultur als Wirkungszusammenhang lässt keine wirklich zuverlässige Steuerung zu. Organisationskulturen sind eben nicht rational beherrschbar, formal programmierbar und technokratisch verwaltbar (vgl. Bardmann/Franzpötter 1990, S. 434).

Die Hoffnungen, die sich mit der Kultur als Steuerungsinstrument verbanden, erwiesen sich somit als trügerisch. Es ist fraglich, ob sich Kultur in Anbetracht ihrer inneren Heterogenität und Vielgestaltigkeit wie Vieldeutigkeit als Steuerungsinstrument eignet. Je differenzierter man das Phänomen der Kultur in Organisationen betrachtet, desto weniger lassen sich einfache Handlungsrezept formulieren und desto mehr muss Abstand genommen werden von vereinfachenden Managementansätzen mit dem Ziel einer Erfolgssteigerung oder gar der Lösung von Alltagsproblemen (vgl. Weber/Mayrhofer 1988, S. 557). Was als Erklärungsansatz gedacht war, nahm außerdem – getrieben von Verwertungsinteressen der Beratung und Unternehmenspraxis – bald die Form eines Gestaltungsansatzes an (vgl. Dill 1986), ohne dass die Frage der Gestaltbarkeit von Kultur überhaupt hinreichend geklärt war. Kulturkonzepte und Kulturmanagement stellen sich dabei in den Dienst der dominanten Sehnsucht nach Stabilität und Kontrolle, indem Führung und Kultur(-entwicklung) miteinander verknüpft werden und Kultur zu einem Steuerungsinstrument deklariert wird (vgl. Griffin 2002, S. 96). Wie aber in einer solchen „Kulturkybernetik" gerade die Führungskräfte einen funktionierenden Transmissionsriemen bilden können, wozu sie einerseits autonome und außerhalb stehende Gestalter sein müssten, während sie andererseits in Wirklichkeit untrennbarer Teil dieses kulturellen Zusammenhangs sind, bleibt unklar. Dennoch ist eine symbolische Steuerung nicht unerheblich, da sie als Form der Vorsteuerung den Bedarf an Führung herabsetzt bzw. sich von Führung (z.B. Symbole als Führungsinstrumente) nutzen lässt. Bei einer solchen Nutzung darf aber nicht vergessen werden, dass die Instanz selbst ein Symbol wird. Damit muss eine kulturalistische Steuerung von einseitigen Steuerungsversuchen letztlich Abstand nehmen, die Wechselseitigkeit von Individuum und Organisation anerkennen und Steuerungsobjekte als Subjekte vorkommen lassen.

Diese Erkenntnis aus den kulturalistische Steuerungsansätzen verweist schon auf ein grundlegend anderes, wechselseitige Organisationsverständnis: Organisationen sind als soziale Einheiten anzusehen, deren Verhalten durch das Zusammenspiel ihrer Komponenten/Elemente und deren Beziehungen untereinander bestimmt wird. Für eine solche Auffassung steht insbesondere das **relationale Paradigma**, das nicht nur das Interdependenzgefüge von Organisationen ins Auge fasst, sondern auch den Menschen als Beziehungswesen ernst nimmt (vgl. Manella 2003). Der Gedanke der Relationalität ist dabei als solcher nicht gänzlich neu und findet sich schon bei den Klassikern der Ökonomie und Sozialtheorie. So verstand beispielsweise schon Karl Marx die Gesellschaft als Summe der Interrelationen zwischen Individuen und nicht als bloße Summe von Individuen und betrachtete auch das Kapital nicht als etwas Dingliches, sondern als ein Ausdruck von sozialen Relationen zwischen Personen (vgl. Emirbayer 1997, S. 288). Auch Organisationen werden erst dadurch zu handlungsfähigen kollektiven Akteuren, wenn nicht nur jedes Individuen für sich handelt, sondern wenn Handlungen so aufeinander bezogen werden, dass sie synergetisch einen Mehrwert erzeugen. Dadurch kann nicht nur ihr Überleben gesichert werden, sondern daraus wird auch ganz fundamental ihre Lebendigkeit und Dynamik gespeist. Aus einer relationalen Perspektive sind folglich Organisationen und ihre Führung eine **dynamische Konstellation** von Beziehungen (vgl. Hosking et al. 1995, Gergen 1994, Mauws 1995). Sie sind daher nicht substantiell fixiert, sondern wechselnde Muster variabler Aspekte oder Elemente innerhalb eines konfigurativen Gewebes (vgl. Meyer/Tsui/Hinings 1993).

Methodisch schaut daher ein relationaler Ansatz auf die **Interrelationen** in ihren auch nichtlinearen Zusammenhängen, anstelle einer bloßen Erfassung linear-kausaler Ketten von Vorhersagbarkeit und Kontrolle. Anstelle von einfachen Kausalketten geht es eher um eine polymethodische Untersuchung von Verflechtungszusammenhängen und ihren Wechselwirksamkeiten (siehe dazu auch Manella 2003, S. 13ff.). Eine relationale Methodologie betont

damit eher die Bedingungen prozessualer Möglichkeit als die kausale Erklärung von Faktoren. Damit trägt sie zur Überwindung atomistischer und mechanistischer Zugänge bei, die in
ihrer substantialistischen und positionalistischen Orientierung inadäquat sind, das komplexe
Geschehen des Organisationsprozesses zu erfassen. Auch hilft eine solche Ausrichtung, die
inhärenten Probleme einer essentialistischen (wesensbezogenen) Vorstellung mit ihren Rei-
fikationen (Vergegenständlichungen) sowie positivistischen, vermeintlich wertneutralen
Einstellung zu überwinden. Anstelle einer Seinsorientierung richtet sich eine relationale
Methodik auf den kontinuierlichen Zustand des Werdens einer Organisation (vgl. Ranson/Hi-
nings/Greenwood 1980, Chia 1999). Relationalität bietet so auch methodisch den Vorteil
einer **dezentrierten Perspektive**, mit der die Kräfte, welche die Organisation ausmachen, als
über alle ihre Bereiche und Elemente verteilt aufgefasst werden. Nach Beziehungsgefügen in
Organisationen zu suchen, ermöglicht zudem ein ganz anderes Verständnis und schafft auf
diese Weise auch neue, konstruktive Veränderungsmöglichkeiten (vgl. Manella 2003, S. 11).
Dies hat aber auch Folgen für das Verständnis von Steuerung, was die nachfolgende Abbildung zeigt:

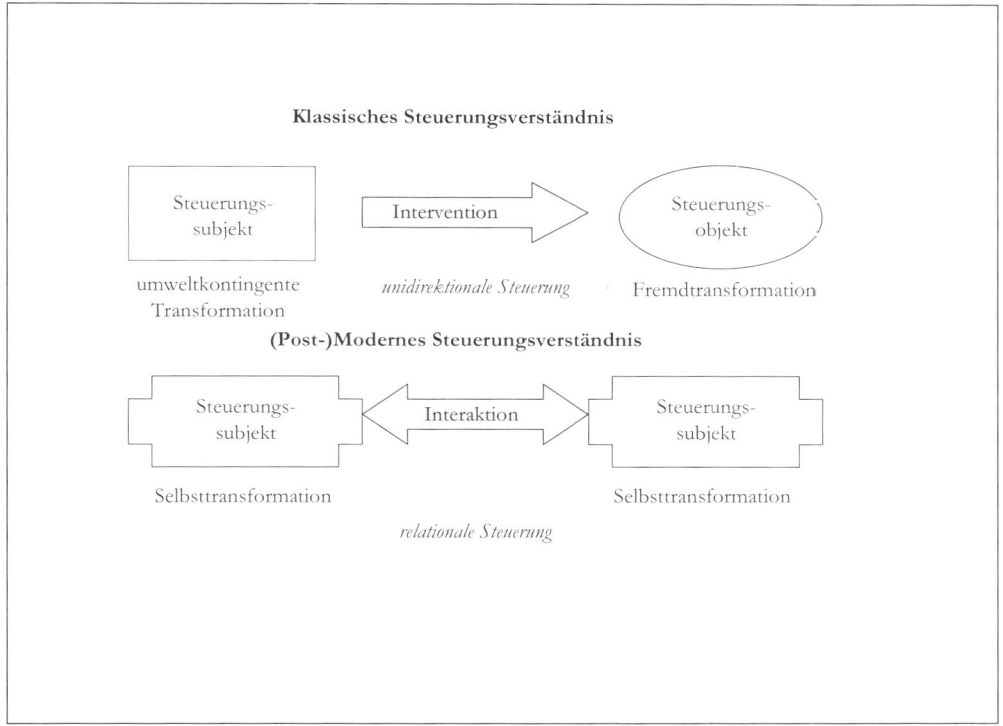

Abb. 2.5: Verschiedene Steuerungsverständnisse im Wandel der Zeit

Im Gegensatz zu traditionellen Führungsperspektiven, die Strukturen als bestimmten Rahmen von Organisation sehen, untersucht die relationale Perspektive außerdem insbesondere

Prozesse (emergenter) Strukturierung oder Ordnungs- und Strukturbildung (vgl. Uhl-Bien 2006, S. 670; Hosking/Dachler/Gergen 1995, Hosking/McNamee 2006, Drath et al. 2008). Im Zentrum stehen dabei statt gestalterischer Interventionen die **Interaktionen** (der Organisationsmitglieder), in denen die sozialen Strukturen (z.B. Werte, Normen und Beziehungen) konstituiert und reproduziert werden. Eine solche Betrachtungsweise ermöglicht es dabei, das rekursive Wechselspiel von Prozessen auf der individuellen Ebene und Strukturbildungen auf der Gruppen- oder Organisationsebene zu erfassen und den jeweiligen Wechselwirkungen gerecht zu werden. Der Ansatz beansprucht damit letztlich, sowohl eine entitative wie auch eine relationale Perspektive zu integrieren. Es werden immer sowohl Prozesse ausgehend von Individuen wie auch Prozesse ausgehend von Kollektiven berücksichtigt. Relationale Ansätze zeichnen sich damit durch eine **holistische Perspektive** auf soziale Phänomene aus, die dabei in Anspruch nimmt, immer zugleich das Individuum angemessen zu berücksichtigen (vgl. Drath et al. 2008, S. 641). Damit bieten sie eine geeignete Grundlage, auf der sich im Weiteren ein integrales Steuerungsverständnis aufbauen lässt.

2.4   Zusammenfassung und kritische Reflexion

Zahllose einzelne Umweltveränderungen wie etwa die Globalisierung des Wettbewerbs, die Liberalisierung von Märkten, die abnehmenden Produktlebenszyklen und die damit insgesamt gestiegenen Anforderungen an die Reaktionsgeschwindigkeit haben die Skepsis wachsen lassen, dass Unternehmen durch das Instrument der Organisation (☞ Kapitel 2.2) bzw. des Organisierens noch zuverlässig gesteuert werden können. Damit ist die Vorstellung von Organisation als „trivialer Maschine", die ein kompetenter „Kapitän" nach Maßgabe seiner Ziele dank ihrer Geordnetheit, Regelhaftigkeit und Berechenbarkeit alleine souverän steuern kann, fragwürdig geworden (vgl. auch Backhausen/Thommen 2007, S. 20). Zweifellos ist eine Steuerung durch auf rein organisatorischem Weg hergestellte Ordnung vor einem zunehmend dynamischer werdenden Umfeld problematisch geworden und so eine Steuerbarkeit durch Geordnetheit (Organisiertheit) nicht mehr automatisch gegeben (vgl. Schreyögg/Noss 1994; Schreyögg 2000). Die Steuerung von Organisationen allein nach dem Kriterium der Ordnung auszurichten, wäre vor dem Hintergrund unternehmensbezogener Steuerungserfahrungen in dynamischen Umwelten sicherlich problematisch, zumal zwischen dem Organisiertheitsgrad als Ausdruck der Ordnung und einer Steuerbarkeit ohnehin keine eindeutige Korrelation besteht (vgl. Schimank 1992, S. 178). Vor dem Hintergrund der zuvor skizzierten Kontextveränderungen (☞ Kapitel 2.3.1) wäre eine Verkürzung der Diskussion auf ein einziges Steuerungsmedium ohnehin ungünstig, da „Organisation" nur als *ein* Beitrag zur Lösung von Problemen der Steuerungsaufgabe anzusehen ist. Zudem lassen sich durch den Problemlösungsmechanismus „Organisation" vorwiegend strukturelle Probleme angehen. Für personelle oder strategische Probleme ist Organisation als Steuerungsmittel stets nur bedingt geeignet. Dafür ist auch ihre relative Inflexibilität und mangelnde Individualität in der Ausgestaltung und Handhabung verantwortlich. Wie aber das Zusammenspiel von Führung und Organisation als zentralen Medien der Verhaltenssteuerung zu denken ist, bleibt in vielen Steuerungsansätzen offen.

Aber auch Organisationen selbst sind keine bloßen Instrumente der Steuerung oder Gefäße von Steuerungspotenzialen, sondern entfalten als soziale Gebilde und Institutionen ein Eigenleben und eine Eigendynamik; sie stellen komplexe soziale Systeme dar, die sich einer zielgenauen Steuerung durch eine Führungskraft – unbeschadet ihrer möglicherweise herausragenden Führungseigenschaften – entziehen können (vgl. Backhausen/Thommen 2007, S. 20). Überdies sind die Führungskräfte bzw. das Management einer Organisation ohnehin immer Teil des Problems, das es jeweils zu bearbeiten gilt (vgl. Wimmer 1996, S. 48), so dass sie schon aus diesem Grund nie das Gelingen organisationaler Steuerungsversuche sicher gewährleisten könnten. Dies ist zu einem ganz wesentlichen Teil der Delegitimierung und Erosion von organisationalen Hierarchien geschuldet. Wenn aber die Hierarchie und ihre klaren Kompetenzaufteilungen wegfallen, wird es vermehrt zu Aushandlungsprozessen in Organisationen kommen (vgl. auch Wimmer 1996, S. 50), die in einer „Dauerpolitisierung" aller internen Entscheidungsfälle münden (vgl. auch Kühl 2002, S. 66). Zudem treibt der Abbau von bürokratischen und hierarchischen Ordnungsmustern das organisatorische Gebilde durch eine Steigerung der Komplexität bis an die Grenzen der Beherrschbarkeit. Eine weitere besondere Herausforderung für die organisationale Steuerung ergibt sich durch den allgemeinen Wertewandel, der bestimmte Steuerungsformen, die immer auch wertgeladen sind, unterminiert. Es werden nicht pauschal, traditionelle Werte durch neue Werte ersetzt, noch drückt sich darin ein Werteverfall aus; es kommt zur Umwertung von Werten und neuen, labilen Mischtypen (vgl. Krobath 2009, S. 539ff.). So verschwindet der Wert der Disziplin nicht völlig, sondern wandelt sich in Selbstdisziplin (vgl. Deeg/Weibler 2008, S. 157). Damit verlagert sich Steuerung sehr stark in das Individuum selbst – ohne diesem aber eine Entscheidung darüber zu überlassen. Denn moderne Steuerungskonzeptionen verlangen eine doch fremdvorgegebene und damit gelenkte Selbstregulation, die letztlich im Interesse desjenigen steht, der sich des organisatorischen Gebildes bedient und die dann nicht mehr notwendigerweise der viel beschworenen Wertegemeinschaft nützt.

Herkömmliche bürokratisch-funktionalistische Steuerungsansätze erweisen sich gerade vor diesem Hintergrund als zunehmend untauglich: So war in den letzten Jahren eine radikale Kritik an Bürokratie und Hierarchie u.a. aus Kreisen praxisorientierter Wissenschaft und Beratung (z.B. Peters/Waterman 1983, Peters 1993, Schmidt 1993) zu erleben. Hierarchien gelten demzufolge als Auslaufmodell, das abgebaut oder am besten ganz abgeschafft werden sollte (vgl. etwa Peters 1993, S. 198; Schmidt 1993, S. 22). Bürokratien wurden gleichfalls als Muster der Ineffizienz und Starrheit gesehen. Zum Problem einer fortschreitenden Rigidität solcher Steuerungsformen kommt noch das Phänomen hinzu, dass gerade Bürokratien sich fortgesetzt aufblähen, da sie mit immer neuen Regeln und Verfahren die Einhaltung der bisherigen Regeln und Verfahren überprüfen müssen. Schließlich führt auch das Wachstum bürokratischer Regelwerke zu jenen pathologischen Formen der Übersteuerung (vgl. Türk 1976), die nur noch über eine „brauchbare Illegalität" (Luhmann 1999, S. 304ff.) auf informalem oder regelwidrigem Weg bewältigt werden können. Vor diesem Hintergrund verwundert es nicht, dass die Bürokratie recht pauschal verurteilt oder bisweilen geradezu verdammt wird, was den organisationalen Realitäten einer unausweichlichen oder gar notwendigen Bürokratisierung nicht unbedingt gerecht wird. Die radikale Ablehnung der Bürokratie und die ostentative Distanzierung von bürokratisch-hierarchischen Steuerungsformen in Unternehmenslehre und -praxis ist deswegen oft nicht mehr als eine Selbsttäuschung (vgl. Gal-

braith 2004, S. 24). Eine vollständig nicht-hierarchische Organisation bzw. hierarchiefreie
Steuerung ist im Arbeitskontext schließlich breitflächig wohl kaum möglich. Primär aus
funktionalen Gründen, aber auch weil Gesellschaftsverfassung und Bewusstsein noch immer
stark hierarchiegeprägt sind und eine vermeintliche Hierarchiefreiheit nur durch andersgear-
tete, aber weiterhin einseitige Herrschaftsformen abgelöst würde (vgl. auch Laske/Weiskopf
1992, Sp. 803). Da Hierarchie heute mehr denn je in einem negativen Licht gesehen wird
und ihre Funktionsdefizite stärker betont werden als ihre Vorzüge (vgl. Döhler 2007, S. 47),
tendieren Organisationen in der Praxis zu einer zunehmenden Verflachung von Hierarchien
(was einhergeht mit mehr eigenverantwortlicher Teamarbeit und Flexibilisierung der Arbeitszeit). Ob die Formen einer Ent- oder Dehierarchisierung tatsächlich zu einer Aufhebung
des Hierarchieprinzips führen, muss jedoch bezweifelt werden. Es kommt nicht so sehr zu
einem „Ende von Hierarchien", sondern eher zu einem Umbau hierarchischer Steuerung (vgl.
Kühl 1998, 1999, 2002).

In seiner klassischen Gestalt ist der Taylorismus ein weiteres Paradebeispiel für die Verwirk-
lichung ökonomisch-instrumenteller Rationalität in der organisationalen Steuerung (vgl. auch
Kocyba/Schumm 2002, S. 49). Dabei darf aber nicht vergessen werden, dass weder Taylors
Steuerungsideen je in Reinform verwirklicht wurden, noch der Taylorismus sich je in der
Breite durchzusetzen vermocht hat, wie dies im Nachhinein den Anschein hatte (vgl. auch
Voswinkel 2002, S. 76). Als entscheidender hat sich das durch ihn vermittelte **funktionale
Denken** erwiesen, das sich vor allem im Selbstverständnis von Führungskräften nachhaltig
verfestigt hat. Bis heute sind diese überwiegend fach- und funktionsorientiert und verstehen
sich als Repräsentant der Organisation wie „Teil der Maschinerie" (vgl. Faust/Jauch/Notz
2000, S. 120ff.). Dementsprechend werden Mitarbeiter in eine eher passive Rolle gedrängt
(vgl. Freedman 1992, S. 27) und auf die Rolle von weitgehend fremdgesteuerten Ausfüh-
rungsorganen beschränkt. Dennoch befindet sich der Taylorismus nicht nur in einer vorüber-
gehenden Krise, sondern wird faktisch zunehmend von post-tayloristischen Konzepten abgelöst (vgl. Voswinkel 2002, S. 74). Mit der pragmatischen Abkehr von Taylorismus ist auch
die „Vorstellung eines *one best way* in die Krise geraten" (Kocyba/Schumm 2002, S. 57), da
die Suche nach der *einen* erfolgreichen, rational begründeten Struktur erfolglos geblieben ist
(vgl. Kühl 2000, S. 49ff.). Insbesondere das dynamische Marktgeschehen und seine Auswirkungen hat Taylor unterschätzt (vgl. Weisbord 1987, S. 38) und die Gegenkraft methodischer, zweckrationaler Organisierung überschätzt. Wollte Taylor einen geschützten Kern der
Produktion entkoppelt von der Umwelt arbeiten lassen, so ist diese Vorstellung durch die
Veränderungsdynamik der Arbeitswelt unhaltbar geworden. Damit ist seine kühne Fiktion,
dass es einen (all-)wissenden Gestalter geben kann, der aus der Distanz und der Abstraktion
mit streng rationalen Vorgehensweisen und Verfahren solche komplexen, ermergenten Sozialgebilde, wie sie Arbeitsorganisationen realiter darstellen, zuverlässig steuern kann, gescheitert und sein reduktionistischer, analytisch-zergliedernder Denkansatz an der vielschich-
tigen und uneindeutigen Realität des Sozialen zerbrochen (vgl. Deeg/Weibler 2008, S. 163).
Endgültig haben einer solchen Methodik heutige indeterminierte, volatile und chaotische
Verhältnisse, wie sie besonders am Phänomen von zunehmenden Unternehmensdiskontinui-
täten sichtbar werden (vgl. Deeg 2005, 2009), ihre Grenzen aufgezeigt.

Dem durch den Gedanken der Beziehungsorientierung getragenen Human-Relations-Ansatz
gelang ebenfalls keine überzeugende organisationale Steuerungskonzeption. Er unterreflek-

tiert positive Humanpotenziale und setzt bei allem Eingehen auf das Individuum doch eher auf eine Fremdsteuerung durch das Management und seine Fachexpertise als auf Selbstentwicklung. Damit einhergehend kommt es zu einer Fortsetzung der tayloristischen Expertokratie, die nun von Sozialexperten statt von Technokraten getragen wird. Zudem bleiben die systemisch-strukturellen und institutionellen Dimensionen des Organisationsphänomens, in dem Sinne, unterbelichtet, trotz der Idee einer umfassenden Betrachtung der Situation einer Person (total situation approach). Die Beziehungsorientierung fokussiert letztlich zu sehr auf die interpersonelle Ebene und hat den Person-System-Zusammenhang kaum in Betracht gezogen. Damit bleibt bis zu einem gewissen Grad offen, ob sich das Individuum allein durch gelingende interpersonelle Beziehungen auch in einem solchen Maß in den überindividuellen und unpersönlichen Zweckzusammenhang von Organisationen integrieren lässt, dass sich hieraus entsprechende Leistungsbeiträge ohne Zutun einer expliziten Steuerung ergeben. Die einzige „Intervention" des Managements besteht im Zuhören, denn durch das Zuhören soll das Individuum von seiner Last befreit werden und so glücklich zur Arbeit zurückkehren können (vgl. Roethlisberger/Dickson 1966, S. 227f.). Die damit verbundene Erleichterung sollte zudem in den Wunsch münden, die Interessen der Organisation aus eigenem Antrieb oder als Gegenleistung für die gezeigte Sympathie zu erfüllen. Dies kommt der Manipulation nahe, da so eine fremdgesteuerte Selbststeuerung bzw. Selbststeuerung im Sinn der Fremdsteuerung erreicht werden soll. Das Individuum soll aus eigenem Antrieb das tun, was von ihm erwünscht wird. Diese Grundidee des ersten wechselseitigen Organisationsverständnisses unterscheidet sich damit nur unwesentlich von den einseitigen Steuerungsverständnissen und markiert eher einen Stilwechsel in der Menschenbehandlung als einen fundamentalen Bewusstseinswandel.

So verfehlte der Human-Relations-Ansatz seine eigenen ambitionierten Zielsetzungen, indem ausgerechnet seine differenziertere Organismusmetapher und das ganzheitlich anmutende Situationsdenken keine entsprechenden Folgen hatten. Es erwies sich als zu simpel und zu mechanistisch gedacht, nach objektiven Faktoren zu suchen, die absolut zuverlässig Leistung und Zufriedenheit bewirken (vgl. Bea/Göbel 2006, S. 86). Zudem gelang methodisch wie inhaltlich gesehen auch keine Abkehr vom funktionalistischen Denken, denn eine wesentliche Aufgabe für das Management besteht darin zu lernen, wie die Organisation wirklich funktioniert (vgl. Roethlisberger/Dickson 1966, S. 604) und Führungskräfte wurden sogar explizit aufgefordert, funktionalistisch zu denken (ibid. S. 40ff.). Der Human Relations-Ansatz blieb also weitgehend dem objektivistisch-analytischen Paradigma verhaftet, das sich aber nur schwer auf die Komplexität und Eigengesetzlichkeit sozialer Gebilde und (zwischen-)menschlicher Beziehungsverhältnisse anwenden lässt. Zudem erweist sich heute die Umsetzung des Prinzips der Beziehungsorientierung als zunehmend schwieriger, weil in flacheren Hierarchien mit einer immer größeren Führungsspanne die Kontakte zwischen Führungskräften und Mitarbeitern seltener werden und durch die Verdichtung von Arbeitsprozessen auch die dafür zur Verfügung stehende Zeit immer knapper wird. Darunter leidet das allgemeine soziale Klima wie auch das interpersonelle Verhältnis (vgl. Faust/Jauch/Notz 2000, S. 198). Und schließlich stellt dies Vorgesetzte vor das teilweise unlösbare Dilemma, wie sie *gleichzeitig* sachziel- und beziehungsorientiert sein sollen. Die vermeintlich „freundliche Führung" war von Anfang an auch so freundlich nicht, betrachtet man die oft rigiden Interventionen im Rahmen der Hawthorne-Studien und die recht harschen Urteile, die über unwillige Personen, die sich der erwarteten Anpassung verweigerten, gefällt wurden (vgl. Kieser 2006, S. 147). So sind die Idee des Human Relations-Ansatzes trotz aller Humanorientierung nicht auf einem tiefen Humanismus gegründet, sondern ware eher als Sozialtechnologien zu einer noch subtileren Kontrolle wie verfeinerten Effizienzsteigerung gedacht (vgl. Deeg/Weibler 2008, S. 91). Alle Menschenfreundlichkeit ist damit kein Selbstzweck, sondern Mittel zur Produktivitätsverbesserung.

Eine ganz ähnliche Wendung nahm auch die Disukussion um kulturalistische Steuerungsanästze. Grundlegend für die rasche Adoption des Kulturkonzeptes in Wissenschaft und Praxis war vor allem die vermutete Bedeutung der Organisationskultur für herausragende Leistungen bzw. organisationalen Erfolg (vgl. Mayrhofer/Meyer 2004, Sp. 1030). Der Kulturgedanke stieß dabei zur richtigen Zeit quasi in eine passende Steuerungslücke: Denn im Zuge der Zersplitterung der Organisation in selbststeuernde Gruppen im Gefolge des soziotechnischen Ansatzes und der Umgestaltung der Arbeitsorganisation entlang der Ideen der Dezentralisierung und (Teil-)Autonomie mit einer Betonung von Differenzierung (vgl. auch Boessenkool 2006, S. 70), fehlte es erneut an einer Gesamtsteuerung der Organisation. Mit dem Kulturgedanken sollte deswegen wieder „die Loyalität zum Ganzen und funktionsübergreifendes Denken und Handeln eingefordert werden" (Deutschmann et al. 1995, S. 441). Damit wendet sich diese Denkrichtung deutlich gegen den Reduktionismus und Atomismus der funktional-objektivistischen Ausrichtung des Taylorismus, geht aber auch über die letztlich (klein-)gruppenorientierte Sichtweise des Human Relations-Ansatzes hinaus. Die Idee eines Kulturmanagements eröffnete dabei neue Wege, das organisatorische Gesamtgebilde zu steuern, ohne hinter das Prinzip der Gleichwertigkeit von ökonomischer und sozialer Effizienz zurückzufallen, das aus den Erkenntnissen des Human Relations-Ansatz stammt. Somit setzen die Idee einer kulturellen Steuerung und das Prinzip der Kultivierung die Tendenzen einer **Informalisierung von Steuerung** weiter fort, da hier, statt eines quasi omnipotenten, sichtbaren hierarchischen Vorgesetzten, die zum großen Teil unsichtbare und schwer fassbare Kultur zur „Führungskraft" wird. Dabei soll eine verinnerlichte Organisationskultur die Beschäftigten befähigen, sich im Sinne der Organisation selbst zu steuern und so die Notwendigkeit von Kontrollen zu reduzieren (vgl. Steinmann/Schreyögg 2005, S. 729) und damit auch die Notwendigkeit von personal getragener Führung abbauen helfen.

Insgesamt hat die Idee einer kulturellen Steuerung zu einer Aufwertung des Individuums im organisationalen Zusammenhang geführt, das lange eine untergeordnete Rolle spielte (vgl. auch Boessenkool 2006, S. 83), da die Möglichkeit der Aufrechterhaltung und Mitgestaltung von Kultur durch performative Akte (wie z.B. Rituale) bestehen. Der gestiegene Wert der Person und Persönlichkeit zeigt sich aber auch an den Gelegenheiten der Inszenierung, die ein symbolisches Management eröffnet (vgl. dazu Weibler 1995). Neben den moralischen Problemen einer Instrumentalisierung von Kultur steht aber jede pragmatische Nutzung von kulturellen Elementen zu Steuerungszwecken vor dem Problem der relativen Unzuverlässigkeit und mangelnden Prognostizierbarkeit von Wirkungen, die die Kultivierung zu einem unberechenbaren Steuerungsprinzip machen. Denn im Gegensatz zu maschinellen Programmierungen, die logischen, universell funktionierenden Gesetzmäßigkeiten folgen, sind kulturelle Programmierungen weniger präzise und rational sowie vielgestaltiger in ihrer Wirkung und noch dazu variabler im Zeitablauf und ihrer Geltung (vgl. Weibler 2003, S. 194). Zudem müssen die kollektiv vorgelebten Wertvorstellungen nicht mit den individuellen Vorstellungen korrespondieren und eine feste Kopplung von Kultur und Handeln, durch die das Individuum ein kulturdeterminiertes Wesen wäre, und somit alle Werte auch in korrespondierende Handlungen umsetzen würde, existiert nicht (vgl. auch Berger 1993). Demzufolge lassen sie sich nicht lenken, sondern *sie* sind es, die lenken (vgl. Weber 2005, S. 15). Die Idee einer starken Kultur und eines monokulturellen, homogenen Organisationsgebildes mit einer gemeinsamen Wertebasis, hoher (normativer) Integrationskraft und Identifikation erweist sich als nicht ungefährliche Illusion, denn Normierung als Prinzip bringt nicht unbedingt eine wünschenswerte Norm hervor. So blockieren gerade homogene Kulturen bei starkem Umweltwandel mit ihrer Fixierung auf Erfolgsmuster der Vergangenheit und ihrem Konformitätsdenken den Wandel und weisen eine geringe Innovationsfähigkeit auf. Damit wird eine von einer solchen Idee von Kultur getragene kulturalistische Steuerung dem gewandelten Kontext nicht gerecht.

Bei genauerer Hinsicht zerfallen auch scheinbar homogene Kulturen unter der Oberfläche in verschiedenste Teil- oder Subkulturen, die partielle Integrationen und vielfältige Exklusionen repräsentieren. Außerdem gestattet jede Kultur viele unterschiedliche, teils ergänzende, aber auch widersprüchliche und konkurrierende Deutungen der Realität (vgl. Weber/Mayrhofer 1988, S. 561). Überdies ist ein gezieltes Kulturmanagement eine einigermaßen paradoxe Vorstellungen, denn eine Kulturentwicklung erfordert Zerstörung und Entwicklung zugleich (vgl. Trice/Beyer 1993), was nicht nur negative emotionale Reaktionen wie Unbehagen, Angst, Wut oder Verzweifelung bei den Betroffenen auslösen kann, sondern auch ein einigermaßen heikles und riskantes Unterfangen darstellt. Denn insofern als Kultur metaphorisch gesprochen stets nur ein „dünnes Apfelhäutchen über glühendem Chaos" ist (Kühl 1998, S. 153), kann ein Eingriff in „heilige" Wertordnungen heftige, die Organisation destabilisierende Gegenreaktionen provozieren und Veränderungen damit auch ein destruktives Ergebnis erbringen. Angesichts des Problems der Heterogenität und des Hybridcharakters von Kulturen kann man also mit einiger Berechtigung vom „Mythos der kulturellen Integration" (Krell 1993) sprechen. Die Organisationskulturdebatte offenbarte in mancher Hinsicht auch mehr Wunschdenken als Wirklichkeitssinn. Der „Kult um die Kultur" (Neuberger/Kompa 1987) trieb seltsame Blüten, die allerdings auch rasch verwelkten. In der Praxis zeigt sich zunehmend eine Ablösung des sperrigen und widersprüchlichen Organisationskulturkonzepts und der problematischen und umstrittenen Idee eines Kulturmanagements durch pragmatischere und besser handhabbare Konzepte wie z.B. Corporate Identity, Public Relations-Management. Diese überwiegend nach außen gerichteten Derivate der Kultur laufen aber Gefahr, sich von der inneren Verfasstheit der Organisation in einem bedrohlichen Ausmaß abzukoppeln und neue Diskrepanzen und Konflikte zwischen Individuum und Organisation zu etablieren.

Die Ausweitung der Partizipation des Individuums in diesem Zusammenhang entspringt aber keineswegs automatisch einer dezidiert ethisch motivierten Humanorientierung, sondern ist vielfach eher Teil kalkulativer Managementstrategien, die die Flexibilität und Kreativität des „Humankapital" ökonomisch zu nutzen versuchen (vgl. Kocyba/Vormbusch 2000). Dazu müssen die relativ strengen Zügel des Hierarchieprinzips recht weitgehend gelockert werden, um den Selbstabstimmungsverfahren zwischen den Individuen Raum und Zeit zu geben. Wie „Diskurs und Disziplin" (Vormbusch 2002) aber genau so zu vereinen sind, dass die Zielerreichung der Organisation wie die Autonomie der Individuen gleichermaßen gewährleistet

bleiben, ist dabei prinzipiell noch offen. In Anbetracht der recht anspruchsvollen Voraussetzungen solcher interindividuellen Abstimmungsformen scheint die Idee der Selbstregulation
der Subjekte nicht nur Zugeständnisse, sondern auch Zumutungen bereit zu halten und eine
heikle Balance zwischen Hierarchie und Diskurs zu erfordern (vgl. Minssen 1999). Die
schon seit längerem zu beobachtende Umorientierung in der Arbeitskultur von einem objektivierenden Funktionalismus zu einer **Subjektivierung von Arbeit** (vgl. Moldaschl/Voß
2002, Minssen 2007) korrespondiert mit Entwicklungen auf der Mitarbeiterseite, denen zufolge immer besser ausgebildetere und selbstbewusstere Individuen mehr nach Eigenkontrol-
le und Autonomie streben und so zunehmend ungeeignete Führungs*objekte* bilden (vgl.
Draeger-Ernst 2003, S. 225), sofern ihre Individualität und ihr Vermögen nicht respektiert
werden. Damit sind letztlich wechselseitige Voraussetzungen und Notwendigkeiten gegeben,
von den überlebten interventionistischen Steuerungsverständnissen Abschied zu nehmen.
Eine besondere Herausforderung bei der Ablösung unidirektionaler Steuerungsansätze ergibt
sich dabei aber aus der durchaus paradoxen Tatsache, wie man Veranwortung für komplexe
Systeme übernehmen kann, die sich nur noch begrenzt und wenig zuverlässig steuern lassen.
Dies verlangt ganz **neue Formen responsiver und integraler Verantwortung** (vgl. dazu
Küpers 2008a), die derzeit noch wenig theoretisch elaboriert und praktisch exploriert sind.

Die sich neuerdings abzeichnende Ablösung klassischer, unidirektionaler Steuerungsverständnisse durch **relationale, polyzentrische Steuerungskonzepte** ist freilich nicht allein als
Anwort auf die Grenzen herkömmlicher organisationaler Steuerungsversuche in ihrer Anwendungspraxis zu sehen, sondern Teil einer generellen (theoretisch-paradigmatischen)
Reorientierung. Diese Neuausrichtung kann dabei als **relationale Wende** in der Organisationsforschung (vgl. Scott 2004, Bouwen 2005, Rüegg-Stürm 2005) und in der Führungsforschung (vgl. Dachler 1992, Resch et al. 2005, Uhl-Bien 2006), sowie in der allgemeinen
Sozialforschung (vgl. Emirbayer 1997) bezeichnet werden. Eine relationale Perspektive
betont dabei insbesondere, dass soziale Gebilde wie Organisationen untrennbar mit ihren
Kontexten verflochten sind und sich fortlaufend in Beziehungsgeflechten mit anderen Organisationen (re-)produzieren. Gleichermaßen verstehen relationale Ansätze Führung als ein
sozial konstruiertes Phänomen und damit als einen Prozess, der im Kontext vielfältiger Beziehungen zwischen Organisationsmitgliedern fortlaufend ausgehandelt wird. Dies bedeutet
u.a., dass beispielsweise die Kategorien Führer und Geführte nicht a priori festgelegt sind
und keine unveränderlichen Entitäten darstellen. Vielmehr muss deren Bedeutung kontinuierlich je nach Kontext und von mal zu mal neu bestimmt werden. Führung ist in dieser Logik jedoch, selbst wenn von Führenden und Geführten als Entitäten die Rede ist, nicht an
Personen gebunden, sondern wird als gemeinsamer ganzheitlicher Prozess betrachtet, der
sich über die ganze Organisation verteilt abspielt (vgl. Dachler 2005, S. 45). Daher muss
einem relationalem Steuerungsverständnis folgend, auf laterale wie polyzentrische (verteilte)
Steuerungskonzepte zurückgegriffen werden. Weil Wechselwirkendes immer etwas Unvor-
hersehbares impliziert (vgl. Manella 2003, S. 15), muss damit von monistisch verfassten
Steuerungskonzeptionen ebenso Abschied genommen werden wie von der Idee universell
gültiger, genereller Handlungsprinzipien und der unreflektierten Fortschreibung von Erfolgs-
rezepten der Vergangenheit (vgl. auch Scharmer 2007, S. 56). Die Relationalität in und von
Organisationen schafft lokale Rationalitäten und Wirklichkeiten (vgl. Edwards/Potter 1992,

S. 27), die nur mit einer Vielfalt gleichberechtigter und gleichwertiger Steuerungsansätze angemessen zu berücksichtigen sind.

3 Generische Probleme organisationaler Steuerung

3.1 Integration von Individuum und Organisation

Ein Grundproblem jeder Form von Steuerung in und von Organisationen stellt zunächst die Einbindung des Individuums in organisationale Zusammenhänge dar. Denn bleibt das Individuum der Organisation fremd, erscheinen ihm auch deren Anforderungen befremdlich. Geht die Organisation zu sehr auf Distanz zu ihm, distanziert es sich auch leicht von ihr – sei es durch eine innere Kündigung oder das Verlassen der Organisation. Das Verhältnis von Individuum und Organisation ist dabei schon an und für an sich spannungsgeladen, weil Organisation ein a priori kollektiver Begriff ist (vgl. Hackstette 2003, S. 55), gegen den sich Individualität zu behaupten hat. Denn die in jeder Form der Organisation beinhaltete Zweckorientierung hat notwendigerweise zur Folge, dass die spezifischen, individuellen Ziele der Mitglieder oder Teilnehmer nicht oder nur partiell erfüllt werden können (vgl. etwa v. Rosenstiel/Molt/Rüttinger 2005, S. 119). Individuen werden in dieser Logik als Mittel der Zielerreichung von Organisationen verstanden und gemäß der Nützlichkeit ihrer spezifischen Eigenschaften und Qualifikationen organisatorisch eingebunden (vgl. Bartölke/Grieger 2004, Sp. 468). Hieraus resultiert die Gefahr einer mehr oder minder großen Frustration des Einzelnen, die sich nicht immer vollständig vermeiden lässt. So sprechen Autoren wie z.B. Argyris (1964, 1975) im Bezug auf das Verhältnis von Person und Organisation von einem grundlegenden Widerspruch zwischen beiden, der aus der funktionsgebundenen und eben nicht personengebundenen Logik des Organisationssystems entsteht. In dieser funktionalen Logik, sind einzelne Personen als Funktionsträger stets austauschbar, sofern es für sie einen annähernd gleichwertigen Ersatz gibt. Gleichzeitig ist die faktische Ausführung der Tätigkeiten durch die Funktionsträger wiederum abhängig von ihren individuellen Faktoren (z.B. Motivation, Qualifikation) sowie von ihrer grundsätzlichen Akzeptanz formaler und funktionaler Strukturen (d.h. der Arbeits- und Leitungsorganisation), denen gegenüber sie sich loyal verhalten sollen (vgl. Argyris 1975, S. 221). Allerdings ist dem Einzelnen aber auch an einem Minimum an Identifikation mit der Organisation sowie einem Minimum an persönlicher Wertschätzung gelegen, um seinen sozialen Bedürfnissen Rechnung zu tragen und kognitive und emotionale Dissonanzen zu vermeiden. Beides sind aber auch Faktoren, die eine essentielle Vorbedingung seines wahrhaftigen Engagements darstellen. Schon hier erkennen wir die charakteristische Vernetzung von Sachverhalten, die allem organisationalen Geschehen zueigen ist und für gestalterische Eingriffe bedacht sein muss.

Der Konflikt zwischen Individuum und Organisation ist also von grundlegender Natur und erfordert im Organisationsalltag immer neue Kompromisse (vgl. v. Rosenstiel 1989, S. 71) – zwar beidseitig, aber oft asymmetrisch. Der Trend zum Individualismus im Rahmen des gesellschaftlichen Wertewandels der letzten Jahrzehnte oder der Individualisierung der Arbeitswelt und der Organisation (vgl. dazu u.a. Welge/Holtbrügge 1997, Hackstette 2003, Schanz 2004, Hornberger 2006) hat dies lediglich noch verschärft. Die Spannungen entstehen dadurch, dass Organisationen als kollektive Akteure den Einzelnen zwar als konstitutives Element abstrakt berücksichtigen, aber stets so agieren, als sei eine Integration bereits geglückt. Dabei ist das organisatorische Gebilde auf die Realisierung eines übergeordneten Zwecks bzw. kollektiver Zielstellungen gerichtet. Eine Organisationsleitung hat dafür zu sorgen, dass sich die Mitglieder möglichst uneingeschränkt für die Erreichung einsetzen. Der Einzelne wird dazu mehr oder weniger in einem instrumentellen Sinn den Zielen der Organisation untergeordnet und hat sich vorwiegend an die Organisation anzupassen. Dazu wird aus Organisationssicht auf abstrakte und durchschnittliche Größen (etwa bei der Leistungsmenge und -güte) abgestellt. Das Individuum wird in dieser Sicht erst dann wieder von Bedeutung, wenn es entweder die kollektive Zielerreichung gefährdet oder außerplanmäßig befördert werden soll. Angesprochen wird aber stets nur der Teil der Individualität, der zur Erreichung kollektiver Ziele funktional oder dysfunktional ist. Da aber in der Organisationspraxis das Unwartete und Außerplanmäßige den Alltag bildet, sind Organisationen demzufolge eigentlich permanent mit der Frage konfrontiert, wie Individuum und Organisation am besten zu integrieren sind. Dabei sind Kompromisse zwischen den folgenden idealtypisch-aufgezeigten Konfliktlinien beider Polen angesiedelt:

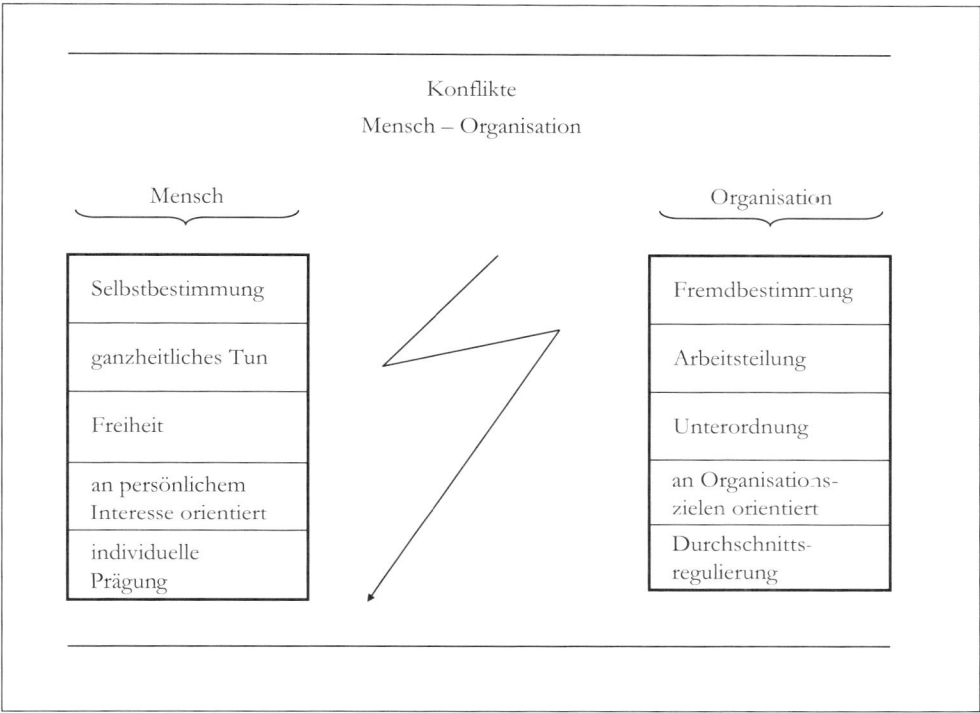

Abb. 3.1: Grundlegende Konflikte zwischen dem Menschen und der Organisation (vgl. v. Rosenstiel 2000, S. 120)

Zur Bewältigung dieser Konfliktlinien haben sich im Lauf der Zeit verschiedene Lösungsansätze in Form von Integrationsprinzipien oder komplexeren Integrationsformen herausgebildet. Der Begriff der Integration meint in diesem Zusammenhang nicht bloß eine Koordination von Individuen, wie sie etwa bestimmte Organisationsstrukturformen auf unterschiedliche Weise zu erreichen versuchen, sondern die Einbeziehung und Eingliederung von Einzelnen in ein größeres Ganzes. Dabei entsteht durch die Inbeziehungsetzung von Teil und Ganzem eine neue Einheit aus der gegebenen Differenziertheit, die sich sowohl durch Angepasstheit als Zustand wie Anpassung als Prozess ergibt. Dies kann auf eine einseitige Weise – vornehmlich als Anpassung des Individuums an die Organisation – oder auf wechselseitige Weise als Annäherung beider zueinander hin geschehen (vgl. Deeg/Weibler 2008, S. 12f.).

Einseitige Integrationsformen setzten die Angepasstheit des Individuums an die Organisation dabei im Grunde genommen schon voraus. Gestützt auf die bereits vor Eintritt in die Organisation wirkenden Medien sozialer Kontrolle (vgl. Türk 1981) wird dann das Strukturgebilde so gestaltet, dass es einen hohen Grad an Vorsteuerung erzeugt und das Individuum durch entsprechend ausgerichtete Strukturen, Prozesse und Instrumente in die vorgefertigten Strukturen möglichst reibungslos eingegliedert wird. Dabei wird von der Individualität des Einzelnen weitgehend abgesehen, indem mit dem Leistungsdurchschnitt von Personen kalkuliert und der Einzelne auf seine Funktion als Aufgabenträger reduziert wird. Dabei dominiert das Prinzip der Leitung, während Führung unter solchen Umständen nur einen Lückenbüßer darstellt, der bei Abweichungen korrektiv eingreift. Um einen reibungslosen Ablauf zu gewährleisten, soll zudem das Organisationsgebilde eher konstant gehalten werden. Dies schafft Erwartungssicherheit und stabilisiert die geschaffenen Verhältnisse. Dem Individuum verbleiben für den Fall, dass sich seine Wünsche und Erwartungen in diesen Verhältnissen nicht umsetzen lassen, jenseits der Option des Verlassens der Organisation nur noch sehr begrenzte Reaktionen auf den „stummen Zwang" objektiver Verhältnisse. Sehr anschaulich werden solche, sich durch den Kontakt des Individuums mit dem unpersönlichen Kollektivgebilde entstehenden Erfahrungen, in den unterschiedlichen Typen der Angepasstheit an solche Zustände, wie sie v.a. Presthus (1962) herausgearbeitet hat.

Wechselseitige Integrationsformen sehen dagegen eine Anpassung als einen interaktiven Prozess. Dies meint eine Entwicklung beider Pole zueinander hin und eine Entfaltung und Veränderung des Einzelnen wie eine Individualisierung und Reorganisation des Gesamtgebildes. Dabei können sowohl kollektive Bezüge des Individuums betont wie auch die Organisation stärker auf individuelle Anforderungen hin ausgerichtet werden. Dazu müssen dem Individuum mehr Spielräume und Entfaltungsmöglichkeiten eingeräumt, aber auch muss das Strukturgebilde bedürfnisgerechter und flexibler gestaltet werden. Dadurch gewinnt gleichzeitig die Führung von Mitarbeitern eine aktive Gestalt, da durch den geringeren Grad an Vorsteuerung ihre stärker individuell ausgestaltbaren Einflussmöglichkeiten dringlicher benötigt werden und dem flexibleren Gebilde nur durch Führungskraft eine klare Richtung gegeben werden kann. Führung wird in dieser Logik zu einem Prozess gegenseitigen Anerkennens und Austarierens (vgl. Uhl-Bien 2006), sowohl interpersonell wie auch im Person-Systemzusammenhang. Gleichzeitig erhält das Organisationsgebilde eine stärker dynamische Komponente, da durch die Wechselseitigkeit der Annäherung auf beiden Seiten Bewegungen entstehen und durch die rekursive Verbundenheit aufrechterhalten werden. Hier wirkt sich die Veränderung eines der Teile über die Relation auf das Ganze aus.

Diese Idealtypen sind in der Organisationsrealität allerdings miteinander verschränkt, da sich der Einzelne einer Organisation zwar anpasst, sie aber immer auch gleichzeitig verändert (vgl. Bea/Göbel 2006, S. 88).

Ganz neue Herausforderungen für eine organisationale Steuerung haben sich in den letzten Jahren außerdem durch verstärkte **Tendenzen der Desintegration** in Organisationen ergeben. Besonders augenscheinlich wird dies vor allem an den folgenden Entwicklungen:

- **Zunehmende Diversität von Personalstrukturen**

In dem Maße wie sich die Bevölkerungsstruktur von Gesellschaften in qualitativer Hinsicht (z.B. in der Alters- oder Nationalitätenzusammensetzung nachhaltig verändert (vgl. dazu Nienhüser 1998, S. 479ff.), wandelt sich auch die Struktur des in der Organisation tätigen Personals. Hinzu kommen Veränderungen der soziokulturellen und institutionellen Rahmenbedingungen (Wertewandel, Individualisierungstendenzen), Transformationen der Tätigkeitsfelder (Ökonomisierung von Non-Profit-Bereichen) und besonders die fortschreitende Globalisierung, die zu einem vermehrten internationalen Personalaustausch und kulturell gemischten Zusammensetzungen von Organisationseinheiten führt. Organisationen sehen sich deswegen mit einer zunehmend inhomogenen Personalstruktur konfrontiert (vgl. Weibler/Deeg 2004, Sp. 192), deren einzig verbindendes Element oft nur noch die Unterschiede sind. Diese Unterschiede der in einer Organisation und ihren Teilgebilden verfassten Personen können allerdings einen sehr bedeutsamen Unterschied machen (vgl. dazu Jehn/Northcraft/Neale 1999). Denn die zunehmend heterogenen Orientierungen der Mitglieder behindern ein einheitliches, gemeinschaftliches Vorgehen und reduzieren die Kohäsionskräfte des sozialen Gefüges der Organisation bzw. von Teileinheiten (v.a. Gruppen). Darüber hinaus werden nicht nur die Versuche einer einheitlichen, d.h. gleichförmigen Integration schwieriger, sondern generell die Bindekräfte kollektiver Dimensionen und die Möglichkeiten der Vergemeinschaftung als Integrationsweg abgeschwächt.

- **Wachsende Distanz in Führungsbeziehungen**

Die Tendenzen der Virtualisierung, Dezentralisierung und Globalisierung des Organisationsgeschehens führen zunehmend zur Auflösung der Dyade als bisherigem Regelfall der engen Beziehungsform zwischen Führenden und Geführten und ihrer Ersetzung durch eher netzwerkartige Interaktionsformen mit größerer Führungsdistanz (siehe dazu auch Rüegg-Stürm/Achtenhagen 2000, Yukl 2006, S. 24f.). Dass Führende und Geführte nicht in einem relativ überschaubaren und genau abgegrenzten sozialen Feld agieren, sondern in einem weit gespannten, tendenziell offenen und eher locker geknüpften Beziehungsnetzwerk situiert sind, stellt eine ungewohnte Situation in der Beziehung von Individuum und Organisation dar. Eine solche Führung über Distanz wirft teilweise ganz neuartige Problemstellungen auf (vgl. Collinson 2005, Eichenberg 2007, Weisband 2008), die das Integrationsproblem in einem veränderten Licht erscheinen lassen. So ist es für eine Führung über Distanz relativ schwierig, verhaltensrelevante Situationen prägnant zu bestimmen, um einen Einfluss geltend machen zu können (vgl. Fischer/Manstead 2004, S. 317). Dabei insbesondere sind die Wünsche, Gedanken oder Erwartungen der (potenziellen) Geführten aus der Distanz heraus schwerer auszumachen, was die Entstehung eines geteilten Verständnisses der Führungsbeziehung und darüber hinaus behindert und eine individuelle Beachtung erschwert. Damit ist besonders eine Integration über führungsbezogene Maßnahmen nicht mehr ohne weiteres zu leisten oder verlangt jedenfalls anders gelagerte Anstrengungen.

- **Steigende Dezentralisierung von Entscheidungskompetenzen**

Als Reaktion auf ihr zunehmend dynamisches und unübersichtliches Umfeld lässt sich bei vielen Organisationen eine Abkehr von monistischen Entscheidungsprinzipien bzw. zentralistisch verfassten Leitungskonfigurationen beobachten. Durch eine strategische wie operative Dezentralisierung (vgl. Kuhn 1997, Faust et al. 1995, Kühl 2001, Drumm 2004) sollen eine hohe Regelungsdichte und ausgeprägte hierarchische Steuerung und Kontrolle, die unter den gegebenen Rahmenbedingungen als zunehmend problematisch erweisen, überwunden werden. Dazu wird eine Segmentierung des organisatorischen Gesamtgebildes in kleinere Einheiten (z.B. Center) vorgenommen und das Steuerungs- und Koordinationsprinzip des Marktes internalisiert. Dies verändert nicht nur den Handlungsrahmen von Individuen, sondern modifiziert auch deren Handlungsorientierungen (vgl. Moldaschl/Sauer 2000). Mit einer steigenden Selbstverantwortung und Selbstkontrolle, gehen mehr Selbstverpflichtung und Selbstbewusstsein einher. Hierdurch steigen die Ansprüche des Individuums an die Organisation hinsichtlich seiner Behandlung und Beachtung, aber auch die Ansprüche der Organisation an das Individuum hinsichtlich seiner Kompetenz und seines Commitments. Die Atomisierung des strukturellen Rahmens erlaubt dabei mehr Flexibilität in Richtung der besonderen Individualität, senkt aber durch die Betonung des Konkurrenzprinzips auch die Kooperationsbereitschaft und die Prosozialität in den interpersonellen Beziehungen, was den Gesamtinteresse der Organisation schaden kann (vgl. Rüegg-Stürm/Achtenhagen 2000, S. 6). Besonders deutlich wird dieser Desintegrationsprozess am Bild des „Arbeitskraftunternehmers" (Voß/Pongratz 1998), der kein vollwertiges, integriertes Mitglied einer Organisation als sozialer Gemeinschaft mehr darstellt, sondern als quasi selbständiger, externer Unternehmer in eine nurmehr kontraktuelle Beziehung zur Organisation tritt und ihr damit eher fremd bleibt.

- **Vermehrte Diskontinuität von Organisationsstrukturen**

Organisationen gelten oft als Inbegriff des Statischen (vgl. Bea/Göbel 2006, S. 419), doch eine gewisses Maß an Wandel ist allen Organisationen quasi inhärent zueigen. Er liegt in der „Labilität von Strukturen" begründet (vgl. Kühl 1998, S. 57). Mit der einschneiden Veränderungen der Umweltbedingungen ist allerdings von einer veränderten Natur des Wandels auszugehen. Veränderungen vollziehen sich inzwischen mehr denn je nicht mehr allmählich und reibungslos, sondern plötzlich und heftig – also diskontinuierlich (vgl. Deeg 2005, S. 7). Ein solcher weit reichender und tief greifender Einschnitt in das Strukturgefüge wie auch generell die Zunahme solcher Veränderungsmuster bleiben nicht ohne Folgen für das Verhältnis von Individuum und Organisation. Schließlich erfordert dies die Fähigkeit, rasch mit tradierten organisationalen Handlungsmustern zu brechen und sich in neuen, fremdartig anmutenden Verhältnissen zu orientieren. Dabei sind gleichzeitig nur geringe Vorlaufzeiten für Reaktionen vorhanden und die Richtung von Veränderungen unsicher und Erfahrungen häufig wertlos (siehe auch Schreyögg 2000, S. 22ff.). Dies geht einher mit einer Abnahme langfristiger Bindungen zwischen Organisationen und ihren Mitgliedern und einer gesteigerten Unsicherheit über Karriereverläufe (vgl. Faust/Jauch/Notz 2000). Dies zeigt sich im Unternehmensbereich sehr anschaulich an der Verbreitung eines interimistisch orientierten Managertypus (vgl. dazu Inkson/Heising/Rousseau 2001), der kaum mehr eine innere Bindung an den Betrieb aufweist, auf Stellen- und Unternehmenswechsel im schnellen Rhythmus ausgerichtet ist und sich auf schnell realisierbare und vorzeigbare Erfolge konzentriert (vgl. Dörre 1997, S. 22).

- **Fortschreitende Erosion und Entgrenzung des Organisationsgebildes**

Organisationen sind heute schon von ihrer Grundidee her vielfach kein streng monolithisches Gebilde mehr und die herkömmlichen Vorstellungen von der Organisation als ein auf Dauer angelegtes, fest gefügtes Strukturgebilde können vor diesem Hintergrund nicht länger undifferenziert aufrechterhalten werden. Besonders augenfällig zeigt sich diese Entwicklung am Fall von Unternehmen, deren Grenzen in der Realität zusehends verschwimmen und die in zahlreichen Fällen von einer Erosion in eine Vielzahl von Einzelteilen, insbesondere bei großen Organisationen, betroffen sind (vgl. u.a. Eickhoff 1996, Bleckner 1999). Besonders die Veränderung von Beschäftigungsverhältnissen, die Dezentralisation und Verselbständigung von Unternehmenseinheiten, die zunehmende Kooperation mit Konkurrenten, Lieferanten und Kunden und die räumliche wie zeitliche Entkopplung von Leistungserstellungsprozessen verwischen immer dabei weiter die inneren und äußeren Grenzen der Unternehmung. Hinzu kommt eine immer stärker Außenorientierung an Shareholdern und auch Stakeholdern, die ein bedeutsames und weiter zunehmendes Gewicht bei Unternehmensentscheidungen erlangt haben (vgl. dazu u.a. Donaldson/Preston 1995, Mill/Weinstein 2000, Speckbacher 2004). Damit wird immer mehr unklar, wer zur Gemeinschaft der Organisationsmitglie-

der rechnet und woran sich der Einzelne orientierten soll. Eine Einbettung in einen kohärenten Wertezusammenhang ist dadurch auch immer weniger gegeben, da immer neue Werte-
konflikte durch verstärkte Außenorientierung der Organisation im Stakeholder- und Share-
holder-Geflecht auftreten und so die Mitglieder spalten.

Dies alles führt zu einer eher lockeren Vernetzung und Koppelung der Bestandteile von Organisationen und sorgt für „Inkongruenzen, Dissonanzen und Spannungen" (Reiß 1998,
S. 226), mit denen eine organisationale Steuerung nicht nur permanent, sondern sogar in
einem wachsenden Ausmaß zu rechnen hat.

3.2 Kongruenz von Personal- und Organisationsstruktur

Ein weiteres zentrales Problem der Steuerung von allen Organisationen ist es, eine **Kongruenz** (Übereinstimmung) zwischen Organisations- und Personalstruktur herzustellen (vgl.
Türk 1981, S. 36ff.). Dies haben die zuvor aufgeführten grundlegenden Probleme der organisationalen Steuerungslogik bereits gezeigt (☞ Kapitel 2.2). Weil Organisationen Zusammen-
schlüsse von höchst unterschiedlichen Personen sind, ist eine Deckungsgleichheit der individuellen und organisationalen Ziele sowie des organisational erwarteten und des individuell
tatsächlich gezeigten Verhaltens keineswegs von vornherein gesichert. Eine solche Kongruenz muss deshalb notwendigerweise bis zu einem gewissen Grad gezielt hergestellt werden, weil anderenfalls die Erreichung des Organisationsziels dadurch erheblich gefährdet
werden könnte. Und in einem noch weitergehenden Sinn steht damit die Existenz der Organisation auf dem Spiel. Besonders bezogen auf das (individuelle) Verhalten haben also Organisationen die Konformität zwischen Verhaltenserwartungen (Anspruch) und faktischem
Handeln (Wirklichkeit) zu sichern. Das zentrale Instrument, um eine solche Konformität zu
gewährleisten, ist die sogenannte soziale Kontrolle. Darunter können alle Prozesse verstanden werden, die der Überprüfung zwischen Erwartung und tatsächlichem Verhalten dienen.
In der Organisation bedeutet **soziale Kontrolle**, dass auf verschiedenen Wegen nachgeprüft
wird, ob die Organisationsmitglieder entsprechend der aufgestellten Verhaltenserwartungen
handeln bzw. gehandelt haben. Eine solche Kontrolle individuellen Verhaltens durch die
Organisation lässt sich wie folgt charakterisieren (Etzioni 1967, S. 110, zitiert nach Türk
1981, S. 44f.):

*„Das Ziel der Organisationskontrolle ist es, sicherzustellen, dass Vorschriften und Befehle
befolgt werden. Wenn eine Organisation Individuen einstellen könnte, die sich von selbst
fügten oder wenn die Organisation ihre Mitglieder so erziehen könnte, daß sie sich ohne
Aufsicht einfügten, dann bestünde kein Bedarf an Kontrolle."*

Eine Organisation ist jedoch nicht allein auf die ihr zur Verfügung stehenden Möglichkeiten
zur Verhaltenskontrolle und nicht nur auf die unmittelbare Kontrolle durch hierzu besonders
beauftragte Personen (z.B. Vorgesetzte bzw. Führungskräfte) angewiesen. Es existieren

vielmehr verschiedene **Prozesse** oder **Formen der sozialen Kontrolle** (vgl. Türk 1981, S. 44ff.):

- **vor-organisationale soziale Kontrolle:** Schon bevor eine Person in eine Organisation eintritt, ist sie durch bisherige Sozialisationsprozesse auf die Interaktion und Zusammenarbeit mit anderen Personen vorbereitet. So lernen beispielsweise bereits Kinder und Jugendliche im Elternhaus und in der Schule, dass Hilfsbereitschaft ein sozial erwünschtes Verhalten ist. Dies muss einem Organisationsmitglied bei seinem Eintritt in die Organisation deswegen nicht grundsätzlich neu vermittelt werden.
- **organisationale Potenzialkontrolle:** Die Organisation kann durch die Auswahl von bestimmten Personen, ihren zielgerichteten Einsatz und ihre Weiterqualifizierung Handlungspotenziale kontrollieren bzw. gewünschte Verhaltensweisen entwickeln. So steht z.B. einem Organisationsmitglied, welches auf ein Seminar für Konfliktlösungstechniken geschickt wird, zukünftig ein breiteres Spektrum an organisational erwünschten Handlungsweisen für Konflikte im Kollegenkreis zur Verfügung.
- **organisationale Handlungskontrolle:** Während durch Sozialisation personale Handlungspotenziale geprägt, durch Selektion und Allokation „gesiebt" und organisationalen Positionen zugeordnet werden, kann schließlich die Organisation direkt Handlungen der Organisationsmitglieder auf persönlichem oder unpersönlichem Weg kontrollieren. Zu denken ist dabei z.B. an eine verwendete Fließbandtechnik, die Freiheitsgrade beim Handlungsvollzug der Organisationsmitglieder stark einschränkt (unpersönliche Kontrolle). Bei der persönlichen Kontrolle denkt man zunächst an die Kontrolle durch den Vorgesetzten; Kontrolle durch Kollegen kann jedoch auch unmittelbar wirksam werden, z.B. wenn die Beteiligten durch die Art der Arbeitsorganisation auf Kooperation zur Erreichung individueller Gratifikationen angewiesen sind.

Diese verschiedenen Formen oder Prozesse der sozialen Kontrolle können über bestimmte **Medien** erfolgen, die in der nachfolgenden Abbildung dargestellt sind:

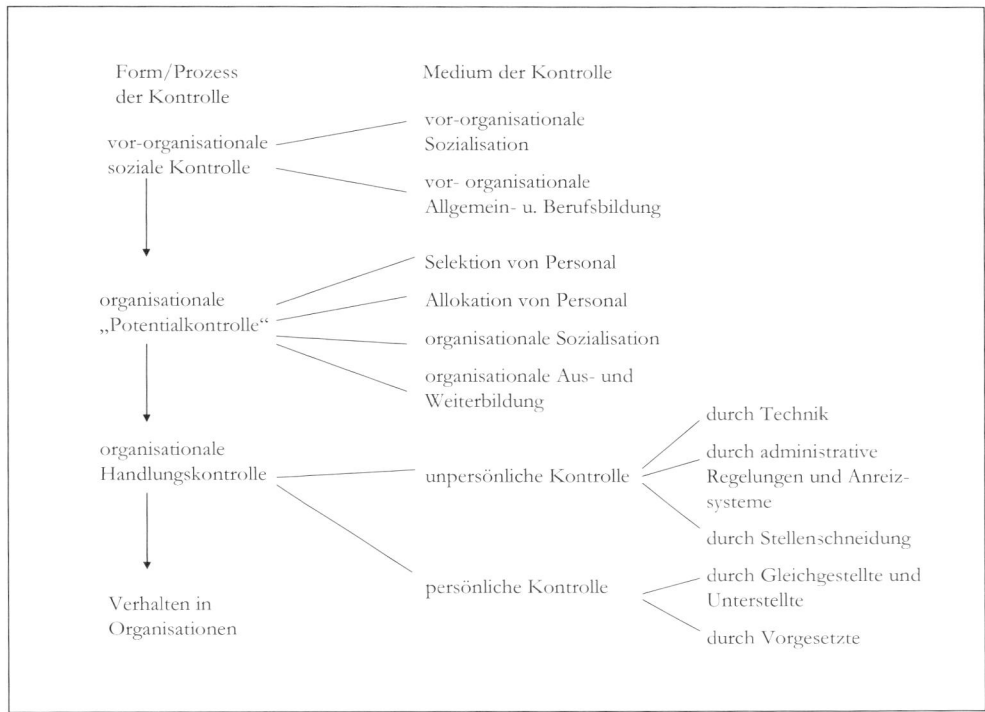

Abb. 3.2: Prozesse und Medien sozialer Kontrolle organisationalen Handelns (vgl. Türk 1981, S. 46)

Eine interaktive Steuerung über eine Personalführung (hier verstanden als persönliche Kontrolle im Rahmen der organisationalen Handlungskontrolle) stellt dabei nur eine Form zur Sicherung der Konformität in Organisationen dar und erhält dadurch eine sehr besondere Rolle. Personalführung ist unter dem Aspekt der (organisational erwünschten) sozialen Kontrolle damit „gleichsam ein »Residualfaktor«, der situationsspezifisch immer dann und in dem Maße eingesetzt wird (einzusetzen wäre), in dem die übrigen Mechanismen sozialer Kontrolle nicht ausreichen bzw. nicht zur Wirkung oder zum Einsatz gelangt sind" (Türk 1981, S. 65). Bezogen auf den organisationalen Kontext von Steuerungsversuchen ließe sich also formulieren, dass demzufolge Führung insbesondere dort stattfindet, wo organisationale Regelungen nicht (mehr) greifen. Dies geschieht aber regelmäßig in allen Organisationen: „Zwar ist Organisation gegenüber Führung ein differentes soziales Kontroll- und Zuweisungsmuster, doch kommt ... eine Organisation in aller Regel nicht ohne Führung aus" (Türk 1978, S. 8). Denn Führung vermag über Personen und zwischen Personen eine individualisierte Steuerung auszuüben, die in dieser individuellen Passgenauigkeit von den strukturellen Mitteln der Organisation nicht zu leisten ist.

Im Fall von Organisation als Mittel der Steuerung richtet sich der Beeinflussungsversuch dagegen primär auf **Personenmehrheiten**. Während sich Personalführung vorwiegend (wenngleich nicht ausschließlich) in dyadischer Form vollzieht (vgl. Weibler 2001, S. 71;

Wegge 2004), ist Organisation stets pluraler Natur. Sie gestaltet ordnend das Verhalten einer Vielzahl von Personen (vgl. Türk 1978, S. 5). Dabei wird abstrahierend vom Leistungsver-mögen des Einzelnen eine durchschnittliche Leistungsmenge und Leistungsgüte der organi-sierten Personen unterstellt (vgl. auch Scott 1998, S. 37). Organisation liefert so standardi-sierte (Verhaltens-)Lösungen für vorab definierte Anwendungsfälle (vgl. auch v. d. Oelsnitz 2000, S. 23), die von vielen Personen sogar gleichzeitig und voneinander unabhängig genutzt werden können. Dieses Verfahren senkt den Steuerungsaufwand (und damit Transaktions-kosten) und erhöht gleichzeitig die Entscheidungskapazität. Die kollektive Ausrichtung von Organisation bedeutet auch, dass sie für eine unbestimmte Zahl von Personen gedacht ist. Sie bezieht sich deswegen auch nicht auf Individuen, sondern auf Positionen oder Stellen (vgl. Scott 1998, S. 35; Küpper/Felsch 2000, S. 54f.). Organisation antizipiert dabei im Vorfeld (Verhaltens-)Probleme und entwirft dazu standardisierte Problemlösungen in Form von Ver-haltensanweisungen (vgl. Türk 1978, S. 7; v. d. Oelsnitz 2000, S. 22). Die Verhaltenssteue-rung erfolgt weitgehend unpersönlich, z.B. durch Technik, Anreizsysteme, Stellenschnei-dung (vgl. Türk 1981, S. 46), und ist auf Dauer angelegt (vgl. Türk 1978, S. 5). In ihrer Wir-kung vermag sie deswegen nicht so differenziert zu sein wie individuelle Führungsanstren-gungen, dafür kann ihre Verhaltensbeeinflussung ungleich anhaltender und konstanter wir-ken. Damit bewegt sich Organisation zum Teil auch im Bereich des Selbstverständlichen und Unbewussten. Sie wird als gegebene Ordnung in vielen Fällen bereits vorausgesetzt (vgl. Scott 1995, S. 42f.).

Wir können Organisation und Personalführung demnach als zwei unterschiedliche Versuche der zielgerichteten *Verhaltens*steuerung von Personen ansehen. Aus Sicht des Einflussobjek-tes (d.h. der Organisationsmitglieder) sind sie als zwei unterschiedliche **Formen der Fremd-steuerung** (☞ Kapitel 2.2) anzusehen. Denn sowohl Organisation als auch Personalführung verfolgen aus Sicht des Organisationsmitgliedes die Erreichung extern vorgegebener Ziele („Jeder hat eine bestimmte Aufgabe zu erfüllen, die zur Erreichung des Organisationsziels sachlogisch geboten ist"). Dass die obersten Organisationsziele bzw. die hieraus abgeleiteten Subziele auch vom Organisationsmitglied geteilt werden können und dass Organisationen auch vielfältige Möglichkeiten bieten, eigenen Neigungen und Interessen nachzugehen, ist hier unerheblich.

Personalführung und Organisation unterscheiden sich aber ihrem Wesen nach ganz erheb-lich:

• Organisationen und ihre Regelungen sind nicht an bestimmte Individuen gebunden und vermögen über lange Zeiträume hinweg zu bestehen. Ihre Regelungswirkung geht damit über einzelne Situationen und Personen hinaus.

• Personalführung ist hingegen an konkrete Personen gebunden und muss flexibel auf un-terschiedliche Situationen reagieren bzw. antizipierte erwünschte Zustände herbeiführen und unerwünschte Zustände vermeiden. Dass ein erweitertes Verständnis der Personal-führung auch überindividuelle und überzeitliche Regelungen beinhalten kann, sei an die-ser Stelle einmal vernachlässigt.

Auch was die Art und Weise der Verhaltensbeeinflussung angeht, operieren Organisation und Personalführung nach einer unterschiedlichen Logik. Die Unterschiede in der Verhaltensbeeinflussung von Organisation und Personalführung lassen sich bezogen auf die Steuerungsart, das Steuerungsobjekt und die Steuerungsmittel als wesentliche Aspekte einer Verhaltenssteuerung wie folgt charakterisieren:

Organisation

- **Steuerungsart:** Organisationen sind durch eine präsituative Steuerung des menschlichen Verhaltens gekennzeichnet. Sie versuchen im Vorfeld eine Steuerung über den Einzelfall hinaus für eine Vielzahl erfahrungsgemäß eintretender oder zukünftig möglicher Bedingungen mit möglichst langandauernder Gültigkeit zu erreichen.
- **Steuerungsobjekt:** Organisationsmitglieder bzw. ihr Verhalten; sie richtet sich aber – abstrahierend vom einzelnen Individuum – auf Positionen oder Stellen und auf ein angenommenes oder erwartetes Verhalten.
- **Steuerungsmittel:** Aufgaben und Regeln, abstrakt und unpersönlich formuliert, zumeist an eine Vielzahl nicht genau bekannter Adressaten gerichtet.

Personalführung

- **Steuerungsart:** Personalführung ist dagegen durch eine situative Steuerung gekennzeichnet. Sie versucht zeitnah unter jeweils konkreten situationalen Bedingungen eine Steuerung bezogen auf den jeweiligen Einzelfall zu erreichen.
- **Steuerungsobjekt:** Personal der Organisation (Organisationsmitglieder); sie richtet sich aber auf konkrete Personen und ihr tatsächliches Verhalten.
- **Steuerungsmittel:** (Führer-/Vorgesetzten-)Verhalten; konkret und persönlich ausgestaltet, richtet sich an genau bestimmte Personen.

Auf verschiedenen Wegen und in unterschiedlicher Richtung sorgen damit beide für eine Kongruenz von Personal- und Organisationsstruktur. Weil sie sich dabei aber nicht immer von sich aus gegenseitig ergänzen und verstärken, bleibt eine Gesamtsteuerung notwendig.

3.3 Koordination von Prozessbeherrschung und Gestaltformung

Die verschiedenen Verständnisse und Begriffe von Organisation suggerieren, dass es sich bei Organisationen entweder um das fortlaufende Geschehen eines Organisierens handelt, aus dem sich eine Gestalt ergibt oder dass Organisationen feste Gestalten sind, deren dauerhafte Strukturen für den prozessualen Ablauf sorgen. Steuerungsaktivitäten müssten sich demzufolge entweder auf die Beherrschung des Geschehens oder auf die Gestaltung der Gestalt (und ihre Abgrenzung zur Umwelt) richten. Dabei ist der doppelte Charakter von Organisationen als dynamisches wie statisches Phänomen (☞ Kapitel 3.6) zu bedenken. Zur Veranschaulichung des Verhältnisses von Prozessbeherrschung und Gestaltformung ist es hilfreich, einige Grundelemente zu bestimmen, die Organisation gleichzeitig als Prozess wie auch als Ergebnis charakterisieren. Ausgangspunkt dieser Bestimmung von Grundelementen soll dabei Tatsache sein, dass sich Organisation ganz wesentlich auf den Menschen bzw.

menschliches Verhalten richtet. Dies ist für jeden Einzelnen im Umgang mit Organisationen täglich erfahrbar und unmittelbar nachvollziehbar. Damit bilden konkrete **Personen** als diejenigen Entitäten in der sozialen Wirklichkeit, von denen Verhalten ausgeht, das erste unverzichtbare Grundelement. Organisation ist im Wesentlichen eine Form der dauerhaften Ordnungsbildung, die von Menschen benutzt wird, um Leistungen zu erreichen, die über die Möglichkeiten eines Einzelnen weit hinausgehen. Dies kann aber nur dann realisiert werden, wenn die hierzu benötigten **Ressourcen** zur Verfügung stehen. So ist also jede Form der Organisation ohne Ressourcen schlechterdings undenkbar. Im Element der Ressourcen findet auch der kollektive Charakter von Organisation als Modus sozialer Interaktion einen prägnanten Ausdruck. Denn die institutionelle Gründung einer Organisation setzt das Einbringen von Ressourcen in eine gemeinschaftliche Form voraus. In diesem Sinn stellt jede Organisation gewissermaßen einen Pool von Ressourcen dar. Weiterhin kann von einer dauerhaften Ordnungsbildung nur dann gesprochen werden, wenn durch sie entsprechend erkennbare **Strukturen** entstehen. Diese Strukturen setzen sowohl die organisierten Personen als auch die eingesetzten Ressourcen ordnend zueinander in Beziehung. Sie sind Ausdruck der Formalisierung der Verhaltenssteuerung durch Organisation, da die durch sie repräsentierten Regelungen überwiegend auf formellem Weg entstehen. Die Dauerhaftigkeit von Strukturen ist aber lediglich relativer Art: Organisationale Strukturen sind zwar von ihrem Grundgedanken her auf längere Dauer angelegt, unterliegen jedoch aufgrund von Umwelteinflüssen der Notwendigkeit einer immer wieder neu vorzunehmenden Anpassung. Aus diesem Grund kommt ihnen nur ein vorübergehend stabiler Charakter zu. So sind Strukturen letztlich einem ständigen Prozess der Dekonstruktion und Rekonstruktion ausgesetzt (vgl. auch Deeg/Weibler 2000), der sich im Phänomen des organisationalen Wandels manifestiert.

Als letztes braucht jede Form der Organisation eine Beeinflussungsrichtung, also konkrete Ziele, da sie sonst von unbeabsichtigten oder unbewussten Einflüssen nicht unterscheidbar wäre und anderenfalls auch nicht von einer Verhaltens*steuerung* gesprochen werden könnte. Ferner muss im Kontext der Verwendung von Organisation für die Erzielung von Leistungen eine Zielrichtung angenommen werden, denn üblicherweise erfolgen Versuche der Verhaltensbeeinflussung in Leistungsgemeinschaften zielgerichtet (vgl. Weibler 2001, S. 36). Anderenfalls wäre eine kollektive Ausrichtung der Einzelbeiträge nicht mehr gegeben oder dem Zufall überlassen und somit das Leistungsergebnis gefährdet oder der Zusammenhalt der Leistungsgemeinschaft auf Dauer bedroht.

Wir wollen vor dem Hintergrund der vorangegangenen Erläuterungen somit die folgenden vier **Grundelemente von Organisation** unterscheiden (vgl. Scott 1998, S. 17ff.; Schanz 1992, Sp. 1462ff.):

- **Personen:** Sie bilden einen der wichtigsten und damit elementarsten Bestandteile von Organisationen überhaupt, denn Organisation ist das Produkt der Interaktion einer Mehrzahl von Menschen. Denn einerseits bedingt die Schaffung von Organisation als Gebilde ja den initiatorischen Einsatz von Personen (z.B. Unternehmensgründung). Andererseits bedarf es aber auch zwingend der Mitwirkung von natürlichen Personen, damit durch Organisation beispielsweise Ziele kontinuierlich verfolgt werden können.
- **Ressourcen:** Im weitesten Sinn sind unter einer Ressource alle Dinge zu verstehen, die für das Organisationsgeschehen als wertvoll erachtet werden. Dies sind nicht nur unmit-

telbar physische Dinge, sondern auch im Bereich der Möglichkeiten liegende Sachverhalte. Zunächst sind Ressourcen also lediglich Potenziale, die einem Nutzen zugeführt werden können. Damit sind auch Wissensbestände, Fähigkeiten oder Kompetenzen unter die organisationalen Ressourcen zu rechnen. Folglich können als Ressourcen in diesem Zusammenhang alle Faktoren bezeichnet werden, die der Organisation unmittelbar oder potenziell zur Verfügung stehen.

- **Strukturen:** Sie bilden eine wesentliche Voraussetzung für das Gelingen des Versuchs der Verhaltensbeeinflussung durch Organisation. Unter Strukturen versteht man ganz allgemein gesprochen die dauerhaften Regelungsmuster der Beziehungen zwischen den organisierten Personen, aus denen sich ein längerfristiges „Aufbaugefüge" der Teile (Personen) in Bezug zum Ganzen (Organisation) ergibt. Strukturen sollen also eine Ordnung von Beziehungen zwischen Menschen und ihren Handlungen schaffen. Dazu werden Regeln formuliert und zumeist schriftlich fixiert, deren Befolgung eine solche Ordnung herstellen soll.

- **Ziele:** Organisationen können auf Dauer nur bestehen, wenn Menschen mit ihrer Hilfe bestimmte Ziele erreichen. Des Weiteren werden Organisationen in der Regel auch nur deswegen gegründet, um bestimmte Ziele zu verfolgen und erhalten ihre gesamte Daseinsberechtigung wesentlich daraus, dass sie diesen Zielen dienen. Ziele beeinflussen deswegen wesentlich die Struktur und das Verhalten von Organisationen als Ganzes wie auch der in ihnen verfassten Personen. Jedoch ist es keineswegs selbstverständlich, von einer Zielgerichtetheit zu sprechen, denn dazu bedarf es Personen, die bewusst Zielvorstellungen entwickeln und das Sozialgebilde Organisation dementsprechend leiten und gestalten.

Die nachfolgende Abbildung veranschaulicht diesen Sachverhalt:

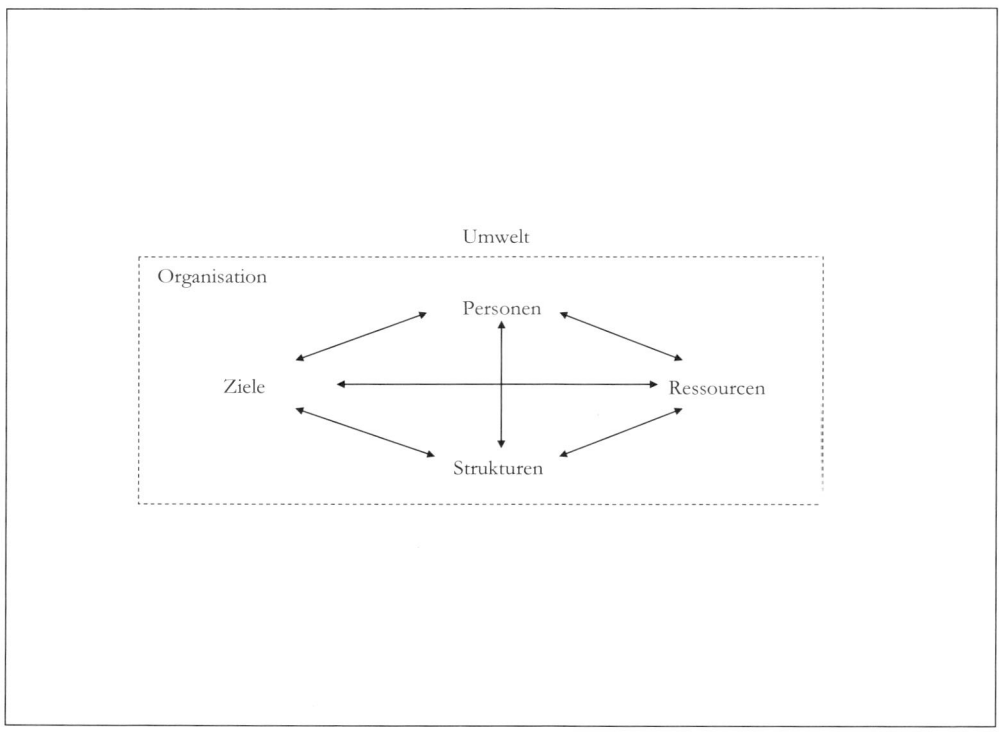

Abb. 3.3: Grundelemente der Organisation (in Anlehnung an Scott 1998, S. 17)

Die Kombination dieser Elemente erzeugt Ordnung, d.h. dass Organisation sich also durch
eine Verknüpfung dieser Elemente auszeichnet (vgl. auch Krüger 1994, S. 13). Auch wenn
die zuvor aufgeführten Elemente einen institutionellen Organisationsbegriff nahe legen,
möchten wir dennoch Organisation gleichermaßen als Prozess wie auch als Ergebnis verste-
hen: Durch die Kombination der Elemente wird organisiert **(Prozess)** und damit das Gebilde
Organisation konstituiert **(Ergebnis)**. Wir wollen dabei noch annehmen, dass dadurch eine
Unterscheidung zwischen organisierten und nicht-organisierten Entitäten erkennbar wird.
Mit anderen Worten entsteht also durch den Organisationsprozess ein Gebilde, das von einer
Umwelt abgrenzbar ist. Dies zeigt einmal mehr den untrennbaren Zusammenhang zwischen
Innen- und Außenorientierung im Kontext von Organisationen, der nachfolgend im integrati-
ven Modell näher aufgegriffen wird (☞ Kapitel 4). Die Kombination der Elemente und die
Abgrenzung von der Umwelt geschehen aber keineswegs rein selbstorganisierend, sondern
muss in weiten Teilen fremdorganisiert werden. Die Integration der Grundelemente von
Organisation ist somit Teil der Managementaufgabe und verlangt eine Anweisung (Leitung)
wie Abstimmung (Koordination), die wiederum nur in Prozessschritten geleistet werden
können. Dieser **Managementprozess** besteht also wiederum aus zahlreichen Einzelprozes-
sen, die wir an dieser Stelle aber nicht näher betrachten wollen.

Aus guten Gründen ist gerade in der betriebswirtschaftlichen Organisationslehre eine zunehmende **Prozessorientierung** zu beobachten (vgl. Link 2004, S. 55): Nicht erst seit der
Diskussion um die Einführung eines **„Business Process Reengineering"** (vgl. dazu Gaitanides 2007, S. 47ff.) ist das Bewusstsein gewachsen, dass die Arbeitsteilung in Unternehmen
oft zu weit getrieben wurde und durch eine verstärkte Zuwendung zu den Prozessen der
Leistungserstellung erhebliche Produktivitätsgewinne zu erzielen sind. Der Prozessbegriff ist
allgemein in den verschiedensten Wissenschaftsdisziplinen verbreitet (vgl. Bea/Schnaitmann
1995, S. 278) und findet auch in der Organisationslehre die vielfältigsten Verwendungen.
Dabei steht hier in der Regel die **Prozessorganisation** als besondere Strukturgestalt im Vordergrund, bei der die organisationale Konfiguration nach der Logik der ablaufenden Prozesse
gestaltet wird (vgl. Gaitanides 2004, Sp. 1210). Unter einem Prozess versteht man grundlegend eine zusammenhängende Folge von Aktivitäten mit einem definierten Anfang und
Ende, die zu einem bestimmbaren Ergebnis führen (vgl. Bea/Göbel 2006, S. 414). Mit anderen Worten stellt ein Prozess also eine dynamische Entwicklung dar, bei der innerhalb des
Prozesszeitraums eine Veränderung stattfindet. Produktionstechnisch stellt diese Veränderung von etwas zu etwas anderem die Transformation von Input zu Output durch eine Folge
von Tätigkeiten dar (vgl auch Bea/Schnaitmann 1995, S. 278f.; Wilhelm 2003, S. 1). Der
Prozessgedanke verweist auf die Interdependenz und Zusammengehörigkeit von Einzelakti-
vitäten, die in traditionellen Formen der Arbeitsteilung meist zerschnitten werden und zu
einer hohen Zahl von störanfälligen Schnittstellen führen (vgl. Bea/Göbel 2006, S. 414f.).
Die hohe wirtschaftliche Dynamik und der steigende Wettbewerbsdruck zwingen in den
letzten Jahren auch Führungskräfte, sich verstärkt mit Arbeitsprozessen auseinander zu setzen und betriebliche Strukturen dahingehend zu gestalten (vgl. Olfert/Rahn 2005, S. 157).

Der **Prozessgedanke** in Gestalt des **Modells einer Prozessorganisation** bildet somit *eine*
neue Idee zur Integration von arbeitsteilig erbrachten Leistungen und der Reduzierung von
Schnittstellenproblemen bzw. der Integration von individuellen Leistungen und organisationalen Strukturen. Daher stellt das Prozessdenken eine besondere Reaktion auf die spezifischen Defizite bisheriger Strukturmodelle dar, aber keine umfassende Lösung des generellen
Integrationsproblems von Individuum und Organisation. Es gibt folglich zahlreiche unterschiedliche Möglichkeiten, das komplexe Organisationsgeschehen bzw. die damit verbundenen Management- und Steuerungsleistungen in einzelne Prozesse zu unterteilen. Dabei muss
beachtet werden, dass solche Prozesse unter der Einflussnahme von Menschen ablaufen und
deswegen ihr Ausgang auch maßgeblich von deren Verhalten abhängt (siehe auch Bea/
Schnaitmann 1995, S. 279f.). Die stark technisch und strukturell geprägte Sichtweise der
Prozessorganisation vermag diesem Umstand nur sehr eingeschränkt gerecht zu werden.
Hierbei fehlt die Sichtweise auf die Dynamik von Interaktionen und Beziehungen, wie sie
viel stärker die Führunglehre in den Vordergrund gerückt hat (vgl. Weibler 2001). Jedoch
fehlt zu einer gleichzeitigen Betrachtung von technisch-strukturellen und sozialen Prozessen
eine gemeinsame Basis, die beiden Dimensionen adäquat abbilden kann.

3.4   Beherrschung von Formalität und Informalität

Eine organisationale Steuerung kann sich nicht nur auf die vorgegebenen und leicht sichba-
ren Aspekte des Organisationsgebildes und des Organisationsgeschehens konzentrieren.
Organisationen stellen soziale Gebilde mit vielfätigen Facettten und Perspektiven dar, die bei
jedem Versuch einer Steuerung mit ins Kalkül zu ziehen sind, um Trivialisierungen und
Fehlschlüsse zu vermeiden. Das gleichzeitige Vorhandensein von formalen und informalen
Strukturen in allen Organistionen macht es deshalb notwendig, zwischen der **formalen** und
der **informalen Organisation** zu unterscheiden (vgl. dazu Göbel 1998, S. 179f.). Das Begriffspaar der formalen und informalen Organisation ist seit den so genannten Hawthorne-
Studien ein elementarer Bestandteil der Organisationslehre. Es zeigte sich bei diesen Studien,
dass in Unternehmen neben den offiziellen Strukturen auch inoffizielle existieren, die von
den Organisationsmitgliedern selbst geschaffen sind (vgl. Bea/Göbel 2006, S. 4). Diese inoffiziellen Strukturen bestehen aus Regeln, Kommunikationswegen und Sanktionssystemen,
die sich durch das andauernde alltägliche Zusammenarbeiten spontan ergeben haben und den
Bedürfnissen und Interessen der Organisationsmitglieder entsprechen (vgl. Lang 2004,
Sp. 497). Organisation weist demnach also gleichermaßen **formale** wie **informale Aspekte**
auf (vgl. zur Abgrenzung auch Ricken 2005 S. 45ff.). Die nachfolgende Abbildung zeigt die
unterschiedlichen formalen bzw. informalen Aspekte von Organisation:

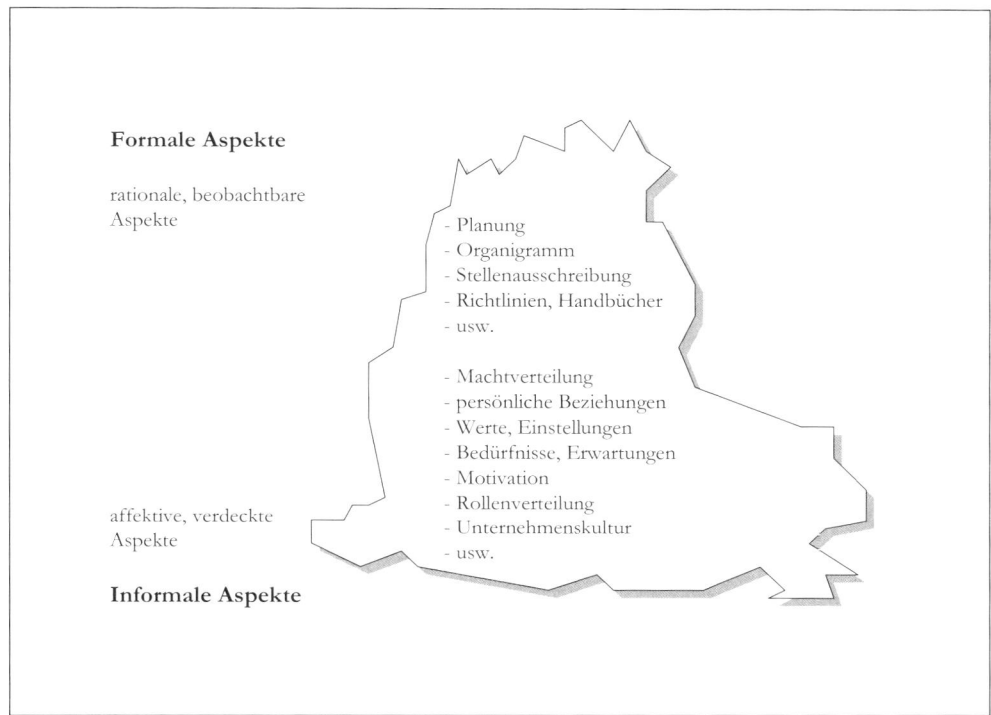

Abb. 3.4: Formale und informale Aspekte von Organisation (vgl. Vahs 2007, S. 109)

Vor diesem Hintergrund kann das Begriffspaar der formalen und informalen Organisation wie folgt charakterisiert werden:

- **Formale Organisation** (*Organisationsverständnis:* Organisation als Plan, als gewünschte Wirklichkeit)

Die formale Organisation ist durch die formalen Strukturen und Regeln gekennzeichnet. Diese Strukturen werden von Organisationsgestaltern planvoll geschaffen und zweckrational gestaltet (vgl. auch Mangler 2000, S. 20). Sie können als Vorgabe verstanden werden, wie die Beziehungen zwischen den Mitgliedern einer Organisation zu sehen sind. Dabei wird davon ausgegangen, dass Menschen sich vorwiegend rational verhalten, so wie es der formale Plan von ihnen verlangt (vgl. Argyris 1975, S. 219). Wesentliche Merkmale der formalen Organisation sind ihre Unabhängigkeit von den persönlichen Merkmalen der Mitglieder als System personenunabhängiger Regelungen (vgl. Abraham/Büschges 2004, S. 132) sowie ihre logische Fundierung bzw. zugrunde liegende Rationalität (vgl. Argyris 1975, S. 219). Die durch die Organisationsstruktur zum Ausdruck gebrachten Absichten der Organisationsgestalter lassen sich aber immer nur in einem begrenzten Umfang realisieren (vgl. auch Mayntz 1969, S. 81). Auch deswegen steht neben der formalen Organisation immer eine informale Organisation.

- **Informale Organisation** (*Organisationsverständnis:* Organisation als Phänomen, als Ergebnis sozialer Ordnungsprozesse)

In einer komplexen dynamischen Umwelt ergeben sich immer wieder Differenzen zwischen vorgedachten Strukturlösungen und den realen Aufgabenanforderungen. Wird der damit einhergehende Kommunikationsbedarf im Arbeitsalltag (z. B. über persönliche Bedürfnisse) nicht durch formale Kanäle abgedeckt, helfen **informale Beziehungs- und Organisationsformen**. Wie empirische Studien zeigten (vgl. Schreyögg/Noss 1994, S. 23), können informale Selbstorganisationsprozesse dabei mögliche Probleme lösen, die mit einer formalen Organisationsstruktur nicht oder nur unzureichend zu bewältigen sind (z.B. die Abstimmung diverser Projektgruppen). Im Gegensatz zu einer geplanten formalen Organisationsstruktur bilden sich informelle Organisationsprozesse häufig spontan (vgl. Macharzina 1999, S. 72f.) und entziehen sich noch stärker einer direkten Beeinflussbarkeit durch die Führung. Weitere Ursachen von informalen Strukturen sind u.a. in individuell-menschlichen Eigenheiten (z.B. Sympathien und Antipathien), im jeweiligen sozialen Status der Organisationsmitglieder oder im Arbeitsumfeld zu suchen.

Die folgende Abbildung fasst die Unterschiede zwischen formaler und informaler Organisation zusammen:

Kriterium	formale Organisation	informale Organisation
Art der Entstehung	bewusst, geplant, beabsichtigt	nicht bewusst, unbeabsichtigt, spontan
Intention	zweckrational im Sinne des Unternehmensziels	nicht rational im Sinne des Unternehmensziels
Grad der Verbindlichkeit	offiziell, schriftlich, verbindlich	inoffiziell, ungeschrieben, unverbindlich
Urheber	Unternehmensführung	Mitarbeiter
Flexibilität	fest, starr	beweglich, veränderbar
Rücksicht auf soziale Belange	Soziales spielt keine Rolle, reine Sachzielorientierung	persönliche Beziehungen, Sympathien und Freundschaften stehen im Mittelpunkt

Abb. 3.5: Die Unterschiede zwischen formaler und informaler Organisation (vgl. Göbel 1998, S. 180)

Oft wird die informale Organisation als Gegensatz bzw. Konkurrenz zur formalen Organisation angesehen (vgl. Göbel 1998, S. 180; Schreyögg 1999, S. 14). Während die informalen Strukturen früher bisweilen als störendes, dysfunktionales Element angesehen wurden (vgl. z.B. Gutenberg 1983, S. 292), hat man heute die Notwendigkeit der Ergänzung von formalen durch informale Strukturen erkannt (vgl. z.B. Probst 1987, S. 93f.). Informale Strukturen können sowohl parallel neben den formalen Strukturen existieren als auch diese bis zu einem gewissen Maß ersetzen (vgl. auch Bea/Göbel 2006, S. 4) sowie ein wichtiges Korrektiv zu den dysfunktionalen Wirkungen der formalen Strukturen bilden (vgl. Schreyögg/v. Werder 2004, Sp. 971). Die formale und die informale Organisation können somit nicht als zwei völlig voneinander trennbare Aspekte von Organisation angesehen werden (vgl. Lang 2004, Sp. 499). So wie im Fall der statischen und dynamischen Sichtweise (☞ Kapitel 3.6), bedingen und ergänzen sie einander. Denn die informalen Aspekte einer Organisation beruhen auf den vorhandenen formalen Strukturen und werden von diesen wesentlich beeinflusst. Umgekehrt wirkt wiederum auch die informale Organisation auf die formale Organisation ein, indem sie z.B. formale Regelungen außer Kraft setzt oder umdeutet oder Abläufe im Lauf der Zeit einen formalen Charakter erhalten. Die Wurzeln der informalen Organisation liegen also in der formalen Organisation selbst begründet und werden von eben dieser Formalität genährt und begünstigt bzw. beeinträchtigt (vgl. Argyris 1957, S. 9; Blau/Scott 1962, S. 6f.).

Die Versuche, das Verhalten anderer Personen zu beeinflussen, können nur dann der Organisation zugerechnet werden, wenn diese überwiegend formalisiert erfolgen. Als **Formalisierung** soll der Einsatz zumeist schriftlich fixierter, organisatorischer Regeln verstanden werden (vgl. u.a. Kieser/Kubicek 1992, S. 159; v. d. Oelsnitz 2000, S. 35). Organisatorische Regeln stellen dabei **generalisierte Verhaltenserwartungen** dar (vgl. Luhmann 1999, S. 34ff.). Dies bedeutet, dass ihre Regelungswirkung über die einzelne Situation und Person hinausgeht (vgl. Kieser 1993, Sp. 2990). Ihr Zweck ist es, Enttäuschungen hinsichtlich des individuellen Verhaltens zu vermeiden, die aufträten, wenn keine Regelungen bestünden. Organisation bewirkt damit eine (Verhaltens-)Entlastung des Einzelnen (vgl. auch Türk 1981, S. 52). Ferner ist es erst durch die Formalisierung möglich, auch sehr große Personenzahlen zuverlässig zu steuern. Aus den generalisierten Verhaltenserwartungen ergibt sich eine Aufbau- und Ablaufstruktur von erheblicher Stabilität und Dauer. Denn die Verhaltenserwartungen sind grundsätzlich unabhängig von Einzelpersonen wie Einzelergebnissen formuliert und bleiben auch bei Störungen, Widersprüchen, Blockaden oder Umweltveränderungen solange bestehen, bis ggf. eine neue Struktur geschaffen wird und so neue Verhaltenserwartungen formuliert werden. Dadurch wird klar, dass in hierarchischen Organisationen Veränderungen stets einen erheblichen Eingriff in das Stellen- und Rollengefüge bedingen, der folgenschwerer Natur ist, und ein hohes Risiko des Scheiterns in sich birgt. Andererseits bildet die relativ feste, formale Struktur die sichere Basis für das Gelingen der Koordinationsbemühungen, um die arbeitsteilig organisierte Leistungserbringung zu einem Gesamtergebnis zusammenzuführen. Auch wenn organisationale formale Strukturen so durch ihre spezifischen Charakteristika insgesamt einen hohen Grad an Vorbestimmtheit und Druck zur Handlungsanpassung auf die Organisationsmitglieder aufweisen, kann nicht alles Handeln und Verhalten in Organisationen durch formale Verhaltenserwartungen bestimmt werden. Es bleibt also immer eine Lücke zwischen generalisierter Verhaltenserwartung und situationsspezifischer Adaption der Verhaltenserwartung bzw. adäquater Verhaltenspraxis bestehen. Das Handeln ist daher gerade keine bloße Konformität mit den Rollenerwartungen. Vielmehr ist es als ein Aushandeln der Beziehung durch die Beteiligten in ihren Bezügen aufzufassen. So betreffen zum Beispiel die Aushandlungsprozesse von Vorgesetzen- und Geführtenrollen (vgl. dazu Dansereau/Graen/Haga 1975) in formellen und informellen Interaktionen sowohl die situative Bestimmung der Wahrnehmungen, Interpretationen, sozialen Identitäten wie die Sinngewinnung („sense-makings") in Organisationen (vgl. Weick 1995).

3.5   Regelung von Selbst- und Fremdbestimmung

Idealtypisch betrachtet entsteht Ordnung in den allermeisten organisatorischen Gebilden wie etwa dem Unternehmen durch **Fremdorganisation** (vgl. Göbel 2004, Sp. 1313). Dies bedeutet, dass bestimmte Personen anderen deren Handlungsmöglichkeiten verbindlich vorgeben dürfen. Es wird dabei angenommen, dass diese Vorgaben das Ergebnis eines Entscheidungsprozesses darstellen. Danach handelt es sich bei der fremdorganisierten Organisation um bewusst getroffene, absichtsvolle Entscheidungen, von denen angenommen wird, dass sie rational, präzise und dauerhaft gültig seien (vgl. Probst 1992, Sp. 2262f.; Göbel 1998, S. 94ff.). Die rationale Nachvollziehbarkeit von Regeln soll deren Akzeptanz erhöhen. Der **Regelgehorsam** wird aber auch durch das anerkannte Dispositionsrecht des Arbeitsgebers bzw. des Managements und die Indifferenzzone des Individuums bewirkt. Dieses Konzept einer rationalen Fremdorganisation war für die betriebswirtschaftliche Organisationslehre maßgeblich und bestimmt auch heute noch ganz wesentlich die Vorstellung von der Unternehmensorganisation (vgl. Bea/Göbel 2006, S. 4). Jedoch ist eine derartige Fremdorganisation eigentlich nur dort möglich, wo sämtliche Informationen verfügbar, die Aufgaben vorhersehbar und Problemstellungen weitestgehend durchdringbar sind (vgl. Schreyögg/Noss 1994, S. 20; Malik 1996, S. 55f.). Die zunehmende Dynamik und Diskontinuität von organisatorischen Prozessen lässt eine solche Annahme allerdings heute mehr denn je als unrealistisch erscheinen (vgl. Knyphausen 1991, S. 54ff.; Niggl 1998, S. 31f.).

Die ebenfalls für organisatorische Realität bedeutsame **Selbstorganisation** wird zum größten Teil negativ definiert als Gegensatz zur Fremdorganisation (vgl. Probst 1992, Sp. 2262; Göbel 1998, S. 94ff.). Sie entsteht anders als die Fremdorganisation also ungeplant und ist nicht von Experten geschaffen. Das Organisieren wird nicht mehr auf die Tätigkeit einzelner Personen (Führungskräfte, Organisatoren) reduziert, sondern der Prozess der Ordnungsbildung als Ergebnis vielfältig vernetzter Strukturen und Verhaltensweisen verstanden (vgl. Probst 1992, Sp. 2256). Regelmäßigkeiten und Muster können sich demnach auch von selbst bilden, wie der Begriff der Selbstorganisation schon andeutet (vgl. Bea/Göbel 2006, S. 4). Ordnung ist also ein Ergebnis unabhängiger Prozesse, die in komplexen, vernetzten Verhältnissen aus deren eigensinniger Dynamik entsteht. Dabei beruht eine solche selbstorganisierte Ordnungsbildung im Wesentlichen auf zwei Prozessen (vgl. Göbel 1998, S. 177ff., Göbel 2004, Sp. 1313f.):

- Bei einer **autonomen Ordnungsbildung** ergänzen die Organisationsmitglieder durch formale organisatorische Regeln nicht bestimmte bzw. offen gelassene Details. Dies stellt eine besusste Selbstbestimmung der Organisationsmitglieder dar.

- Die **autogene Ordnungsbildung** ist hingegen zwar auch das Ergebnis menschlichen Handelns, aber nicht eines geplanten Entwurfs. Hier entstehen Regeln und Muster durch die Eigendynamik des komplexen und dynamischen Sozialgebildes.

Die Idee der Selbstorganisation bricht radikal mit der Vorstellung, dass ein Organisator für ein System Strukturen absichtsvoll plant und sie gewissermaßen dem System oder seinen Mitgliedern zielgerichtet vorgibt; vielmehr erscheint in diesem Verständnis Organisation als ein System oder Gebilde selbst generierter Ordnung (vgl. Schreyögg/v. Werder 2004, Sp. 971). Diese Ordnung entsteht teils unbeabsichtigt aus dem Zusammenwirken der Elemente (☞ Kapitel 2.2.2) und wirkt wieder auf diese zurück. Jedoch bleibt jede Selbstorganisation letztlich abhängig von bestimmten Rahmenbedingungen (siehe North/Friedrich/Lantz 2005, S. 614) und muss letztlich bis zu einem gewissen Grad doch fremdorganisiert sein (vgl. Schreyögg/Noss 1994, S. 24). Die in einem Unternehmen bestehende Ordnung kann dennoch nicht als eine von Organisatoren abstrakt entworfene „Blaupause" verstanden werden, weil Organisationsmitglieder schließlich auch selbstbestimmt an der Herausbildung von Ordnung mitwirken (vgl. Bea/Göbel 2006, S. 4). Dies erweitert das Organisationsverständnis ganz erheblich, denn dadurch kann letztlich „alles, was für eine Ordnung verantwortlich zeichnet" als Organisation angesehen werden (vgl. Probst 1987, S. 9). Schwierig gestaltet sich allerdings die Abgrenzung der Selbstorganisation zu informalen Organisation, die wir zuvor thematisiert haben (☞ Kapitel 3.4). Beide Sichtweisen fokussieren auf ähnliche Sachverhaltnisse, setzen aber andere Akzente. Während die informale Organisation anhand bestimmter Eigenschaftsmerkmale festgemacht und im Gegensatz zur formalen Organisation definiert wird, greift die Selbstorganisationsperspektive die Frage der Genese von Strukturen auf und grenz sich so zur Fremdorganisation wie zur formalen Organisation ab (vgl. Ricken 2005, S. 37). Außerdem kann Selbstorganisation als ein umfassenderes Verständnis aufgefasst werden, unter das informelle Erscheinungen subsummiert werden können (vgl. Göbel 1998, S. 182). Wichtiger als solche Abgrenzungen und Einordnungen erscheint unter der Steuerungsperspektive aber eher die wechselseitigen Zusammenhänge und gegenseitigen Beeinflussungen dieser Phänomen im Auge zu behalten, um ein umfassenderes Steuerungspotenzial aufgreifen zu können.

3.6 Balance von Stabilität und Wandel

Organisationen gelten oft als Inbegriff des Statischen, weil sie von der Intention her auf Erhalt und Dauer ausgerichtet sind (vgl. auch Bornewasser 2009, S. 29). Doch seit einiger Zeit lässt sich in der Organisationstheorie ein Trend zur Berücksichtigung der Dynamik beobachten (vgl. Bea/Göbel 2006, S. 419). Diese Entwicklung beruht auf der Einsicht, dass Organisationen einerseits zwar sehr veränderliche und lebendige Gebilde sind, aber sich andererseits einer geplanten und gewollten Gestaltung auf der Basis rationaler Entscheidungen oft entziehen. Während Ordnung zuvor als gegeben und beliebig gestaltbar angesehen wurde, gilt es nun deren Entstehung und Veränderung genauer zu beleuchten. Das komplexe Organisationsphänomen wird dadurch um entscheidende weitere Facetten ergänzt, die gerade auch in organisationspraktischer Hinsicht von großer Bedeutung sind. Vor diesem Hintergrund sind zwei grundlegende **Sichtweisen von Organisation** zu unterscheiden (vgl. u.a. Abraham/Büschges 2004, S. 57; Neuberger 1997, S. 494f.; Schmidt 2000, S. 5):

- **Statische Sichtweise**

Organisation wird unter dieser Perspektive als Ergebnis des Organisierens, d.h. als die hergestellte Ordnung oder Struktur verstanden. Sie betont den strukturellen Aspekt des Organisationsphänomens und versteht Organisation als abgrenzbares Gebilde. Die Ordnung erzeugt eine verlässliche Stabilität der Verhältnisse, die die Komplexität verringert, Orientierung schafft, und Verhaltenserwartungen klärt (vgl. auch Bea/Göbel 2006, S. 2). Organisation ist dabei „eine Form, die sich von der Umwelt abgrenzt" (Neuberger 1997, S. 494). Ein Unternehmen *ist* in dieser Sichtweise organisiert.

- **Dynamische Sichtweise**

Organisation wird unter dieser Perspektive als planmäßige Herstellung einer Ordnung verstanden. Sie betont den prozessualen Aspekt des Organisationsphänomens und versteht Organisation als Instrument mit dessen Hilfe autorisierte Personen („Organisatoren") eine kollektiv verbindliche Ordnung vorgeben und die Mitglieder sich durch Übernahme der dauerhaften Vorregelung organisieren lassen (vgl. auch Bea/Göbel 2006, S. 3f.). Organisation ist dabei „nichts Dingliches und Fertiges, sondern ein Geschehen" (Neuberger 1997, S. 495). So *wird* in dieser Sichtweise z.B. ein Unternehmen organisiert.

Auf den ersten Blick stellen Stabilität und Wandel damit einen unüberbrückbaren Gegensatz dar, weil jeder Wandel die bestehende Ordnung stört und umgekehrt jede Ordnung Veränderungsversuche behindert (vgl. Kühl 2000, S. 28). Jedoch sind die dynamische und statische Sichtweise keine sich vollständig ausschließenden Alternativen, denn in der Regel gibt es in allen Organisationen eine **latente Stabilisierungskapazität** in der Dynamik wie eine **latente Veränderungskapazität** in der Stabilität (vgl. Westerlund/Sjöstrand 1981, S. 104).

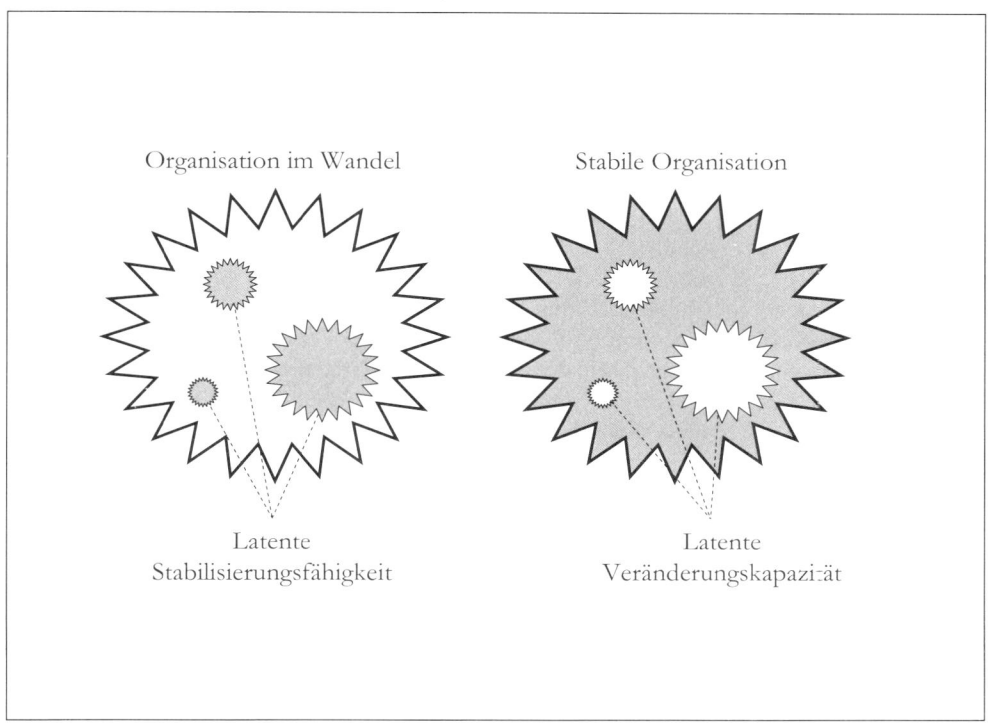

Abb. 3.6: Stabilität und Wandel in Organisationen (vgl. Westerlund/Sjöstrand 1981, S. 104)

Organisation wird gemeinhin mit Ordnung in Verbindung gebracht und damit eine gewisse Stabilität assoziiert (vgl. auch Bea/Göbel 2006, S. 2). Lange Zeit wurde in der Organisationslehre die Organisation als vorwiegend statisches Gebilde aufgefasst. Die Ursache hierfür ist unter anderem darin zu sehen, dass es der Organisationswissenschaft lange Zeit besser gelungen ist, Statisches zu modellieren als dynamische Verläufe (vgl. Perich 1992, S. 3; ähnlich Kasper 1988, S. 353). So ist die Organisations- und Managementlehre lange Zeit auf die „Erfassung und Gestaltung des Stabilen und Dauerhaften" von Unternehmen fokussiert gewesen (vgl. Perich 1992, S. 119), verbunden mit einem eher linearen Denken (vgl. Kasper 1988, S. 353). Der Unternehmensorganisation wird dabei ein bleibender und wenig wandlungsfähiger Charakter zugeschrieben und die Erkenntnisbemühungen beziehen sich eher auf die Retentionsmechanismen organisatorischer Regelungen und die zeitüberdauernde Gestaltung funktionaler Strukturkomponenten als auf den Wandel (vgl. auch Aldrich 1979, S. 31; Levy/Merry 1986, S. 304; Probst 1987, S. 87). Folglich wird Wandel in dieser Auffassung zur Ausnahme, obwohl heute vielleicht eher Organisation und Organisiertheit als die Ausnahme im ständigen Veränderungsprozess von Unternehmen anzusehen sind (vgl. Chia 1999, S. 226; Tsoukas/Chia 2002, S. 570).

In der Organisationslehre wurden strukturelle Barrieren und Hindernisse sowie die grundlegende **Trägheit von Organisationen** als entscheidender Faktor der Stabilität und Kontinuität sowie als eminente Beschränkungen von Veränderungsprozessen intensiv und detailliert diskutiert. Dabei lag der Fokus vor allem auf dem Aspekt der Dysfunktionalität dieser Mechanismen für das längerfristige Überleben der Organisation. Das Beharrungsvermögen von Organisationen wurde dabei ganz wesentlich für Fälle des Scheiterns oder für das Ausbleiben von Veränderungen verantwortlich gemacht. Solch ein **Strukturkonservativismus** (vgl. Kieser/Hegele/Klimmer 1998, S. 121ff.) muss aber nicht notwendigerweise in Gänze nachteilig sein. Er bildet die Grundlage für eine Verlässlichkeit und Berechenbarkeit, die Vertrauen schafft, Legitimität sichert und einen kontinuierlichen Ressourcenzufluss gewährleistet (siehe auch Leana/Barry 2000, S. 755f.). Damit ist er in einem gewissen Sinn unverzichtbar für Organisationen und somit konstitutiv für das organisationale Geschehen. Er steht jedoch der fortlaufenden Anpassung von Organisationen an veränderte Herausforderungen aus ihrem Umfeld ebenso entgegen wie der proaktiven Veränderung im Fall der Antizipation von zukünftigen Erfordernissen oder dem Wunsch nach einer innovativen Veränderung. Problematisch wird ein starkes Beharrungsvermögen darüber hinaus erst dann, wenn das Veränderungstempo im relevanten Umweltsegment der Organisation hoch ist und gleichzeitig erhebliche Transformationsansprüche an die Organisation erhoben werden, die einen hohen Umwelt- bzw. Wandeldruck erzeugen.

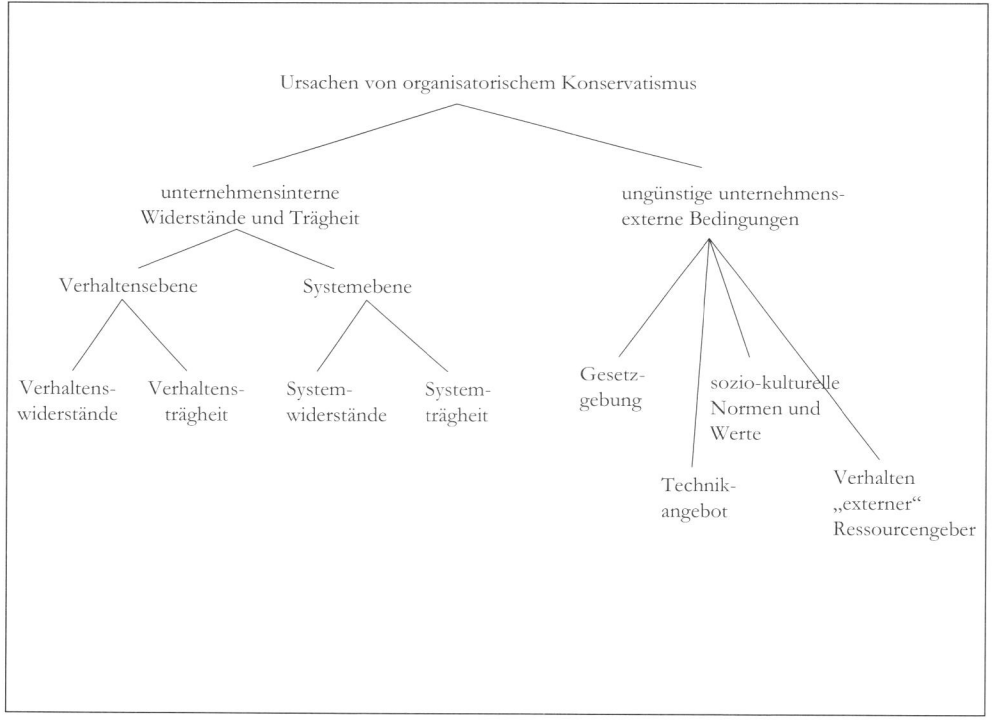

Abb. 3.7: Organisatorischer Konservativismus

Im Gegensatz dazu lassen sich umgekehrt auch verschiedene **Quellen der Dynamik** in Organisationen ausmachen, die im Gegenzug für beständige Veränderung sorgen (vgl. Bornewasser 2009, S. 30f.):

- **innovative, unternehmerische Leitungspersönlichkeiten**, die als Pioniere oder Entdecker neue Entwicklungen vorantreiben,
- **der Markt und die Konkurrenz**, die für Rückmeldungen und Vergleiche sorgen,
- **das Personal**, das mit horizontalen und vertikalen Konflikten zwischen Stellen, Abteilungen oder Instanzen, aber auch durch Spannungen zwischen den eigenen Interessen und Bedürfnissen und den Erfordernissen der Arbeit und den Organisationsziele für Bewegung sorgt,
- **die Stakeholder bzw. Shareholder und ihre Interessenvertretungen**, die immer neue Anliegen an die Organisation herantragen und entsprechende Maßnahmen umgesetzt haben möchten (z.B. Umweltbewusstsein, Kundenorientierung, Gewinnsteigerungen oder Arbeitsplatzsicherheit).
- **die Rechtsordnungen**, die durch neue Gesetze und Rechtsordnungen die Organisation zu Änderungen zwingen.

Durch das gleichzeitige Vorhandensein der verschiedenen Quellen von Stabilität und Dynamik, entsteht ein variables Kräfteverhältnis zwischen bewahrenden und fortschreitenden Kräften, dem Erhalt alter und der Entwicklung neuer Strukturen. Organisationen sind mithin keine Maschinen, die vor einem Verschleiß geschützt werden müssten, sondern lebendige, prozessuale Gebilde mit immer wieder neu zu konstituierenden und zu legitimierenden Strukturen, die sich auch an den jeweiligen Verhältnisse und Zeitumstände auszurichten haben. Während lange Zeit Wandel als ein Ausnahmeereignis im kontinuierlichen Organisationsgeschehen gesehen wurde, passt nun umgekehrt die (lange verbreitete) Vorstellung einer überwiegenden Stabilität von Organisationen (vgl. Kasper 1988, S. 353) nicht mehr in die heutige Vorstellungswelt hinein (vgl. Steinmann/Schreyögg 2005, S. 505). Als das einzig Beständige aus dieser Sicht ist der Wandel anzusehen und jede (scheinbare) Stabilität ist nur ein Zustand, dessen Veränderung (noch) nicht erkannt wurde (vgl. auch Doppler/Lauterburg 2000, S. 62). Daraus leitet sich auch die Auffassung von Veränderung als einem Normalzustand für Organisationen ab (vgl. etwa Schwan 2003, S. V und S. 7). Die **Organisation von Wandel** und der **Wandel der Organisation** wird stattdessen nun zur Daueraufgabe von Unternehmen (vgl. auch Krüger 2000, S. 17f.). So sind permanenter Wandel und die kontinuierliche Bereitschaft zur Veränderung im Rahmen eines paradigmatischen Wechsels zum Kennzeichen der heutigen Organisationstheorie und -praxis geworden (vgl. Schwan 2003, S. 200). Ob jedoch Organisationen weitgehend ohne Stabilität auskommen können und wie Veränderung ohne dauerhaft Bestehendes gedacht und praktiziert werden kann, bleibt dabei erst einmal noch weitgehend offen (vgl. dazu näher Kornberger 2003, S. 125f.; sowie grundlegend zur Bewegung und Beharrung Rosa 1999).

Für alle organisatorischen Gebilde stellt die eigene Transformation allerdings eine überaus risikoreiche und prekäre Aufgabe dar, die nur selten zufrieden stellend gelöst werden kann. Die Ursache hierfür liegt darin, dass Organisationen eigentlich mit bleibendem Charakter entworfen werden und Transformationsprozesse aus Sicht ihrer Schöpfer kaum vorgesehen sind (vgl. auch Withauer 2000, S. 137). In Organisationen dominiert deshalb immer noch die

Betonung der Stabilität und damit der Bewahrung des Erreichten. Folglich hat die Organisa-
tions- und Managementlehre lange Zeit auch nur ein Instrumentarium zur Gestaltung des
Dauerhaften, Stabilen und Harmonischen in Organisationen bereitgehalten. Jedoch nimmt
das Wissen über Veränderungsvorgänge seit einigen Jahren zu und das Repertoire an Gestal-
tungsinstrumenten des Wandels hat sich dementsprechend beträchtlich vergrößert. Damit
besteht nicht nur die Möglichkeit, die Organisationsverhältnisse und -strukturen nachhaltig
zu modernisieren, sondern auch die Dynamik des Organisationsphänomens anders zu verstehen und zu nutzen. Gerade auch die reale Dynamik des sozialen Gebildes „Organisation"
bildet ein Anlass für ein unentwegtes Nachdenken, das allerdings in vielen heterogenen Zugängen und Versuchen der Erkenntnisgewinnung münden kann (vgl. Deeg 2005, S. 134).

Jedoch verändert sich gerade im Kontext von Organisationen eben nicht alles und damit ist
auch nicht alles im Wandel begriffen (vgl. Nisbet 1972, S. 6). Denn ohne ein beträchtliches
Maß an Dauerhaftigkeit wäre jede Art sozialer Organisation schlechterdings unmöglich und
das menschliche Dasein unerträglich (vgl. Moore 1972, S. 72). Zudem setzt allein schon die
Beobachtung einer Veränderung die Konstanz in anderen Bereichen voraus, denn eine Veränderung kann im Zeitablauf nur anhand von gleich gebliebenen Referenzgrößen bemerkt
werden (vgl. auch Meyer/Heimerl-Wagner 2000, S. 172). Allerdings ist die Zahl der Dinge,
die sich im organisationalen Geschehen ändern können, immerhin groß genug, um kaum
noch überblickt werden zu können und sie scheint überdies noch weiter zuzunehmen (vgl.
Ulrich 1994, S. 17). Nicht zuletzt auch dadurch wird es in allen modernen organisatorischen
Gebilden zunehmend schwieriger die diffizile Aufgabe der Integration von Individuum und
Organisation allein mit organisatorischen Mitteln und Maßnahmen zu erfüllen. Diese Herausforderung der Veränderungsdynamik hat zu einer gewissen Aufwertung des Mediums der
Führung in der Organisationspraxis geführt und in diesem Zusammenhang wurde deswegen
vielfach die veränderte Rolle von Führungskräften herausgestellt (vgl. z.B. Schlaffke/Weiss
1996, Ackerhans 1999).

Die Führung hat daher zunehmend die Aufgabe, eine neue Balance zu finden zwischen der
Beruhigung (Komplexitätsreduktion) und Beunruhigung (Abbau von Routinen) des organisatorischen Gebildes und seiner Mitglieder (vgl. Wimmer 1996, S. 53). Viele Unternehmen
werden heute aber immer noch mehr von „Verwaltern" und „Instandhaltungstechnikern"
geleitet, anstatt von „Unternehmensarchitekten" oder gar „Verflüssigern" (vgl. auch Ha-
mel/Prahalad 1995, S. 37). Dennoch kann Führung mit den verschiedensten Maßnahmen zur
Initiierung, Lenkung und (Neu-)Entwicklung von Verhalten ganz entscheidend beitragen und
damit Innovationen und Wandelprozesse in und von Organisationen anstoßen, begleiten und
fördern (vgl. Weibler 2001, S. 115; Gebert 2002, S. 167ff.). Damit liegt also gerade in der
Führung (eigentlich bedeutend „fahren machen", „in Bewegung setzen" und „Richtung weisen"; Weibler 2001, S. 28) die Chance, den organisationalen Wandel entscheidend voranzu-
bringen (vgl. Deeg/Weibler 2005, S. 35f.). So kann dann auch den „tradierten Formen organisierter Selbstberuhigung" (z.B. Produktion aufwändiger Strategiekonzepte, Planungsritua-
le), die in der Organisationspraxis vielfach noch recht übermächtig sind, ein wenig der Bo-
den entzogen werden (vgl. Wimmer 1996, S. 51). Denn gerade solche Selbstberuhigungsme-
chanismen erweisen sich angesichts wachsender Überraschungen, Diskontinuitäten und In-
stabilitäten in der Unternehmenspraxis als verhängnisvoll, da ein Unternehmen um so härter
von der Wirklichkeit getroffen wird, je länger es sich auf Basis dieser realitätsverzerrenden

Verfahren auf eine eigentlich unrealistische Zukunft vorbereitet (vgl. Kühl 2000, S. 53). Im Ergebnis können daraus gefährliche, existenzbedrohliche Stillstände (Organisationsblockaden) werden, die aufgrund einer Konstellation verschiedenster Ursachen nur noch sehr schwer zu überwinden sind (vgl. dazu Deeg/Schimank/Weibler 2009).

3.7   Zusammenfassung und kritische Reflexion

Eine organisationale Steuerung verfügt nicht nur über verschiedene Optionen zur problembehandlung und Zielerreichung, sondern wirft gleichzeitig generische Probleme auf, die unab hängig von gewählten Methoden, Techniken oder Instrumenten auftreten und primär in Entscheidungen zu berücksichtigen sind. Im Gegensatz zu den emergenten Problemen (☞ Kapitel 4), die erst im Steuerungsprozess (d.h. bei oder nach Steuerungseingriffen) wie im Ablauf des Organisationsgeschehens auftreten, sind die generischen Probleme bereits im Vorfeld virulent (d.h. bei der Steuerungsabsicht oder -planung) virulent. Als fundamentales Problem im Vorfeld jedweder Versuche der Steuerung ist dabei die **Integration von Individuum und Organisation** anzusehen. Gerade dieses Problem hat besonders häufig Anlass zu den verschiedensten Problemlösungsversuchen und Steuerungskonfigurationen gegeben, aus denen sich zentrale Integrationsformen und -prinzipien entwickelt haben (vgl. im Einzelnen Deeg/Weibler 2008). Oft genug wurden dabei aber die individuellen Aspekte von den organisatorischen getrennt betrachtet. Da in der organisationalen Realität formale Strukturen der Organisation und die Individuen kontinuierlich interagieren und transagieren, muss in einem realistischen Organisationsverständnis von ihrer simultanen, gegenseitigen Beeinflussung ausgegangen werden (vgl. Argyris 1975, S. 215). Dieser Tatbestand betrifft auch die Führung und Organisation als zentrale Optionen organisationaler Steuerung. Dabei existieren in beiden Fällen wechselseitige Abhängigkeiten: Organisation ist nicht ohne Individuum denkbar (vgl. Bartölke/Grieger 2004, Sp. 471), aber auch Führung kommt nicht ohne Geführte aus (vgl. Weibler 2004a, Sp. 298). Ein modernes Management muss folglich stets eine diffizile **Balance zwischen Fremd- und Selbstbestimmung** gewährleisten (vgl. Link 2004, S. 51ff.). Dabei ist ein höherer Anteil an Selbstentscheidung in Zukunft deswegen immer mehr notwendig, weil nur auf diesem Weg der steigenden Eigenkomplexität organisatorischer Gebildestrukturen, den immer höheren Variabilitäts- und Flexibilitätsanforderungen und dem wachsenden Anspruch der Individuen auf Selbstbestimmung und Selbstverwirlichung Rechnung getragen werden kann. Problematisch bleibt dabei, dass Selbstorganisationsansätze entgegen ihrer eigenen Annahmen noch zu sehr auf die Beeinflussung informaler Zusammenhänge durch formale Maßnahmen wie z.B. die Einführung einer Prozessorganisation oder von Gruppenarbeit gerichtet sind (vgl. Ricken 2005, S 38).

Mit dieser Entwicklungsperspektive wird eine Fremdbestimmung freilich keineswegs überflüssig. Jede Form eines **Selbst-Managements**, wie auch andere Substitute einer fremdbestimmten Verhaltensbeeinflussung ersetzen eine Führung nie vollständig, sondern verändern nur deren Form und reduzieren deren Funktion ggf. auf die einer reinen Unterstützung (vgl. auch Staehle 1991a, S. 361). Die Bedeutung personaler Führung bleibt auch bei weitgehend selbstregulierten Mitarbeitern bestehen (vgl. etwa Howell/Dorfman 1981, Kühl 2000, S. 134) und Führung avanciert angesichts der Komplexität heutiger Organisationsverhältnisse mehr und mehr zu einem **zentralen Qualitätsmerkmal für die Selbststeuerungsfähigkeit** einer Organisation (vgl. Wimmer 1996, S. 55). Selbst dort, wo auf den ersten Blick scheinbar kein objektiver Führungsbedarf zu bestehen scheint, existiert dennoch aus subjektiver Mitarbeitersicht ein Bedürfnis nach personaler Führung. Dabei attribuieren Mitarbeiter potenziellen Führern (nicht selten Vorgesetzten) entsprechende Führungseigenschaften und -verhaltensweisen, unabhängig davon, ob diese es selbst wollen oder nicht (vgl. Staehle 1991a, S. 361). Führung bleibt aber deswegen für alle komplexen Sozialgebilde von besonderer Bedeutung, weil sie zwischen Organisation (Aufgabe) und Personal (Mitarbeiter) als Vermittler fungiert (vgl. Remer 1992, S. 239). Gleichfalls muss jede Form der Selbstorganisation fremdorganisatorisch vorgesteuert werden. Zwar ist die Reichweite jeder Form der Fremdbestimmung schon von vornherein und grundsätzlich beschränkt, so dass jede Organisation auf eine freiwillige Mitwirkung ihrer Mitglieder angewiesen ist (vgl. Göbel 2004, Sp. 1314). Doch kann eine solche Freiwilligkeit wiederum nur dann zum Tragen kommen, wenn zuvor fremdorganisatorisch strukturelle Möglichkeiten geschaffen werden, diesen Beitrag auch einbringen zu können. Gleichermaßen ist eine Selbstabstimmung und Selbstregelung z.B. im Rahmen (teil-)autonomer Arbeitsgruppen nur dann möglich, wenn den Gruppenmitgliedern diese Rechte zuvor fremdbestimmt eingeräumt und formal übertragen wurden. Selbstorganisation reproduziert trotz möglicher Freiheiten allerdings in vielen Fällen auch nur wieder Strukturen, die den Akteuren schon aus der Fremdorganisation bekannt waren (z.B. Umwandlung von Gruppensprechern in teilautonomen Arbeitsgruppen zu (informellen) Vorgesetzten; vgl. Kühl 2000, S. 133). Es bleibt somit gerade wieder an der Führung, immer wieder von Neuem solche Rahmenbedingungen herzustellen, in denen die Organisationseinheiten ihren Handlungsspielraum auch wirklich im Sinne eines gemeinsamen Ganzen ausfüllen können (vgl. Wimmer 1996, S. 50).

Eine weitere Aufgabe des modernen Managements ist die Balance zwischen **Konstanz und Wandel:** Stabilität und Wandel sind in Organisationen simultane Geschehnisse (vgl. Leana/Barry 2000, S. 753) und erzeugen die paradoxe Herausforderung für das Management gleichzeitig stabilitäts- und veränderungsadäquat zu handeln (vgl. Kühl 2000, S. 28). Dies zeigt sich auch an den beiden prominenten Formen der Verhaltensbeeinflussung: Führung mobilisiert und fixiert (entscheidet, legt fest, reguliert) zugleich (vgl. Neuberger 2002, S. 678). Sie kann damit sowohl entscheidende Impulse für Konstanz wie auch für Veränderung geben. Führung ist als Einflussbeziehung stets asymmetrischer Art (Weibler 2001, S. 39). Diese fundamentale (Macht-)Asymmetrie ist dabei oft genug Motor von Veränderung. Heutige, rational gestaltete Organisationsformen sowie deren Strukturen und Prozesse sind für gewöhnlich nicht in einem Konsens begründet, der in offener, herrschaftsfreier Kommunikation aller daran beteiligter Individuen zustande kommt (vgl. Reimer 2005, S. 211). Damit gibt es in praktisch allen Organisationen nicht nur ein begründetes Interesse an der Stabilisierung und Bewahrung der (Macht-)Verhältnisse, sondern auch eine ungleiche Verteilung der Möglichkeiten einer Veränderung. Die Organisation selbst ist als Prozess und Ergebnis ebenso stabil wie veränderlich. Dabei ist einerseits eine fortschreitende Verfestigung und Verhärtung von Strukten zu beobachten („Strukturkonservativismus", Kieser/ Hegele/Klimmer 1998, S. 121ff.), andererseits aber auch die Neigung, alte, herkömmliche

Strukturlösungen zugunsten (scheinbar) besserer Alternativen aufzugeben („Strukturbruch"; vgl. Deeg/Weibler 2000).

Diese Vielfalt liegt ein Stück weit darin begründet, dass es mit der Statik und Dynamik zwei **grundlegende Sichtweisen von Organisation** gibt. Die Gegensätzlichkeit des dynamischen und statischen Aspekts von Organisation lässt sich dabei weder gänzlich aufheben noch allein auf diese Dichotomie beschränken. Die machtvolle Metapher der Kontinuität hat aber lange Zeit den Blick auf die Dynamik und damit auch auf die Diskontinuität verstellt (vgl. Deeg 2005, S. 3). Aber auch der wesentlich aus dem „Mythos der organisierbaren Organisation" (Westerlund/Sjöstrand 1981, S. 114) gespeiste Veränderungsoptimismus hat sich keineswegs als wirklich hilfreich erwiesen. Denn in diese Vorstellung passt die überwiegende und überlebensnotwendige Stabilität von Organisationen nicht mehr hinein (vgl. Steinmann/Schreyögg 2005, S. 505). Wie aber Organisationen ohne Stabilität auskommen könnten und wie eine Veränderung ohne dauerhaft Bestehendes gedacht und praktiziert werden kann, ist gänzlich unklar (vgl. Deeg 2005, S. 134). Stabilität und Wandel im Kontext von Organisationen als streng voneinander getrennt, naturgemäß gegensätzlich und als eindimensional nebeneinander stehend zu behandeln, geht an der Realität organisationaler Praxis vorbei. Gerade hier kann eine integrale Perspektive, wie sie nachfolgend angestrebt wird, helfen, beide Phänomene miteinander zu vereinbaren und ihr spannungsreiches Wechselspiel besser zu verstehen. Erst dann wird auch in einem tieferen Sinn verständlich, warum für die Zukunft von Organisationen nichts so stabil ist, wie der beständige Wandel. Ferner können auch in den Wandel stabilisierende Elemente eingebaut werden, bei denen die Regelhaftigkeit von Strukturen durch die Regelhaftigkeit der Gestaltung von Wandelprozessen ersetzt wird (vgl. Kühl 2000, S. 61). Wandel wird damit vom Ausnahmefall in der Kontinuität zum Regelfall in der Diskontinuität.

Ein gewisses Maß an Wandel ist allen Organisationen quasi inhärent zueigen. Er liegt in der „Labilität von Strukturen" begründet (vgl. Kühl 1998, S. 57). Jede für bestimmte organisatorische Probleme entworfene Strukturlösung führt sich auf die Dauer selbst ad absurdum. Ihre Vorteile kehren sich allmählich in Nachteile um und selbst der Abbau von Strukturen erzeugt oft genug nur noch mehr (neue) Strukturen. Keine auch noch so rational entworfene Organisationsstruktur ist also letztlich ideal (vgl. Argyris 1975, S. 221). Denn es muss mit den Defizienzen von Person wie System kalkuliert werden, was sich etwa an der Unvollständigkeit organisatorischer Entscheidungen und der begrenzten Rationalität der Akteure zeigt. Die Versuche, eine optimale Organisationsstruktur bzw. einen „one best way" des Organisierens zu finden, dürfen damit als im Wesentlichen gescheitert gelten (vgl. auch Kühl 2002). Gleichwohl geht die Suche danach unvermindert weiter, was sich nicht zuletzt an der Diskussion einer Vielzahl von neuen Organisationsstrukturmodellen (z.B. Virtuelle Organisation, Modulare Organisation, Netzwerkorganisation etc.) zeigt, die in den letzten Jahren intensiv analysiert wurden. Auch wenn dadurch das grundlegende Problem einer optimalen Organisationsgestaltung nicht gelöst wurde, haben sich doch die Handlungsoptionen vermehrt. Und nicht zuletzt sind darin auch wieder neue Versuche zu sehen, das Integrationsproblem auf eine andere Art anzugehen. Dafür könnte allerdings ein **integrales Verständnis der Steuerung**, wie wir es nachfolgend darlegen wollen (☞ Kapitel 5), als erster Schritt überaus hilfreich sein.

Wie sich zuvor gezeigt, hat **Organisation als Begriff und Ereignis** viele Facetten, wie sie auch im Wechselspiel von **Selbst- und Fremdorganisation** und **formalen und informalen Strukturen** zum Ausdruck kommen. Somit ist auch für eine organisationale Steuerung zu bedenken, dass Organisation gleichermaßen als Tätigkeit und Ergebnis angesehen werden kann (vgl. Kosiol 1976, S. 15; Dörler 1983, S. 152). Diese beiden Dimensionen von Organisation sind jedoch nicht voneinander unabhängig, sondern bedingen und ergänzen einander. Anders formuliert ist Organisation in diesem doppelten Wortsinn der **Prozess des Organisierens**, der zu einer **Organisation als Gebilde** führt. Nordsieck (1955, S. 26) formuliert dies so: „Die Tätigkeit des Organisierens konstituiert die Erscheinung Organisation." Dies bedeutet, dass ein Unternehmen erst durch Organisationsprozesse zu einem von seiner Umwelt abgrenzbaren Gebilde wird. Gleichzeitig meint Organisieren als Tätigkeit auch, die schon bestehende Organisation entsprechend bestimmter Absichten zu gestalten (vgl. auch Kosiol 1976, S. 19). Dies kann freilich nicht ohne einen Bezug auf die in der Organisation versammelten Individuen geschehen. Daraus folgt auch, dass die Individuen nicht einseitig von der Organisation abhängig sind, sondern ohne ihre Identifikation mit dem Gebilde und ihre Gestaltung seiner Gestalt, die Organisation nicht in die Existenz kommt (vgl. Bartölke/Grieger 2004, Sp. 471). Besonders deutlich wird dies daran, dass die Schaffung von Organisation als Gebilde bzw. eine Organisationsgründung (wie die Unternehmensgründung) den initiatorischen Einsatz von Personen bedingt, indem eine absichtsvolle Zusammenlegung von Ressourcen durch verschiedene Personen für eine bestimmte Zielsetzung stattfindet.

Organisation ist damit **rekursiver Art**, weil sich Prozess und Ergebnis stets gegenseitig aufeinander (rück-)beziehen. Dieser **Doppelcharakter von Organisation** hat entscheidende Implikationen hinsichtlich des Steuerungsproblems: Denn Organisation erzeugt *handlungsprägende* Strukturen (Deutungsmuster, Erwartungsschemata), die gleichzeitig auch *handlungsfähig* sind, also eine eigene Form von (kollektiven) Akteuren darstellen (vgl. Schimank 2000, S. 320). So bestimmen die Strukturen eines Unternehmens wesentlich das Handeln der Mitarbeiter und bilden damit ganz besonders ein integrierendes Element. Gleichzeitig wird durch diese Strukturen das Unternehmen als kollektives Gebilde handlungsfähig, indem sie z.B. festlegen, welche Personen stellvertretend für die Gesamtheit aller Mitglieder handeln dürfen (z.B. Geschäftsführungsbefugnisse, Prokura). Damit aber eine solche Handlungsfähigkeit gegeben ist, bedarf es einer Abstimmung zwischen dem Kollektivgebilde und den für dieses Gebilde handelnden Personen. Dies ist der entscheidende Grund für verhaltenssteuernde Einwirkungen von Personalführung und Organisation. Jedoch führt die Anwendung dieser Steuerungsmittel zu neuen, sich aus der Interaktion der organisationalen Elemente und Prozesse ergebenden emergenten Problemen, die wir nachfolgend näher beleuchten wollen.

4 Emergente Probleme organisationaler Steuerung

Moderne Organisationen und ihre Mitglieder bewegen sich in verschiedensten **Spannungsfeldern**, die für das Problem einer Steuerung von Relevanz sind. So situieren sich beide dabei grundlegend zwischen einer **Innen-** und einer **Außenorientierung** sowie einer **individuellen** und einer **kollektiven Ausrichtung**. Auf dieses basale Spannungsfeld werden wir im nächsten Kapitel vertiefend eingehen. Weitere Spannungen ergeben sich aus dem Verhältnis einer Fokussierung auf das **Besondere** bzw. Einzelfälle (z.B. individuelle Bedürfnisse) und einer Generalisierung des **Allgemeinen** (überindividuelle Organisationsziele und -zwecke). Grundlegend erwachsen viele der Spannungsfelder zwischen Organisationen und ihren Menschen aus der Unterschiedlichkeit ihrer jeweiligen Verfasstheit. So werden Organisationen oft als formal, unpersönlich, anonym, funktional, kalt, unflexibel und starr erlebt, während Menschen sich nach Wärme, Persönlichkeit, Nähe, Gefühl, Verständnis, Entgegenkommen und Geborgenheit sehnen. Ferner muss sich das Individuum als eigentlich „Unteilbares" in (Identitäten von) Dyaden, Gruppen und Organisationszusammenhängen, wo es oftmals nur Teile seiner Identität einbringen kann, integrieren und sich den Identitäten dem Gefüge öffnen und anpassen. Umgekehrt muss sich die eigentlich apersonale Organisation auf die Besonderheiten ihrer individuellen Mitglieder oder Kunden ausrichten und auf deren Wünsche, Vorstellungen oder Absichten eingehen.

Viele dieser Widersprüche sind im Organisationsphänomen selbst angelegt. Einerseits stellt das „Organisieren" den Versuch dar, z.B. durch Regeln, Strukturen, Verfahren, Algorithmen etc. Unentscheidbarkeiten aufzulösen, Berechenbarkeit und Kalkulierbarkeit herzustellen – und auf diese Weise den geordneten Gang der Dinge sicherzustellen. Andererseits unterlaufen die realen Praktiken und Prozesse in Organisationen immer wieder genau diese Versuche einer festlegenden Bestimmung. Mehr noch lösen Strukturen, Prozesse und Praktiken des Organisierens nicht nur Unentscheidbarkeiten auf, sondern bringen diese zugleich auch hervor. Eine Unentscheidbarkeit verweist insofern nicht nur auf ein Schwanken zwischen Entscheidungen, sondern vielmehr auf Aspekte, die mit Logik der Festlegung und Kalkulation nicht mehr gehandhabt werden können. Ferner bestehen Spannungen zwischen einem Bedarf an formalen Beurteilungsstandards (z.B. zur eindeutigen Zurechenbarkeit von Leistungen und Fehlern bzw. Verantwortung) versus informellen Prozessen, welche diese unterlaufen, oder Zusammenhängen, die sich einer Zurechenbarkeit bzw. Verantwortungszuweisung entziehen. Weiterhin steht einer angestrebten Beziehungsorientierung eine Notwendigkeit zur Sachorientierung gegenüber. Oder das Verfolgen einer rationalen eindeutigen Organisation steht im Widerspruch zu einem situativ notwendigen Zulassen von Unbestimmtheit und

Mehrdeutigkeit. Auch stehen die Erfordernisse der Stabilität und Flexibilität sowie eine Beharrungs- und Handlungsorientierung bzw. Kontinuität und Diskontinuität einander gegenüber. Auf letzteres sind wir bereits im Zusammenhang mit Statik und Dynamik von Organisationen eingegangen (☞ Kapitel 3.6).

Viele der erwähnten Spannungsfelder erwachsen aus einer unzureichenden Integration des Verhältnisses von Individuen und Organisationen, wie wir in den vorherigen Kapiteln versucht haben zu zeigen. Grundlegend verweisen konfligierende, dilemmatische bzw. paradoxale und pathologische Zusammenhänge auf eine prinzipielle Offenheit der menschlichen Erfahrung und der Verfasstheit des Organisierens, die sich einer Berechnung und definitiven Festlegung eindeutiger Organisation (und Führung) ebenso entziehen wie einfachen Lösungs- und Überwindungsversuchen. Wir wollen daher im Weiteren die mit diesen Spannungen und den damit einhergehenden vielfältigen **Konflikte, Dilemmata bzw. Paradoxien sowie Pathologien** näher betrachten. Zunächst wollen wir diesen unterschiedlichen, überaus relevanten Bereichen jeweils gesondert nachgehen, um so schrittweise ein erweitertes Integrationsverständnis zu entwickeln.

4.1   Konflikte

4.1.1   Begriff und Bedeutung von Konflikten in Organisationen

Es besteht keine einheitliche (wissenschaftliche) Definition von Konflikt (vgl. Naase 1978), so dass dieser Begriff oft in inflationärer Weise für jede Form von Differenz gebraucht wird (vgl. Glasl 2004, Sp. 630). Von seiner Wortherkunft verweist der Begriff des Konfliktes (lat. confligere/conflictum) wörtlich auf „zusammenschlagen, zusammenstossen", „Zusammentreffen verschiedener Interessen" oder auch „Streit, Widerstreit der Dinge" bzw. „um des Kontrastes willen zusammenhalten". Wie dieser etymologische Zusammenhang zeigt, braucht es, damit Konflikte überhaupt entstehen können, eine Einheit, unter welcher der Gegensatz überhaupt zum Tragen kommt. Konflikte sind dabei **unvermeidbare Begleitphänomene** des zwischenmenschlichen Zusammenlebens und damit auch der Zusammenarbeit in Organisationen. Gerade die Zusammenarbeit in heutigen Organisationen, die geprägt ist durch zunehmende Teamarbeit, teilautonome bzw. virtuelle Arbeits- bzw. Projektgruppen, sowie interdisziplinär und international zusammengesetzte Gruppen, bringt vielfältige Konfliktpotenziale hervor. Immer dort, wo Menschen also zusammenleben und gemeinsam Ziele erreichen oder Aufgaben erledigen wollen bzw. müssen, kommt es wahrscheinlich zu Konflikten. So belastend dies auch vom Einzelnen erlebt werden mag, so wenig wäre eine Konfliktfreiheit erstrebenswert; denn Organisationen ohne Konflikte wären starr bzw. erstarrt und als Lebenswelt dem Untergang geweiht. Damit sind Konflikte auch als Anzeichen von Lebendigkeit und Dynamik sozialer Gebilde zu sehen. Nach heutiger Auffassung dienen Konflikte Organisationen geradezu als Lebensgrundlage (vgl. Pondy 1992) und Differenzen erscheinen als lebensnotwendig (vgl. Glasl 2004, Sp. 629).

Konflikte sind meist dann zu beobachten und zu erleben, wenn verschiedene Bedürfnisse, Erwartungen, Einstellungen, Ziele, Absichten, Interessen oder (Wert-)Orientierung-en/Normen sowie Handlungen, Rollen oder Gefühle gleichzeitig, gegensätzlich oder unvereinbar sind. Gerade widersprüchliche Zielsetzungen (z.B. zwischen Organisationsmitgliedern, einzelnen Abteilungen, Bereichen oder zwischen Stab und Linie) generieren vielfältige Konflikte. Bereits da, wo ein Akteur Unvereinbarkeiten in seinem Denken, Vorstellen, Wahrnehmen und/oder Fühlen und/oder Wollen in der Beziehung mit einem anderen Handelnden als beeinträchtigend für sein Handeln erfährt, liegt ein Konflikt vor (vgl. Glasl 1990, S. 14f.). Dabei unterscheiden sich Konflikte von Problemen vor allem dadurch, dass die Parteien in einem **kontrāren (gegensätzlichen) Verhältnis** stehen und sich in der Bewältigung der Situation uneins sind und dabei negative Gefühle entwickeln (vgl. auch Wall/Callister 1995, S. 516). Beispielsweise führt die in Organisationen dominante Zweckrationalität und die instrumentelle Unterordnung des Individuums unter die Organisationsziele oft dazu, dass die individuell verschiedenen Ziele der Organisationsmitglieder nicht oder nur teilweise erfüllt werden und sich so eine erhebliche Frustration beim Individuum einstellt (vgl. v. Rosenstiel 2000, S. 119). Problemsituationen lassen sich von Konflikten aber nicht nur durch ihre spezifische Form, sondern auch dadurch unterscheiden, dass die Art und Weise des Lösungszugangs bzw. der Lösungserwartung jeweils differiert. In Problemsituationen ist das Auffinden einer Lösung unklar oder wegen fehlender Konformität schwierig, wohingegen „Konflikte Unsicherheiten oder eine fehlende Übereinstimmung bezüglich der Lösungen selbst beinhalten" (Werpers 1999, S. 8). Während also Probleme in der Regel sachlich auf einen erwünschten Zustand hin (auf-)gelöst werden können, erfordern Konflikte eine besondere Koordination sowie spezifische Verhandlungs- und Bewältigungsformen. Trotz dieser Unterschiede sind Probleme als Vorstufe von Konflikte anzusehen, da sie sich bei länger ausbleibender Lösung zu Konflikten ausweiten können.

Konflikte zwischen Menschen entstehen demnach oft aufgrund von Spannungen durch **gegensätzliche oder unvereinbare Soll-Diskrepanzen** (vgl. Berkel 1978) bzw. Inkompatibilitäten, Inkongruenzen oder Ambiguitäten. Dabei gibt es verschiedene Formen von gleichzeitig auftretenden Gegensätzen oder Unvereinbarkeiten in Organisationen (vgl. Berkel 1984). So können Bedürfnisse und Interessen Einzelner oder mehrerer Personen in Konflikt mit den Aufgabenerfordernissen oder sozialen Normen bzw. der Organisationskultur geraten, wobei erst die subjektive Deutung einer unverträglichen Situation die Konflikterfahrung begründet (z.B. widerstreitende Ansprüche aus Familien- und Berufsleben, oder Auftragsvergabe mit überfordernden Vorgaben). Konflikte müssen folglich jeweils im Rahmen von Handlungsprozessen personal und interpersonal im kontextuellen Zusammenhang wahrgenommen, aufgegriffen, interpretiert und thematisiert oder problematisiert werden, um so für den Organisationszusammenhang relevant zu werden. Deswegen sind Konflikte **nicht primär Defekte** in der Person, Gruppen oder im System, sondern sie entstehen vielmehr daraus, dass die in jeder Organisation angelegten Widersprüchlichkeiten, Paradoxien und Dilemmata (☞ Kap. 4.2 und 4.3) in Konfliktkonstellationen prägnant zum Vorschein kommen. Zudem lassen verschiedene Steuerungskonzeptionen aufgrund ihrer spezifischen Mängel jeweils typische Konflikte erwarten, die sich bei ihrer Anwendung mehr oder weniger regelmäßig und teils auch dauerhaft einstellen.

Ganz grundlegend können Konflikte als komplexe **„Irritationen"** bzw. **„Störungen"** interpretiert werden, die den gewohnten Kooperations-, Handlungs- oder Organisationsablauf unterbrechen, was ambivalente Wirkungen generiert. Denn neben vielfältigen Belastungen und Folgewirkungen liegen in Konflikten auch „Befreiungspotenziale" oder Chancen. So können Konflikte beispielsweise auch zur konstruktiven Weiterentwicklung von Einzelnen, Gruppen oder der Gesamtorganisation sowie zum gemeinsamen Finden einer optimalen Lösung beitragen. Deswegen muss es Ziel einer Konfliktbehandlung in Organisationen sein, die Konfliktdynamik produktiv zu nutzen und so zu gestalten, dass die erwarteten negativen Konsequenzen (z.B. Frustrationen, Reibungsverluste, Zeitverzögerungen) nicht gleichzeitig auftreten (vgl. auch Regnet 2001). Da die subjektiven Gefühle einen starken Handlungsantrieb bei den Konfliktbeteiligten verursachen, ist einerseits die **Aktionsbereitschaft** in Konflikten hoch. Andererseits ist dadurch auch die kritische Urteilsbildung vermindert oder unterdrückt, wodurch Vorurteile, Stereotypen und Klischees zum Tragen kommen. Damit haben Konflikte auch die Tendenz zu einer weiteren Eskalation oder Ausweitung, d.h. sie nehmen an Intensität und Ausmaß zu.

4.1.2   Formen und Arten organisationaler Konflikte

Ein Konflikt kann sich auf einzelne Personen beschränken aber auch mehrere Menschen oder das ganze Organisationssystem umfassen. Grundlegend kann so zwischen **personalen, interpersonellen** und **sachlichen** (organisationalen und umweltbezogenen) **Konfliktpotenzialen** und **Konfliktformen** unterschieden werden. Während personale Konflikte im persönlichen Bereich der Betroffenen liegen (z.B. Missverhältnis zwischen Beruf und Freizeit, Dissonanzen, existenzielle Sinnkrise), beziehen sich interpersonelle Konflikte auf Beziehungen mit Kollegen oder Vorgesetzen. In der organisationspsychologischen Konfliktforschung wird der Konfliktbegriff meist auf den Bereich des zwischenmenschlichen Verhaltens bezogen (vgl. z.B. Berkel 1984, Glasl 1990, Grunwald/Redel 1989). Je nach Handlungsweisen können folgende **Konfliktarten** differenziert werden, die jedoch auch als Mischformen auftreten können (vgl. dazu auch v. Rosenstiel/Molt/Rüttinger 2005, S. 230):

- **Beurteilungskonflikte:** Unterschiedliche Informationsquellen und Kenntnisstände (Qualifikationen, Erfahrungen) der Konfliktparteien führen zu abweichenden Einschätzungen über den jeweiligen Streitpunkt (z.B. mögliche bzw. zweckmäßige Durchführungspraktiken).
- **Beziehungskonflikte:** Diese entstehen durch mangelnde Anerkennung oder persönliche Kränkung durch andere.
- **Handlungskonflikte:** Sie beruhen auf unvereinbaren Handlungstendenzen und einer Unvereinbarkeit divergierenden Verhaltens (z.B die Art und Weise der Durchführung).
- **Rollenkonflikte:** Hier geraten unterschiedliche Rollenanforderungen miteinander in einen Widerstreit.
- **Sachkonflikte:** Entgegengesetzte Meinungen bzw. die Uneinigkeit sind auf einen Sachverhalt bezogen (z.B. unterschiedliche Vorstellungen darüber, welches Problem Priorität haben soll).

- **Verteilungskonflikte:** Dabei wird eine ungleiche Verteilung von Ressourcen und Gratifikationen (wie z.B. Geld, Macht, Prestige, Statussymbole, Beförderungen) konfliktwirksam.
- **Wertkonflikte:** Hier provozieren unterschiedliche Einstellungen, Beweggründe, Ziele oder Werthaltungen einen Konflikt.

Einen wichtigen Klassifikationsversuch stellt die Unterscheidung nach „Konfliktverhalten" und „Konfliktintensität" dar. Das **Konfliktverhalten** umfasst sowohl die Befriedigung eigener Interessen als auch die vollständige Befriedigung der Interessen der Gegenpartei. Die Entscheidung für ein bestimmtes Konfliktverhalten dominiert in hohem Maße den Verlauf und die Intensität von Konflikten und erweist sich als herausragender Faktor des gesamten Konfliktgeschehens. Rahim (1983) kommt zu einer Typologie von Verhaltensstilen, die von „Dominieren" (einseitige Berücksichtigung eigener Interessen) über „Vermeiden" (kein Interesse sowohl an der eigenen wie der anderen Position), „Entgegenkommen" (Orientierung an den Interessen des Gegenübers), „Kompromiss herbeiführen" (Berücksichtigung der eigenen sowie der Interessen der anderen Konfliktpartei im mittleren Ausmaß, wobei es weder Verlierer noch Sieger gibt) bis zum „Integrieren" (gänzliche Verwirklichung aller Konfliktinteressen; „win-win"-Situation) reicht. Die **Konfliktintensität** beschreibt das Ausmaß, mit der Auseinandersetzungen stattfinden und Interessen durchgesetzt werden. Je nach Zusammenhang von Konfliktpotenzial und -verhalten kann des Weiteren zwischen **latenten oder manifesten bzw. offenen Konflikten** unterschieden werden. Die konkrete Konfliktintensität hängt dabei von vorhandenen Spannungen (z.B. Bedrohungspotenzialen) sowie taktischen Überlegungen und verfügbaren Machtmitteln ab. Einflussreich für das Ausmaß von Konflikten sind erkennbare Alternativen, Wirkungsprognosen und Folgenabschätzungen. Glasl (1990) entwirft zur Modellierung von typischen Konfliktverläufen ein **Phasenmodell der Eskalation** und beschreibt darin die einzelnen Stufen der Eskalation, die von Kooperation bis zur Anwendung von Aggression und Gewalt reichen. Er unterscheidet eine **objektive und eine (inter-)subjektive Dimension** des Konfliktpotentials (vgl. Glasl 1999).

Die **objektive Dimension** umfasst die übergeordneten Ziele, Normen, Regeln, Strukturen, Ressourcen und Aufgaben, denen alle Konfliktpartner unterliegen. Viele strukturelle Konflikte verweisen auf eine überindividuelle Dimension, also auf die Verfasstheit organisationaler Einheiten. Konflikte auf der Ebene der Organisation sind im Zusammenhang mit der Differenzierung der modernen, komplexen und funktional arbeitsteiligen Organisation zu sehen. Deren Subsysteme, z.B. Bereiche, Abteilungen, Projektgruppen, Divisionen etc., entwickeln jeweils eigene Binnenstrukturen mit spezifischen Normen, Orientierungen und Werthaltungen (vgl. Rahim 2001, S. 163) sowie unterschiedlichen Belohnungs- und Kontrollstrukturen (vgl. Benson 1977). Gleichzeitig besteht eben aufgrund der Arbeitsteilung die Notwendigkeit der Koordination und Kooperation im Sinne der organisationalen Zielerreichung und dadurch Interdependenzen zwischen den Subsystemen. Zudem liegen Konfliktpotenziale auch zwischen einzelnen Subsystemen und der Gesamtorganisation und sowohl in lateralen als auch in hierarchischen Beziehungen. Die Entstehung und Entwicklung eines Konflikts wird jedoch durch die **subjektive Dimension** bestimmt. Persönliche Merkmale, Motive, Wahrnehmungen, soziale Beziehungen und letztlich das Verhalten führen entsprechend zum offenen oder verdeckten Konflikt (vgl. auch Berkel 1991, 286ff). Dabei ist von einer **Wechselwirkung der subjektiven und objektiven Seite** auszugehen. Denn die Objektseite ist letztlich nichts anderes als die Vergegenständlichung psychischer und intersubjektiver Prozesse; wie umgekehrt die subjektiven und intersubjektiven Prozesse von der strukturellen, funktionalen Objektivierung mitbestimmt werden, was schon auf eine **Integrationsorientierung** verweist.

4.1.3   Funktionen und Wirkungen von organisationalen Konflikten

Konflikte in Organisationen treten nicht nur in verschiedenen Formen auf, sondern haben auch unterschiedliche **Funktionen** (vgl. Regnet 2001). Weil Konflikte kaum je neutral betrachtet werden, sondern ihre Untersuchung von Wünschen nach einer Lösung oder Minimierung ihrer negativen Folgen motiviert wird, stehen meist ihre **Dysfunktionen** im Vordergrund (vgl. Pondy 1975, S. 242). Die mit Konflikten verbundenen Spannungen sind demzufolge teilweise extrem emotional belastend, verursachen personale und soziale Kosten und wirken sich für Person wie Organisation abträglich oder (langfristig) gar als zerstörerisch aus (vgl. dazu näher Werpers 1999, S. 29f.). Der hinter der dysfunktionalen Sichtweise stehende Harmonismus mit seinen Strategien der Konfliktvermeidung oder Konfliktunterdrückung ist typisch für die meisten klassischen Managementansätze. So wollte schon F. W. Taylor den Konflikt zwischen Kapital und Arbeit gänzlich aufheben und drückte stets seine Abscheu gegenüber jedweder Form von Konflikt aus (vgl. Deeg/Weibler 2008, S. 63f.). Allein durch sozialen Ausgleich, Harmonie und Frieden erschien ihm eine gedeihliche Entwicklung von Organisationen (Unternehmen) wie auch der gesamten Gesellschaft möglich. Ganz ähnlich sah auch Elton Mayo Konflikte als irrational und unnötig an (vgl. Walter-Busch 1996, S. 169) und betrachtete sie als „ein Übel, Symptom des Mangels an sozialen Fertigkeiten" im Gegensatz zur Kooperation als Symptom für Gesundheit (vgl. Pondy 1975, S. 242). Für March und Simon (1958) unterbrechen Konflikte die Standardmechanismen der organisationalen Entscheidungsprozesse und stellen somit eine „Fehlfunktion des Systems" dar.

Modernere Positionen gehen mittlerweile davon aus, dass Konflikte sowohl dysfunktional wie auch funktional sein können. Nach Deutsch (1976, S. 17) liegen die **positiven Funktionen des Konflikts** darin, dass er ein Medium für den Aufweis von Problemen und für das Finden von Lösungen repräsentiert. Zudem verhindert er Stagnation, regt Interesse und Neugierde an und ist oft Wurzel für persönliche sowie organisationale und gesellschaftliche Veränderungen. Für den Einzelnen kann er zur Selbsterkenntnis der eigenen Persönlichkeit beitragen, indem er dazu zwingt, Überlegungen und Handlungen zu prüfen und zu bewerten. Überdies kann er für die Charakterentwicklung förderlich sein (vgl. Pondy 1975, S. 242), da die konflikthafte Reibung zu anderen Denk- und Verhaltensweisen führen kann. Für Teams haben Konflikte oft eine identitätsbildende und gruppenfestigende Funktion (vgl. Coser 1992). Konflikte innerhalb einer Gruppe können auch dazu beitragen, bestehende Normen unter veränderten Bedingungen neu zu beleben, diese zu modifizieren oder zur Entstehung neuer Normen verhelfen. Organisationen werden durch Konflikte lebendig gehalten (Verhinderung von Verkrustung und Erstarrung), ihre Selbstheilungs- und Selbstregulierungskräfte werden gestärkt sowie ihre Lern- und Entwicklungsfähigkeit gefördert (vgl. Glasl 2004, Sp. 634). Für eine differenzierte Bewertung der Funktionalität oder Dysfunktionalität eines Kon-

flikts kommt es also insgesamt darauf an, inwieweit er die Produktivität, Stabilität oder Anpassungsfähigkeit der Organisation unterstützt oder vermindert (vgl. Pondy 1975, S. 243).

Die **Wirkungen von Konflikten** werden in der Regel daran gemessen, welche Folgen sie für
die beiden Variablen Leistung und Zufriedenheit der Mitarbeiter haben (vgl. v. Rosen-
stiel/Molt/Rüttinger 2005, S. 231). Welche Effekte ein Konflikt im Einzelnen hat, hängt sehr
stark davon ab, welche Aufgabe die beiden Konfliktparteien haben. So haben bei Routine-
aufgaben die aufgabenbezogenen Konflikte (wie z.B. Beurteilungskonflikte) eher negative
Folgen. Bei komplexen Aufgaben hingegen treten entweder keine negativen Konsequenzen
auf oder es können sogar positive Folgen beobachtet werden. Diese unterschiedlichen Ergebnisse sind darauf zurückzuführen, dass Konflikte bei komplexen Aufgaben helfen, Abläufe und Methoden in Frage zu stellen und konträre Sichtweisen einzubringen, wodurch alternative Lösungen gefunden werden können oder die Alternativenbewertung verbessert wird.
Dazu ist es jedoch notwendig, dass das Konfliktausmaß und die Konflikthäufigkeit ein gewisses Niveau nicht übersteigt. Emotional geprägte Konflikte (wie z.B. Beziehungskonflikte)
beeinträchtigen die Zufriedenheit der Beteiligten, müssen jedoch nicht zwangsläufig die
Leistung mindern. Ein Leistungsrückgang wäre nur dann zu erwarten, wenn die Konfliktparteien in ihrer Aufgabenerfüllung stark voneinander abhängig sind. Schließlich ist noch der
zeitliche Ablauf von Konflikten zu beachten, da Konflikte gewöhnlich in einer Abfolge von
Episoden verlaufen (vgl. Pondy 1975, S. 240f.). Falls ein Konflikt am Ende zur Zufriedenheit aller Beteiligten gelöst ist, kann dadurch sogar die Basis für kooperative Beziehungen
gelegt werden oder durch das Bemühen um geordnete Beziehungen latenten Konflikten vor-
gebeugt werden. Sollte der Konflikt jedoch unterdrückt oder gar nicht gelöst werden, kann er
sich erheblich verschärfen und sehr kritische Formen annehmen.

So kann eine Zuspitzung von Konflikten letztlich zu **Krisen** führen. Bei einer Krise handelt
es sich allgemein um die Wahrnehmung einer (problematischen) Situation, die eine kritische
Entscheidungslage bezüglich des Gelingens oder Misslingens organisationaler Prozesse
beschreibt (vgl. dazu näher Hauschildt 2004). Damit verweisen Krisen auf eine schwerwiegende Bedrohung für das Überleben einer Organisation, bei der vorhandene Ressourcen zur
Bewältigung oft nicht ausreichen. Wie bereits die Herkunft des Begriffes der Krise aus dem
Griechischen („krisis" = Entscheidung, entscheidende Wendung) zeigt, sind Krisensituationen kritische Entscheidungspunkte, die über einen guten oder schlechten Ausgang bestimmen und so „einen Entscheidungs- und Aktionszwang" auslösen (vgl. Weber 1979, S. 15).
Was letztlich als Krise bezeichnet wird, hängt dabei sowohl von objektiver Sachlage wie von
der subjektiven Interpretation ab (vgl. Krummenacher 1981). Dabei sind neben den Gefah-
renmomenten mit Krisen immer auch Chancen und neue Möglichkeiten verbunden (vgl.
Stiegler 1994). Zudem entstehen manche Krisen zwangsläufig im **Lebenszyklus von Organisationen** und sind also unvermeidbar. Beispielsweise kommt es durch ein fortgesetztes
Größenwachstum und fortschreitendes Alter einer Organisation unweigerlich zu einer **Büro-
kratiekrise** in Form einer überbordenden strukturellen Koordination, die nur durch mehr
Teamgeist wieder überwunden werden kann (vgl. Greiner 1972). Daneben lassen sich in
diesem Modell auch **Führungsstil-, Autonomie-** und **Kontrollkrisen** unterscheiden, die
revolutionäre Perioden in der Organisationsentwicklung markieren und von anschließenden
Evolutionen (Wachstumsphasen) abgelöst werden.

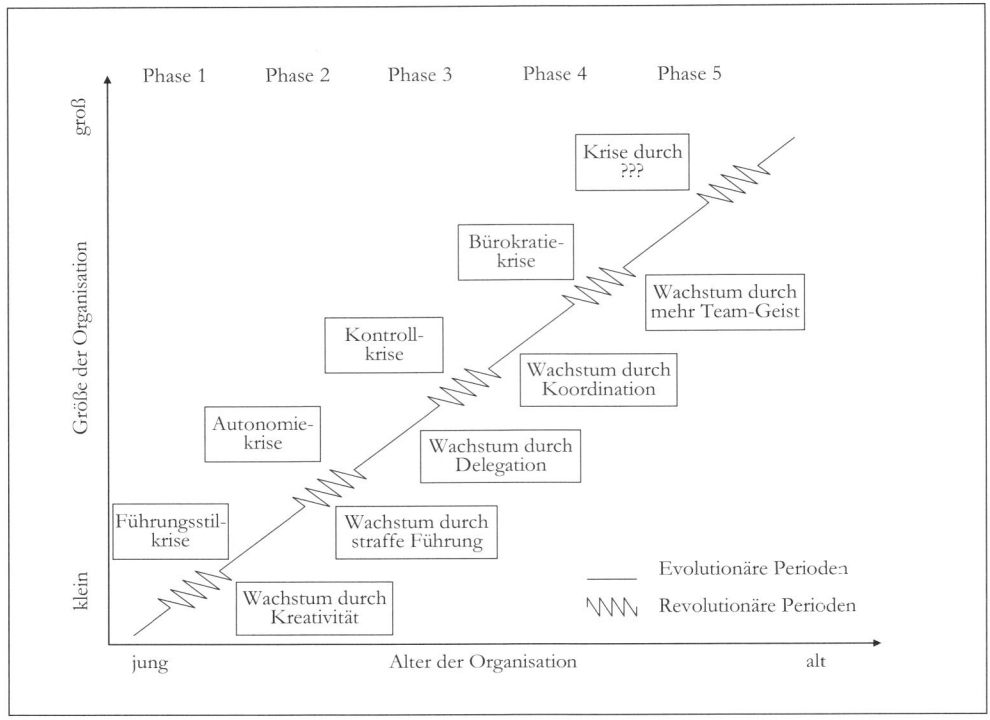

Abb. 4.1: Lebenszykluskonzept der Organisation nach Greiner (1972)

Krisen sind dem Lebenszykluskonzept zufolge also auch (Vor-)Zeichen von Wachstum und innerer Reifung. Versuche ihrer Vermeidung verzögern damit unter Umständen eine anstehende Veränderung oder verhindern die Weiterentwicklung des gesamten Organisationsgebildes. Aus den vielfältigen Funktionen und Wirkungen organisationaler Konflikte ergibt sich die **Bedeutsamkeit eines Krisenmanagements** als Form absichtsvoller Steuerung (vgl. dazu Schwarz 2003, Simola 2005). Konfliktmanagement bzw. Konflikthandhabung stellt eine zielorientierte und bewusste Gestaltung von Konflikten, um eine Konfliktsituation oder einen Konfliktverlauf zu beeinflussen (vgl. auch Regnet 2001, S. 74). Dahinter steht ein Bestreben, Konflitke konstruktiv zu „managen", um eine Verbesserung der Lage zu erreichen oder eine Eskalationsspirale zu vermeiden.

4.1.4   Konfliktebenen und Konfliktbereiche

Von grundlegender Bedeutung für unsere Betrachtung von Konflikten ist die Unterscheidung zwischen verschiedenen **Konfliktebenen**, v.a. der Organisationsebene und der Individualebene. Die in jeder Form der Organisierung beinhaltete Zweckorientierung hat notwendigerweise zur Folge, dass die spezifischen, individuellen Ziele der Mitglieder oder Teilnehmer nicht oder nur partiell erfüllt werden können (vgl. etwa v. Rosenstiel/Molt/Rüttinger 2005,

S. 119). Individuen werden als Mittel der Zielerreichung von Organisationen verstanden und gemäß der Nützlichkeit ihrer spezifischen Eigenschaften und Quelifikationen organisatorisch eingebunden (vgl. Bartölke/Grieger 2004, Sp. 468). Der Einzelne wird mehr oder weniger in einem instrumentellen Sinn den Zielen der Organisation untergeordnet und hat sich vorwiegend an die Organisation anzupassen. Dazu wird auf abstrakte und durchschnittliche Größen (etwa bei der Leistungsmenge und -güte) abgestellt. Hieraus ergibt sich die Gefahr einer mehr oder minder großen Frustration des Einzelnen, die sich nicht vollständig vermeiden lässt. So sprechen Autoren wie z.B. Argyris (1964, 1975) im Bezug auf das Verhältnis von Person und Organisation von einem grundlegenden Widerspruch zwischen beiden, der aus der funktionsgebundenen und eben nicht personengebundenen Logik des Organisationssystems entsteht. Besonders in einer **funktionalen Logik** sind Personen als Funktionsträger stets austauschbar, sofern funktionale Äquivalente vorhanden sind. Gleichzeitig ist die Ausführung der Tätigkeiten durch die Funktionsträger wiederum abhängig von deren individuellen Faktoren (z.B. Motivation, Qualifikation), die deswegen eine dezidierte Berücksichtigung erfahren müssen. Die Effektivität der Arbeit ist zudem auch nur dann gewährleistet, wenn sich die Personen den formalen und funktionalen Strukturen gegenüber loyal verhalten (vgl. Argyris 1975, S. 221). Dem Einzelnen ist schließlich auch an einem Minimum an Identifikation mit der Organisation sowie einer gewissen persönlichen Wertschätzung gelegen, die eine essentielle Vorbedingung seines Engagements darstellen.

Neben den beiden fundamentalen Konfliktebenen von Individuum und Organisation lassen sich verschiedene **Konfliktbereiche** unterscheiden, bei denen es zu einem Zusammentreffen der unterschiedlichen Logiken kommt: Konflikte sind oft nicht nur von emotionalen Stimmungen und Effekten begleitet, die eine konstruktive Lösungsfindung behindern, sondern Gefühle und Emotionen stellen oft selbst eigene Konfliktfelder dar. Im rational orientierten Gefüge der Organisation finden Emotionen in der Regel kaum Berücksichtigung. Jedoch sind Emotionen und **emotionale Konflikte** zwischen Einzelnen und in Gruppen sowie der Gesamtorganisation in Organisationen besonders einflussreich. Neben den aufgabenbezogenen, kognitiven Aspekten (z.B. Ressourcen, Politik, Prozesse und Rollen) sind also sozial-emotionale Aspekte (wie z.B. wahrgenommen Spannungen im Bereich der Normen und Werte sowie Gefühle oder Stimmungen) für Konflikte bestimmend. Meist erleben Menschen Konflikte als emotionale Erfahrung, die durch Unsicherheiten und Belastungen, Stress („unangenehmer Spannungszustand") sowie damit zusammenhängend Ärger, Wut oder auch Ängste (in extremer Form auch Verachtung, Misstrauen Aggressionen, Hass) charakterisiert sind. Speziell die sog. „**Emotionsarbeit**" verursacht Konflikte zwischen Performanz und Rollenerwartung bei Einzelnen und in Teams (vgl. Küpers/Weibler 2005, S. 137ff.).

Weitere Konflikte entstehen durch **Gerechtigkeitsprobleme**. So lösen wahrgenommene Ungerechtigkeit, ethische Probleme, Verantwortungslosigkeit oder ungerechte Führungspraktiken vielfältige Konflikte aus. Besonders schwerwiegende Konflikte entstehen zudem, wenn Individuen den komplexen Anforderungen heutiger Arbeitssituationen nicht gerecht werden können. Zudem treten Konflikte zwischen der Identität des Einzelnen und der Gruppe bzw. der Organisation auf. Diese **Identifikationskonflikte** äußern sich z.B. in Illoyalität gegenüber der Organisation oder schädigendem Verhalten (vgl. dazu Marcus/Schuler 2004). Aus einer psychodynamischen Sichtweise heraus gibt es außerdem eine innere Dynamik einzelner Individuen, aber auch von ganzen Gruppen, Subsystemen bzw. Organisationseinheiten oder der gesamten Organisation, die Anlass für Konflikte gibt oder von Konfliktereignissen gesteuert wird. Dabei spielen oft genug Themen, Vorgänge, zurückliegende Ereignisse oder geheime Regeln im Innenleben der Organisation eine Rolle, die so konfliktbeladen sind, dass sie tabuisiert werden und nicht in das Bewusstsein der Organisationsmitglieder dringen (dürfen). Des Weiteren gibt es Konflikte bei nicht gelebter Authentizität bzw. **Konflikte authentischer Führung**. So können spezifische Situationen, Klimata oder Kulturen in Organisationen dazu führen, dass Individuen sich in ihrem Verhalten verstellen müssen oder gezwungen werden, einen bestimmten Anschein zu erwecken.

Weitere bedeutsame **Konfliktbereiche** ergeben sich aus den grundlegenden Prinzipien der Integration von Individuen in organisatorische Zusammenhänge sowie ihren systematischen Defiziten und Grenzen. Gerade **einseitige Integrationsformen** setzen dabei zunächst alles daran, Konflikte im Vorfeld durch klare Aufgabenteilung und Kompetenzfestlegung zu vermeiden oder auftretende Konflikte durch übergeordnete Entscheidungsträger (hierarchisch höher stehende Vorgesetzte) oder fachliche Experten (Funktionsmeister) rasch und eindeutig zu lösen. Nichtsdestotrotz ergeben sich gerade hierdurch entweder wieder neue Konflikte oder aber wegen systematischer Defizite der einseitigen Lösung ein dauerhafter Konflikt. Die Passivität, Unterordnung, geringe Kontrollbefugnis und kurze Zeitperspektive durch die hierarchisch-bürokratische und funktionale Integrationsformen und Strukturen gekennzeichnet sind, konfligieren mit dem Reifestreben, Selbstbestimmungsrecht und Wachstumsbedürfnissen von Individuen (vgl. Argyris 1975, S. 225). Sie setzen mit anderen Worten Unmündigkeit und Unreife voraus, was auf die Dauer nicht nur zur Unzufriedenheit, sondern auch zu schwerwiegenden Konflikten zwischen dem Individuum und der Organisation führen kann. Auf einer strukturellen Ebene treten in hierarchisch-bürokratischen Organisationsformen zudem kaum lösbare Konflikte zwischen formal gleichrangigen Untereinheiten auf (vgl. Mayntz 1985, S. 114). Sie sind unausweichliche Folge der internen Arbeitsteilung und der Orientierung der Untereinheiten an der Teilaufgabe.

Mayo erhoffte sich durch **humanere Führungsmethoden** in der Industrie eine Reduktion von seiner Meinung nach irrationalen und unnötigen Konflikten und letztlich sogar – wie Taylor – eine Aufhebung des historischen Konflikts zwischen Kapital und Arbeit, wie er in einem Brief an den Untersuchungsleiter der ersten Hawthorne-Studien G. A. Pennock 1929 schrieb (vgl. Walter-Busch 1996, S. 169). Die ausgeprägte Human- bzw. Beziehungsorientierung seines Human-Relations-Ansatzes schuf allerdings gleichzeitig einen schwer lösbaren **Fundamentalkonflikt** zwischen der Zweckrationalität des Organisationsgebildes und den ökonomischen Zielsetzungen des Unternehmens auf der einen und dem Eigenwert des menschlichen Wesens und sozialen Zielen auf der anderen Seite. Dieses Problem wird an der folgenden Begebenheit aus der Phase I der Hawthorne-Experimente (Relais-Montage-Testgruppe) sehr anschaulich deutlich (vgl. dazu Kieser 2006, S. 147f.), das sich auch bei Roethlisberger/Dickson (1966) wiederfinden lässt:

Bereits kurz nach Einrichtung der Testgruppe reduzierte das hohe „Ausmaß des Schwätzens", an dem sich alle Arbeiterinnen beteiligten, die Konzentration auf die Arbeit. Deswegen wurden nach zwölf Monaten vier Arbeiterinnen zum Abteilungsleiter gerufen und ermahnt. Als auch weitere Abmahnungen erfolglos blieben, wurde mit Versetzung in Abteilungen oder Entlassung gedroht. Aber auch davon zeigten sich zwei Arbeiterinnen unbeein-

druckt, da sie dies entsprechend der Hinweise der Vorgesetzen zu Beginn der Studie als
erwünscht ansahen („Wir dachten, Sie möchten, dass wir so arbeiten, wie es uns gefällt.").
Als auch Sanktionsandrohungen und Ermahnungen nichts daran änderten. wurden schließlich beide Arbeiterinnen „wegen grober Aufsässigkeit" und schlechter Leistungen aus der
Testgruppe entfernt und durch willfährigere Personen ersetzt. Hieran zeigt sich sehr deutlich
das Dilemma zwischen Sach-/Zweckrationalität und Wertrationalität, auf das wir nachfolgend eingehen wollen.

4.2   Dilemmata

4.2.1   Begriff und Bedeutung von Dilemmata in
Organisationen

Organisationen und Führung sind oft solchen problematischen Spannungsfeldern ausgesetzt,
die sich als Dilemmata äußern. Ein Dilemma (griechisch δί-λημμα: „zweigliedrige Annahme") bezeichnet dabei eine Situation, die zwei Wahlmöglichkeiten bietet, die jedoch beide
gesamthaft zu einem unerwünschten Resultat führen. Ein Dilemma kann sich auch daraus
ergeben, dass man bei der Wahl zwischen zwei Möglichkeiten keine wählen kann, weil die
Gleichwertigkeit der Alternativen zusammen mit der Wahlnotwendigkeit eine Ergebnisfin-
dung unmöglich macht (vgl. auch Hoyle/Wallace 2008, S. 1432). Klassisches Beispiel ist
dabei das **Dilemma von Buridans Esel**. Dieser verharrt unbeweglich zwischen zwei gleich-
großen und gleich weit entfernten Heubündeln, weil er sich weder für das eine noch für das
andere entscheiden kann. Das Gleichnis von Buridans Esel zeigt anschaulich die Unmöglichkeit einer logischen Entscheidung zwischen zwei gleichwertigen Lösungsangeboten, hier
in Form von Heuhaufen. Der Esel verhungert schließlich, weil er sich nicht entscheiden
kann, welchen er zuerst fressen soll. Der Name dieses klassischen Dilemmas geht auf den
Scholastiker Johannes Buridan (1300-1358) zurück, der mit diesem Beispiel die Ansicht von
der Unmöglichkeit der Willensfreiheit zu erläutern versucht haben soll. Das Argument
stammt jedoch ursprünglich von Aristoteles, der dazu allerdings die Figur eines Hundes
verwendet hat. Die nachfolgende Abbildung zeigt nicht nur dieses klassische Dilemma-
Beispiel in anschaulicher Form, sondern deutet auch schon eine – allerdings zufällige – Lösung an:

Exakt in der Mitte zwischen zwei Heuhaufen stehend wäre Buridans Esel verhungert, wenn die Symmetrie der Situation nicht durch eine kleine Fliege gebrochen worden wäre, die den Esel veranlasst, sich einem bestimmten Haufen zuzuwenden.

Abb. 4.2: Das Dilemma von Buridans Esel

Im Kontext von Organisationen wird unter einem Dilemma eine Situation verstanden, in der bezogen auf ein Ziel scheinbar gleichzeitig zwei (oder mehrere) sich ausschließende Entscheidungs- bzw. Handlungs-Optionen durchgeführt werden müssen, für die beide gute Gründe sprechen (vgl. Fontin 1997, S. 28). Bedeutung, Formen, Ursachen und Wirkungen von Dilemmata wurden in der Führungs- und Organisationspraxis vielfältig beschrieben (vgl. z.B. Fontin 1997, Gebert/Boerner 1995, Gebert 2004, Gutschelhofer/Scheff 1996, Müller-Stewens/Fontin 1997, Neuberger 2000, 2002, S. 337ff; Remer 2001). Dilemmata manifestieren sich als (oft unvereinbare) **Widersprüche** zwischen den Bedürfnissen der Menschen und den Interessen der Organisation. Zum Beispiel strebt der Mensch mit seinen Grundbedürfnissen nach Ordnung und Freiheit sowohl nach Sicherheit, Orientierung und Eindeutigkeit, wie auch zugleich nach Autonomie als Chance zur Individualität und Selbstbestimmung (vgl. Gebert 2004, Sp. 196). Diese sind jedoch nicht immer vereinbar mit den Interessen und Zweckorientierungen der Organisation, was regelmäßig Anlass für Konflikte ist (☞ Kapitel 3.3.1). Dabei ist insbesondere die Führung gefordert, in dieser grundlegenden dilemmatischen Konstellation einzugreifen: „Das Dilemma zwischen individuellen Bedürfnissen und organisationalen Erfordernissen, ist ein grundlegendes, andauerndes Problem, das der Führungskraft ewige Herausforderung bietet (Argyris 1975, S. 233)."

Dilemmatische Phänomene sind oft in eine Struktur **dilemmatischer Konstellationen** eingebettet. Diese sind durch einen parallelen Bedarf nach Begrenzung und Erweiterung von Handlungsspielräumen aufgrund pluraler Ziele gekennzeichnet (vgl. Gebert 2002). In Organisationen gibt es beispielsweise die Dilemmatakonstellationen von Wandelfähigkeit und Stabilität, von Innovation und Tradition, von Bewahren und Erneuern wie auch dilemmatische Spannungsfelder zwischen Zukunftsorientierung und Vergangenheits- bzw. Gegenwartsbewusstsein, aber auch von hochgradiger Flexibilität und unerschütterlicher Identität. Bedeutsam ist auch das Gegensatzpaar von Stabilität und Wandel (bzw. Statik und Dynamik), das insbesondere auch die Integrationsaufgabe von Führung vor widersprüchliche Anforderungen stellt: So sollen Führungskräfte einerseits in Wandelprozessen die Veränderung vorantreiben, anderseits als sprichwörtlicher „Fels in der Brandung" Stabilität und Kontinuität garantieren (vgl. Shamir/Howell 1999). Graphisch werden solche Dilemmata-Konstellationen bzw. gegensätzlichen Anforderungen gern durch bipolare Skalen verdeutlicht, was ihre prinzipielle Unvereinbarkeit versinnbildlichen soll:

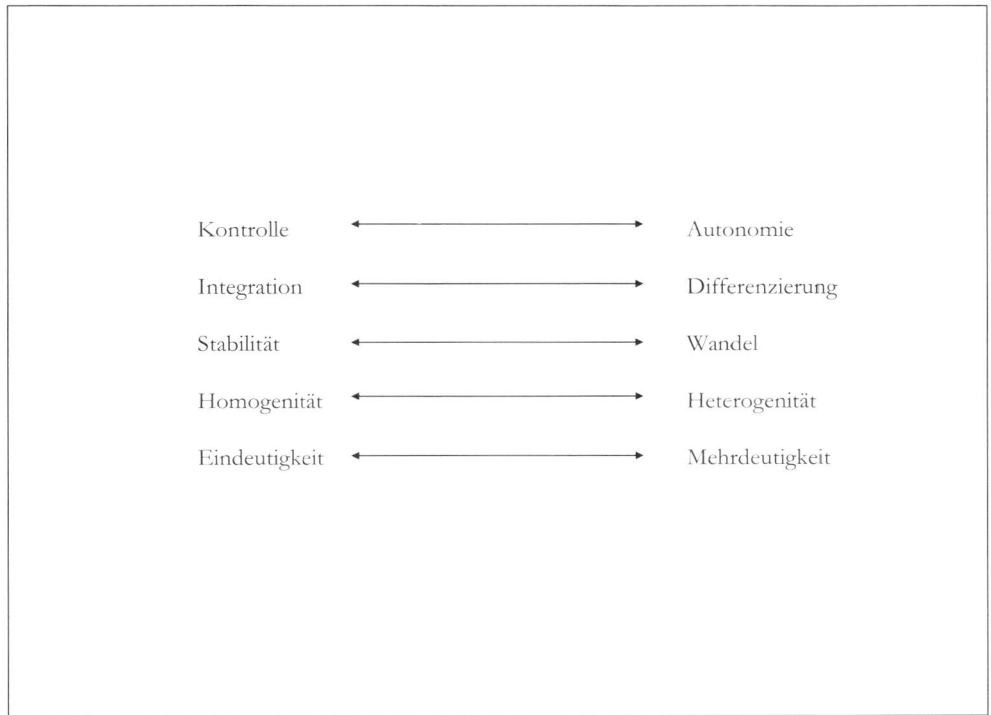

Abb. 4.3: Beispiele dilemmatischer Anforderungen (vgl. Gebert 2004, Sp. 196)

Organisationen sind darüber hinaus sowohl auf klare Verantwortlichkeiten und Regeln als auch auf Flexibilität, Improvisation und Innovation angewiesen. Organisationen brauchen klare Zielvorstellungen, aber auch die Bereitschaft, möglicherweise von den festgelegten Zielen abzuweichen. Identifikation mit der Organisation und Arbeit ist förderlich, kann aber zugleich notwendige Veränderungen verhindern. Unternehmen sehen sich der Notwendigkeit ausgesetzt, in Organisationen Freiräume und Puffer zu schaffen, welche aber häufig auch für organisationsfremde Eigeninteressen der Mitarbeiter missbraucht werden. Des Weiteren steht die Standardisierung (z.B. ISO-Normen) einer Selbstorganisation (spezifische Anwendung) gegenüber, also allgemeine Regeln konfligieren mit lokalen Praktiken. Die polare Anordnung bringt in diesen Beispielen zum Ausdruck, dass eine Tendenz zu einem Pol hin, immer auf Kosten des anderen Pols geht und sich kein einfacher oder dauerhafter Kompromiss erreichen lässt (vgl. auch Hoyle/Wallace 2008, S. 1432).

Besonders in erwerbswirtschaftlichen Organisationen (Unternehmen) besteht zudem ein grundlegendes Dilemma zwischen moralischen **Werten** und dem ökonomischen **Zweck** der Organisation: Schon Max Weber (1976, S. 12) beschrieb das grundlegende Spannungsverhältnis zwischen einer (folgenunabhängigen) **Wert-Rationalität** versus (erfolgsorientierten) **Zweck- und Sach-Rationalitäten**. Einerseits muss eine Organisation der (erfolgsorientierten) Zweckrationalität als Logik jeder Organisation für eine funktionale Zweck-Mittel-Relation folgen. Dabei fordert besonders das **ökonomische Prinzip** eine optimale zweckbestimmte Ausnutzung vorhandener Möglichkeiten mit rationalen Mitteln (vgl. Weibler 2001, S. 399). Dieser Zweckrationalität steht die Wertrationalität gegenüber, welche die Ziele (und Zwecke) durch die Selbstbesinnung auf (Eigen-)Werte und deren Quellen begründet. So ist aus einer wertrationalen Perspektive beispielsweise auch der humane Eigenwert des Menschen gegenüber einer technokratischen Verabsolutierung von Funktionalitäts- und Effizienzkriterien zu bewahren (vgl. Weibler 2001, S. 435; Kuhn/Weibler 2003). Damit bestehen **Zielkonflikte** zwischen Zwecken und Werten in einer Organisation, die eine organisationale Aushandlung und sinnvolle Integration im Rahmen der Arbeitszusammenhänge der handelnden Subjekte erforderlich machen. Ein weit verbreitetes Dilemma für Führungskräfte in Unternehmen liegt somit im Spannungsverhältnis zwischen ökonomischem Erfolg und moralischer Redlichkeit (**ethisches Dilemma**; vgl. Rickards/Clarke 2006, S. 217): Die zunehmende Rationalisierung und fortschreitende Ökonomisierung führen zu einer Bedrohung lebensweltlicher Praxis, die zu Pathologien (☞ Kapitel 3.3.4) auf individueller wie gesellschaftlicher Ebene führen kann. Die durchgehende Versachlichung auf Systemimperative strategischer Erfolgsorientierung wurde als sozialdesintegrative „Kolonialisierung der Lebenswelt" problematisiert (vgl. Habermas 1995, S. 171ff.). Eine durchgehende Versachlichung und Rationalisierung der sozialen Beziehungen führt demnach tendenziell zur sozialen Desintegration (und damit zu einem Bedarf an Re-Integration). Die Problematik **sozialer Dilemmata** besteht darin, dass das interessenbedingte Handeln der Gruppen zu sub-optimalen Zuständen führt.

Auch das Verhältnis von Individuum zur Organisation ist ganz grundlegend dilemmatischer Natur. So sind Individuen (bzw. insbesondere ihre Kenntnisse und Leistungen) für Organisationen unverzichtbar zur Realisierung des Organisationszwecks. Zur Sicherung der Unabhängigkeit und Handlungsfähigkeit des Gesamtgebildes dürfen sie jedoch von den spezifischen (Leistungs-)Beiträgen einer einzelnen Person nicht zu abhängig werden. Dieses Problem kann als das **Dilemma von gleichzeitiger Integration und Ausschluss von Mitarbeitern** bezeichnet werden (vgl. Kühl 2002, S. 55f.): So müssen Mitarbeiter einerseits in die

Organisation integriert werden, damit ihre Kreativität und ihr Engagement instrumentell genutzt werden kann. Ein der Organisation fremd bleibendes Individuum wird seine Leistungen nicht in dem Maße in den Arbeitsprozess einbringen, wie dies mit Blick auf die Gesamtaufgabe wünschenswert wäre. Andererseits müssen Mitglieder austauschbar bleiben, damit die Organisation nicht von ihnen abhängig wird. Denn eine fachlich begründete oder kompetenzbezogene Unverzichtbarkeit kann als Machtbasis genutzt werden, um sich Anweisungen entgegenzustellen. Für dieses beschriebene **Inklusions-Exklusions-Dilemma** besteht keine dauerhafte Lösung, so dass in der Organisationspraxis ständig neue Verhandlungsprozesse und Kompromisse erforderlich sind.

4.2.2   Dilemmata organisationaler Steuerung

Die zentralen Medien organisationaler Steuerung sind fundamentalen Widersprüchen ausgesetzt, die sich prominent an den Akteuren zeigen: Gerade Führungskräfte in Organisationen müssen mit vielfältigen widersprüchlichen Ansprüchen, Erwartungen, Rollen, Konflikten und Anforderungen umgehen. So ist Führung oft dilemmatischen (Entscheidungs-)Situationen, Handlungslogiken und Widersprüchen ausgesetzt, aus denen es keine eindeutigen oder sicheren Auswege gibt. Beispielsweise sollen Führende aus Effizienzgründen ihren Personalbestand bei Überkapazität kurzfristig reduzieren; andererseits benötigen sie aber Personal, das über Erfahrung verfügt, sich mit der Arbeit identifiziert und für Innovationen sorgt (vgl. Tsui et al. 1995). Oder Führungskräfte sollen zugleich den Wandel in Organisationen fördern, aber auch Stabilität gewährleisten oder Vertrauen geben, aber auch Kontrolle ausüben. Des Weiteren sind sie oft mit dilemmatischen Situationen und Konsequenzen konfrontiert, mit denen sie ganz praktisch umgehen müssen (vgl. Rickards/Clark 2006). Einerseits sollen sich Führungskräfte auf organisationsinterne Beziehungen zu einzelnen Mitarbeitern oder Gruppen ausrichten; andererseits sollen sie nach Außen repräsentieren, Kontakte pflegen und Interessen gegenüber Dritten durchsetzen.

In aktuellen Organisationskontexten sind Führungskräfte auch oft widersprüchlichen Leistungsimperativen ausgesetzt (vgl. Margolis/Walsh 2003). Nicht nur müssen sie mit paradoxen Situationen (☞ Kapitel 3.3.3) leben, sondern auch lernen, mit vielfältigen ökonomischen, sozialen und moralischen Dilemmata umzugehen. Sie sind dabei gleichermaßen verantwortlich für eine effektive Wertschöpfung ihrer Unternehmen wie sie dennoch auch ethisch verantwortlich handeln sollen. So müssen sie sowohl die Ansprüche der „Shareholder" wie der verschiedenen „Stakeholder", also weiterer Anspruchsgruppen befriedigen. Damit sind sie oft sogar gezwungen, **„notwendige Übel"** (Molinsky/Margolis 2005) zu handhaben, um effektiv zu führen. Diese Systemkonformität ist allerdings ebenso karriereförderlich wie rufschädigend und eine weitreichende Übereinstimmung mit fremdbestimmten Imperativen geht nicht unbedingt mit der Bewahrung eigener Authentizität einher. Neben diesen zuvor vorgestellten **pragmatischen Dilemmata**, existieren aber auch **prinzipielle Dilemmata** der Führung, die schon grundsätzlich in der Führungsrolle angelegt sind. Die nachfolgende Abbildung zeigt einige Beispiele solcher **Rollendilemmata der Führung:**

1.Mittel	**Zweck**
Betrachtung des einzelnen als "Kosten-faktor", "Einsatzgröße", "Instrument", "Parameter", "Leistungsträger"	Selbstverwirklichung und Bedürfnisbe-friedigung des einzelnen als oberstes Ziel; "Mensch im Mittelpunkt"
2. Gleichbehandlung aller	**Eingehen auf den Einzelfall**
Fairness, Gerechtigkeit, Anwendung all-gemeiner Regeln, keine Bevorzugungen und Vorrechte	Rücksichtnahme auf die Besonderheiten Des Einzelfalls, Aufbau persönlicher Be-ziehungen
3. Distanz	**Nähe**
Unnahbarkeit, hierarchische Überlegen-heit, Unzulänglichkeit, Statusbetonung	Wärme, "Verbrüderung", Betonung der Gleichberechtigung, Freundschaft, Einfühlung
4. Fremdbestimmung	**Selbstbestimmung**
Gängelung, Reglementierung, Lenkung, Unterordnung, Durchsetzung, Strukturie-rung, Zentralisierung, enge Kontrolle, Überwachung	Autonomie, Handlungs- und Entschei-Dungsspielräume, Entfaltungsmöglichkei-ten, Dezentralisierung, Selbständigkeit
5. Spezialisierung	**Generalisierung**
"Fachmann" sein, um bei Sachproble-men kompetent entscheiden zu können	Einen allgemeinen Überblick und keine De-tailkenntnisse haben, Zusammenhänge sehen
6. Gesamtverantwortung	**Einzelverantwortung**
Wenig Verantwortung delegieren, die Zu-ständigkeit an sich ziehen, für alle Fehler einstehen	Verantwortung und Aufgabengebiete auf-teilen, bei Versagen Rechenschaft fordern
7. Bewahrung	**Veränderung**
Stabilität, Tradition, Sicherheit, Vor-sicht, Regeltreue, Konformität, Kalkulierbarkeit	Flexibilität, Innovation, Experimentier-Freude, Toleranz, Nonkonformität, Un-berechenbarkeit
8. Konkurrenz	**Kooperation**
Rivalität, Wettbewerb, Konfrontation, Aggressivität, Konflikt	Harmonie, Hilfeleistung, Solidarität, Ausgleich
9. Aktivierung	**Zurückhaltung**
Antreiben, drängen, motivieren, begeistern	Sich nicht einmischen, Entwickl. abwarten
10. Innenorientierung	**Außenorientierung**
Sich auf interne Gruppenbeziehungen konzentrieren; Mittelpunkt, Identifikati-onszentrum sein	Repräsentieren, Außenkontakte pflegen, Gruppeninteressen gegenüber Dritten durchsetzen
11. Zielorientierung	**Verfahrensorientierung**
Lediglich Ziele oder Ergebnisse vor-geben und kontrollieren	Die "Wege zum Ziel" vorgehen und kon-trollieren
12. Belohnungsorientierung	**Wertorientierung**
Tauschbeziehungen etablieren, mit beloh-nung/Bestrafung operieren, Kurzzeit-perspektive	Auf die Verinnerlichung von Normen und Werten dringen, Belohnungsaufschub for-dern, Langzeitperspektive
13. Selbstorientierung	**Gruppenorientierung**
Die eigenen Interessen und Ziele verfolgen	Kompromisse/übergeordnete Ziele anstreben

Abb. 4.4: Rollendilemmata der Führung (vgl. Neuberger 2002, S 342)

Diese rollenbezogenen Dilemmata entstammen durchweg dem organisationalen Kontext der Führung und werden im Rahmen der organisationalen Vorsteuerung von Führung (☞ Kapitel 2.1.2.1) dadurch relevant, dass die zugrunde liegenden Probleme nicht allein durch organisatorische bzw. strukturelle Maßnahmen oder das Ordnungsmuster „Organisation" gelöst werden können. Mit anderen Worten löst die Führungsrolle Probleme durch eine **Personalisierung organisationaler Dilemmata:** „Die Führungsrolle verwandelt … Ordnungsprobleme in ein persönliches Dilemma, um damit neue Techniken der Problemlösung zu mobilisieren, die dem sozialen System sonst nicht zur Verfügung ständen. Der Führer muss auf widerspruchsvolle Zumutungen in Einzelsituationen mit einem konsistenten Rollenverhalten antworten können, und dies nach Möglichkeit, ohne Erwartungen zu enttäuschen. Dazu ist er nur imstande durch Generalisierung seines Einflusses und mit Hilfe einer besonderen Fähigkeit zu sozialer Selbstdarstellung" (Luhmann 1999, S. 214). So kann die „Erfindung" eines mitarbeiterorientierten Führungsstils als Symptom gedeutet werden, dass sich durch Organisation sowie Personalmanagement allein die widersprüchlichen Anforderungen aus dem Systemzweck nicht mehr bewältigen lassen (vgl. Remer 1992, S. 240). Dem Führungsstil kommt folglich die Funktion zu, den Widerspruch zwischen Zweck und Mittel erträglicher zu machen. Besonders humanistische Führungs(stil)konzeptionen sehen sich dabei allerdings vor das nächste Dilemma gestellt, denn die Behandlung einer anderen Person als (Mit-)Menschen setzt gerade das Heraustreten aus der organisational definierten Führungsbeziehung voraus (vgl. Neuberger 2002, S. 37).

Neben diesen im Alltag höchst relevanten Führungsdilemmata bestehen aber auch **Dilemmata auf der Organisationsebene**, die in der Strukturierung des Organisationsgebildes liegen können (z.B. Zentralisierung versus Dezentralisierung, Integration versus Differenzierung; vgl. auch Attems 1996, S. 540), aber auch in divergierenden strategischen Optionen (z.B. Differenzierungs- vs. Kostenführerschaftsstrategie). Ferner besteht ein permanenter Widerspruch zwischen zentralen und peripheren Organisationseinheiten. Die zentralen Einheiten müssen das Gesamtinteresse der Organisation berücksichtigen, während periphere Einheiten ihre Eigeninteressen zur Ausübung ihrer speziellen Tätigkeiten wahren müssen (vgl. Buchinger 1988). Eine hierarchische Strukturierung führt schließlich zu einem **Teil-Ganzes-Dilemma** (vgl. Seitz 2006, S. 203f.; ☞ Kapitel 4.1.3): Die Mitglieder einer hierarchischen Ordnung werden zum einen auf ihre Zugehörigkeit zu einer bestimmten Hierarchieebene beschränkt, sollen sich aber trotzdem mit dem Ganzen identifizieren.

Die folgende Abbildung zeigt das Spannungsfeld widersprüchlicher Anforderungen in und von Organisationen:

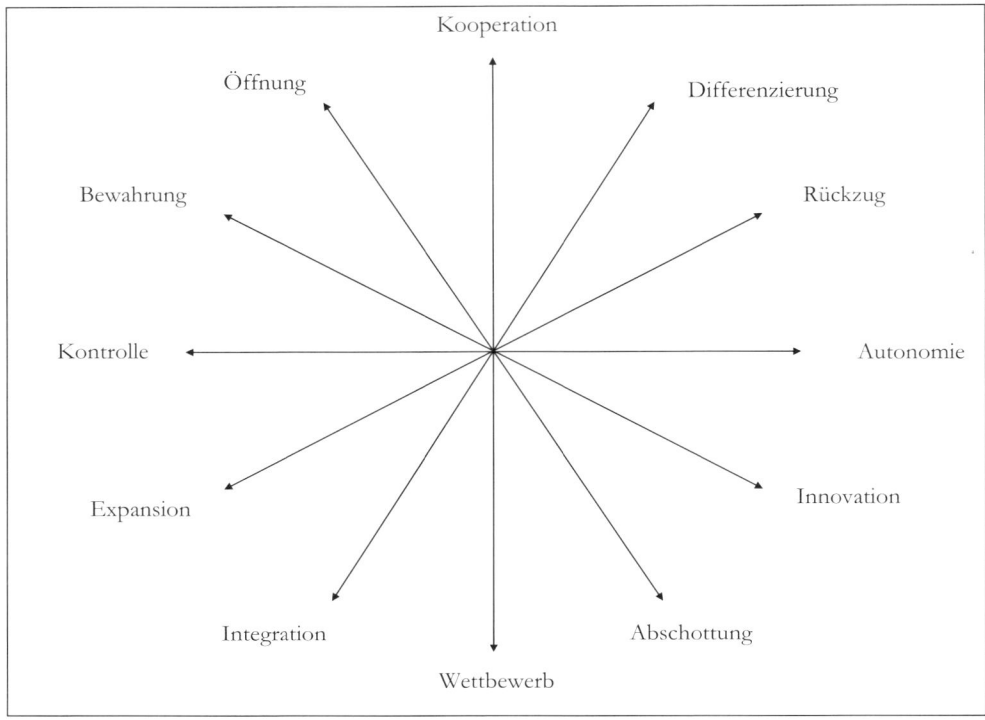

Abb. 4.5: Die Organisation im Spannungsfeld widersprüchlicher Anforderungen (vgl. Gebert 2002, S. 153; übersetzt)

Die nachfolgenden Beispiele verschiedener **organisationaler Dilemmata** (vgl. dazu v.a. Kühl 1998, 2000) zeigen, dass sie weniger das unbeabsichtigte Ergebnis individuellen Handelns, sondern Ausdruck widersprüchlicher organisatorischer Regulationsstrukturen sind:

- Das **Fettpolsterdilemma:** Reserven zur Innovation sind gleichzeitig Formen der „Selbstbehinderung". Innovationen sind bei ungenutzten Ressourcen möglich; sind diese aber in großem Umfang vorhanden, verhindern sie eher die Bereitschaft, innovativ zu werden.
- Das **Innovationsdilemma:** Die Dezentralisierung steigert die Innovationsfähigkeit, behindert aber die Durchsetzbarkeit dieser Innovationen. Nur wenn bestimmte (Entscheidungs-)Freiräume bestehen, können Innovationen erzeugt werden; diese Freiräume können aber auch gleichzeitig zur Abwehr von organisationsweit einzuführenden Innovationen genutzt werden.
- Das **Lerndilemma:** Erfolgreiches Lernen in Organisationen führt zur Etablierung von Wahrnehmungsmustern, die spätere Lernprozesse behindern. Organisationen sind auf erfolgreiche Lernprozesse angewiesen, aber gerade erfolgreiche Lernprozesse können für den Niedergang von Unternehmen verantwortlich sein, weil sie neues Lernen verhindern.
- Das **Ideologiedilemma:** Wandel braucht unter bestimmten Umständen eine starke Ideologie, die aber die Möglichkeiten des Wandels einschränkt. Der Vorteil von Ideologien in

Wandelprozesse ist ihre starke selektive, aber hoch fokussierte Wahrnehmung der Wirklichkeit, die zwar einerseits die Zielgerichtetheit der Veränderungen erhöht, aber andererseits viele Optionen von vorneherein ausschließt.

- Das **Identifikations-Dilemma:** Eine hohe Identifikation mit der Organisation vermindert Wandelfähigkeit. Wenn sich Individuen sehr stark mit der Organisation identifizieren, neigen sie dazu, den Status Quo beibehalten zu wollen, denn jede Ve-änderung könnte potenziell die Basis für die vorhandene Identifikation untergraben.

Durch eine **Dynamik dilemmatischer Konstellationen** (vgl. Gebert 2002, 155ff.) kommt es zu zyklischen Verschiebungen zwischen dem offenen und dem geschlossen Muster in (Gesellschaft und) Organisationen. Beispielsweise folgt auf eine Dezentralisierung aufgrund dadurch entstehender Autonomie-Kosten eine Rezentralisierung, die wiederum mit Zentralisierungskosten, z.B. durch bürokratische Erstarrungen und Motivationseinbußen verbunden ist, was schließlich zu erneuten Dezentralisierungsstrategien führt usw. Bedenklich wird die Dilemmata-Dynamik dann, wenn es zu einer Verabsolutierung der Extremformen der vollständig offenen oder geschlossenen Organisation kommt.

4.2.3   Funktionen und Wirkungen von Dilemmata

Die Wirkungen von Dilemmata in der Führungs- und Organisationspraxis wurden vielfältig beschrieben (vgl. Fontin 1997, Gebert/Boerner 1995, Gebert 2004, Gutschelhofer/Scheff 1996, Müller-Stewens/Fontin 1997, Remer 2001, Neuberger 2000, sowie 2002, S. 337ff.). Dilemmata werden meist im Rahmen konkreter operativer Problemstellungen relevant und wirksam. Dabei geht von ihnen ein Entscheidungs- oder Handlungsdruck aus, aus dem vielfältige kognitive und emotionale Dissonanzen und Stress entstehen. So herrscht in dem durch Dilemmata entstehenden Spannungsfeld eine für Individuen bedrohlich wirkende Instabilität, die bei fortschreitender Dauer zu Orientierungslosigkeit, Motivationsstörungen, Handlungsunfähigkeit und destruktiven Verhaltensweisen führen kann (vgl. auch Riese 2007, S. 201; Neuberger 1995, Grimm 1999). Diese Probleme können zu Konflikten (☞ Kapitel 3.3.1) eskalieren oder sich als Pathologien (☞ Kap. 3.3.4) chronifizieren. In ihren verschärften Formen werden Dilemmata, insbesondere wenn diese zu einer Ausweglosigkeit führen, auch als paradox empfunden (vgl. Kapitel 3.3.3). Je mehr sich ein Dilemma zudem auf eine einzelne Person konzentriert (z.B. einen einzigen Mitarbeiter), desto häufiger treten negative Wirkungen auf und desto stärker fallen die Konsequenzen aus. Das Auftreten von Dilemmata schränkt (zuweilen) außerdem das Erschließen von spezifischen Nutzen(-potenzialen) ein (vgl. Fontin 1997, S. 29). Problematisch sind auch die Langzeitwirkungen von unbewältigten Dilemmata (vgl. Riese 2007, S. 202): Eine Flucht vor der Verantwortung (etwa durch faule Kompromisse, Verleugnung oder Verdrängung, vorschnelle Polarisierung) ist nicht sinnvoll, weil mit der „Wiederkehr des Unbewältigten" zu rechnen ist und die Kosten einer späteren Bewältigung höher als eine zeitnahe Entscheidung sein können.

Fundamentale Dilemmata in Organisationen haben zudem Folgen für die interindividuellen Kommunikationsprozesse, wodurch sich paradoxe Kommunikationsmuster und damit einhergehend auch Beeinträchtungen der Interaktionsqualität wie der (Führungs-)Beziehungen ergeben. Ein typisches Beispiel für diese Verlagerung von Dilemmata in die Kommunikation stellen so genannte „mixed messages" von Führungskräften dar (vgl. Argyris 1988). Dabei werden präzise und unpräzise Anforderungen absichtlich mehrdeutig kombiniert, um die darin enthaltenen Inkonsistenzen undiskutierbar zu machen (vgl. Müller-Christ/Weßling 2007, S. 182). Nach Argyris (1988, S. 258) geschieht dies in vier Schritten: Zunächst wird eine inkonsistente Aussage gebildet (z.B. Steigern Sie den Absatz, aber reduzieren Sie dabei den absoluten Energie- und Ressourcenverbrauch!). Darauf folgt ein Verhalten, das vorgibt, die Inkonsistenz in dieser Aufforderung sei gar nicht vorhanden. Dazu wird anschließend ein Diskussionsverbot über die Inkonsistenz der Aufforderung nebst dem ignorierenden Verhalten verhängt, indem diese Aspekte als indiskutabel hingestellt werden. Zuletzt wird auch noch die Nicht-Diskutierbarkeit des Nicht-Diskutierten als ebenfalls nicht diskutierbar dargestellt. Auch wenn solche **„mixed messages"** einem prinzipiell verständlichen Drang von Führungskräften entsprechen mögen, sich – unter dem hohen, widerspruchsfrei formulierten Erfolgsdruck stehend – dadurch zu befreien, dass sie die Entscheidungskomplexität wie die Widersprüche auf untergeordnete Personen abwälzen (vgl. Müller-Christ/Weßling 2007, S. 182), ist dadurch im Hinblick auf eine Lösung wenig gewonnen.

Grundsätzlich können Dilemmata in Organisationen aber ohnehin weniger gelöst als vielmehr neutralisiert bzw. in eine bearbeitbare Form gebracht werden (vgl. Weick 1985, S. 351; Handy 1994, S. 11; Hoyle/Wallace 2008, S. 1432). Es handelt sich bei Dilemmata um eine Situation, die prinzipiell nicht mehr entscheidbar ist – oder für die es wenigstens mehrere, wenn nicht gar viele Lösungen, aber jedenfalls keine einzig richtige Lösung mehr gibt. Einseitige Gestaltungsansätze sind damit auch nicht zielfördernd (vgl. Gebert 2004, Sp. 198), sondern es scheint eher ein Pulsieren oder Oszillieren angebracht zu sein. In der Praxis sind in Organisationen dementsprechend häufig **zyklische Prozesse** (Zentralisierung – Dezentralisierung – Re-Zentralisierung – Erneute Dezentralisierung) zu beobachten (vgl. Mintzberg/Westley 1992). Nach mehreren, in kürzerer Zeit durchlaufenen Zyklen besteht dabei aber die Gefahr, dass Organisationsmitglieder solchen paradoxen Bewegungen nicht folgen können oder wollen und die Führungskräfte und/oder die Leitung unglaubwürdig werden. Rationale Begründungen solcher Bewegungen fallen schwer und senken die Vertrauenswürdigkeit und Verlässlichkeit der Organisation. Es bleibt außerdem fraglich, ob ein konsequentes Nicht-Lernen und ein organisatorisches Beharrungsvermögen am Ende nicht auch zum selben Ergebnis mit weniger Umstellungsaufwand führen würden. In Anbetracht dessen wird auch verständlich, warum Organisationsmitglieder – Führungskräfte wie Mitarbeiter – im Spannungsfeld dilemmatischer Konstellationen gerne zur **Ironie** als Reaktionsmuster flüchten (vgl. dazu näher Hoyle/Wallace 2008), weil ein Kommunikationsverhalten, bei dem das Gemeinte im genauen Gegensatz zu Gesagten steht, quasi symmetrisch zu einer Situation passt, in dem das letztendlich Erreichte ganz und gar nicht dem ursprünglich Gewollten entspricht. Dies verdeutlicht nochmals, dass die fundamentalen Dichotomien, die sich hinter organisatorischen Dilemmata verbergen, oft nur ein Arrangement mit den Gegebenheiten oder die Entwicklung eines modus vivendi erlauben, aber keine endgültige, allseits zufriedenstelle Lösung.

4.3 Paradoxien

4.3.1 Begriff und Bedeutung von Paradoxa in Organisationen

Der altgriechische Ursprung des Begriffs Paradoxon (παράδοξον), zusammengesetzt aus para (παρα~ = gegen) und doxa (δόξα = Meinung, Lehre, Erwartung) verweist bereits auf die Bedeutung von Paradoxa. Hiermit bezeichnet man eine Behauptung über Sachverhalte, die der allgemeinen Meinung oder Lehre zuwiderlaufen bzw. durch Gegensätzlichkeiten, Widersprüchlichkeiten oder Negationen gekennzeichnet sind (vgl. zu den Merkmalen auch Reindl 2008, S. 7ff.). Paradoxa verweisen dabei nicht nur auf eine Widersprüchlichkeit (Gegensätzlichkeit, Negation) wie die zuvor behandelten Dilemmata, sondern zudem auf eine Selbstreferenz bzw. einen Selbstbezug und eine Zirkelhaftigkeit (vgl. Hughes/Brecht 1978, S. 1ff.). Die Widersprüchlichkeit des Paradoxalen ist dabei Folge der Negation von Selbstbezüglichkeit, d.h. einer auf sich selbst anwendbaren Aussage. Wenn wir beispielsweise hier schreiben: „Dieser Satz ist falsch!", ergibt sich die Frage: Ist diese Aussage nun wahr oder falsch? Der Satz ist wahr, wenn er falsch ist und falsch, wenn er wahr ist. Auch die Aufforderung: „Lesen Sie diesen Satz nicht!" können Sie nicht zur Kenntnis nehmen, ohne gegen sie zu verstoßen. Mit anderen Worten entsprechen bei Paradoxa die kausalen Konsequenzen nicht den üblichen Erwartungen. Was aus paradoxalen Zusammenhängen folgt, ist nicht immer eindeutig linear-kausal zuzuordnen. Paradoxien bergen daher ein Moment der Überraschung in sich, weil eine Wirkung auftritt, die so nicht erwartet wurde. Ein scheinbar annehmbarer Gedankengang, abgeleitet aus scheinbar annehmbaren Prämissen, ergibt eine unannehmbare Schlussfolgerung (vgl. Sainsbury 2001, S. 11). Paradoxa sind in ihrem Erscheinen also oft unerwartet und sonderbar irritierend, weil sie den üblichen Auffassungen, Erwartungen oder Gewohnheiten nicht entsprechen (vgl. Neuberger 2002, S. 354). Paradoxale Aussagen werden deswegen auch als befremdlich oder überraschend wahrgenommen und ermöglichen dem Zuhörer zunächst keine Widerrede, weil Anschlussfähigkeiten oder ein Verständnis fehlen (vgl. Fontin 1997, S. 17).

Im Gegensatz zu den zuvor vorgestellten Dilemmata besteht zudem keine strenge Bipolarität bzw. Dichotomie zwischen möglichen Alternativen; im Falle von Paradoxien sind regelmäßig auch noch weitere, nicht abschätzbare Möglichkeiten vorhanden. Paradox können folglich auch Aussagen oder Handlungen sein, die auf der einen Seite beanspruchen richtig oder konsistent zu sein, auf der anderen Seite jedoch in sich widersprüchlich erscheinen: „Epimedes, der Kreter, sagt: Alle Kreter lügen!" Es werden also bewusst oder unbewusst widersprüchliche Ideen oder Vorstellungen simultan behauptet, ohne dass es möglich wäre, sich – wie bei einem Dilemma – für eine Seite bzw. Position entscheiden oder festlegen zu können, was zur „Aporie" also logischen Ausweglosigkeit führen kann. In diesem Fall bezieht sich die **Unentscheidbarkeit** der Paradoxie nicht wie beim Dilemma auf zwei Wahl- oder Handlungsoptionen, sondern auf die **Wahrheit der Aussage**, über die nicht entschieden werden kann. Jedoch ist kritisch anzufügen, dass oft etwas (auf den ersten Blick) als paradox erscheint, ohne es jedoch wirklich zu sein (vgl. Fontin 1997, S. 16ff.; Lewis 2000, S. 761). So können zahlreiche Paradoxien aus der Perspektive der strengen Logik als Unsinn oder ver-wirrende Scheinprobleme aufgefasst werden, da sie letztlich gar keine wahrheitsfähigen oder prüfbaren Aussagen enthalten (vgl. Neuberger 2002, S. 356). Darüber hinaus weisen Paraxo-dien in Abgrenzung zu Dilemmata auch noch eine dynamische Komponente durch eine inne-re Zirkularität auf (vgl. Reindl 2008, S. 12). Während ein Widerspruch zwischen zwei di-lemmatischen Positionen als solcher bestehen bleibt, verstärkt bzw. verschärft sich die Para-doxie durch zirkuläre Begründungstrukturen noch weiter. Mit Zirkularität ist hier gemeint, dass die Schlussfolgerung, die durch Prämissen bewiesen werden soll, schon zur Vorausset-zung für das Schlussverfahren selbst gemacht wird. So enthält beispielweise bei einer zirku-lären Definition das Definiens bereits das Definiendum, d.h. die Definition setzt genau das voraus, was sie erklären soll („Eine Organisation ist der Unterschied zwischen Organisation und Umwelt."). Die Widersprüchlichkeit und Selbstbezüglichkeit werden so dynamisiert, dass ein infiniter Regress oder ein Teufelskreis entsteht, aus dem kein einfaches Entkommen mehr möglich ist. Damit entziehen sich Paradoxien vielen Lösungsstrategien, die auf dilemmati-sche Konstellationen anwendbar sind.

Im heutigen „Age of Paradox" (vgl. Handy 1994) treten auch in Organisationen zunehmend paradoxale Sachverhalte auf. Paradoxa entstehen u.a., wenn sachliche, zeitliche oder soziale **Totalisierungen** vorkommen bzw. vorgenommen werden (vgl. Neuberger 2002, S. 362). Dies ist beispielsweise bei Null-Fehler-Programmen, Null-Verschwendungs-Initiativen oder Total (!) Quality Management der Fall (vgl. Neuberger 2000, S. 207). Letztlich unrealisier-bare Handlungsmaximen und Verabsolutierungen von Teil-Wahrheiten generieren dann paradoxerweise das Gegenteil des Angestrebten. Verschiedene **organisatorische Parado-xien** sind zudem mit Veränderungskonzepten und neuen Organisationsmodellen verknüpft: So führen beispielsweise Verschlankungsstrategien des sog. „Lean-Managements", mit dem eigentlich eine Komplexitätsreduktion angestrebt war, zu Komplexitätssteigerungen durch damit einhergehende Überlastungen, Stress und Konflikte. Ebenso können scheinbare Ver-einfachungen verkomplizierende Wirkungen generieren, die zu komplexeren und unüber-sichtlicheren Prozessen führen („komplizierende Vereinfachungsstrategien"; vgl. Kühl 1998, S. 108ff). Ausgefeilte und sorgfältig designte Prozess-Architekturen suggerieren eine Plan- und Beherrschbarkeit, die paradoxerweise nur mit ungeplanten und kaum zu steuernden Improvisationen oder kreativen Ausgestaltungen möglich wird (vgl. Neuberger 2006b, S. 225). Auch kann eine Enthierarchisierung in zunehmenden Machtkämpfen und Politisie-rung und damit in einem „Komplexifizierungs- und Politisierungsdilemma" resultieren: „Eine Enthierarchisierung und Entstrukturierung führt dazu, dass Macht sich in voller Blüte entfalten kann, da sie nicht mehr in Hierarchien kristallisiert und durch feste Strukturen regu-liert wird." (Kühl 1998, S. 103). Alle Beispiele zeigen auch die **disproportionalen Hand-lungsfolgen** paradoxaler Zusammenhänge, da eine ursprüngliche Handlung Konsequenzen zeitigt, die über ihre ursprüngliche Absicht hinausgehen oder sie konterkarieren.

4.3.2   Arten organisationaler Paradoxien

In der Management- und Organisationsliteratur lässt sich eine Fülle weiterer Paradoxa bzw. unterschiedlicher **Arten von Paradoxien** finden (vgl. dazu u.a Gutschelhofer/Scheff 1996, Neuberger 2000, Neuberger 2002, S. 357f.):

- **Informationsparadox:** Eigentlich sollten Entscheidungen umso besser ausfallen, je mehr Informationen als Entscheidungsgrundlage vorliegen. Je mehr Informationen allerdings wirklich verfügbar sind, desto schwieriger wird es, diese Informationen zu verarbeiten, und desto länger werden Entscheidungen hinausgezögert. Gerade in der Überfülle werden Informationen durch ihre nicht mehr zu bewältigende Menge wertlos. Obwohl man immer mehr Informationen hat, weiß man also immer weniger. Dadurch sinkt auch die Möglichkeit, sich auf der Basis eines informationsgespeisten Wissens zu entscheiden. In diesem Fall tritt der paradoxe Effekt durch den zuvor schon vorgestellten „information overload" (☞ Kapitel 2.2.2) auf, der typisch für Informationsprozesse ist und auch Entscheidungsprozesse negativ beeinflusst. Das Informationsparadox kann sich so auch zu einer **Entscheidungspathologie** auswachsen.

- **Kennzahlenparadox:** Ganz ähnlich wie beim Informationsparadox führt hier eine übermäßige Anhäufung von Kennzahlen dazu, dass sich das ursprünglich damit verbundene Ziel einer Verdichtung von Informationen und Vereinfachung von komplexen Zusammenhängen in sein Gegenteil verkehrt. Je mehr Kennzahlen erhoben werden, desto weniger sind sie letztlich wert. Der Zweck von Kennzahlen, genauere Kenntnisse über den Zustand der Organisation zu liefern, wird soweit konterkariert, dass am Ende damit die Gefahr einer Verkennung der Realität aufkommt. Die Fülle von Kennzahlen kann dazu genutzt werden, verschiedene Kennzahlen gegeneinander auszuspielen oder sie selektiv zu präsentieren; sie ermöglicht auch die Etablierung von Kennzahlenexperten, die aus der Kunst, Kennzahlen richtig zu lesen oder zu verstehen einen mikropolitisch nutzbaren, strategischen Vorteil ziehen. Es kommt schließlich zu einer Inflation von Kennzahlen, da für offene Fragen und Probleme immer weitere Kennzahlen benötigt werden. Damit kann das Kennzahlenparadox in eine **Informationspathologie** umschlagen.

- **Planungsparadox:** Perfekte Pläne kann man nur dann aufstellen, wenn man über gesichertes Wissen hinsichtlich der Zukunft verfügt. Ein solches Wissen gäbe es aber nur dann, wenn die Welt deterministisch verfasst wäre und alle Gesetzmäßigkeiten dieses Determinismus bekannt wären. Sollte dieses Wissen verfügbar sein, wären nicht nur die zukünftigen Zustände bekannt, sondern auch die Entwicklungen vollständig determiniert. Als Konsequenz hieraus bestünden keine Freiheitsspielräume für die Planung und die Notwendigkeit einer Planung wäre bei exaktem Zukunftswissen auch kaum mehr gegeben. Perfekte Vorhersage und perfekte Planung würden sich also gegenseitig ausschließen. Je ausgefeilter Pläne sind, desto realitätsferner und desto weniger wert sind sie letztlich. Solche Pläne werden mit realen Entwicklungen verwechselt und Planabweichungen durch immer neue Plankorrekturen oder Planalternativen kompensiert.

- **Entscheidungsparadox:** In der geregelten Ordnungswelt von Organisationen, in der es zu Entscheidungen kommen muss, ist jeder Fall anders, jede Entscheidung verschieden und bedarf einer je einzigartigen Interpretation, die durch keine bestehende oder entwickelbare Regel vollkommen vorbestimmt werden kann. Deswegen wird in einer nur regelbezogenen Ordnung damit alle Rechenhaftigkeit, Berechenbarkeit, Sicherheit, Erwartbarkeit, Anschlussfähigkeit, Koordinationsfähigkeit, Routine und Regelmäßigkeit verfehlt. Unentscheidbarkeit wird so zur Voraussetzung für die Möglichkeit des Entscheidens (vgl. Luhmann 2000). Die Paradoxie des Entscheidens ist eine Paradoxie des Begründens von Entscheidungen in Situationen, in denen gute, tragfähige Gründe fehlen, aber verlangt sind (vgl. Ortmann 2003, S. 146). Da Regeln in Organisationsordnungen angewendet werden müssen, ist in diesen Anwendungen immer ein Moment von Entscheidung enthalten, denn keine Regel kann die Bedingungen ihrer Anwendungen vollständig regeln.

- **Regelparadox:** Regeln können nur dann ihre ordnungsstiftende Wirkung voll entfalten, wenn sie möglichst strikt eingehalten werden. Andererseits stellen selbst Regelverletzungen oftmals kreative Mittel der Ordnungserhaltung dar, weil in bestimmten Fällen eine unreflektierte Regeleinhaltung die Ordnung unterminiert. Eine ordentlich geregelte Berechtigung und Verpflichtung zur außerordentlichen Wiederherstellung (und Erhaltung) der Ordnung, kann es allerdings nicht geben. Dazu müssten in allen Regeln auch alle Ausnahmen von Regeln „geregelt" sein. Ein derartiges Regelwerk ließe allerdings keine ungeregelten Freiräume mehr offen, die für eine Ordnungserhaltung kreativ genutzt werden könnten.

Kühl (2002, S. 70ff.) nennt zusätzlich einige **paradoxe Handlungsimperative:**

- **„Sei-selbständig-Paradox":** Hierbei kommt es zu einer zentralistischen Einführung von dezentralen Strukturen. Damit wird die Selbstorganisation vollständig fremdorganisatorisch vorgegeben und verhindert eine selbstbestimmte Ordnungsbildung. Eine Zunahme der Autonomie bedeutet in diesem Fall auch keine Abnahme der Kontrolle.
- **„Entscheide-selbst-aber-nur-unter-Vorbehalt-Paradox":** Zwar lässt das Management Mitarbeiter selbst entscheiden, es dürfen letztlich aber nur Entscheidungen getroffen werden, die auch den Vorstellungen des Managements entsprechen. Damit besteht eine Diskrepanz zwischen zugewiesener Verantwortung und realen Handlungsmöglichkeiten.
- **„Organisier-dich-selbst-aber-nicht-so"-Paradox:** Dabei wird Mitarbeitern die Möglichkeit eingeräumt, sich selbst zu organisieren, aber nur gemäß den Wünschen der Leitung. Die von oben propagierte Selbstorganisation passt nicht zu den organisch gewachsenen oder spontanen Ordnungsprozessen und bedroht oder verdrängt die vorhandene, ungeplante Selbstorganisation.

Bei diesen paradoxen Handlungsimperativen handelt es sich zwar nicht um unrealisierbare Handlungsmaximen wie etwa bei einem Null-Fehler-Programm, aber um in sich widersprüchliche Aufforderungen, bei denen teilweise das Gegenteil des Gesagten gemeint ist. Damit kann aber auch das Gegenteil dessen eintreten, was hierdurch beabsichtigt wird.

4.3.3   Paradoxien organisationaler Steuerung

Bei misslungener Bewältigung oder unzureichendem Umgang können sich – neben anhaltenden Dilemmata – auch die Paradoxien zu Pathologien in Organisationen entwickeln (vgl. Türk 1989, ☞ Kapitel 3.3.4). Die Effekte von organisationalen Paradoxien stören nachhaltig die Organisationsprozesse bzw. die Operationen von Organisationen. Beispielsweise lähmt eine Daten- oder Zahlenflut die Handlungen der einzelnen Personen, weil immer mehr Zeit auf die Bewältigung der Informationen verwendet werden muss. Dadurch kommen andere Aufgaben zu kurz oder es entsteht eine Überforderung von Menschen oder Systemen. Nicht zu unterschätzen sind auch die damit verbundenen Kosten bzw. der allgemeine Ressourcenverbrauch. Die Beharrungsproblematik bzw. der organisatorische Konservativismus kann außerdem dazu führen, dass diese Handlungsroutinen sich ungebrochen fortsetzen oder gar noch steigern. So entsteht als krankhaftes (pathologisches) Muster eine „Datensammlungswut" oder ein „Kennzahlenfetischismus", bei dem eine einseitige Fixierung auf eine eigentlich schädliche Handlungsweise stattfindet. Dies alles führt langfristig zu einer Erstarrung der Organisationsdynamik und gefährdet das Überleben des Organisationsgebildes.

Problematisch im Umgang mit den unausweichlichen Paradoxien der Organisation und des Organisierens ist auch eine einseitige Auffassung von organisationalen Phänomenen (vgl. Neuberger 2002, S. 363). Krisen z.B. durchweg als problematisch oder schlecht aufzufassen, begünstigt eine paradoxale Haltung. Denn eigentlich führen nur Erfolge zu Chronifizierungen und nur Bewährtes wird zu Routinen. Somit müsste eher das Ausbleiben von Abweichungen, Pannen, Fehlern oder Misserfolgen beunruhigen, da es einen gefährlichen Stillstand der Organisation andeuten kann. Auch die Idee einer „chronically unfrozen organization" (Weick 1977) als Antwort auf beständigen Wandel ist paradox, da eine Chronifizierung eine Verfestigung darstellt und die Bestrebung, einen permanenten Wandel zu erzeugen, in einer Ultrastabilität enden kann. Gerade der Versuch etwas zu ändern, sorgt oft genug dafür, dass alles so bleibt wie es ist. Das fehlende Bewusstsein für organisationale Paradoxien kann schwerwiegende Wahrnehmungsverzerrungen erzeugen, wie sich am Planungsparadox zeigt: Pläne als „organisierte Selbstberuhigung" erweisen sich angesichts wachsender Überraschungen in der Unternehmenspraxis deswegen als so verhängnisvoll, da ein Unternehmen um so härter von der Wirklichkeit getroffen wird, je länger es sich auf Basis dieser realitätsverzerrenden Verfahren auf eine eigentlich unrealistische Zukunft vorbereitet (vgl. Kühl 2000, S. 53). Im trügerischen Windschatten ausgegrenzter Komplexität wird eine zweite Realität kultiviert, die mit der Realität inner- und außerorganisatorischer Prozesse wenig oder nichts zu tun hat. Daraus entstehen dann Überraschungen, wenn die Wirklichkeit sich nicht plangemäß verhält, obwohl eine eigentliche Überraschung angesichts des Planungsparadoxons und der Indeterminiertheit der realen Welt darin bestünde, dass sich tatsächlich eine Übereinstimmung zwischen Plan und Wirklichkeit ergibt.

Als Folge grundlegender Paradoxien in der Gestaltung der Organisation bzw. der Anwendung bestimmter Integrationsformen ergeben sich paralysierende Wirkungen. In dieser Hinsicht kann sich das so genannte **mimetische Begehren in der Hierarchie** auswirken (vgl. dazu Seitz 2006, S. 208f.): Demzufolge streben Untergebene und Vorgesetzte oftmals nach denselben Erfolgszielen, vor allem nach dem Aufstieg in der Hierarchie (Karriereziel). Jedoch werden mit zunehmender Hierarchiestufe die verfügbaren Positionen immer knapper, so dass ein Vorgesetzter kein Interesse am Fortkommen anderer haben kann. Zur Stimulation der Handlungsmotivation können aber Appelle an das Karrieremotiv und das Ziel des Aufstiegs hilfreich sein. Damit lauten die Aufforderungen des Vorgesetzten immer „Imitiere mich! Strebe danach, wonach ich strebe! Begehre dasselbe Objekt!" aber gleichzeitig auch „Imitiere mich nicht! Strebe nicht danach, wonach ich strebe! Begehre nicht dasselbe Objekt!". Der Vorgesetzte kann schließlich nicht wollen, dass sein Mitarbeiter ihm seinen Erfolg abspenstig macht und ihn am Ende überflügelt oder ihn gar ersetzt. Den Mitarbeiter führt das Paradox des mimetischen Begehrens im Hierarchieprinzip in eine lähmende Situation: Einerseits muss er den Vorgesetzten nachahmen, um Erfolg zu haben, andererseits darf er ihn nicht zu sehr nachahmen, da er für eine Beförderung ja als distinkt in seinem Auftreten und Verhalten wahrgenommen werden muss. Weil es hierfür aber keine eindeutige Lösung gibt, resultiert dies in gleichzeitigen Assimilierungs- wie Distinktheitsbestrebungen, deren kognitive Dissonanzen bei Individuen auf die Dauer leicht zu pathologischen Reaktions- und Verhaltensformen führen können.

Weitere ungeahnte Nebenwirkungen ergeben sich aus dem Versuch der absichtsvollen Nutzung der Organisationskultur, vor allem wenn versucht wird, den Wandel als kulturellen Leitgedanken zu etablieren, um dadurch die Lebendigkeit und Dynamik des Organisationsgebildes zu sichern (vgl. Kühl 1998, S. 156f.). Denn Wandel (Varietät) stellt eigentlich einen Mechanismus dar, der die Organisation an den Rand der Selbstauflösung bringt. Ihn mit seiner Verankerung in die Kultur zum Zweck der Stabilisierung der Organisation einsetzen zu wollen, ist in sich widersprüchlich und in seiner Wirkung fragwürdig. Überdies werden im Zuge des rasanten Wandels der Umwelt auch die Grenzen zwischen der Organisation und ihrer Umwelt fließender. Je fließender aber solche Grenzen sind, desto notwendiger wie schwieriger wird eine Integration durch Organisationskultur. Denn mit der Verflüssigung von Grenzen steigt auch die Wahrscheinlichkeit, dass Integrationsversuche nur noch eingeschränkt oder zeitweise erfolgreich sind. Mit abnehmenden Barrieren sinken eben auch die Bindungen und der Mitgliederwechsel (Fluktuation) nimmt zu. Außerdem gehen mit einem Kulturmanagement weitere nichtintendierte, paradoxe **Nebenwirkungen** einher, indem z.B. die Betonung eines Wir-Gefühls sich keineswegs nur in höherer Leistung, sondern auch in Forderungen nach mehr Teilhabe und Mitsprache niederschlägt (vgl. Weber/Mayrhofer 1988, S. 561). Dadurch können aber wiederum Konflikte entstehen, die der Integration und Kohäsion in hohem Maße abträglich sind. Der Versuch der Herstellung von Einheit mündet deswegen paradoxerweise oft eher in der Entzweiung oder im Dilemma zwischen Stabilität und Wandel. Umgekehrt können Konflikte besonders in harmonistischen Kontexten positive Auswirkungen haben, weil die gegenseitige Gutwilligkeit von Interaktionspartner konstruktive Lösungen ermöglicht, während sich in kontroversen Kontexten bei entsprechender Voreingenommenheit der Interaktionsparteien eher destruktive, eskalierende Wirkungen entfalten können.

4.4   Pathologien

4.4.1   Begriff und Bedeutung von Pathologien in Organisationen

In allen Formen von Organisationen existieren jenseits ihrer rational-ökonomischen oder funktionalen Dimensionen noch weitere Dimensionen, die es zu beachten gilt (vgl. Ahlers-Niemann 2007). Spätestens seit Elton Mayos Vorstellung von einer „klinischen Soziologie" ist ein Blick auf die Schattenseiten und abgründigen Dimensionen von Individuen und Gruppen im Kontext sozialer Gebilde auch in der Organisations- und Managementlehre nichts völlig Ungewöhnliches mehr. Bei ihm standen allerdings vorwiegend die Abnormalitäten und Störungen des Einzelnen im Blickpunkt, die auf physiologische Ursachen oder Probleme in den sozialen Beziehungen zurückgeführt wurden (vgl. Trahair 1984, S. 188f.; Walter-Busch 2006, S. 327f.). Dabei dienten Mayo physiologische Indikatoren (Blutdruckwerte, Pupillenreaktionen) als Anhaltspunkte zur Aufdeckung (vermeintlicher) psychischer Krankheiten (v.a. Hysterien und Zwangsneurosen). Sehr viel später erst wurde eine **klinische Perspektive auf Organisationen** und organisationales Verhalten entwickelt, die in einer Parallele zu Mayos Anfängen dazu ebenfalls **tiefenpyschologische Erkenntnisse** verwendet (vgl. Kets de Vries 1991; kritisch dazu Jacques 1995). Dabei wurde ebenfalls der Schwerpunkt auf die Diagnose und Therapie von irrationalem, abnormalem oder kontraproduktivem Verhalten gelegt, aber dies nicht wie bei Mayo nur bezogen auf die Arbeiter, sondern nun vor allem auf das Management bzw. die Führungskräfte einer Organisation (vgl. Kets de Vries/Miller 1984, Kets de Vries 1984).

Medizinisch werden unter **Pathologien** krankhafte oder krankheitsverursachende Einzelphänomene (Symptome) oder Symptomverbände (Syndrome) verstanden. Für den hier betrachteten Kontext können Pathologien als „Störungen" bzw. „Krankheiten" in und von Organisationen bestimmt werden, die eine explizite Auseinandersetzung mit dem Unbewussten und Irrationalen verlangen. Diese verweisen auf „innere" Störungen und äußere Verhaltensmuster von Einzelnen wie auch Kollektiven sowie Strukturen. Sie können zu fehlerhaften oder problematischen Folgen bzw. fatalen Konsequenzen in der Organisation führen. Denn Pathologien stellen „abnorme Probleme" dar, welche die Weiterentwicklung der Organisation hemmen oder ganz verhindern können. Die **Schattenseiten einer Organisation** und ihrer Mitglieder treten in verschiedenen Erscheinungsformen auf. Hinter den pathologischen Phänomenen stehen oft **unbewusste** und **irrationale Muster** des Einzelnen, von Gruppen oder ganzer Organisationen (vgl. Kets de Vries 1991, Hirschhorn/Barnett 1993, Obholzer/Roberts 1994). So bestehen vielfältige Verbindungen zwischen den inneren Welten Einzelner und Kollektive und der Organisation, die sich in unbewussten Phantasien, psycho-sozialen Abwehrmechanismen oder Konflikten äußern. Die Interessen und Bedürfnisse, Befürchtungen, unbewussten Vorstellungen und Kräfte der Organisationsmitglieder beeinflussen und überlagern die zweckrationalen Prozesse der Organisation sowie ihrer Regelungen von Beziehungen, Autorität usw. und machen deren **(Psycho-)Dynamik** aus. Sie lassen sich durch eine **Sozioanalyse der Organisation** (wenigstens teilweise) erschließen (vgl. dazu auch Ahlers-Niemann 2007).

Wie organisationsorientierte **psychoanalytische Ansätze** zeigen (vgl. Kets de Vries 1994, Sievers et al 2004), gibt es eine solche innere (Psycho-)Dynamik sowohl von handelnden Einzelnen, Teams und Gruppen wie auch von (Sub-)Systemen und gesamten Organisationen. So existieren historische Ereignisse, aktuelle Themen oder Vorgänge und geheime Regeln (vgl. z.B. Scott-Morgan 1994) im Innenleben von Organisationen, die so konflikthaft sind, dass das Gespräch und eine Aufklärung über sie tabuisiert ist und sie nicht ins Alltagsbewusstsein der Handelnden dringen (dürfen). Wird die individuelle und soziale Realität von Organisationen als zugleich immer auch von ihrer **psycho-sozialen Dynamik** geprägt angesehen (vgl. z.B. Sievers 1999), interferieren diese mit den expliziten Zielen und deren effektiver Verwirklichung. Wie äußern sich psycho-dynamische Probleme in organisationalen Lebenswelten? Die Pathologien zeigen sich in verschiedenen **Formen des Leidens**, von denen sowohl die Psychen Einzelner wie die mentale Gesundheit der Gemeinschaft betroffen sein können. Diese Leiden umfassen z.B. Narzissmus, Süchte, Mobbing, Sexual Harassment, Machtmissbrauch oder anderes Fehlverhalten.

Zu dem Bereich von Organisationspathologien rechnen aber auch vielfältige **Formen von Zwängen**. So können pathologische Situationen in Organisationen Individuen mit **Zwangs-charakter** (z.B. Paranoide) anziehen sowie **zwanghaftes Verhalten** (z.B. Neurosen) hervor-rufen oder befördern. Daneben bestehen in Sozialgebilden stets auch **Gruppenzwänge**, die Individuen einseitig auf problematische Einstellungen, Verhaltensweisen oder Umgangsfor-men festlegen. Und schließlich bringen die strukturell-unpersönlichen Dimensionen des Organisationsphänomens auch **Sachzwänge** hervor, die sich als machtvolle Systemimperati-ve oder Eigenlogiken des Systems manifestieren und Individuen und Gruppen abnorme Handlungsmuster aufzwingen. Am Beispiel dieser verschiedenen Zwänge zeigt sich einmal mehr die enge Verflochtenheit und gegenseitige Durchdringung verschiedener Dimensionen und Aspekte des Organisationsphänomens, die nur aus einer gesamthaften Sichtweise heraus verständlich werden.

4.4.2   Ebenen und Arten organisationaler Pathologien

Pathologien lassen sich auf verschiedenen Aggregationsebenen betrachten, je nachdem ob man einzelne Individuen, soziale Gruppen oder ganze Organisationen betrachtet. Ähnlich wie beim Menschen zeigen sich Pathologien in Organisation in der Form unterschiedlichster Störungen. Dabei wurden auf der **Ebene des Individuums** vor allem neurotische Verhal-tensweisen bzw. pathologische Führungsstile identifiziert (vgl. Kets de Vries/Miller 1986). Auf der **Ebene von Gruppen** waren irrationale Denk- und Verhaltensmentalitäten Gegens-tand der Betrachtung (vgl. Bion 1959). Auf **Organisationsebene** wurden vor allem „krank-hafte" Kulturtypen bestimmt (vgl. Kets de Vries/Miller 1984).

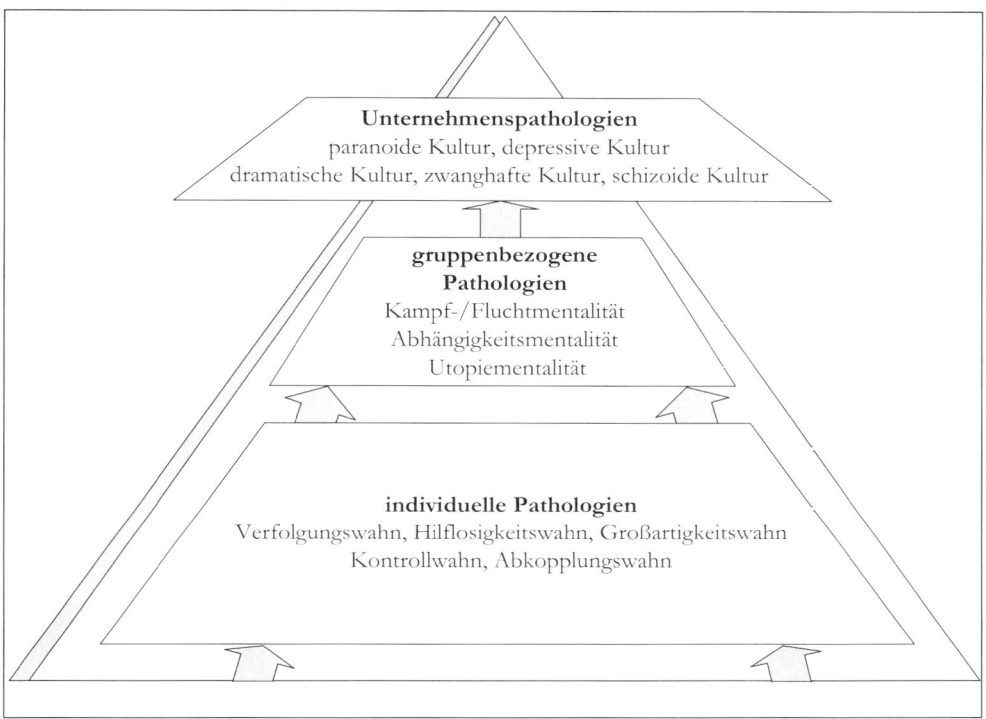

Abb. 4.6: Ebenen von Pathologien (vgl. Scholz 2000, S. 801)

Betrachtet man weiterhin noch die Interaktionsverhältnisse zwischen Individuen (v.a. Führern und Geführten), so lassen sich psychodynamische **Kollusionstypen** feststellen (vgl. Pauchant 1991, Kets de Vries 1999). Dabei sind die jeweiligen Interaktionsmuster so organisiert, dass die Interaktionspartner damit ihre eigenen Urängste und Urkonflikte bewältigen können (vgl. dazu ausführlich Lührmann 2006, S. 246ff.).

Im Kontext von Organisationen lassen sich dabei verschiedenste Arten von Pathologien mit unterschiedlichen Verursachungen unterscheiden: So können Pathologien auf der Organisationsbene durch die abstrakte Gestalt des Organisationsgebildes hervorgerufen werden. Daher werden die strukturellen Konstruktionsmängel traditioneller Organisationsformen häufig als Ursache von sog. **Informationspathologien** angesehen (vgl. Schäcke 2006, S. 377). So führen die strikte **hierarchische Schichtung** der Führungskräfte in verschiedene Managementebenen bzw. Hierarchiestufen, die **funktionale** (arbeitsteilige), **horizontale Trennung** in verschiedene Organisationseinheiten sowie die Bildung geschlossener **operativer Einheiten** zu einer Störung von Informationsprozessen und Problemen in der Informationsversorgung. Dabei kommt es vor allem zu einer Informationsfilterung, die die Isolation der organisatorischen Teilgebilde gegenüber anderen Teilen verfestigt oder weiter erhöht. Daraus entstehen in der Folge gravierende Koordinations- und Steuerungsprobleme, die eine (Re)Integration der zersplitterten Teileinheiten notwendig machen. Eine integrale Steuerung, wie wir sie nachfolgend näher vorstellen werden, versucht dieser Problematik einer asymmetrischen Teil-Ganzes-Beziehung und sich selbst verstärkenden Isolierung bereits im Vorfeld entgegenzuwirken.

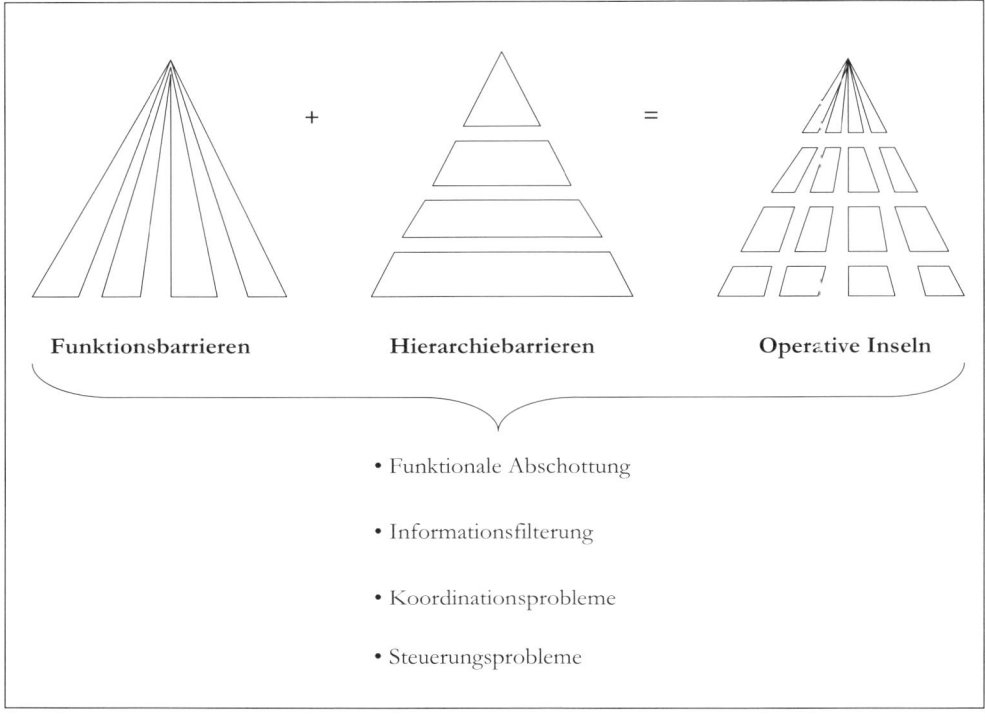

Abb. 4.7: Informationspathologien durch Konstruktionsmängel traditioneller Organisationsformen (in Anlehnung an Schäcke 2006, S. 377)

Eine weitere Informationspathologie besteht in einer zu geringen Informationsnachfrage (vgl. Scholl 1992, Sp. 904). Die empfundene Notwendigkeit, Informationen gezielt einzuholen, hängt wesentlich von der Selbsteinschätzung eines Entscheidungsträgers, einer Gruppe oder auch einer gesamten Organisation ab (vgl. Bronner 2004, Sp. 235). Da diese Selbsteinschätzung in der Praxis – besonders beeinflusst durch vorherige Erfolge – häufig zu positiv ausfällt, wird damit der Informationsbedarf nicht oder nicht rechtzeitig erkannt bzw. unterschätzt oder nicht artikuliert. Wenn eine solche schwache Informationsnachfrage dann auf eine geringe Informationsversorgung trifft und ggf. auch noch weitere inhaltliche Verzerrungen vorliegen, sind Fehlentscheidungen sehr wahrscheinlich. Weitere Informationspathologien bestehen in verzerrten Wahrnehmungen, Betriebsblindheit, Informationsüberlastung, aber auch in eingeschränktem Meinungsaustausch, überzogenem Harmoniebedarf oder in macht- und hierarchiebedingten Verzerrungen (vgl. Scholl 1992, Sp. 903ff.).

Eine weitere Art von pathologischer Beeinträchtigung des Organisationsgeschehens bilden die **Planungspathologien** (vgl. dazu Kreikebaum 1997, S. 29ff.): Gerade eine strategische Planung koppelt sich mit ihrem in die Zukunft gerichteten Blick oft sehr stark vom realen Unternehmensgeschehen ab und schafft so entweder illusionäre Scheinwelten oder verleitet zu einem fehlgerichteten **Aktionismus** in der Umsetzung unrealistischer Pläne. Ein solcher übertriebener Aktionismus in der Planrealisation führt dann zu einer Vernachlässigung des Kerngeschäfts zugunsten von riskanten oder unsicheren Expansionsplänen (z.B. Aufkäufe oder Fusionen). Viele Vorhersagemethoden berücksichtigen zudem in viel zu geringem Ausmaß die Dynamik und Diskontinuität der Umwelt. Im Gegensatz dazu kann es auch zu einer „**Paralyse durch Analyse**" (Scholl 1992, Sp. 910) aufgrund der Überbetonung von einzelnen Planungsinstrumenten kommen. Die Rationalität eindeutiger Planvorgaben und präziser Aufgabendefinitionen erweist sich in der Konfrontation mit der Wirklichkeit oft genug als eine schimärische, unrealistische Pseudorationalität, die mit konkreten Zweckerfordernissen operativer Prozesse kollidiert. Der Widerspruch zwischen dem Wunsch der Pläne und der Wirklichkeit in der Praxis sowie die Diskrepanzen zwischen den Vorstellungen des Managements über eine Plan- und Organisierbarkeit betrieblicher Abläufe und den tatsächlichen Gegebenheiten treten vor allem auf der Ebene der ausführenden Einheiten offen zutage. Die zuvor erläuterten Informationspathologien aufgrund der hierarchischen Schichtung verhindern dabei vielfach eine Rückmeldung dieses Problem an die Leitung, wodurch eine notwendige Plankorrektur unterbleibt.

Entsprechend der hohen Bedeutung von Entscheidungen in Organisationen kann es schließlich auch noch zu **Entscheidungspathologien** kommen (vgl. dazu Bronner 2004, Sp. 235ff.). Entscheidungspathologien sind dabei sehr eng verknüpft mit den zuvor dargestellten Informationspaholigien und treten deswegen auch häufig gemeinsam auf. Eine stark selektive oder verzerrte Wahrnehmung von Problemlagen, überhöhtes Vertrauen in Informationsquellen und eine Überschätzung eigener Informationen und Meinungen bei gleichzeitiger Geringschätzung von externen Informationsquellen führen häufig zu minderwertigen, fehlerhaften oder gar katastrophalen Entscheidungen. Da Entscheidungen in Organisationen zudem häufig nicht von einzelnen Personen, sondern von Gruppen bzw. Entscheidungsgremien getroffen werden, bestehen durch deren komplexere Interaktionsstrukturen sowie den dabei auftretenden spezifischen Gruppenprozessen und -effekten zahlreiche Möglichkeiten der pathologischen Veränderung. Zu den bekanntesten Phänomenen zählen das **Groupthink-Phänomen** (Entscheidungsdefizite bei schlecht strukturierten Problemen), der **Risikoschub** („risky shift"; Gruppenpolarisierung hin zu überdurchschnittlich riskanten Entscheidungen durch Risikodiffusion) und „**escalation of commitment**" (aktive bis aggressive Form der gezielten, öffentlichen Deklaration einer spezifischen Zielsetzung mit starken Selbstbindungswirkungen). Von entscheidender Bedeutung bei Gruppenentscheidungen sind deswegen immer die Interaktionsqualität und die Informationsdiffusion zwischen den Gruppenmitgliedern.

4.4.3   Pathologien organisationaler Steuerung

Eine pathologische Perspektive auf Organisationen geht davon aus, dass in solchen Gebilden abnormale Verhaltens- oder Problemmuster existieren, die von einzelnen Personen oder

Gruppen verursacht werden und zu einem fehlerhaften kollektiven (Entscheidungs-)Verhalten führen. Dabei werden auch krankmachende Beziehungsstrukturen zwischen Führungskräften und Mitarbeitern untersucht, die in der Lage sind, ganze Organisationen und besonders ihre Kulturen „krank" werden zu lassen. Kets de Vries/Miller (1986) haben dazu eine spezifische Typologie von **Organisationskultur-Pathologien** entwickelt, die klassische Persönlichkeitsstörungen zum Ausgangspunkt nimmt (vgl. Schreyögg 1999, S. 446). Demnach spiegeln sich individuelle Pathologien der bestimmenden Führungskraft (z.B. Geschäftsführer, Vorstand) in einer „organisationalen Pathologie" wider. Je nach Management lassen sich damit folgende fünf **kranke Organisationstypen** unterscheiden (vgl. Kets de Vries/Miller 1986; Schreyögg 1999, S. 448f.):

- **Paranoide Organisation:** In einer solchen Organisation dominieren ängstliche und misstrauische Führungspersönlichkeiten, die überall verborgene Absichten vermuten und sich in ständiger Bereitschaft befinden, vermeintliche Angriffe zurückzuschlagen. Das Leitthema der Organisation ist der Verfolgungswahn, d.h. eine Besorgnis, dass bedrohliche Kräfte existieren und niemandem vertraut werden kann. Dadurch wird eine paranoide Kultur von Verdächtigungen und Feindsuche geschaffen. Da Führungspersonen nur solche Mitarbeiter befördern, die ihre Ansichten teilen, entsteht ein hoher Grad an kultureller Uniformität. In den Strukturen wird Macht zentralisiert und eine hohe Kontrolle über externe und interne Prozesse durch ausgefeilte Informationssysteme ausgeübt. Die Entscheidungsfindung ist beherrscht von der Angst vor Risiko und Neuerungen und geht nur sehr langsam vonstatten, da alles stark abgesichert werden muss. Dazu werden viele Informationen angesammelt und detailliert analysiert. Paranoide Organisationen sind eher reaktiv als aktiv und ihre Furcht vor Innovationen und Ressourceneinsatz äußert sich in einem ausgeprägten Konservatismus. Die übermäßige Sensitivität gegenüber Bedrohungen schlägt sich zudem in Überreaktionen nieder.
- **Zwanghafte Organisation:** In diesem Organisationstyp dominieren zwanghafte Führungspersönlichkeiten mit einem Hang zum Perfektionismus, Detailverliebtheit, Rechthaberei und Sturheit. Sie zwingen anderen Personen ihre Sicht der Dinge auf und charakterisieren alle Beziehungen in Über- und Unterordnungsverhältnisse. Das vorherrschende Leitthema ist Kontrolle und demzufolge muss alles beherrscht oder unter Kontrolle gebracht werden, um nicht den Geschehnissen ausgeliefert zu sein. Dies führt zu einer bürokratischen Kultur, die vom Misstrauen zwischen Führern und Untergebenen dominiert ist. Die Struktur ist streng hierarchisch und hält sich eng an Routinen fest. Das Management besteht überwiegend aus Regelsteuerung und erstickt durch exzessive Kontrollen und Überwachung das Engagement, die Eigeninitiative und persönliche Verantwortung. Im Gegensatz zur paranoiden Organisation ist hier aber die Aufmerksamkeit auf die internen Situationen gerichtet. Bei der Entscheidungsfindung dominieren die Beschäftigung mit Details und das Vertrauen auf etablierte Prozesse. Zwanghafte Organisationen versuchen nichts dem Zufall zu überlassen und Überraschungen um jeden Preis zu vermeiden. Dazu wird alles vorbedacht und geregelt, sowie am beschlossenen Plan stur festgehalten. Die Organisation wird durch ihre minutiöse Planung schwerfällig und ist kaum zu Anpassungen fähig.
- **Dramatische Organisation:** Dieser Organisationstyp ist geprägt von dramatisch veranlagten Führungspersönlichkeiten, die Gefühle im Übermaß zur Schau stellen und einen

übermäßigen Drang nach Aufmerksamkeit verspüren. Sie sind süchtig nach Aktivität, Abenteuer und Aufregung und unfähig, sich zu konzentrieren. Das vorherrschende Leitthema ist die Prachtentfaltung, die sich aus einem exzessiven Bedürfnis nach Anerkennung und Bewunderung speist. Da die vorwiegend unselbständigen und abhängigen Mitarbeiter den Vorgesetzten stark idealisieren, kommt es zu einer charismatischen Kultur. Im Mittelpunkt steht dabei die charismatische, sich selbst inszenierende Führungsfigur, um die sich alles dreht und bei der alle Entscheidungsgewalt liegt. Da Strukturen und Regeln als störend empfunden werden und kein effektives Informationssystem existiert, beruht die Arbeitsweise auf Spontaneität und Intuition. Die Entscheidungsfindung ist hyperaktiv, impulsiv und abenteuerlustig, beruht auf Eindrücken und Gefühlen und fällt aufgrund der Alleinentscheidung des Führers recht kühn aus. Die extrem hohe Entscheidungszentralisation resultiert in einer Überlastung des Zentrums der sternförmig angelegten Kommunikationsbeziehungen und einer mangelnden Beweglichkeit bei Umweltveränderungen. Die hohe Führerzentriertheit begünstigt eine ausgeprägte Unselbständigkeit der Mitarbeiter und einseitige Sichtweisen bis hin zum Aufbau von Scheinwelten. Dramatische Organisationen leiden außerdem an der Neigung zum blinden Aktionismus und eines unbedachten Eingehens von hohen Risiken.

- **Depressive Organisation:** Bei der depressiven Organisation ist die zentrale Führungskraft depressiver Natur. Sie ist sehr konservativ, besitzt kaum Selbstvertrauen und ist geplagt von Minderwertigkeitskomplexen und dem Gefühl der Wertlosigkeit. Sie zeigt wenig Interesse oder Motivation und lässt kein Gefühl der Freude vorkommen. Das Leitthema ist bestimmt von Hilflosigkeit und Hoffnungslosigkeit und dem Gefühl, mangels Kompetenzen den Lauf der Dinge nicht beeinflussen zu können. Daraus entsteht im Wesentlichen eine Kultur der Selbstunsicherheit, in der Passivität, Lethargie und Negativität dominieren. Die Organisationsstruktur ist hierarchisch verfasst, jedoch ohne echte Entscheidungsträger, wodurch sich ein Führungsvakuum ergibt. Kontrolle wird eher unpersönlich durch formalisierte Programme ausgeübt und es fehlt ein effektives Informationssystem. Eine Strategie wird nicht angedacht und wegen der allgemeinen Trägheit eher die Sicherheit von stabilen, wenig dynamischen Umwelten gesucht, woraus sich aber wenige Zukunftsperspektiven ergeben. In depressiven Organisationen herrscht eine freudlose, niedergeschlagene Stimmung, die bis in das Privatleben der Mitarbeiter reicht. Daher sind solche Organisationen auch von hohen Absenzraten und geringer Motivation der Mitarbeiter gekennzeichnet. Sie halten aber dennoch starr an ihren Plänen und Programmen fest, auch wenn Krisensignale schon unüberhörbar sind.

- **Schizoide Organisation:** In einer schizoiden Organisation ist die zentrale Führungspersönlichkeit unnahbar und zeigt wenig oder kein Interesse an Mitarbeitern. Sie lebt zurückgezogen, verhält sich unbeteiligt und schenkt gegenwärtigen oder zukünftigen Entwicklungen wenig Aufmerksamkeit, was auf andere Menschen kalt und emotionslos wirkt. Das Leitthema in der Organisation ist die Unnahbarkeit, hervorgerufen durch eine Scheu, sich auf etwas näher einzulassen. Weil alle Kontakte als zum Scheitern verurteilt oder verantwortlich für Verletzungen angesehen werden, wird die Distanz zu anderen bevorzugt. Damit einher geht eine weitgehende Indifferenz, da weder Zorn (als negatives Gefühl) noch Enthusiasmus (als positives Gefühl) zugelassen werden. Die zweite Managementebene füllt das hierdurch entstehende Machtvakuum durch zahlreiche Machtkämpfe, Rivalitäten, Koalitionsbildung und mikropolitische Taktiken. Daher kann die

Kultur dieser Organisation als politisiert bezeichnet werden. Sie ist durch Unsicherheit, Konflikte und Auseinandersetzungen gekennzeichnet. Durch die rivalisierenden Gruppen kommt es zu einem sprunghaften Entscheidungsverhalten. Zudem sind nur kleine, schrittweise Änderungen möglich. Es gibt viele Einzelinitiativen, aber keine konsistente Gesamtstrategie. Informationen werden als Machtressource missbraucht und neuen Herausforderungen kann nicht schlagkräftig begegnet werden. Die Organisation leidet an einem hohen Energieverschleiß durch interne Machtkämpfe, während Mitarbeiter Isolation und Frustration durch ihre fortwährende Nichtbeachtung beklagen.

Während diese tiefenpsychologisch inspirierte Kulturtypologie eine stark individuumszentrierte Sichtweise einnimmt und davon ausgeht, dass eine individuelle Pathologie einer zentralen Person (Führungsfigur) auf die gesamte Organisation „abfärbt", betont eine **Sozioanalyse** (vgl. Sievers 1999, 2001) demgegenüber die **soziale Induziertheit von Pathologien** (vgl. Ahlers-Niemann 2007, S. 106). Unbewusste Prozesse gehen dabei nicht nur vom Individuum aus, sondern können auch von Gruppen, Organisationen oder sozialen Systemen hervorgebracht werden. Psychische Dynamiken entstehen dabei auch als unbewusste Reaktion auf die Organisationsumwelt, z.B. als grundlegende Ängste, die aber sozial und nicht individuell verursacht sind (vgl. Sievers 2001, S. 174f.). Damit wirken in der Organisation latent vorhandene unbewusste Gefühle und Fantasien auf die Organisationsmitglieder ein und vereinnahmen sie mehr und mehr. Unter dem Eindruck dieser Gefühle und Fantasien können dann aber psychotische Anteile des Individuums aktiviert und ausgelebt werden und so auch wieder einen Niederschlag im Organisationskontext finden (vgl. auch Ahlers-Niemann 2007, S. 106f.). Mit anderen Worten besteht also aus Sicht der Sozioanalyse ein rekursiver Zusammenhang zwischen dem Individuum und der Organisation hinsichtlich ihrer Psychodynamik bzw. ihrer pathologischen Verfasstheit.

Mit Bezug zur einseitigen Integrationsform der Hierarchisierung (vgl. dazu Deeg/Weibler 2008, S. 38ff.) können auch **Pathologien hierarchischer Organisation** (vgl. Türk 1976) bestimmt werden. Diese manifestieren sich in pathologischen Organisationsmustern wie „Überstabilisierung", „Übersteuerung" oder „Überkomplizierung" (vgl. Türk 1976, S. 111-145). Im Hang zur übermäßigen Reglementierung von Handlungsabläufen durch perfekte Bürokraten ist ein pathogenes Grundmuster zu erkennen, das Anzeichen einer perfektionierten und übersteigerten Bürokratie ist (vgl. Bosetzky/Heinrich/Schulz zur Wiesch 2002, S. 70): Eine **Überkomplizierung** liegt vor, wenn die Organisation so komplex, vieldeutig und in sich widersprüchlich geworden ist, dass ihre Mitglieder überfordert sind, wenn sie begreifen wollen, was und wo aus welchen Gründen geschieht. **Übersteuerung** ist andererseits dann gegeben, wenn eine Organisation so einfach strukturiert ist, dass ihre Mitglieder unterfordert werden. **Überstabilisierung** ist dann gegeben, wenn Mitarbeiter einer Organisation sich weniger als Menschen, sondern sich überwiegend als Beamte sehen und Normen und Regelungen gleichsam zu Faktoren werden, denen absolute Priorität eingeräumt wird (Türk 1976, S. 122-145). Dabei bedingen sich Überkomplizierung und Übersteuerung häufig gegenseitig. Bosetzky/Heinrich/Schulz zur Wiesch (2002, S. 70) zufolge tragen folgende **Faktoren** in den Handlungsabläufen einer Organisation zur Übersteuerung bei:

- **Einfältigkeit oder strukturelle Simplizität** (übermäßige Aufgabendifferenzierung und Standardisierung, Überroutinisierung und Reizarmut),

- **Beschränktheit oder strukturelle Rigidität** (geringe Handlungs- und Entscheidungsspielräume, fast hundertprozentige Festlegung der Art und Weise, wie Anweisungen umgesetzt werden sollen),
- **Unterdrückung oder strukturelle Repressivität** (Beschneidung und Eingrenzung von
  persönlichen Handlungsmöglichkeiten, Emotionalität und Subjektivität werden als Stör-
  faktoren betrachtet und durch die Organisation unterdrückt: ausgeprägter Sachlichkeits-
  anspruch)

Eine weitere Quelle von organisationalen Pathologien bilden **ausufernde mikropolitische
Prozesse**. Politisches Verhalten der Organisationsmitglieder ist eine mehr oder weniger „na-
türliche" Reaktion auf Spannungen im Verhältnis von Individuum und Organisation (vgl.
Morgan 1997, S. 224). Hieran manifestiert sich der Eigensinn der Subjekte, der darin besteht,
dass sie ihre Bedürfnisse und Interessen notfalls auch gegen die Absichten anderer oder gegen die erklärten Organisationsziele verwirklichen wollen (vgl. Türk 1989, S. 122f.; Neuberger 2002, S. 684). Politische Prozesse können – insbesondere in Form rein egoistisch motivierten, interessenbezogenen Handelns – ausufern und die Veränderungs- und damit auch die
Organisationsziele unterminieren sowie Kollektivorientierungen i.S. der Gesamtorganisation
gerade im Wandelkontext verhindern (vgl. Deeg 2005, S. 235f.). Dominiert die Mikropolitik
als Steuerungsmechanismus in einer Organisation, handelt es sich um den **Typus einer poli-
tisierten Organisation** (vgl. Mintzberg 1983). Dabei werden alle Steuerungselemente und -
prinzipien relativiert und es existiert kein dominanter Koordinationsmechanismus mehr (vgl.
Bogumil/Schmid 2001, S. 91). Durch den damit einhergehenden, ausgeprägten Mangel an
Ordnung droht die Organisation zu zerfallen. Eine starke Politisierung organisationaler Prozesse fördert zudem eine **„paranoische Grundhaltung"** bei den Beteiligten, die andere
Personen als latent bedrohlich wahrnehmen, permanent Misstrauen hegen und stets Intrigen
oder Instrumentalisierungen fürchten müssen (vgl. Schreyögg 1999, S. 435). Diese Haltungen der Individuen vergiften das Organisationsklima und unterminieren die Offenheit von
Kommunikation. Zudem machen sich auch Gefühle der Isolation und des Zynismus breit.
Eine fortwährende bewusste Wahrnehmung und Betonung des Politischen verschärft dabei
noch die Problemlage, weil der Politisierungsgrad hierdurch nicht nur gefestigt, sondern auch
noch weiter gesteigert werden kann.

Der Keim von Pathologien ist dabei in allen Versuchen der Integration des Individuums
(durch Managementaktivitäten/Steuerung) inhärent enthalten, was nicht nur die zuvor dargestellten Kulturpathologien zeigen. Die „künstliche Hierarchisierung von Positionen" begründet das Phänomen des „Karrieredenkens" (vgl. Türk 1995, Sp. 336), das wesentlich auf die
Option abstellt, Einkommen und Ansehen – auch und gerade verglichen mit anderen – auf
dem Wege der beruflichen Erklimmung höherer Positionen zu mehren. Der Kreis schließt
sich nun insofern, als ein solches berufliches Fortkommen in aller Regel an ein erwartungs-
gemäßes Leistungsverhalten gekoppelt ist. Die (von den Führenden vorgenommene) Differenzierung durch Hierarchisierung bewirkt damit, dass die Geführten um die knappen Auf-
stiegspositionen konkurrieren. Um diese Positionen zu erreichen, richten sie ihr Verhalten
selbst so aus, wie es aus Sicht der Führenden erwünscht ist. Die hinter dieser Logik stehende
Annahme, dass dieser künstlich entfachte und am Leben gehaltene Konkurrenzkampf um die
knappen Positionen die Effektivität der Mitglieder und damit des Organisationsgebildes
steigert, ist nicht haltbar (vgl. Argyris 1975, S. 226). Vielmehr werden in den oft vergebli-

chen Versuchen, eine bessere Position als die Mitkonkurrenten zu erreichen, viel Zeit, Ressourcen und Energie verschwendet. In einer vom mimetischen Begehren (☞ Kapitel 3.3.3.3) geprägten Organisation werden außerdem Bescheidenheit oder Demut selten anzutreffen sein (vgl. Seitz 2006, S. 209), dagegen wird der Hang zur Selbstdarstellung, gezielten Täuschung, Instrumentalisierung oder Manipulation eher gegenwärtig sein.

4.4.4   Wirkungen organisationaler Pathologien

Pathologien bringen für alle Organisationen schwerwiegende Probleme und gravierende Konsequenzen mit sich. Sie führen primär zu einer verzerrten Wahrnehmung von Menschen und Ereignissen, die Ziele, Entscheidungen und das soziale Umfeld beeinflusst (vgl. Kets de Vries/Miller 1986, S. 19). Sie erzeugen damit eine gravierende Einschränkung der organisationalen Handlungsfähigkeit durch unflexibles Verhalten aufgrund pathologisch reduzierter Denkmuster. Sie lassen Individuen wie Kollektivgebilde am Ende nur noch das sehen, was sie auch sehen wollen (vgl. auch Scholl 1992, Sp. 905). Pathologische Organisationen neigen deswegen auch zu einem starken Abwehrverhalten, was sich z.B. durch Verweigerung, Selbstverleugnung, Rationalisierung, Idealisierung äußert, um das kollektive Selbstwertgefühl und ihre Identität aufrecht zu erhalten. Gleichzeitig werden oft die Erkenntnisse und Problemlösungen anderer abgewertet, anstatt daraus zu lernen. Solche Abwehrhaltungen können besonders dann problematisch werden, wenn sie sich gegen notwendige Veränderungen richten (vgl. Brown/Starkey 2000). Im Gegensatz dazu können aber auch die Misserfolge gut gemeinter Veränderungsvorhaben, die durch eine unzureichende Konzeption und mangelhafte Umsetzung gescheitert sind, durch erneute, ebenso untaugliche Veränderungsversuche noch vergrößert werden (vgl. Schwan 2003, S. 227). Eine solche „destruktiv fortschreitende organisatorische Veränderungspraktik" (Schwan 2003, S. 227) ruft nachhaltige Schäden hervor und verkehrt damit die eigentlichen Zielsetzungen der Veränderung (Steigerung der Wirksamkeit von Leistungsprozessen, Sicherung des langfristigen Erfolgs) in ihr Gegenteil.

Besonders mit der Bürokratie als Organisationsform und dem Hierachieprinzip werden zahlreiche Pathologien in Verbindung gebracht und die verschiedensten Effekte daraus beschrieben: Bürokratische Organisationsformen führen demnach zu Verantwortungsscheu der Untergebenen, übermäßigem Kontrollbedürfnis der Vorgesetzten, Handlungsparalysen, habitualisierter Versagung und Frustrationsaggressivität (vgl. Mayntz 1985, S. 117). Hinzu kommt eine Abwehr und Uminterpretation von Informationen, um Veränderungen zu verhindern oder zu verzögern (vgl. auch Scholl 1992, Sp. 908). Im Gegensatz dazu kommt es – angeheizt durch das mimetische Begehren (☞ Kapitel 4.3.3) – zu einem ständigen und maßlosen Wettbewerb in der Hierarchie (vgl. auch Seitz 2006, S. 204). Dabei wird auch auf dem Weg mikropolitischer Taktiken auch versucht, durch Informationszurückhaltung oder -verfälschung eigene Machtvorsprünge und Wettbewerbsvorteile zu sichern oder Meinungs- und Erfahrungsaustausch zu unterdrücken, um die Konkurrenz zu reduzieren. Ein hohes hierarchisches Gefälle mit einer entsprechenden Machtdistanz zwischen den Hierarchiestufen kann dazu führen, dass unvorteilhafte Informationen oder negative Vorkommnisse aus Angst vor Sanktionen oder Karrierenachteilen nicht nach oben weitergeben werden (vgl. Scholl 1992, Sp. 907). Umgekehrt wird nach unten manche wichtige Information nicht weitergegeben, um

Status- und Machtunterschiede abzusichern. Schließlich können in steilen Hierarchien mit vielen einzelnen Hierarchiestufen auch zu lange Informationsketten zustande kommen, die für Verfälschungen besonders anfällig sind.

Nachhaltige problematische Effekte ergeben sich auch dann, wenn das Verhältnis von Individuum und Organisation in einem pathologisch zu nennenden Sinn auf eine „Trivialmaschine" reduziert wird (vgl. Stolz/Türk 1992, Sp. 844f.). Besonders die tayloristisch-funktionalistischen Managementprinzipien (ver-)führen leicht zu einer Sichtweise von Organisation als Maschine (vgl. Freedman 1992, S. 36). Der Arbeiter wird reduziert auf den reinen Funktionsträger bzw. auf ein Ausführungsorgan. Die Organisation ist ein reibungslos funktionierendes Getriebe, in dem Ziele festgelegt und Ressourcen eingeführt werden, aus dem sich auf einem vorausberechneten Weg mit Hilfe klarer Programme ein gewünschtes Ergebnis ohne jede Abweichung erzeugen lässt (vgl. Stolz/Türk 1992, Sp. 844). Damit wird weder mit der Subjektivität noch dem Eigensinn der Individuen gerechnet, sondern ihre Verzweckung als ökonomische Ressource betrieben und ihre Vertaktung durch Inputs (z.B. Lohn, Befehle) organisiert. Solche pathologischen Verständnisse verkennen nicht nur die menschliche Natur in hohem Maße, sondern laufen auch Gefahr, die Entindividualisierung und im Extremfall sogar die Zerstörung des Individuums zu provozieren. Hierauf reagiert das Individuum mit verschiedenen „ungesunden" Reaktionsmustern (siehe Argyris 1975, S. 232): Dazu zählen etwa Verteidigungsreaktionen (Tagträume, Aggressionen, Projektionen), Verringerung von Bedürfnissen, Apathie und Desinteresse, informelle Gruppenbildung mit abweichenden Handlungsnormen (Senkung von Leistunsnormen, organisierte Drückebergerei), zunehmender Materialismus etc. Nicht selten reagiert die Leitung darauf mit einer Ausweitung von Zwang und Kontrolle sowie mit „Pseudo"-Partizipation und -kommunikation, was die Effekte weiter verschlimmert.

Nachhaltige negative Konsequenzen können sich, wie zuvor dargestellt, aus **Organisationskultur-Pathologien** sowie pathologisch verfestigten, übermäßig starken Kulturen ergeben (vgl. Schreyögg 1999, S. 448f. und 464): Sie reichen je nach pathologischer Störung von verzerrten Wahrnehmungen, übermäßigem Misstrauen, mangelnder Beweglichkeit sowie Isolation, Frustration, Motivationsdefiziten, Regelfetischismus auf individueller und kollektiver Ebene bis hin zu Abschließungstendenzen, Innovationsblockaden, Wandelbarrieren oder Defensivroutinen auf der organisationalen Ebene. In stark wissensorientierten Kulturen kann es zudem zu einer Verwechslung von Wissen mit der Realität, als deren vermeintlich wirklichkeitsgetreues Abbild das Wissen fälschlicherweise aufgefasst wird. kommen. Damit gehen auch eine Überbetonung von Fakten, wie die einseitige Bevorzugung von (expliziter) Erkenntnis im Gegensatz zu (impliziter) Erfahrung einher (vgl. dazu Scholl 1992, Sp. 909f.). Schließlich führt die hohe Betonung und der große Bestand von Wissen nicht selten zur Lähmung („Paralyse durch Analyse"), weil problembezogene Wissensbestände widersprüchlich sind oder das vorhandene Wissen der Komplexität der Problemlage nicht gerecht wird. Dadurch wird die Suche nach weiterem Wissen oder das Sammeln von zusätzlichen Informationen (bzw. Fakten) einem eigentlich erforderlichen Handeln vorgezogen, was zum langfristigen Nachteil der Organisation werden kann.

Als folgenschwere Pathologien sind auch die **Versuche der Universalisierung** von individuellen Problemen anzusehen: Führungspersönlichkeiten versuchen dabei für alle das zu lösen, was sie ursprünglich selbst für sich nicht lösen konnten (vgl. Kets de Vries 1992, S. 22). Hieraus erklären sich auch das hohe Engagement und der Fanatismus solcher Menschen, da es ihnen primär um die Bewältigung einer privaten Neurose anstelle der Lösung organisatorischer Probleme geht (vgl. auch Steyrer 1995, S. 80). Diese durch das Selbstverständnis des Individuums bedingten Wahrnehmungsverzerrungen ziehen die ungünstige Tendenz nach sich, auch noch an Lösungen festzuhalten, wenn deren Versagen offenkundig wird (vgl. dazu Scholl 1992, Sp. 905). Das eigene Handeln wird auch dann noch für richtig gehalten, wenn sich das Gegenteil davon abzeichnet, um die Erkenntnis zu vermeiden, dass ein Irrtum in der eigenen Blick- und Denkrichtung vorliegt. Demzufolge werden verstärkt rechtfertigende Informationen gesucht und am eingeschlagenen Kurs erst recht festgehalten. Die negativen Konsequenzen falscher Entscheidungen werden überdies durch ein „Mehr vom Falschen" zu bekämpfen versucht: Bürokratieprobleme also mit noch mehr Bürokratisierung oder Beziehungsprobleme mit noch mehr Beziehungsorientierung beantwortet. Hierbei handelt es sich aber bestenfalls um ein Lernen erster Ordnung, das nicht das zugrunde liegende Problem und die Angemessenheit der Lösung reflektiert.

4.5   Zusammenfassung und kritische Reflexion

Im vorangegangenen Kapitel wurden die verschiedenen **Konfliktfelder, Dilemmata, Paradoxien und Pathologien** beschrieben, die sich aus der Steuerung von Organisation emergent ergeben. Wie dabei deutlich wurde, sind solche Konflikte, Dilemmata und Paradoxien nicht (nur) Ergebnis persönlicher Verfehlungen oder Fehlentwicklungen, sondern verweisen auf **grundlegende Widersprüche in Organisation und Wirklichkeit**. Dabei führen die zunehmende Pluralität und Polarität moderner, hoch-differenzierter Gesellschaften zu einer Vermehrung konfliktärer, dilemmatischer, paradoxer und pathologischer Potenziale in Organisationen und ihrem Personal. Aber auch die Prinzipien formaler Organisation begründen – wie schon frühzeitig erkannt wurde – eine Einflussbeziehung, die zu erheblichen Inkongruenzen zwischen einer reifen, gesunden Persönlichkeit und den rationalen Erfordernissen der Organisation führt (vgl. Argyris 1975, S. 228). Diese Inkongruenzen manifestieren sich in vierfacher Hinsicht als Konflikte (fundamental-prinzipielle wie auch speziell-interpersonelle), Dilemmata, Paradoxien und Pathologien. Jedes dieser Phänomene weist dabei ganz unterschiedliche Besonderheiten auf und zieht ganz andere Konsequenzen nach sich. Allen ist aber gemeinsam, dass sie zu den unausweichlichen Nebenfolgen des Organisierens wie Organisiertseins gehören und damit auch Grundtatbestände der Organisation sind. Vollständig konflikt- und widerspruchsfreie Organisationen sind bestenfalls schimärische Wunschvorstellungen und nur unter Preisgabe fundamentaler Qualitäten des Menschseins zu erreichen. Wo Menschen und Sachen bzw. Individuen und Strukturen unter dem Dach von Zwecken und Werten zusammentreffen und ambitionierte Leistungsziele unter Restriktionen des Gegebenen verfolgen, wird das Geschehen in und aus dieser Gemengelage heraus nahezu unausweichlich konfliktär, dilemmatisch und paradoxal sowie bisweilen – da Organisationen eben auf Dauer angelegte soziale Gebilde sind – auch pathologisch. Hieraus ergeben sich im Anschluss einige der grundlegenden Probleme in der Steuerung organisierter Sozialgebilde, da jede Form der Steuerung auf ein erhebliches Maß an Konformität und Kontinuität angewiesen ist.

Obwohl **Konflikte** ein ganz und gar alltägliches und auch gewissermaßen „natürliches" Phänomen in Organisationen darstellen, wurden sie lange Zeit ignoriert oder nur aus einer negativen Perspektive heraus betrachtet. Dementsprechend waren klassische Steuerungsansätze stets darauf angelegt, Konflikte zu vermeiden oder zu unterdrücken. Der Bürokratie-Ansatz und der Taylorismus setzen für eine Konfliktminimierung im Vorfeld auf die Verhaltenssteuerung durch festgelegte Regeln und Normen (vgl. Reimer 2006, S. 128) und die Loyalität von Führungskräften und Mitarbeitern gegenüber der Organisation (vgl. Argyris 1975, S. 226). Der Human-Relations-Ansatz verfolgte demgegenüber eine mentalhygienische Strategie, die versuchte, mittels Sympathie Akzeptanz, Einsicht und der Veränderung von Einstellungen, Konflikte im Vorfeld zu vermeiden oder in ihren Auswirkungen abzumildern. Und auch der Organisationskulturansatz geht in weiten Teilen von der harmonistischen Vorstellung eines gemeinsam geteilten Werte- und Normenkatalogs aus, die das prekäre Zusammenspiel und latente Spannungsverhältnis zwischen Leit- und Subkulturen oder die Konflikthaftigkeit einer gleichzeitigen Präsenz unterschiedlicher Privat-, Gruppen-, Berufs-, Gesellschafts- oder Landeskulturen nur wenig reflektiert (vgl. dazu auch Mayrhofer/Meyer 2004, Sp. 1030). Trotz all dieser Versuche der Eindämmung und Reduzierung von Konflikten sind sie aus Organisationen allerdings keineswegs verschwunden. Ganz im Gegenteil ist in der Zukunft sogar noch von einer Zunahme des Konfliktpotenzials in Organisationen auszugehen (vgl. Wall/Callister 1995, S. 548): Dafür sprechen unter anderen Faktoren wie die zunehmende Diversität von Arbeitskräften, die fortschreitende Internationalisierung der Geschäftstätigkeit, verschärfter Konkurrenzdruck, anhaltende Knappheit von Ressourcen oder die weitere Pluralisierung von Werten und Einstellungen. Darüber hinaus spricht auch die zunehmende Eigenständigkeit, Selbstverwirklichung- und Gestaltungswillen bzw. der Wunsch nach Berücksichtung, Teilhabe oder Mitentscheidung (Partizipation) der Individuen gegen eine Abnahme von Konflikten in Organisationen. Denn mündiger Organisationsmitglieder werden und desto mehr Selbst- und Mitbestimmungsrecht und -möglichkeiten sie haben, desto weniger ist zu erwarten, dass sie Konflikten mit der Organisation und ihren Führungskräften ausweichen werden, sie stillschweigend tolerieren oder an ihrer Unterdrückung mitwirken werden. Konfliktlose Organisationen kann es damit nicht geben, da Konflikte systemimmanent wie umweltinduziert sind (vgl. auch Regnet 2001, S. 73). Ohnehin wäre ein konfliktfreier Zustand nicht nur gar nicht realisierbar, sondern auch gar nicht wünschenswert, da eine konfliktlose Organisation wenig kreativ und wenig anpassungsfähig wäre und in ihrer Erstarrtheit auch nur zu einer geringen Zufriedenheit der Mitarbeiter führen würde. Ein solche „organisierte Sterilität" könnte für das Individuum wie für die Organisation möglicherweise noch unerträglicher sein, als handfeste Konflikte. Somit sind für eine organisationale Steuerung Konflikte nicht nur als unvermeidbare Begleiterscheinung einzukalkulieren, sondern als hilfreiches Korrektiv wie innovatives Kreativitätspotenzial aufzufassen.

Die verschiedenen Ausformungen von **Dilemmata** stellen eine besonders schwerwiegende Beeinträchtigung des Organisationsgeschehens in einem idealen Sinn dar. Insbesondere das unauflösbare Dilemma zwischen individuellen Bedürfnissen und organisationalen Erfordernissen ist ein grundlegendes Problem der Organisationsgestaltung und eine „ewige" Herausforderung für alle Führungskräfte (vgl. Argyris 1975, S. 233). Die im Organisationsprinzip liegende Zweckrationalität bringt es zwangsläufig mit sich, dass individuell höchst unterschiedliche Ziele von Organisationsmitgliedern gar nicht oder nur teilweise erfüllt werden können und Anlass für Frustration und Demotivation bieten (vgl. v. Rosenstiel 2000, S. 119). Das „Dilemma von Dilemmata" ist, dass ihre vollständige Vermeidung ebenso unmöglich wie ihre wirkungsvolle Bewältigung schwierig ist. Anstelle der Möglichkeit einer Dilemma-Aufhebung gibt es aber Chancen einer Dilemma-Entschärfung (vgl. Fontin 1997, S. 320; Funder 1999), einer Balancierung von Dilemmata (vgl. Gebert 2004, Sp. 199f.) oder Transformation von Dilemmata im Rahmen eines **Managements von Dilemmata**. Die erfolgreiche Bewältigung von bzw. der Umgang mit Dilemmata ist nicht nur essentiell, um der Komplexität der heutigen Wirtschaft und Organisationswirklichkeit begegnen, sondern eröffnet auch Chancen und Potenziale, nachhaltig den Unternehmenserfolg zu sichern oder zu steigern. Es wurden dazu verschiedene Wege für einen konstruktiven Umgang mit Dilemmata vorgeschlagen (vgl. z.B. Neuberger 2002, S. 359ff, Fontin 1997, S. 232ff u. S. 321ff), um deren lähmende, negative Wirkungen abzuschwächen. Denkbar ist auch **Symmetriebruch** bzw. Ordnungsbruch (vgl. Gersick 1991, S. 28f.), etwa durch Führungsinterventionen (vgl. Deeg 2005, S. 254ff.) oder auch Zufall (siehe die Fliege im Dilemma von Buridans Esel; ☞ Kapitel 4.2.1), bei dem impulsive Regung oder Reaktion ein deterministisches Dilemma symmetrischer Alternativen produktiv auflöst. Überzogene Stimmigkeits-/Konsistenzanforderungen oder Fit-Konzepte (vgl. dazu etwa Greenwood/Hinings 1993, Siggelkow 2002) laufen jedenfalls Gefahr in ein riskantes „Entweder-Oder-Denken" zu münden, das Organisationen gefährlich (de-)stabilisiert bzw. den nächsten Pendelschlag in ein gegensätzlich gelagertes Problem nur vorprogrammiert (vgl. Gebert 2004, Sp. 203). Für eine organisationale Steuerung ist ein Dilemmabewusssein hilfreich, um einre allzu ausgeprägte, unreflektierte Nachahmung zyklische Modeerscheinungen und Fügung in isomorphe Handlungs- und Strukturmuster kritisch zu begegnen, da deren verführerisch einfache oder scheinbar leicht zu kopierende (Erfolgs-)Rezepte nur selektive Partiallösungen oder überzogene Totalisierungen zu bieten haben, die an der organisationseigenen Dilemmatik oft nicht nur nichts zu ändern vermögen, sondern auch noch neue (dilemmatische) Probleme heraufbeschwören können.

Darüber hinaus stellen **Paradoxien** ein großes Problemfeld für Führung und Organisation dar, das schon mit der Eingebundenheit des Individuums in kollektive, soziale Zusammenhänge beginnt und organisationale Gebilde zu grundlegend paradoxalen Einrichtungen macht. Denn der einzelne Mensch ist in seiner Individualität letztlich viel zu komplex, als dass er in seiner Einmaligkeit wie Ganzheit erfasst werden könnte, und ist zudem auch gerade definiert (d.h. bestimmt wie begrenzt) durch seine besonderen (sozialen) Beziehungen (vgl. Neuberger 2006b, S. 215): Somit erhält der Einzelne paradoxerweise seinen Eigenwert erst durch die Beziehungen, die er unterhält oder in die er eingebettet ist, also durch Zugehörigkeit zu oder Ausschluss aus Gruppen, Netzwerken, Koalitionen etc. Damit ist nicht so sehr die „wahre" Identität des Einzelnen (wer man in Wahrheit oder eigentlich ist) von Relevanz, sondern seine soziale Identität (wie er gesehen wird, mit wem er assoziiert ist oder zu wem er gehört). Darauf haben wechselseitige Integrationsformen wie das Integrationsprinzip der Beziehungsorientierung bereits verwiesen (vgl. Deeg/Weibler 2008, S. 73ff.). Diese Bedingungen der Verflochtenheit und Einbettung sind bei Steuerungseingriffen und Managementaktivitäten aber zu bedenken. Folglich ist eine reine Interventionslogik bei der Lösung von Konflikten, Paradoxien und Pathologien nicht hilfreich. Denn die Führungskräfte bzw. das Management einer Organisation sind immer Teil des Problems, das es jeweils zu bearbeiten gilt (vgl. Wimmer 1996, S. 48). Daher ist die Beschäftigung mit Paradoxien nicht nur ein intellektuelles Spiel, sondern eine ernst zu nehmende Angelegenheit, da sie die Auseinendersetzungmit fundamentalenFragen bedeuten (vgl. Sainsbury 2001, S. 11). Auch wenn Organisieren ein kollektives Bemühen der Reduktion von Widersprüchen bzw. eines Umgangs mit widersprüchlichen Anforderungen, Mehrdeutigkeiten, Unklarheiten und Unsicherheiten darstellt, kommt dieses Unterfangen oft an seine Grenzen. Organisationen als Mechanismen der Unsicherheitsabsorption bleiben unsicherheitsbehaftete Gebilde, die immer wieder konfliktäre, dilemmatische und paradoxe Situationen und Problemstellungen hervorbringen. In der Bewusstwerdung der Begrenztheit aller Versuche solche Phänomene durch Managementaktiviäten „in den Griff" zu bekommen, liegt der besondere Wert einer umfassenden Sichtweise auf Organisationen und ihre Steuerung.

Die **pathologische Perspektive** geht schließlich der Frage nach, welche inneren Konstellationen es sind, die Organisationen als „verrückte" Einrichtungen erscheinen lassen. Sie untersucht dazu eingehend das **Unbewusste in Organisationen** (vgl. Sievers 2003; kritisch dazu Jaques 1995). In einer unreflektierten Übertragung psychoanalytischer und pathologischer Begrifflichkeiten liegen allerdings nicht unerhebliche Gefahren (vgl. auch Ahlers-Niemann 2007, S. 103): Die Assoziation sozialer Vorgänge mit Krankheiten und ein Denken in simplifizierenden Heilmitteln können zu problematischen Schlussfolgerungen anregen und den Einsatz ungeeigneter oder hochriskanter Interventionstechniken befördern. Die letztliche Unkontrollierbarkeit des Unbewussten steht einer Fremdbeeinflussung ohnehin entgegen. Überdies erzeugt der Versuch der Intervention in psychische Bereiche vor allem bei Organisationsmitgliedern berechtigterweise Missbrauchsbefürchtungen und Manipulationsängste. Hinzu kommt das soziale Stigma der Krankheit, demzufolge Zustände des Krankseins und Krankheiten als unerwünscht gelten, abwertend betrachtet werden und mit negativen Assoziationen behaftet sind. Die pathologische Sicht verführt zudem auch leicht zu einem unterkomplexen Denken, mit entsprechenden „Heilmitteln" den vermeintlich diagnostizierten „Krankheiten" entgegenzuwirken – wie etwa Elton Mayos Therapieversuche dies anschaulich illustrieren (vgl. Deeg/Weibler 2008) – oder zumindest mit einer gezielten Prävention ihren Ausbruch zu verhindern. So wäre es etwa eine „naive und geradezu gefährliche Illusion, anzunehmen, Entscheidungspathologien wären durch einen Präventionskatalog von Maßnahmen prinzipiell vermeidbar (Bronner 2004, Sp. 237)." Das Pathologische im Kontext von Organisationen widersetzt sich solchen einfachen Zugängen und alle Interventions- und Korrekturversuche sind einem hohen Risiko des Scheiterns wie auch einer Verschlechterung ausgesetzt, ganz abgesehen von ihrer prinzipiellen ethischen Fragwürdigkeit wegen der Intensität und Schwere solcher Eingriffe. Problematisch an einer pathologischen Sichtweise ist auch, dass zu sehr Individuen und ihre pathologischen Verhaltensweisen in den Vordergrund gerückt werden. Ganz besonders im Fokus stehen dabei die Manager und Führungskräfte von Organisationen (vgl. Kellerman 2004, Kets de Vries 2006, Babiak/Hare 2007, Dammann 2007), deren Persönlichkeitsstörungen für organisationale Defekte verantwortlich gemacht werden. Hierbei gerät zu leicht aus dem Blickfeld, dass es sich bei Pathologien in organisationen um sozio-psychodynamische Prozesse handelt, bei denen Geführte und Mitarbeiter auch an den Schattenseiten von Beziehungsgeflechten und -entwicklungen stets mitwirken und die Situation dies begünstigt (vgl. Clements/Washbush 1999, Padilla/Hogan/Kaiser 2007). Für eine organisationale Steuerung gilt es im Fall von Pathologien daher von simplifizierenden Schlussfolgerungen wie eindimensionalen Interventionen ganz besonders Abstand zu nehmen.

Auf die widersprüchliche und konfliktäre Organisationsrealität haben die Organisations- und Managementlehre oft genug mit Wirklichkeitsfremdheit und Idealisierung geantwortet, wie an den klassischen Organisationsformen und Managmentprinzipien und ihren Grenzen deutlich wurde (☞ Kapitel 2.3.2). Es wird dabei ein Bild einer Organisationszukunft (oder -zukünften) entworfen, welches mit der Dynamik, Vielfältigkeit und Mehrdeutigkeit in Unternehmen nichts oder nur wenig zu tun hat. Im trügerischen Windschatten ausgegrenzter Komplexität und ungelöster Konflikte wird eine Art zweite Realität kultiviert, die mit der Realität inner- und außerorganisatorischer Prozesse nichts zu tun hat. In einer solchen „Ästhetisierung" kommt eine unausgesprochene Managersehnsucht nach dem Unternehmen als stimmiges und harmonisches Gesamtkunstwerk zum Ausdruck (vgl. Neuberger 1994b). Ein solcher simplifizierender und unterkomplexer Harmonismus verkennt und verkürzt nicht nur die realen Problemdimensionen in unzulässiger Weise, sondern führt auch zu keinen langfristig sinnvollen Lösungen. Für einen produktiven Umgang sind zunächst einmal eine erweiterte Erkenntnis und ein vertieftes Verständnis erforderlich. Dabei scheint ein (interdimensionales) Ausbalancieren dilemmatischer Anforderungen (vgl. Gebert 2002, S. 162) durch Kombinationsstrategien zweckvoll: Beispielsweise eine klare Zielpriorität und verbindliche Verantwortlichkeiten (geschlossene Struktur) verbunden mit extensiver Kommunikation und der Freiheit zu Improvisation (offene Struktur). Das Konzept einer **widerspruchsorientierten Organisation und Führung** im Gegensatz zum bisher hochgehaltenen Ideal einer widerspruchsfreien Organisation und Führung würde zudem helfen, die antithetische Struktur von dilemmatischen Kontextbedingungen zu hinterfragen, zu transformieren und zu verwinden, um so zu produktiven Bewältigungsformen zu kommen. Insgesamt betrachtet, machen die nicht nur Grenzen herkömmlicher Steuerungsformen, sondern auch die generischen wie emergenten Probleme organisationaler Steuerung den **Bedarf einer integralen Orientierung** deutlich, die einen anderen Zugang zu der beschriebenen Problematik bietet und damit einhergehend auch andere Umgangsweisen eröffnet. Dies umso mehr, als dass ein einseitiges oder reduktionistisches Steuerungsverständnis zu vielfältigen problematischen, dysfunktionalen und suboptimalen Prozessen in der Organisation, bei ihren Mitgliedern sowie ihrer Führung führt. Demgegenüber dient integrale Ausrichtung einem besseren Verständnis und der sinn- und zweckvollen Gestaltung in und von Organisationen und ihrer Führung. Da eine umfassende integrale Auffassung für die Entwicklung einer effektiven, effizienten wie nachhaltigen Organisations- und Führungspraxis von grundlegender Bedeutung ist, werden wir im nächsten Kapitel ein solches integrales Modell entwickeln und würdigen.

5 Ein integrales Modell der organisationalen Steuerung

Nachdem wir zunächst die Integration von Individuum und Organisation als zentrale Managementaufgabe beschrieben haben und danach traditionelle Grundformen der Integration von Individuum und Organisation rekonstruiert und kritisch reflektiert haben, wurden anschließend Konflikte, Dilemmata und Pathologien im Spannungsfeld von Individuum und Organisation betrachtet. Das in diesem Kapitel vorgestellte integrale Modell ergänzt die beschriebenen Inhalte und Sachverhalte der vorherigen Kapitel und erweitert zugleich die Perspektive, hin zu einer integralen Sichtweise.

Das Ziel des folgenden Kapitels (wie auch des anschließenden Kapitels zur integralen Meta-Steuerung) ist es damit, in ein **integrales Denken** und eine entsprechende Praxis für Organisationen einzuführen. Es werden dazu integrale Dimensionen und Zusammenhänge beschrieben, welche die Integrationsdefizite herkömmlicher Orientierungen, Ansätze und Praktiken zu vermeiden bzw. überwinden helfen. Ferner geht es in der Darstellung eines analytischen Instrumentariums und Rahmenmodells der Integration darum, auch ein entsprechendes Potenzial für die integrale Entwicklung von Organisationen und ihrer Führung bzw. Steuerung herauszuarbeiten. Dabei ist die Verwendung eines integralen Modells insbesondere deshalb nützlich, weil damit:

- die relativen Bedeutungen verschiedener Bereiche, die bisher getrennt betrachtet und in reduktionistischer Weise verkürzt gesehen wurden, in einem zusammenhängenden Deutungszusammenhang systematisch berücksichtigt werden;
- die begrenzte Auffassung herkömmlicher Ansätze und deren Mangel an integralem Entwicklungs- und Transformationsverständnis überwunden und ein erweitertes und zugleich vertieftes Verständnis von lebensweltlichen Prozessen von Organisationen erreicht wird;
- ansonsten isoliert betrachtete Probleme einzelner Bereiche nun im Zusammenhang analysiert sowie integrale Lösungen und eine „Gesundheit" des Einzelnen, der Gemeinschaft wie des Organisationssystems als notwendig erkannt und praktisch entwickelt werden können;
- Ansatzpunkte für eine nachhaltige Integration innovativer Gestaltungsprozesse in Organisationen gewonnen und damit konkrete Möglichkeiten neuer Beziehungs- und Integrationsformen aufgezeigt und dadurch ein gegenwarts- und zukunftsrelevantes Orientierungswissen und Urteilskompetenzen entwickelt werden können.

Die Konstruktion eines solchen Modells beruht auf verschiedenen **Prämissen**: So versteht sich die mit einer integralen Modellierung vorgenommene **multiperspektivische Betrachtung** nicht als eine endgültige oder festliegende Anschauung oder gar als einzig mögliche. Sie ist vielmehr nur *eine* **heuristisch hilfreiche Sichtweise** und damit ein besonderer Zugang zum Gegenstandsbereich – allerdings einer, der mit einem besonderen Potenzial ausgestattet ist und so Denkgewohnheiten aufbricht. Mit Heuristiken (von griechisch ευρίσκω, „heurísko", zu deutsch „ich finde") sind grundlegend praktizierte Strategien gemeint, die das Finden von Lösungen für Probleme ermöglichen. Heuristische Prinzipien stellen wichtige Hilfsmittel in der Praxis dar. In Form von vorläufigen Annahmen bieten sie aber auch in der Forschung eine Möglichkeit, neue Erkenntnisse zu gewinnen bzw. umzusetzen. Die methodologischen Differenzierungen des integralen Denkens konstituieren so eine **heuristische Ordnungshilfe**. Die Beschreibungen haben dabei nicht den Anspruch, der Wirklichkeit zu entsprechen oder sie hinreichend vollständig abzubilden (☞ Kap. 5.5). In seinem theoretischen Selbstverständnis und seiner methodischen Verwendung beansprucht das integrale Modell jedoch kohärent und logisch sowie anwendbar und adäquat zu sein. **Kohärenz** bedeutet hier, dass die grundlegenden Bestimmungen in einem sinnvollen Zusammenhang stehen und einander wechselseitig voraussetzen. Hinsichtlich der **Logik** verweist es darauf, frei von inneren Widersprüchen und mithin konsistent zu sein. **Anwendbar** meint, dass mit dem modellhaften Schema Erfahrungsinhalte und praktische Phänomene zugänglich und gestaltbar sind. Schließlich heißt **adäquat** darüber hinaus, dass die Erfahrungen angemessen erfasst und interpretiert oder Problemhorizonte sichtbar gemacht werden können. Hinsichtlich der Kriterien der Anwendbarkeit und Adäquanz werden so pragmatische und interpretative Aspekte der Organisationswirklichkeit, ihrer Mitglieder sowie ihrer möglichen Gestaltung berücksichtigt.

In diesem Sinn ist das integrale Modell nur ein **Konstrukt** (vgl. Weibler 2004b), das nicht mit der Realität verwechselt werden sollte. Wie jedes Konstrukt ist es erdacht, um beobachtete Phänomene zu ordnen und Rückschlüsse zu ziehen. Mit dem Modell wird nicht beansprucht, die Wirklichkeit von Organisationen in allen Punkten exakt wiederzugeben oder substanziell zu erfassen. Vielmehr dient es für einen flexiblen **interpretativen Zugang** zu den untersuchten (Teil-)Bereichen. Dazu sind bei der Darstellung teilweise eine **eigene Sprache** und damit **spezielle bzw. neue Begrifflichkeiten** erforderlich. Methodisch betrachtet, stellt das hier verwendete integrale Modell also eine Art **Landkarte** für konzeptionell mögliche Wege durch den komplexen „Organisationskontinent" dar. Dieser Karte folgend werden analytische Betrachtungen vorgenommen, die der Einordnung und methodischen Erfassung verschiedener Entitäten, Dimensionen, Kontexte und Beziehungen von Organisationen dienen. Dies ermöglicht eine systematische Berücksichtigung der unterschiedlichen Sphären der darin ablaufenden Prozesse sowie der Interrelationen zwischen Individuum und Organisation. Zudem stellt eine integrale Landkarte sicher, dass in unterschiedlichen Situationen die erforderlichen Bedingungen, die Ressourcen aber auch Potenziale gegeben sind bzw. ausgeschöpft werden, was die Wahrscheinlichkeit wirksamer und erfolgreicher Organisationspraxis im Alltag erhöht.

Mit den integralen Modellperspektiven als methodisches Hilfsmittel können wir also wie mit (Überblicks-)Karten auf verschiedene Art und Weise durch die „Landschaft" von Organisationen reisen. Dabei gibt es zahlreiche Wege, auf denen in verschiedenen Weisen beobachtet werden kann, was und wie etwas geschieht und welchen Sinn es macht. So hilft eine integrale Karte, sich in den oft unübersichtlichen Geländen der Gebiete von Organisationen und Führung methodisch zu orientieren. Wie jede andere Karte auch bestimmt sie, was wir damit (nicht) sehen (vgl. Neuberger 2002, S. 3). Durch die Verwendung einer Karte erhält man nicht nur Orientierung beim Gehen durch das Gelände (Praxis), sondern als mentales Modell formt sie auch Suchfelder und Erwartungen. Dabei finden sich neben „beeindruckenden Pracht-Strassen, die aber ins Nichts führen, kleine Schleichwege zu faszinierenden Aussichtspunkten, Nebellöcher und sumpfige Stellen sowie uneinnehmbare Festungen oder wild wuchernde Slums" (vgl. Neuberger 1995, S. 2). Ein integrales Denken erlaubt es in Anbetracht einer solch facettenreichen Landschaft, verschiedene Perspektiven einzunehmen und über Brücken zu gehen, um so manches wilde Gewässer sicher zu überschreiten oder durch Gebirge des Ungewissen hindurch zu gehen. Allerdings müssen manche Brücken auch erst im Gehen gebaut werden, um Hindernisse zu überwinden oder Abstürze zu vermeiden. Zudem symbolisieren Brücken in der methodischen Landschaft auch Verständigungsweisen und Kommunikationsmöglichkeiten, mit denen Gemeinsames erkundet und Verbindungen zu Beziehungen und Inhalten sowie Problemlösungen in ihrem Wechsel- und Zusammenwirken gefunden werden. Integral gebaute Brücken erlauben dabei auch schwierige Passagen komplexer Landschaften in gangbare Wege oder sichere Übergänge im Horizont des Realen zu verwandeln.

Als ein kategoriales Schema, versteht sich das integrale Modell dabei als ein **vorläufiger, entwicklungsfähiger Ordnungszusammenhang**. Solchermaßen prozesshaft und veränderbar verfasst sowie ohne den Anspruch einer metaphysischen Letztbegründung, ist das integrale Modell offen für weitere Korrekturen und Ergänzungen und für Kombinationen mit anderen einzelwissenschaftlichen oder integralen Ansätzen oder Modellen. Das integrale Modellkonstrukt stellt so ein **provisorisches Konzept** dar, das sich aufgrund zeitlicher Veränderungen und Kontingenzfaktoren konzeptionell anpasst und damit weiterzuentwickeln vermag. Als **Strukturierungshilfe** beschreibt es einen Gesamtzusammenhang, der durch eine fortschreitende Komplexität und Differenzierung selbst als Prozess verstanden wird. Das Modell stellt damit kein geschlossenes System dar, welches Inhalte oder Aussagen mit zeitlosen Prinzipien oder Ideen begründet, sondern es nimmt die Gestalt eines **offenen Systematisierungsangebotes** an, welcher durch Erfahrungen und Erkenntnisse modifiziert und durch die Integration neuer Aspekte weiterführend differenziert werden kann. Mit dieser Offenheit und **inklusiven Ausrichtung** kann es so auch Neues erkennen, für das es noch keine Methoden oder Begriffe gibt. Dennoch sind mögliche Modifikationen und Integrationen kein unverbindlicher Wechsel von Deutungsmustern, die in einen Relativismus führen würden. Das Modell versucht vielmehr **verbindliche und zugleich praktische Interpretations- und Orientierungsangebote**, insbesondere für die Gestaltung und Steuerung von Organisationen (☞ Kapitel 6) anzubieten. Bevor wir im Weiteren Dimensionen, Entitäten und Kontexte (Welten) sowie verschiedene (Inter-)Relationen eines integralen Modells näher betrachten, sollen zunächst dessen begriffliche und konzeptionelle **Grundlagen und Grundannahmen** vorgestellt werden.

5.1   Grundlagen integralen Denkens

5.1.1   Begriff und Bedeutung integraler Orientierung

Der Begriff **Integration** stammt aus dem griechischen „entagros" und dem lateinischen „integer" bzw. „integratio", was ursprünglich „unversehrt" oder „ganz" meint. Allgemein strebt eine Integration, die (Wieder-)Herstellung eines Ganzen an; ist also das Gegenteil bzw. die Überwindung von Abkapselung, Ausgrenzung, Trennung, Isolation, Dissoziation und Desintegration. „Integral" bzw. „Integration" verweist dabei grundlegend auf einen Prozess, der die betrachteten (Seins-)Ebenen zu integrieren, zusammenzuführen und damit zu vereinigen bzw. umfassend zu vernetzen versucht. Dabei impliziert Integration eine vorhergehende Differenzierung von Elementen, die durch den Integrationsprozess in eine umfassendere Einheit eingebettet und dadurch z.T. reorganisiert werden, wobei ihre Identität im Wesentlichen aber bewahrt wird. Mit einer integralen Modellierung wird entsprechend versucht, verschiedene Seinsebenen, die in Organisationen vorkommen, in einen **ganzheitlichen Zusammenhang** zu bringen. Eine solche Ganzheitlichkeit („Holismus") strebt damit an, sowohl den integrierten Gesamtzusammenhang als auch die miteinander verflochtenen Teile von Organisation gleichermaßen zu berücksichtigen. Der **Holismus** geht von folgenden **Leitideen** aus (vgl. Steinle 2005, S. 20ff):

1. Das Ganze ist mehr und anderes als die Summe seiner Teile.
2. Das Ganze wirkt auf dessen Teile zurück (wie umgekehrt).
3. Das Ganze geht chronologisch aus dessen Teilen hervor.
4. Ganzheiten können analytisch nicht (vollständig) erklärt werden.

Grundlegend konstituiert sich ein Ganzes aus seinen **Elementen**, die es bündelt und organisiert. Darüber hinaus bestehen **Relationen** seiner Teile zueinander sowie **Wechselwirkungen** zwischen dem Ganzen und seinen Teilen. Das Ganze verfügt ferner über Kompetenzen, Eigenschaften und Konfigurationsmuster, die sich erst aus der Integration und der Vernetzung der einzelnen Teile ergeben. Die Entstehung und Entwicklung dieser Komponenten und Strukturen ergibt sich nicht aus der Summierung von Teileigenschaften, sondern sie geht darüber hinaus und ist Ergebnis einer **Emergenz**. Insofern ist das Ganze *mehr* und *anderes* als die Summe seiner Teile. Der Einfluss des Ganzen auf die Teile wirkt sich ferner auch dergestalt aus, dass bestimmte Eigenschaften der integrierten Elemente innerhalb des Ganzen nicht oder nur vermindert stark aktiviert werden. Die im Ganzen gezeigten Eigenschaften der Teile sind somit anders als die Eigenschaften der einzelnen Teile. Gerade auch deswegen ist das Ganze eben mehr und anderes als die Aufsummierung seiner Teile. Der Holismus impliziert jedoch in gewissem Sinne ein Primat des Ganzen über seine Teile. Die Teile ordnen sich in ihrer Bedeutung dem Ganzen unter und gehen gegebenenfalls dauerhaft darin auf.

Der so genannte **Holonismus** hingegen erweitert diese Perspektive insofern, als dass er die eigenständige Bedeutung der Teile berücksichtigt und von einer Gleichwertigkeit von Teilen und Ganzen ausgeht. Denn holonisch betrachtet, geht das Ganze nicht nur aus den Teilen integrativ hervor, sondern ist ebenfalls ein Teil eines umfassenderen Ganzen. Dieser Zusammenhang ist bereits im Begriff **„Holon"** angelegt. Von der Wortherkunft stammt der

Begriff vom griechischen „hólos" (Ganzes) und dem griechischen Suffix „-on", ganz Seiendes, (Teil) und verweist damit auf ein **„Teil-Ganzes"**. Entsprechend ist eine **holonistische Wirklichkeit** aus einer Stufenfolge von Teilen und Ganzen zusammengesetzt (vgl. Koestler 1968). Beispielsweise besteht ein Organismus aus Zellen, die sich wiederum aus Molekülen zusammensetzen, die aus einzelnen Atomen bestehen usw. Auch Organisationen bestehen aus Teilen, z.B. Geschäftsbereichen, die wiederum aus relativ selbstständigen Teams und Mitarbeitern zusammengesetzt sind (☞ Kapitel 5.1.3). Je nach Betrachtungswinkel können Holone also gleichzeitig sowohl als integratives Ganzes wie auch als differenziertes Teil eines anderen integrativen Ganzen fungieren. Gerade das Zusammenwirken von Differenzierung und Integration formt ein Holon, wobei Differenzierung Teilheit, i.S. von Vielheit hervorbringt; während Integration i.S. von Ganzheit neue Einheiten erzeugt. Dabei wirkt immer das Ganze auf die Teile zurück wie umgekehrt. In diesem Sinne spezifiziert ein solcher Holonismus den holistischen Leitgedanken.

Jede Entwicklung von Lebewesen oder von künstlich gebildeteten Ganzheiten durchläuft ferner chronologisch aufeinanderfolgende **holonische Stadien**. Ein neues Stadium bzw. eine neue Ganzheit entwickelt sich aus den in der Entwicklungshierarchie niedriger stehenden Vorläufern heraus. Dabei werden die Vorläufer „überschritten", bleiben jedoch zugleich auch Bestandteil des neuen Ganzen. Diese Entwicklungsstufen werden als **„Holarchie"** bezeichnet. Eine Holarchie meint also eine spezifische Anordnung von Holonen, in der sich jedes höher stehende Holon aus seinen Vorgängern heraus entwickelt hat, wobei diese sowohl transzendiert werden, als auch Bestandteil bleiben. In Holarchien sind Holone also hierarchisch miteinander verbunden, wobei jedes Holon an sich eine andere interne Struktur aufweisen kann. In jedem Holon besteht dabei eine Spannung zwischen seiner Ganzheit und seiner Teilhabe am nächsthöheren Holon, d.h. eine Spannung zwischen seinem Streben nach Individualität und seinem Streben nach Konformität mit dem Gesamten. Diese Spannung zwischen Teil und Ganzem ist die Basis für eine immer weitläufigere **Kooperation innerhalb der Holarchie**. Mit jedem Schritt aufwärts in der Holarchie zeigen Holone außerdem in zunehmendem Maß komplexere, flexiblere und weniger voraussagbare Operations- und (Re-)Aktionsweisen, die daher auch analytisch nicht vollständig erklärt werden können.

Das Denken in Kategorien der Holarchie erkennt damit nicht nur die **zeitliche Entwicklung** von Holonen an, sondern auch die **Tiefe** der Holarchie als ein Mehrebenen-System und die **Richtung** und **Qualität** der Entwicklung von Holonen zu einer immer weitergreifenden Komplexität und Kooperation. Wie im Weiteren gezeigt wird, berücksichtigt eine ganzheitliche Betrachtung mehrere Forschungsprinzipien (vgl. Steinle 2005, S. 24ff.) und Perspektiven. Insbesondere das Wechselspiel der Betrachtung von Ganzheit und Teil ist im Umgang mit einer Pluralität von miteinander vernetzten Phänomenen und Einflussfeldern und deren „Multi-Kontext-Problemen" (vgl. Kirsch 1988, S. 74ff.) notwendig und gegenüber einer linearen oder isolierten Betrachtung von Teilaspekten einer Organisation von Vorteil. Die ganzheitliche, multidimensionale Orientierung dient dabei dazu, einen **„realitätsgerechten" Zugang zur Organisationswirklichkeit** zu gewinnen, die sich als Plural von Wirklichkeiten erweist.

5.1.2   Teile und Ganzheiten im integralen Zusammenhang

Wenn wir an das genannte Beispiel eines Organismus als ein Holon denken, strebt dieser danach sich selbst zu erhalten. Dazu muss er sich seiner Umwelt anpassen sowie wandeln und weiterentwickeln können. Schließlich kann er sich auch auflösen bzw. untergehen. Entsprechend können an allen Holonen spezifische **Grundbestimmungen** erkannt werden, die durch Spannungsverhältnisse zueinander charakterisiert sind: Diese sind die **Selbsterhaltung** und **Selbstanpassung** sowie die **Selbsttranszendenz** und **Selbstauflösung** (vgl. Wilber 2001, S. 63ff.), die nun im Einzelnen näher betrachtet werden. Holone stehen generell in einer Wechselbeziehung zur Umwelt, sind aber nicht durch den Kontext determiniert. Sie besitzen eine relativ autonome individuelle Form, die ihren Ganzheits-Aspekt kennzeichnet, den sie erhalten wollen. **Selbsterhaltung** ist damit die Fähigkeit jedes Holons, seine Individualität, seine Ganzheit und Autonomie zu bewahren. Jedes Holon ist aber auch Teil eines größeren Systems, von dem es relativ abhängig ist und in das es sich teilnehmend einpassen muss. Dieser Teilaspekt von Holonen erfordert einerseits die Fähigkeit, sich handlungspraktisch in einer Weise auszurichten, die dazu dient, sich selbst zu erhalten. Dies wird im Folgenden als **„Agenz"** bezeichnet. Des Weiteren besteht eine Tendenz des Holons, partizipatorisch Verbindungen einzugehen, sich zu verständigen und sich selbst dabei anzupassen. Diese Leistung des Holons wird im Folgenden als **„Kommunion"** bezeichnet. Agenz und Kommunion stellen also wichtige **Anpassungsleistungen** von Holonen dar. Erst diese Reaktionsfähigkeit und dieses Adaptionsvermögen kennzeichnen Holone in Kontrast zu bloßen Anhäufungen von Artefakten.

Zu den Grundbestimmungen von Holonen gehört neben der Selbsterhaltung und der Selbstanpassung auch die Möglichkeit der Entstehung neuer Formen des qualitativen Wandels. Dieser kann als **Selbsttranszendenz** oder Transformation bezeichnet werden. Dies verweist auf die dynamische Wandlungsfähigkeit der Holone. Solche vertikalen Transformationen sind durch plötzliche Sprünge, so genannte **Symmetriebrüche** gekennzeichnet, durch die in der kontinuierlichen Evolution plötzliche Diskontinuitäten entstehen. Bedingt durch solche Einbrüche können sich dann neue Formen der Agenz und Kommunion ergeben. Unter problematischen Bedingungen, z.B. widrigen Umwelteinflüssen, Pathologien etc., kann es über Systembrüche auch zu einer **Selbstauflösung** kommen, bei der ein Holon das Gleichgewicht zwischen Agenz und Kommunion nicht aufrechterhalten kann. Infolgedessen zerfällt es in seine Vorgänger- oder Subholone. Bei der Auflösung tendieren Holone also dazu, die Stufenfolge ihrer Entstehung in umgekehrter Richtung zu durchlaufen, weshalb man auch von einer Art „Systemgedächtnis" spricht. Mit der Selbstauflösung besteht damit die Möglichkeit eines Zusammenbruchs eines Holons. Die folgende Abbildung zeigt die genannten Grundvermögen von Holons im Zusammenhang:

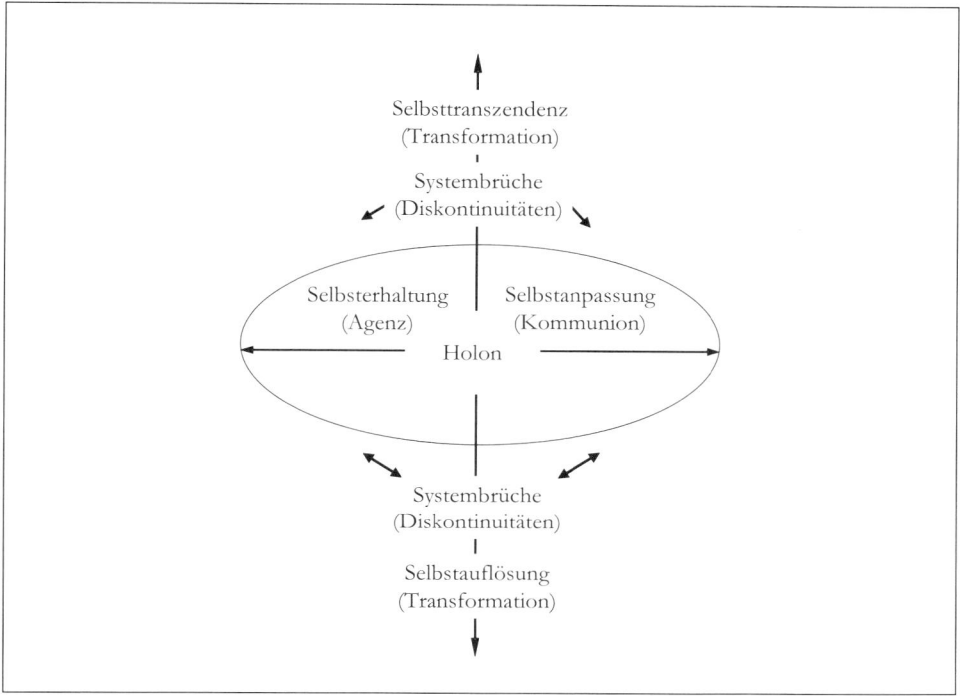

Abb. 5.1: Grundvermögen von Holonen im Zusammenhang

Dabei kann der Aufbau von Holonen (z.B. Individuen oder soziale Gebilde) grundsätzlich wie folgt beschrieben werden: Holone setzten sich zusammen aus **subjektiven** und **objektiven**, also **inneren und äußeren Dimensionen**. Jedes Holon hat also sowohl eine **innere Dimension** (Wahrnehmung, Bewusstsein) als auch eine **äußere Dimension** (Ausdehnung, Form, Objektivität). Inneres und Äußeres treten dabei korrelativ in Erscheinung. Die „Wirklichkeit" kann demnach nicht auf ein physikalisches Universum reduziert werden (Materialismus), in dem alle inneren Erfahrungen lediglich als Illusion betrachtet werden. Auch die Umkehrung, die Realität auf ein rein Geistiges zu reduzieren (Idealismus), bleibt unzureichend. Und ebenso wenig kann die Realität in zwei völlig getrennte Bereiche von Materie und Geist (Dualismus) separiert werden. Die subjektive, innere, intangible und die objektive äußere tangible Seite sind vielmehr beide integraler Teil eines Holons, was die folgende Abbildung zeigt:

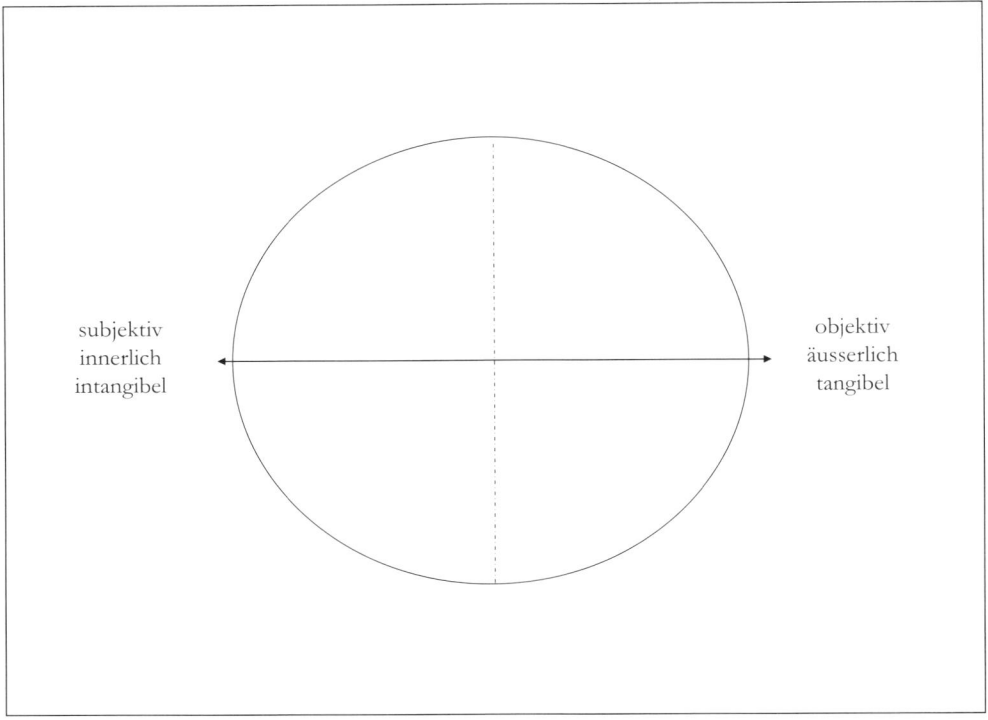

Abb. 5.2: Aufbau eines Holons (nach Edwards 2005, S. 278)

Wie wir gesehen haben, besteht also jedes Holon zugleich aus Ganzheiten und Teilheiten, die in einem offenen und dynamischen **Konstellationszusammenhang** miteinander verbunden sind. Das gemeinsame Muster aller Evolution und Höherentwicklung wird als **„Holarchisie-rung"** bezeichnet (vgl. Wilber 2000, S. 52). In diesem Prozess werden Teilcharakteristika einer kohärenten Einheit inklusiv zusammengeführt und verknüpft, wobei die Komplexität mit steigenden Ebenen zunimmt. Holarchien implizieren dabei ein Wechselverhältnis zwischen dem **Hierarchischen** sowie dem **Heterarchischen**, indem qualitativen Ebenen und Rangordnungen ebenso abgebildet werden wie wechselseitige Verbundenheiten in einer Gleichrangigkeit). Erst durch überschreitende, aber inkludierende Transformationen, können überhaupt höhere Entwicklungsebenen entstehen. Jede Transformation, die eine neue Ebene schafft, erzeugt dabei eine größere Tiefe, als in den vorausgehenden Ebenen oder bei den Vorläufern. Jede neue Entwicklungsebene verfügt damit auch über ein **höheres Potenzial** (d.h. mehr als die Summe der Potenziale ihrer Vorläufer) und ein neues, **komplexeres Muster** als alle vorhergehenden Ebenen. Das Potenzial einer jeden Ebene, ihr spezielles Muster oder ihre bestimmende Form stellt eine **Tiefenstruktur** dar, da mit jeder Evolutionsstufe eine weitere Vertiefung einhergeht. Je größer die Tiefe eines Holons ist, desto höher ist entsprechend der Grad seiner „Bewusstheit". Beispielsweise hat ein Mensch eine größere Tiefe als ein Tier und deshalb ein höheres Bewusstsein, weil er in holonischer Verschachtelung die Ebenen von Materie, Leben und Denkvermögen respräsentiert

Auf jeder neuen Stufe der Bewusstheitsentwicklung identifiziert sich i.S. eines qualitativen Bewusstheitswandels ein Selbst mit der neuen Tiefenstruktur und übersetzt sie in eine entsprechende Oberflächenstruktur (Translation). Zum Beispiel setzt ein Kind, welches die Fähigkeit zum Sprechen erwirbt, dieses Können in einer Weise um, wie es seinem kulturellen Kontext gemäß ist. Das Vermögen des Spracherwerbs stellt ein Element einer allen menschlichen Individuen gemeinsamen Tiefenstruktur dar, während die jeweilige Art der Sprache die variable **Übersetzung der Tiefenstruktur in eine Oberflächenstruktur** repräsentiert. So kann grundsätzlich zwischen einer vertikalen **Transformation der Tiefenstruktur** (z.B. Spracherwerb) und einer horizontalen **Translation in Oberflächenstrukturen** (z.B. kulturell implizierte Adaption der Sprechweise) unterschieden werden (vgl. Wilber 2001, S. 86f.). Die Anzahl der Holone einer bestimmten Ebene, ihre vertikale Ausbreitung oder Populationsgröße, kann als **Spanne** bezeichnet werden. Jede weitere Stufe der Evolution erzeugt eine größere Tiefe, aber eine geringere Spanne. Vom Atom zum Menschen nimmt die Tiefe eines Holons immer mehr zu, während die Spanne, z.B. die Anzahl der Einzelelemente, auf jeder Ebene jedoch tendenziell abnimmt. Grundlegend richtet sich die schöpferisch emergierende Evolution auf eine zunehmende Differenzierung, Vielgestaltigkeit, Komplexität und systemische Verflechtung. Das Zusammenwirken von Differenzierung sowie Integration, welches das Muster von Holonen ausmacht, ist dabei seine **integrative Kohärenz**. Dieser Zusammenhang wird zugleich durch eine zunehmende Strukturierung, relative Autonomie sowie Entfaltung einer zunehmenden Musterbildung charakterisiert, was insbesondere auch in Organisationen vorkommt.

5.1.3 Organisationen als integraler Zusammenhang von Teilen und Ganzheiten

Der zuvor erläuterte allgemeine Begriff des Holons und der Holarchie wurde auch auf Organisationen übertragen (vgl. z.B. Edwards 2005, McHugh/Merli/Wheeler 1995). Demnach ist eine Organisation als künstlich gebildetes, soziales Holon holarchisch aufgebaut, indem sie sich aus mehreren, weitgehend selbstständigen Organisationseinheiten zusammensetzt, wobei sich die Koordination der einzelnen Holone (z.B. Organisationseinheiten) durch **Selbstorganisation** bzw. **-regulierungsprozesse** (☞ Kap. 5.3.2) vollzieht. Jedes Element einer Organisation ist bei dieser Betrachtung sowohl ein eigenständiges „Ganzes" als auch Teil eines umfassenderen Ganzen. So gehört die Organisation auf der nächsthöheren Ebene ihrerseits der Branche und dem Markt als ein Holon zu. Gleichzeitig stellen ihre Abteilungen oder Profit-Center, Arbeitsgruppen, Dyaden bis hin zu den einzelnen Aufgaben wiederum spezifische organisationale (Sub-)Holone dar. Folgende Abbildung zeigt verschiedene Holone auf verschiedenen Organisationsniveaus von Makro-, über Meso- bis hin zum Mikrobereich (zum Verhältnis von Makro- und Mikroprozessen vgl. Esser 2000, S. 7ff.):

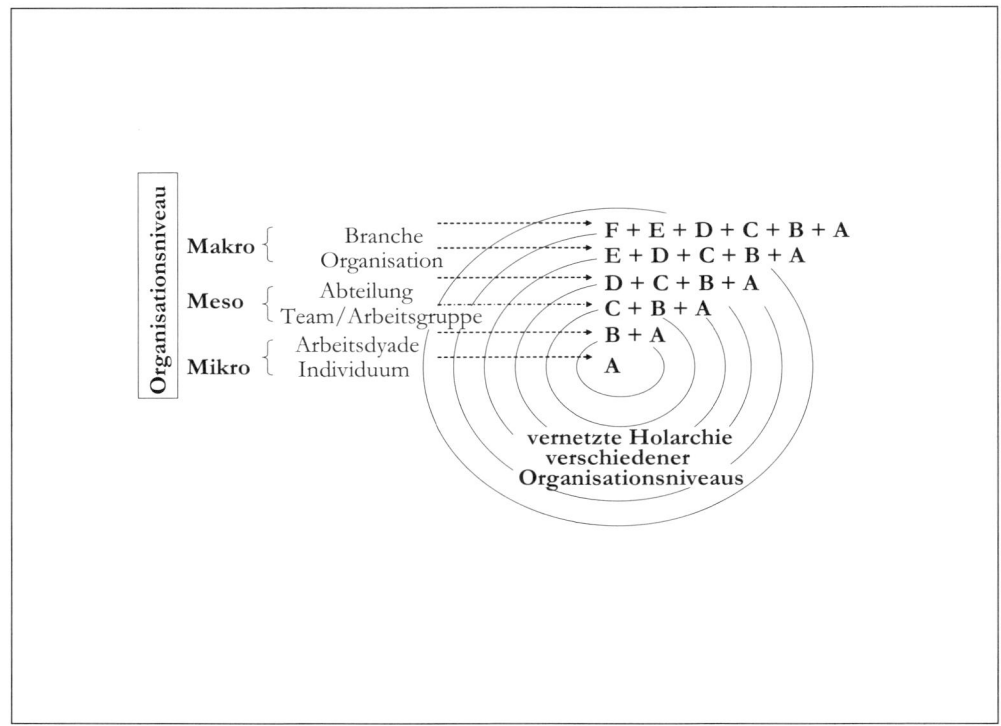

Abb. 5.3: Holone auf verschiedenen Organisationsniveaus (nach Edwards 2005, S. 271, modifiziert)

Untereinheiten einer Organisation werden damit nicht (mehr) als unabhängige und abge-schottete Teile einer „gut geölten Maschine" verstanden, sondern als **Elemente eines dyna-mischen Beziehungsgeflechts**. Da die einzelnen Teilelemente sich je an dem Ganzen mit-orientieren, ist es unmöglich, ihr Verhalten und Wirken zu verstehen, ohne die übergeordnete Ebene und die Interaktion mit dieser zu berücksichtigen. Eine integrale Betrachtung der unterschiedlichen Holons auf den verschiedenen Organisationsniveaus, also auf Makro-, Meso- oder Mikroebene ist auch deshalb wichtig, weil die Veränderungen eines Systems nicht nur als Reaktionen auf Veränderungen in der Umwelt erfolgen. Vielmehr basieren sie auch auf der Verarbeitung von Informationen aus der hierarchisch niedrigeren Sphäre (vgl. Baum/Lechner 1987, S. 316 u. 321). Zudem wirken sich Ereignisse und Störungen auf jeder holonistischen Ebene der Organisation auf allen anderen Ebenen potenziell vielfältig aus.

Organisationen operieren weiterhin durch verschiedene **Differenzierungen und Integratio-nen**. Die Differenzierung in spezialisierte Abteilungen als funktionale Strukturen befähigt sie, die zunehmende externe und interne Vielfalt abzuarbeiten und beherrschbar zu machen. International tätige Großunternehmen, die stark unterschiedliche Produkte herstellen oder in kulturell wie geographisch entfernten Regionen des Globus tätig sind, verwenden beispiels-weise die segmentäre Differenzierung in Form der Spartenorganisation. Damit werden für einzelne Produkte bzw. Produktgruppen und/oder geographische Regionen eigenständige, einander gleichgeordnete und gleichartige Organisationseinheiten geschaffen, die fast alle Aufgaben eines eigenständigen Unternehmens erfüllen und wiederum in sich selbst funktional gegliedert sind. Die vertikale Integration einer Organisation (z.B. von Produktionsstufen) und die horizontale Integration (z.B. in Form von Funktionen) ermöglichen beispielsweise Einsparpotenziale im Herstellungsprozess oder Vorteile beim Vertrieb.

Grundlegend sind Organisationen als **soziale Holone** aufzufassen, die anders als ein individuelles Holon keine lokalisierbare Innerlichkeit haben, sondern einen inter-subjektiven Zusammenhang bilden. Die Elemente eines sozialen Holons stellen deren **Mitglieder** dar, also individuelle Holone, die durch einen bestimmten **Modus der Interaktion** verbunden sind. Alle Wahrnehmungen, Gefühle, Gedanken und Motivationen einer Organisation ereignen sich somit im Inneren ihrer Mitglieder, als dem eigentlichen Ort des individuellen Bewusstseins. Jedoch hat eine Organisation auch eine Art übergreifende **Intentionalität und Qualität**, d.h. sie führt ein „Eigenleben", hat eine eigene Dynamik und historische Gestalt, welche nicht auf die Absichten und Handlungen der Mitglieder reduziert werden kann. Dabei sind Organisationen kein „Über-Organismus" oder „Meta-Individuum", welche die Aktionen aller ihrer Mitglieder kontrollieren. Sie sind vielmehr als ein kollektives Gebilde gemeinschaftlich geteilter Werte, mit einer gemeinsamen Geschichte und einem gemeinsamen kulturellen Horizont zu sehen (☞ Kapitel. 5.3.6). Zudem bilden sie unter dem Einbezug von Ressourcen ein eigenes System von Zielen, Funktionen und Strukturen aus (☞ Kapitel 5.3.7). Ihre Mitglieder sind also lediglich in Bezug auf ihre Interaktionen Teil einer Organisation. Darüber hinaus behalten sie als individuelle Holone ihre relative **individuelle Eigenständigkeit** bei. Individuelle und soziale Holone bilden also keine niedrigeren und höheren Ebenen in einer Hierarchie; sie sind aufeinander bezogene, einander bedingende Aspekte eines jeden Gesamtholons.

Da komplexe integrale Organisationen Mehrebenen- und Multizielsysteme sind, hängen die „Gesundheit" und Entwicklungsfähigkeit einer Organisation von der fragilen Balance zwischen (eigenbestimmter) Selbstbehauptung (Agenz) und (fremdbestimmter) Einpassung der Mitglieder in die organisationale Umwelt (Kommunion) ab. Damit zeigt sich erneut die Notwendigkeit eines ausbalancierten Verhältnisses von individuellen und kollektiven Dimensionen. Das Organisationsholon bildet zudem mit anderen Organisationen einen übergreifenden Zusammenhang **(Holarchie-Netzwerk)**. Ausgehend von primären Ereignissen umfasst eine Holarchie verschiedene, immer umfassendere kollektive Holone, die bis hin zu einem globalen System-Holon reichen und die alle ineinander verschachtelt sind, was folgende Abbildung zeigt:

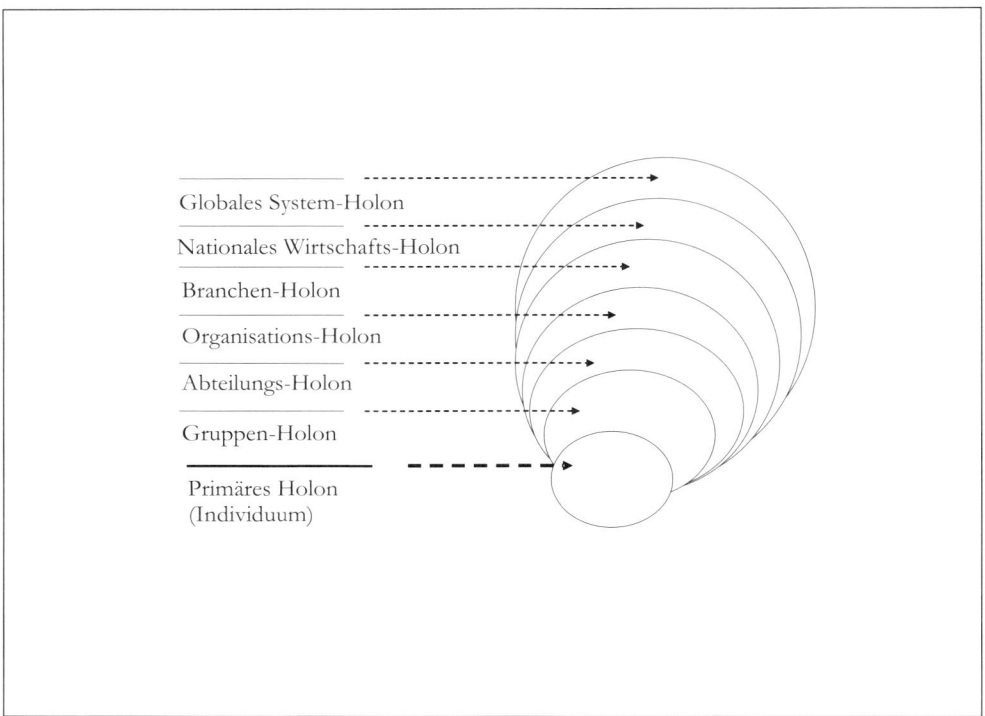

Abb. 5.4: Holarchie-Netzwerk (vgl. Edwards 2005, S. 276) modifiziert

Sieht man z.B. die Wirtschaft eines ganzen Landes oder sogar die Weltwirtschaft als **fokales Holon** an, dann sind die Organisationen dessen Teileelemente, die sich um die darin eingebetteten Probleme kümmern, nämlich um die Gestaltung von Produkt-Markt-Konzepten, die der Nachfrage entsprechen. Wie im Weiteren noch zu zeigen sein wird, gibt es innerhalb des Organisationsholons spezifische Entitäten und Welten als jeweils eigenständige und doch miteinander verbundene ganzheitliche Einheiten (☞ Kapitel 4.3). Für ein solches **Holarchie-Netzwerk** gelten bestimmte **Merkmale:**

- Holone auf gleichem Niveau finden sich zu einem übergeordneten System zusammen. Beispielsweise formen mehrere Individuen als primäres Holon ein **Gruppenholon** oder ein **Unternehmensholon**, zahlreiche Unternehmensholone ein **Branchenholon** bzw. den Markt sowie diese wiederum ein nationales und globales **Wirtschaftsholon**.
- Es ist unmöglich, eine höhere Holarchieebene auf die untere zu reduzieren. Die höheren Ebenen sind von der Leistung der unteren Teilsysteme abhängig und umgekehrt. Die höheren Ebenen üben deswegen keine totale Kontrolle über die jeweils niedrigeren Teilsysteme aus. Die Untersysteme verfügen über Freiräume, pflegen eigene Zielvorstellungen und wenden autonome Selektionskriterien an, haben also die Möglichkeiten (Macht), das Verhalten höherer Ebenen zu beeinflussen.

- Die höhere Holarchieebene kann Regeln enthalten, die die Interaktion und Varietät der untergeordneten Ebenen eingrenzen (Verhaltenseinschränkungen). So verbietet z.B. das Unternehmensholon seinen Angehörigen, Gelder zweckzuentfremden bzw. zu unterschlagen oder physischen Zwang gegenüber Mitarbeitern anzuwenden. Ebenso untersagt das Wirtschaftsholon den Unternehmen Kartellabsprachen oder Preis-Dumping, damit seine eigene Funktionsfähigkeit erhalten bleibt.
- Das übergeordnete Holon gibt ein Ziel oder einen Zweck vor, dem sich die Interdependenz und Interaktion der Teilsysteme unterordnet. Zudem können höhere Holarchieebenen eine gewisse Handlungspriorität oder ein Interventionsrecht besitzen.
- Da sich die Holone als Teilsysteme an den Integrationsprozessen und Einflussnormen oder Restriktionen des Gesamtsystems orientieren, ist es unmöglich, ihr Verhalten und ihre Zielrealisationen oder Problemlösungsmechanismen zu verstehen, ohne die übergeordnete Holarchieebene und die Interaktion mit ihr in die Überlegungen mit einzubeziehen.
- Ereignisse auf einer Ebene beeinflussen Prozesse und Wirklichkeiten auf anderen Ebenen, z.B. wirken sich Störungen auf einer Ebene auf allen Ebenen aus. Jedoch sind Effizienzsteigerungen in einzelnen Teilen nicht mit einer automatischen Effizienzsteigerung im Gesamtsystem gleichzusetzen.
- Die Dynamik eines Holarchienetzwerkes hängt sowohl von der Häufigkeit, mit der sich die relevanten Elemente und Faktoren ändern, wie von der Stärke und Richtung dieser Änderungen und schließlich auch vom Grad der Ungewissheit (Unvorhersehbarkeit, Unregelmäßigkeit), mit der die Änderungen auftreten, ab.

Nachdem wir damit Organisationen als holonischen und holarchischen Zusammenhang charakterisiert haben, wollen wir im folgenden Kapitel die strukturellen und theoretischen Grundlagen des integralen Modells vorstellen.

5.2 Strukturelle und theoretische Grundlagen des integralen Modells

5.2.1 Grundstruktur integraler Modellierung

Aufbauend auf dem zuvor beschriebenen holonischen Wirklichkeitsverständnis wird nun die **Grundstruktur** des integralen Modells beschrieben. Dieses Modell nimmt eine Differenzierung in verschiedene **Dimensionen** vor, innerhalb derer sich eine holonistische Entwicklung vollziehen kann. Die Entwicklungsprozesse laufen dabei nicht unabhängig voneinander ab, sondern beeinflussen sich gegenseitig. Im Folgenden werden zunächst die einzelnen Dimensionen des Modells dargestellt. Diese ergeben sich aus einer Gliederung in vier Sphären: den **innerlichen** und **äußerlichen** sowie den **individuellen** und **kollektiven Bereich** (vgl. Wilber 2001, S. 161f.). Aus dieser Abgrenzung ergibt sich eine **Matrix** mit vier Quadranten (vgl. Abb. 42). Jeder Quadrant zeigt dabei eine Dimension (Sphäre) des jeweils betrachteten Holons. Die beiden oberen Quadranten umfassen die individuellen Sphären des Einzelnen. Während das obere linke Bereich sich auf den intentionalen und psychischen Binnenbereich des Subjektes bezieht, umfasst der obere rechte Bereich dessen äußere Manifestationen, also verhaltens- und handlungsbezogene Grundlagen des Einzelnen. Diesen individuellen Sphären des Einzelnen stehen mit den beiden unteren Quadranten die sozial/kollektiven Sphären gegenüber. Die untere linke Sphäre verweist auf die kulturelle oder gemeinschaftliche Innensphäre. Dieser Bereich wird durch den unteren rechten Bereich der äußeren systemisch-funktionalen Zusammenhänge ergänzt. Die Sphären können als eigene Bereiche mit jeweils spezifischen Inhalten und Ausrichtungen bestimmt werden (vgl. dazu auch Küpers/Statler 2008, S. 384f.). Während das individuelle Innen den **„subjektiven Bereich"** darstellt, verweist das individuelle Außen auf einen **„objektiven Bereich"**. Analog entspricht das kollektive Innen einem **„inter-subjektiven Bereich"**, während das kollektive Außen als **„inter-objektiver"** Bereich qualifiziert ist. Folgende Abbildung veranschaulicht graphisch diese verschiedenen grundlegenden Orientierungen:

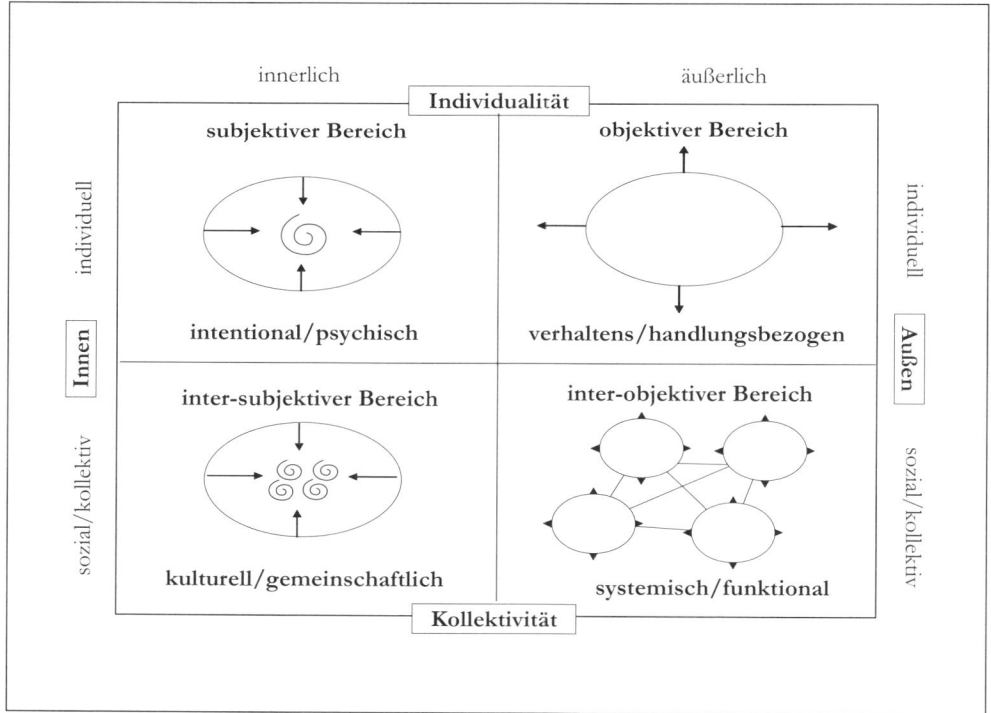

Abb. 5.5: Grundlegende Bereiche und Dimensionen des integralen Modells

Mit diesem Grundverständnis lassen sich die einzelnen Bereiche anschließend noch näher spezifizieren. Auf der individuellen Seite gibt es demnach einen Bewusstseins- und einen

Verhaltensbereich. Die beiden oberen Quadranten machen die **individuelle Identität** i.S. einer intentionalen und handelnden Individualität aus (individuelles Holon). Diesen Bereichen steht eine kollektive Seite gegenüber. Die beiden unteren Quadranten sind dabei als Kultur- bzw. Systembereich bestimmbar und machen die **kollektive Identität** aus. Diese kann auch als eine **Kommunalität** i.S. eines kollektiven Zusammenhangs bezeichnet werden (kollektives Holon). Analog bestimmen auch Innen und Außenbereiche spezifische Identitäten. Während die linke Binnensphäre zu einer **subjektiven Identität** des Einzelnen und der Gemeinschaft tendiert, neigt die rechte Außensphäre zu einer **objektiven Identität** beider.

Die folgende Abbildung zeigt überblicksartig das individuelle und soziale Holon mit den verschiedenen Bereichen sowie die unterschiedlichen Identitäten als Pole im integralen Modell:

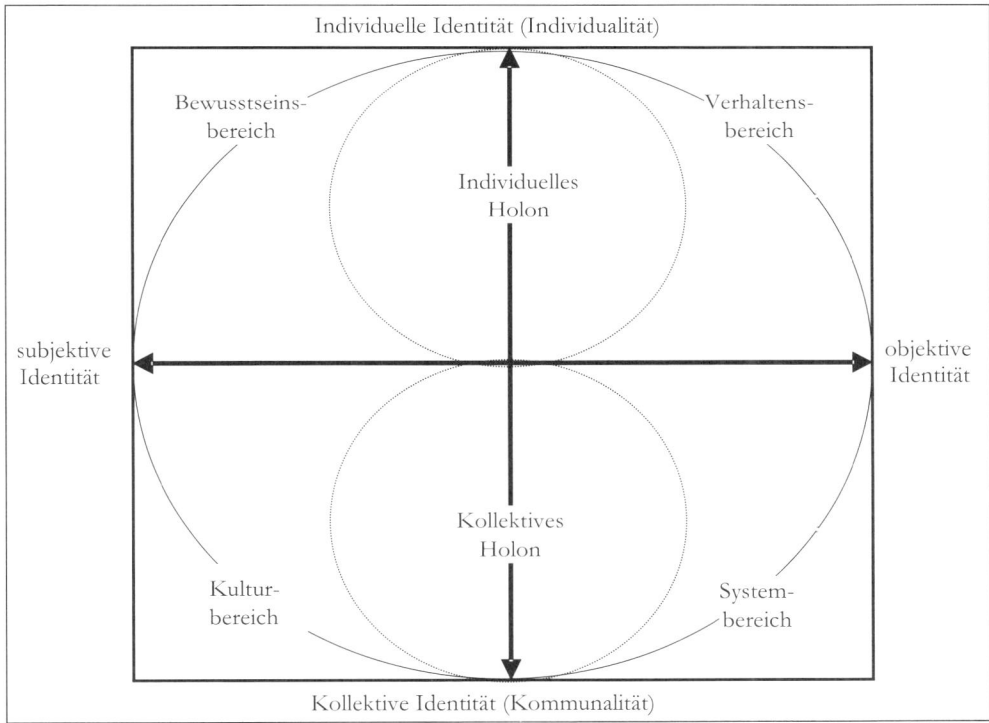

Abb. 5.6: Individuelle und soziale Holone sowie Identitäten im integralen Modell

Wie beschrieben, unterscheidet eine integrale Betrachtung zwischen den Perspektiven einer Innen- und Außenorientierung sowie der individuellen und kollektiven Orientierung. Bevor wir in nachfolgenden Kapiteln Methoden für die detaillierte Analyse dieser einzelnen Sphären vorstellen sowie die Inhalte und Zusammenhänge der Bereiche näher spezifizieren, ist es zuvor aber noch notwendig, auf die **dynamische Entwicklungsdimension** innerhalb der einzelnen Bereiche einzugehen. Denn das Bewusstsein und Verhalten von Individuen sowie die kollektive Kultursphäre und der Systembereich werden im integralen Modell nicht als statische Untersuchungsobjekte betrachtet. Vielmehr versucht das Modell durch die Berücksichtigung von Entwicklungsformen innerhalb der Sphären, dem dynamischen Prozesscharakter der beschriebenen Zusammenhänge gerecht zu werden. Aufbauend auf Erkenntnissen insbesondere der Entwicklungspsychologie (vgl. dazu u.a. Piaget/Inhelder 1977, Kohlberg 1981, Gardner 1983) können spezifische Entwicklungsdimensionen bestimmt werden. Die Entwicklungsprozesse werden dazu nach verschiedenen **Entwicklungsebenen** und unterschiedlichen **Entwicklungslinien** differenziert.

Entwicklungsebenen beziehen sich im Fall der exogenen Dynamik auf das, *was* entwickelt wird und im Fall der endogenen Dynamik auf das, was *sich selbst* entwickelt – und zwar je in den einzelnen vier Bereichen. Bezogen auf die Dimension „Bewusstsein" verläuft die Entwicklung von materiellen, körperlichen Stufen bis hin zu geistigen und seelischen Ebenen. Dabei werden die Entwicklungsstufen nicht abgeschlossen, sondern in holonistischer Weise jeweils aufsteigend in die nächsthöhere Ebene integriert. Bei der Differenzierung von Ebenen der Entwicklung geht es nicht darum, Menschen, Kulturen oder Systeme „in Schubladen einzuordnen" oder sie als „überlegen" oder „unterlegen" einzustufen. Die Ebenendifferenzierung bietet vielmehr einen **Orientierungsrahmen für Entwicklung** und weist auf noch zu realisierende Potenziale hin. Gleichzeitig bietet die Unterscheidung der Ebenen auch eine Hilfe zum Verständnis unterschiedlicher Denkweisen, Motive und Selbstverständnisse von Organisationsmitgliedern sowie von Differenzen innerhalb des Handlungsbereiches, der Kultursphäre oder der Systemdimension (☞ Kapitel 5.3). Bezogen auf den Organisations- und Führungskontext finden sich je nach der jeweiligen Stufe der Entwicklung (Reifegrad) unterschiedliche Kapazitäten und Qualitäten.

Die **Entwicklungslinien** beziehen sich auf unterschiedliche Strömungen innerhalb der Entwicklung. Zu nennen sind beispielsweise raum-zeitliche, emotionale, kognitive, soziale, wissens- oder lernbezogene sowie ethische Entwicklungszusammenhänge. Diese multiplen Strömungen entwickeln sich dabei grundsätzlich relativ unabhängig voneinander. Auch wenn einige Linien notwendige, jedoch nicht hinreichende Voraussetzung für andere sind und sich einige in engem Verbund miteinander entwickeln können, haben viele der Strömungen ihr eigenes Tempo und ihre eigene Dynamik. Dies erklärt, warum eine Gesamtentwicklung unausgeglichen sein kann. Die ungleichen Entwicklungen und Differenzen zwischen den unterschiedlichen Niveaus von Stufen und Linien erklären auch viele Probleme im Organisations- und Führungsalltag. Zum Beispiel können kognitive Kompetenzen eines Individuums hoch entwickelt sein, aber seine emotionalen oder moralischen Kompetenzen und Umgangsweisen relativ unterentwickelt bleiben. So ergeben sich viele Differenzen und Spannungsverhältnisse beispielsweise zwischen Mitarbeitern und Führungskräften dadurch, dass sie auf verschiedenen Entwicklungsstufen unterschiedlich weit entwickelt sind und sich dieser Umstand in unterschiedlichen Umgangsweisen manifestiert.

Die folgende Abbildung zeigt die Ebenen und Linien der Entwicklung im Zusammenhang (vgl. Küpers/Weibler 2008, S. 459):

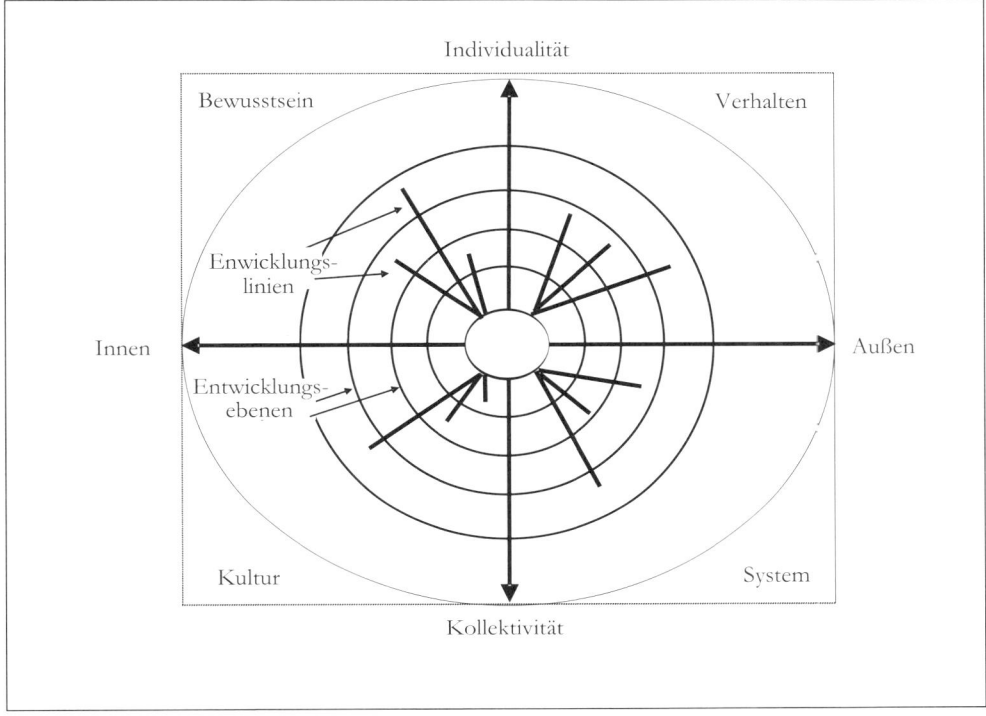

Abb. 5.7: Entwicklungsebenen und -linien der verschiedenen Bereiche des Organisationsholons

Die Entwicklungslinien von Mitgliedern der Organisation zeigen sich beispielsweise darin, inwieweit die Fähigkeit zum strategischen Denken, die emotionale Intelligenz, das interpersonale Empathievermögen oder die soziale Kompetenz ausgeprägt ist. Auf der Verhaltensebene zeigen sie sich z.B. im individuellen Wissens- und Lernvermögen oder der Angemessenheit von Handlungen, im Systembereich hingegen als effiziente Ressourcenverwendung, funktional angemessener Strukturierung oder dem übergreifenden Vermögen eines organisationalen Lernens. Aus ökonomischer Perspektive ist zu beachten, dass unterentwickelte Linien ein **begrenzender Faktor** für die Effektivität und den Erfolg der Organisation sein können. Nicht hinreichende Entwicklungsniveaus führen damit zu suboptimalen Ergebnissen.

Zwar können sich Entwicklungsstufen und Entwicklungslinien von einzelnen Mitgliedern, Kultur bzw. System auf jeweils verschiedenem Niveau bewegen; sie sind aber nicht völlig voneinander unabhängig. Vielmehr sind sie als **integraler Zyklus** miteinander verbunden, der spezifische Wachstums- und Integrationsdynamiken energetisiert. In diesem Zyklus werden alle Dimensionen in einem kohärenten System koordiniert in dem sich so ein holonistischer Gesamtprozess zwischen den Quadranten vollzieht. Neben der **translationalen Dynamik** innerhalb einer Sphäre und der bereichsübergreifenden **integralen Zyklusdynamik**, gibt es auch eine **integrative Dynamik** auf- und absteigender Entwicklungslinien.

Während sich eine translationale Dynamik auf Übersetzungsprozesse innerhalb eines Bereichs beschränkt, betrifft die integrale Zyklusdynamik übergeordnete Entwicklungszusammenhänge. Gegenüber diesen beiden Dynamiken verweist eine integrative Dynamik auf vertikale Niveauunterschiede der Entwicklungslinien in den verschiedenen Bereichen. Die folgende Abbildung zeigt den integralen Zyklus und die spezifischen Bereichsdynamiken mit ihren Entwicklungslinien auf dem Hintergrund von Entwicklungsstufen im holonistischen Zusammenhang (vgl. auch Küpers/Statler 2008, S. 387; Edwards 2005):

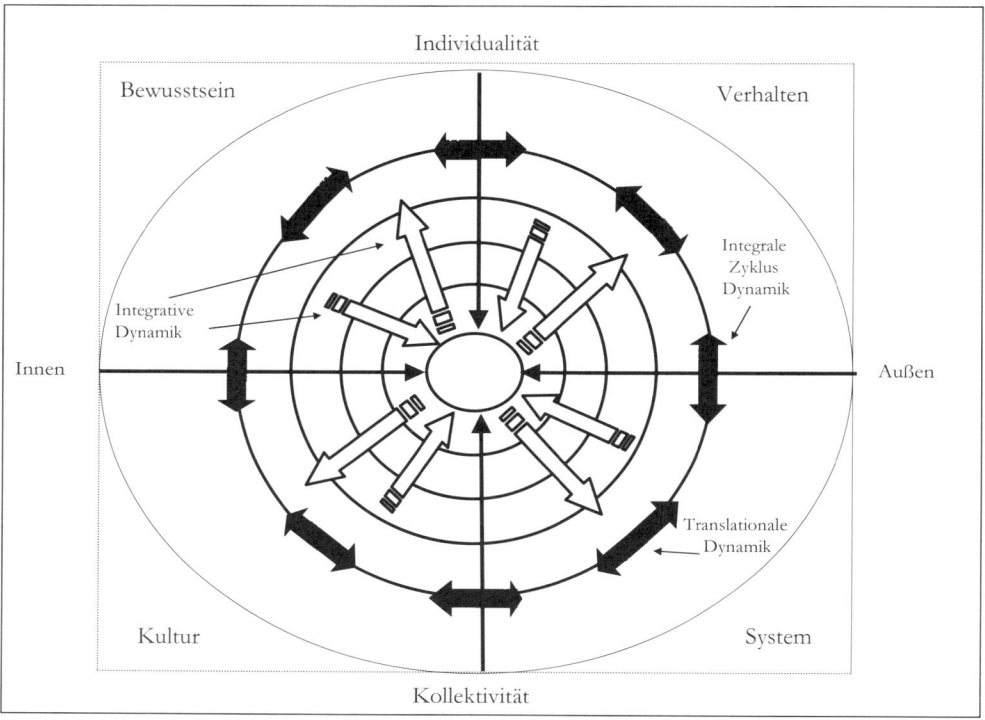

Abb. 5.8: Integraler Zyklus, Wachstums- und Integrationsdynamiken des Organisationsholons

Die in diesem Kapitel beschriebenen analytischen Unterscheidungen in Dimensionen und Bereiche sowie Entwicklungsdimensionen erlauben zugleich eine **Differenzierung**, wie auch die Möglichkeit einer **Zusammenschau** der unterschiedlichen Bereiche. So wird es möglich, die relativen Bedeutungen des Subjektiven, Intersubjektiven und Objektiven, wie sie in Organisationen und ihren Mitgliedern vorkommen, systematisch zu untersuchen. Zudem können organisationale Zusammenhänge umfassender interpretiert sowie gestaltungspraktische Integrations- und Transformationsprozesse und Perspektiven einer Meta-Steuerung (☞ Kapitel 5) für eine integrale Praxis gewonnen werden. Aufbauend auf die Unterscheidung in verschiedene Dimensionen und Bereiche sowie Entwicklungsdimensionen des integralen Modells, werden wir im Folgenden zunächst vertiefend seine erkenntnistheoretischen und methodischen Grundlagen betrachten.

5.2.2　Erkenntnistheoretische und methodische Grundlagen des integralen Modells

Mit dem Begriff der **Epistemologie** – abgeleitet aus dem griechischen Wort επιστήμη (epistéme), d.h. Wissenschaft und λόγος (lógos), d.h. Lehre/Wissenschaft – bezeichnet man die Lehre der Erkenntnis. Neben der Ontologie (Lehre vom Sein), der Ethik und der Logik ist die Erkenntnistheorie eine der zentralen Disziplinen der Philosophie. Sie befasst sich grundlegend damit, welche Erkenntnisse bei welchen Beweisführungen als „sicher" gelten können. Erkenntnistheoretisch vollziehen sich wissenschaftliche Vorgehensweisen innerhalb eines Paradigmas. Das Wort **Paradigma** (aus dem Griechischen παράδειγμα parádeigma) setzt sich zusammen aus „para" = neben und „deiknynai" = zeigen, begreiflich machen und bedeutet Beispiel, Vorbild, Muster, Abgrenzung oder auch Steuermann. Ein Paradigma umfasst die Gesamtheit der erkenntnisleitenden Hintergrundannahmen, Werte, Theorien und Methoden von Wissenschaft. T. S. Kuhn bestimmte in seinem Buch „Die Struktur wissenschaftlicher Revolutionen" (1976) ein wissenschaftliches Paradigma als:

- was beobachtet und überprüft wird,
- die Art der Fragen, welche in Bezug auf ein Thema gestellt werden und die geprüft werden sollen,
- wie diese Fragen gestellt werden sollen,
- wie die Ergebnisse der wissenschaftlichen Untersuchung interpretiert werden sollen.

Paradigmen sind damit die in einer bestimmten Zeit vorherrschenden **Denkmuster** bzw. **anerkannten Theorie- und Methodenrahmen** für das wissenschaftliche Arbeiten, mit denen Erkenntnisfortschritte bzw. -interpretationen möglich sind. Sie spiegeln einen gewissen allgemein anerkannten Konsens über Annahmen und Vorstellungen wider, die es ermöglichen, für eine Vielzahl von Fragestellungen Lösungen zu finden. Ein Paradigma kann also als eine gemeinsam geteilte Weltsicht verstanden werden. Es ermöglicht die Bestimmung von Hypothesen und Problemen sowie von Methoden und Lösungszugängen zur Beantwortung von unterschiedlichen Fragestellungen. Nach Kuhn ist ein Paradigma solange anerkannt, bis Phänomene auftreten, die mit der bis dahin gültigen Lehrmeinung nicht vereinbar oder erklärbar sind (Anomalien). Zu diesem Zeitpunkt werden neue Theorien aufgestellt. Die Differenzen, die sich daraus ergeben, werden dann meist zwischen den Verfechtern der unterschiedlichen Lehrmeinungen sehr emotional belastet ausgefochten. Setzt sich dann eine neue Lehrmeinung durch, spricht man vom **Paradigmenwechsel**. Ein solcher Wechsel beinhaltet, dass ein neues Paradigma – auch im Hinblick auf objektivierbare Kriterien – die beobachteten Phänomene besser erklären kann als das alte.

Werden einzelne Paradigmen in einem größeren Zusammenhang gesehen, spricht man von einem **Meta-Paradigma**. Ein solches Meta-Paradigma ist ein abstraktes, übergreifendes Konstrukt von theoretischen Sichtweisen auf einer umfassenderen, disziplinübergreifenden Ebene. Es bietet ein **Referenzsystem**, mit dem disparate Repräsentationen verknüpft werden

können (vgl. Gioia/Pitré 1990). Verschiedene Repräsentationen werden dabei mit ihren jeweiligen Beiträgen gewürdigt aber in einem übergeordneten Zusammenhang eingeordnet.
Eine meta-paradigmatische Sicht ermöglicht damit eine umfassendere Beachtung theoretischer Perspektiven und Alternativen, was den Diskurs in und zwischen verschiedenen Paradigmen, Theorien und Modellen erleichtert. Aufgrund der Berücksichtung von verschiedenen
Paradigmen im Rahmen eines Metaparadigmas kann so ein größeres Verständnis der vielfältigen, oft paradoxen Wirklichkeit ($\mathcal{F}$ Kapitel 4.3) von Organisationen gewonnen werden
(vgl. Lewis/Kelemen 2002, S. 258). Ferner ermöglicht ein Meta-Paradigma die gleichzeitige
Beachtung gegensätzlicher theoretischer Zugänge mit deren partiellen Erkenntnissen (vgl.
Lewis/Grimes 1999). Insofern geht eine meta-paradigmatische Ausrichtung über multi-
paradigmatische und multi-disziplinäre Orientierungen hinaus.

Das integrale Modell kann nun als ein solches Meta-Paradigma interpretiert werden. Entsprechend folgt eine integrale Orientierung einem **Erkenntnispluralismus**. Wie mit einem
„Forschungsscheinwerfer" werden dabei Linsen mehrfach aus unterschiedlichen Blickrichtungen auf das untersuchte Phänomen bzw. Erkenntnisobjekt ausgerichtet. Damit kann es
ganzheitlich, flächig und räumlich und auch mehrdimensional ausgeleuchtet werden. Diese
Vorgehensweise dient dazu, „Schattenflächen" i.S. von Leerstellen tendenziell möglichst zu
minimieren. Als ein Metaparadigma ermöglicht das integrale Modell die Einnahme eines
übergeordneten Beobachtungsstandpunktes (vgl. Gioia/Pitré 1990, S. 596), der die Möglichkeiten und Grenzen jeweiliger Einzel-Paradigmen zu erkennen vermag sowie innovative
Perspektiven eröffnet. Eine derartige Integration dient nicht nur der kritischen Zusammenschau, sondern auch einem Erkenntnisfortschritt sowohl in Theorie wie in Praxis. Theoretisch unterstützt ein solches meta-paradigmatisches Vorgehen die Erforschung pluralistischer
und komplexer dilemmatischer sowie paradoxer Zusammenhänge und Spannungen der untersuchen Sachverhalte ($\mathcal{F}$ Kap. 4). Außerdem machen solche meta-theoretischen Erkenntnisse **ebenenspezifische Probleme und Pathologien** ($\mathcal{F}$ Kapitel 4.4.2) sowie umgekehrt die
Bedeutung einer integralen „Gesundheit" des Einzelnen, der Gemeinschaft wie des Organisationssystems erkennbar. Damit wird ein solcher Zugang der Vielfalt, Komplexitäten und
Mehrdeutigkeiten gerade auch von Organisationen und deren Führungspraxis eher gerecht.

Zudem können damit auch ganz praktisch mögliche Entwicklungsräume und aktivierbare
Potenziale, insbesondere in organisationalen und führungsspezifischen Kontexten ($\mathcal{F}$ Kapitel
6.3 und 6.4), integral erschlossen werden. Die Bedeutung einer meta-paradigmatischen Perspektive ist so gerade für einen **Anwendungszusammenhang** organisationswissenschaftlicher Erkenntnisse bedeutsam. Denn praktische Organisationsphänomene und konkrete
Frage- und Problemstellungen der Organisationspraxis sind nicht in einer paradigmatischen,
disziplinären oder exklusiv fachwissenschaftlichen Ausrichtung zu bewältigen (vgl. Walter-
Busch 1996, S. 54); vielmehr bedürfen sie eines multitheoretischen Zugangs (vgl. Deeg
2005, S. 13). So ist eine meta-paradigmatische Orientierung gerade für ein übergreifendes
Verstehen als Basis einer Bestimmung konkreter Gestaltungsmöglichkeiten bzw. einer um-
setzungspraktischen Verwirklichung (Transformation) notwendig. Damit dienen die gewonnenen Erkenntnisse des Integralen zum einen der **Einordnung** herkömmlicher Ansätze der
Steuerung ($\mathcal{F}$ Kapitel 2), sowie der ihr zugrunde liegenden Organisations- bzw. Führungstheorien. Zum anderen begründen sie auch eine **systematische Kritik** z.B. in Bezug auf den

Mangel an einem integralen Entwicklungs- und Transformationsverständnis in den herkömmlichen Steuerungskonzepten.

Eine wichtige epistemologische Frage richtet sich darauf, wie gültig wissenschaftliche Aussagen sind, also auf welcher Geltungsbasis sie getroffen werden können. Um dies zu bestimmen, können verschiedene spezifische Gültigkeitskriterien bzw. Werte i.S. von **Geltungsansprüchen** angewandt und unterschiedlichen Erkenntnisbereichen zugeordnet werden. Unter einem Geltungsanspruch versteht man die Bedingungen für die Gültigkeit einer Äußerung oder Erkenntnis (vgl. Habermas 1981). Damit wird bestimmbar, welchen Regeln oder Kriterien das Gesagte oder eine Erkenntnis demgemäß genügen muss, damit es eine intersubjektive bzw. objektive Anerkennung erfährt. Ein Einverständnis eines Interpreten mit einer Äußerung kann nur dann erwartet werden, wenn folgende Geltungsansprüche erfüllt sind:

- (expressive/subjektive) **Wahrhaftigkeit**,
- (propositionale=bedeutungshaltige/objektive) **Wahrheit**, Entsprechung und Repräsentation,
- (normative/intersubjektive) **Richtigkeit**, Gerechtigkeit, gegenseitiges Verständnis/Verständlichkeit
- (funktionaler/objektiver) struktureller **Fit**, **Passung**, Anschlussfähigkeit, Durchführbarkeit, **Wirksamkeit**

Die folgende Abbildung zeigt die Geltungsansprüche mit Bezug zu grundlegenden Einstellungen und Weltbezügen:

Grundeinstellungen	Geltungsansprüche	Weltbezüge
expressiv, subjektivistisch	**Wahrhaftigkeit**	subjektive Welt
proportional, objektivierend	**Wahrheit**	objektive Welt
normen-konform, intersubjektivistisch	**Richtigkeit**	soziale Welt
funktional „interobjektivierend"	**Passung, Wirksamkeit**	objektive Welt

Abb. 5.9: Geltungsansprüche im integralen Modell (in Anlehnung an Habermas 1981, S. 439)

Subjektive Wahrhaftigkeit meint einen Geltungsanspruch, der sich auf wahre Aussagen über eigene innere Zustände bezieht. Wahrhaftigkeit steht für die Kundgabe subjektiver Erlebnisse: Der Sprecher erhebt den Anspruch, dass die manifeste Sprechintention wahrhaftig ist, meint, dass sie so gemeint ist, wie sie geäußert wird. Diese Wahrhaftigkeit kann dem dramaturgischen Handeln einer expressiven Selbstrepräsentation zugeordnet werden (vgl. Habermas 1981, S. 126 ff.). Mit der Wahrhaftigkeit hängt die **Aufrichtigkeit** in Bezug auf die innere Welt der Wünsche, Absichten, Gefühle zusammen, die sich als **Integrität und Vertrauenswürdigkeit** äußern.

Wahrheit impliziert dagegen einen Bezug zur äußeren „Realität" und dem Wahrnehmen externer Zustände. Somit können die leitenden Werte bzw. Ansprüche dieses Bereichs auf **Entsprechung und Repräsentation** der Wirklichkeit überprüft werden. Wahrheit wird also als eine Relation zwischen Bezugspunkten verstanden, die hinsichtlich ihres Übereinstimmungsverhältnisses oder ihrer Übereinkunft überprüft werden. Mit dem objektivierenden Bezug zur äußeren Praxis dient das Gültigkeitskriterium im Organisationskontext vor allem der Wirksamkeit bzw. Durchführbarkeit sowie als Übereinstimmungsverhältnis des Handelns mit (formellen) Erwartungen, Anforderungen oder Vereinbarungen.

Richtigkeit/Gerechtigkeit als erkenntnisleitende Werte sind idealtypisch auf eine gerechte, passende, „richtige" sowie auf gegenseitiges Verständnis orientierte Ausrichtung angelegt. Der Anspruch der Richtigkeit bezieht sich dabei auf eine normen-konforme intersubjektive Korrespondenz. Der Leitwert Gerechtigkeit verweist darauf, wie Subjekte in einem Akt von gegenseitiger Anerkennung und Verstehen interagieren, was wie auch die Richtigkeit eine entsprechende Verständigung und Konsensualisierung voraussetzt.

Fit/Funktionale Passung bezieht sich auf die **strukturelle und funktionale Passung (Fit)** von kollektiven Wahrnehmungs-, Kommunikations- und Organisationsprozessen. Ziel ist eine Sicherung der **Selbsterhaltung, Funktionalität und Anschlussfähigkeit** sozialer Leistungen in Organisationen als kollektiven Systemen. Ferner wird die **Optimierung der Systemfunktionen** und struktureller und technologischer Infrastrukturen sowie der Relationsmechanismen von kollektiven Systemzusammenhängen angestrebt. Der Leitwert der **funktionalen Passung** verweist auf eine funktionsadäquate, objektive Vernetzung von (System-)Elementen bzw. Relationen. Die Passungen wie auch die Systemfunktionen sind in erwerbswirtschaftlichen Unternehmen auf zweckrationale Effizienz, Effektivität, Outputleistungen und Produktivität der (Leistungs-)Performance ausgerichtet. Dazu gehören betriebswirtschaftliche Maßnahmen der Kostenreduktion, Ablaufbeschleunigung, Verbesserung der Kommunikationsflüsse nach Innen und Außen, Steigerung der Produkt- und Dienstleistungsqualität, Vergleich mit „best practices" usw. Ressourcen, Infrastrukturen und Technologien werden entsprechend eingebracht, verwendet oder entwickelt, um die Organisationen als unpersönliches rationales- und zielorientiertes Struktur- und Funktionssystem zu erhalten und zu verbessern.

Die folgende Abbildung zeigt die verschiedenen **Erkenntnisbereiche und Erkenntnisverfahren** sowie Geltungsansprüche als **Gültigkeitskriterien** des integralen Modells:

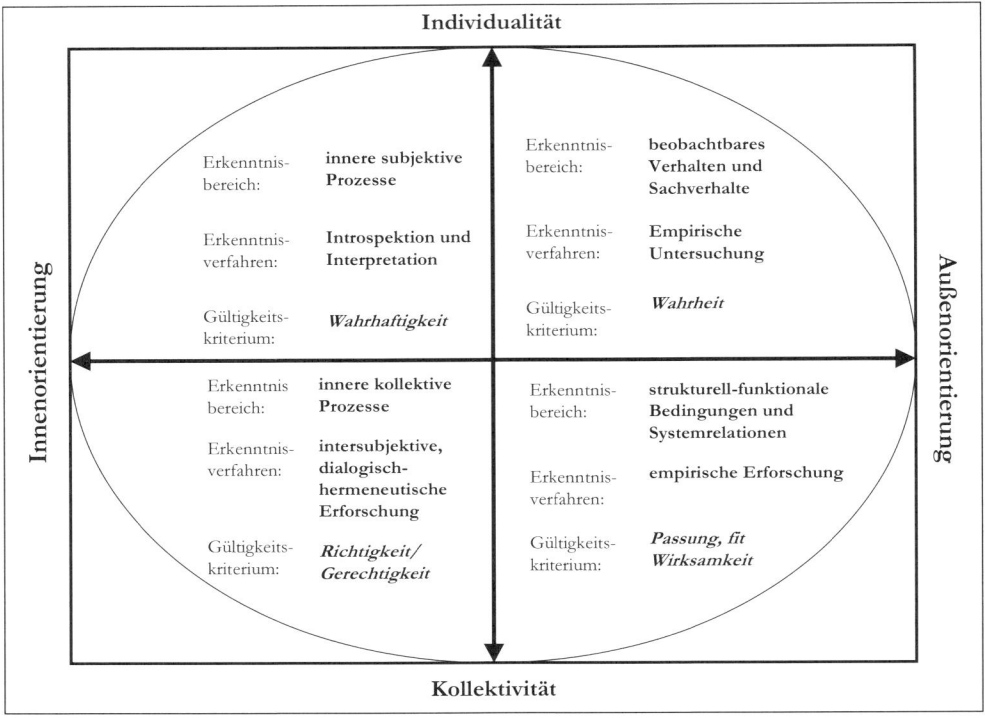

Abb. 5.10: Erkenntnisbereiche und -verfahren sowie Gültigkeitskriterien des integralen Modells

Diese unterschiedlichen Zugänge erfordern verschiedene **Methodologien** bzw. methodische Erkenntnisverfahren, auf die nun spezifischer eingegangen werden soll. Von der Wortherkunft her bedeutet „**Methode**" (griechisch μέθοδος, „méthodos", aus: „meta" und „hodos") Nachgehen, Verfolgen oder auch einfach Weg. Als Grundlage für planmäßige, folgerichtige Verfahren und auch Handeln sind mit Methoden in der Wissenschaft, insbesondere in der Forschung, systematische Vorgehensweisen gemeint, um neue Erkenntnisse zu gewinnen. Entsprechend verweist der Begriff des **Modells** (lat. „modulus", „modus" = Maßstab, Vorschrift, Entwurf, Abbild oder Nachbildung) auf eine anschauliche Repräsentation eines Referenzobjektes (vgl. auch Stachowiak 1992, S. 219). Die Funktion von Modellen liegt in der fokussierten Verdeutlichung zentraler Zusammenhänge von Ereignissen, die sich selbst wegen ihrer Komplexität und/oder Immaterialität prinzipiell oder forschungsökonomisch einer unmittelbaren Erfassung entziehen. Sie dienen dabei einer möglichst präzisen (methodisch-formalen) Rekonstruktion von Kausalzusammenhängen und der Darstellung empirischer Verallgemeinerungen und idealtypischer Abstraktionen für ein besseres Verständnis des zugrunde liegenden Phänomens (vgl. Balzer 1997, S. 16). Über Beschreibungs-, Erklärungs- wie Gestaltungsmodelle werden Erkenntnisgegenstände in **Theorien** systematisiert, um – auf Basis spezifischer Vorannahmen – Annäherungen an die Sachverhalte zu erreichen (vgl. Popper 2000 S. 164ff.). Dabei können sich auf einer pragmatischen Ebene Modellbildungen an empirisch geprüften Theorien orientieren, diese konzeptionell erweitern und zur Lösung bestimmter Probleme in Organisationen und Führung bezogen werden. Solchermaßen erweiterte Modelle müssen dann wiederum selbst noch empirisch überprüft werden (können). Gestaltungsorientierte Erkenntnisse können dazu beitragen, praktische Entscheidungs- und Verhaltensoptionen zu eröffnen bzw. Handlungsmöglichkeiten zu erweitern. (Führungs-)Modelle können den in Organisationen Tätigen dabei nicht deren kreativ zu gestaltenden Umgang mit der Vielzahl auftretender Probleme, Konflikte und Herausforderungen abnehmen (vgl. Weibler 2004b).

Bevor man spezifische methodische Zugänge thematisieren kann, gilt es zugrunde liegende Orientierungen wissenschaftlichen Vorgehens zu verstehen. Grundlegend kann zwischen den **methodologischen Grundpositionen** einer nomothetischen und einer ideographischen Forschungsorientierung unterschieden werden. Auf der Basis des Gegebenen *(Positivismus)* sucht eine **nomothetische Forschung** nach Gesetzen (nomos = Gesetz) in der Realität, die z.B. das Handeln bzw. Wirken von Menschen und Organisation allgemeingültig bestimmend beeinflussen *(Determinismus)*. Methodisch orientiert sich diese Position am naturwissenschaftlichen Vorgehen (Hypothesentest, Verifikation, Falsifikation) bzw. an etablierten Vorgehensweisen, insbesondere **erklärungsorientierten** Ursache-Wirkungsanalysen, meist mit quantitativen Methoden. So sind beispielsweise umfassende Analysen und Querschnittstudien mit statistischer Auswertung typische empirische Forschungsmethoden für diesen Bereich. Demgegenüber fokussiert sich eine **ideographische Forschung** auf das **Verstehen** von *Einzelfällen* von spezifischen einzelnen Handlungen oder Organisationssituationen, die jedoch unvorhersehbar und kontingent bleiben *(Voluntarismus)*. Methodisch werden hier eher Längsschnitt-Fallstudien und qualitative Techniken der Datenerfassung und -auswertung oder sogar langfristige teilnehmende Beobachtung verwendet, um authentische Eindrücke aus der Lebenswelt der Handelnden induktiv zu gewinnen. Die Forscher sollten dabei mit einer möglichst unvoreingenommenen Einstellung ohne festgelegte Hypothesen in das Untersuchungsfeld gehen und die Theoriebildung auf der Basis der praktischen Befunde erfolgen.

Beide methodische Positionen werden auch in der Organisationsforschung verwendet und haben je verschiedene **Vor- und Nachteile** (vgl. auch Bea/Göbel 2006, S. 243). Jedoch nimmt ein Großteil empirischer Organisationsforschung eher eine nomothetische Position ein. So folgte die Organisationsforschung lange Zeit in ihrem Methodenverständnis einer Orientierung, die Organisation von ihren **Zwecken und formalen Strukturen** her zu denken. Mit dem auf Effektivität und Effizienz einer Organisation gerichteten Erkenntnisinteresse wurden ausgesuchte Zweck-Mittel-Relationen über standardisierte Fragebögen und statistische Auswertungsverfahren sowie quantitative Vergleichsstudien erforscht. Die Organisation wurde dabei als objektive Realität verstanden, in der verallgemeinerbare Gesetzmäßigkeiten und Kausalitäten durch möglichst wertfreie Erkenntnisse über isolierte organisationale Variablen und ihre Determinanten erkannt werden können (vgl. Johnson/Duberley 2000, S. 8f.). Als **methodische Praktiken** wurden quantitative Standardverfahren, schriftliche Befragungen z.B. in Form von Fragenbögen oder auch Internetbefragungen, Netzwerkanalysen oder Computersimulationen etc. für statistische Auswertungen eingesetzt. In der quantitativ-hypothesentestenden Wissenschaft gilt eine exakte Überprüfung von Validität, Repräsentativität und Reliabilität als das relevante Gütekriterium.

Seit Anfang der 1980er Jahre rückte jedoch die **Organisationskultur** (vgl. dazu Peters/Waterman 1983, Sackmann 1983, Martin/Siehl 1983, Neuberger/Kompa 1987) in den Vordergrund der Forschungen. Dabei wurden Fälle beschrieben, in denen sich Mittel verselbstständigten und die Organisation anfing, Zwecke für bereits ausgebildete Mittel zu entwickeln. Organisationen wurden zunehmend als ein Zusammentreffen von Akteuren mit eigener Handlungsrationalität mit eigenen Machtspielen beschrieben. Damit wurden in der Organisationswissenschaft, neben dem formalisierten und regelhaften Organisationsgeschehen, zunehmend auch Strukturen und Erscheinungen untersucht, die informell sind bzw. unbeabsichtigt entstehen. Mit dieser Ausrichtung grenzen sich heute viele Organisationswissenschaftler von dem positivistischen Paradigma ab und verwenden **qualitative Methoden und Einzelfallbetrachtungen**, um das organisationale Geschehen aus der Sicht der intentionalen und handelnden Subjekte zu rekonstruieren. Ein solches Vorgehen ermöglicht es, auch unerwartete Phänomene zu berücksichtigen und so subjektive und intersubjektive Prozesse in Organisationen gegenstandsnah zu erschließen. Die Wirklichkeit von Organisationen wird damit nicht unabhängig von Zeit und Raum als objektive Wahrheit begriffen, sondern als Ergebnis subjektiver und kollektiver Wahrnehmung und Interpretation im Alltagskontext. Anstelle einer Isolierung einzelner Kausalitäten, werden komplexe Sinnzusammenhänge rekonstruiert und zu verstehen gesucht (**interpretative Organisationsforschung**; vgl. dazu Walter-Busch 2004).

Als **methodische Praktiken** werden hierbei offene und unstandardisierte Instrumente, wie z.B. qualitative Interviews oder teilnehmende Beobachtung eingesetzt. Diese ermöglichen einen besonderen Bezug zum konkreten Phänomen sowie zu den **Interpretationen** und Bewertungen der Befragten. Einflussreich sind auch sog. ethnographische Studien in der Organisationsforschung (vgl. z.B. Helmers 1993, Neuberger/Kompa 1987, Gellner/Hirsch 2001), bei der über einen längeren Feldaufenthalt soziale Ereignisse mitvollzogen werden, um deren Sinn zu verstehen. Der Forscher entscheidet dabei situations- und fallangemessen über den Einsatz geeigneter Methodiken und berichtet über seine Erfahrungen nachträglich in Feldprotokollen. Vor allem Forschungen zur Organisationskultur greifen auf die ethnographische Vorgehensweise zurück, wenn sie sich beispielsweise den Zeremonien und Ritualen, den Mythen oder Tabus einer Organisation als deren Symptom bzw. Objektivierung nähern (vgl. Kieser 1991, Wittel 1997).

Die **Gütekriterien der qualitativen Forschung** sind aufgrund ihres gegenstands- und kontextabhängigen Charakters ein bewusst flexibel gehaltenes System von Kriterien, das der geringen Formalisierbarkeit und Standardisierbarkeit der Forschungsaktivitäten und -instrumente Rechnung trägt. Es wurden eigene Gütekriterien speziell für die qualitative Forschung konzipiert (vgl. z.B. Mayring 2003, S. 109ff.). Zu den am häufigsten genannten Kriterien gehört hier die „Nachvollziehbarkeit", die über ausführliche Dokumentation des Forschungsprozesses, interkollegiale Kontrollen und kodifizierte Vorgehensweisen verbessert werden soll (vgl. Lincoln/Guba 1985, S. 292; Steinke 2000, S. 323f.). Zudem werden in der qualitativen Forschung empirische Daten sowohl zur Generierung, als auch zur Überprüfung von Theorien genutzt. Da in der qualitativen Forschung der Forscher Bestandteil des Forschungsprozesses ist, wird auch dessen Subjektivität Teil der Methode. Mit dem Kriterium einer „reflektierten Subjektivität" wird entsprechend zu beurteilen versucht, inwieweit die

Subjektivität des Forschers und deren Rolle bei der Theoriebildung reflektiert wurden (vgl. Steinke 1999, S. 231ff.).

Die folgende Abbildung zeigt auflistend die tendenziell dominierenden methodischen Vorgehensweisen und Spezifika, jeweils für den linken Innenbereich des „Ich" und „Wir" sowie den rechten Außenbereich des „Es" (Singular und Plural) und Beispiele für die jeweiligen methodischen Zugänge zu den Bereichen.

LINKSSEITIGE WEGE (INNEN)	RECHTSSEITIGE WEGE (AUSSEN)
ICH- und WIR-Bereich • **ideographisch (Einzelfall)** • **verstehensorientiert**	**ES- und Man-Bereich** • **nomothetisch (Gesetz)** • **erklärungsorientiert**
verstehendes Einlassen sowie Interpretation von Einzelfällen **(Sinn und Bedeutung)**	erklärende Kausalanalyse, abbildende Beobachtung und Erfassung von Gesetzen **(Ursache und Wirkungen)**
• introspektiv, hermeneutisch • interpretativ, dialogisch • eher qualitativ, normativ • voluntaristisch	• empirisch, (neo-)positivistisch • beobachtend, monologisch • eher quantitativ, wertfrei • deterministisch

Abb. 5.11: Überblick über methodische Zugänge (vgl. auch Bea/Göbel 2006, S. 242)

Die genannten Unterscheidungen beider Wege sind idealtypischer Art und Weise. In vielen Fällen wissenschaftlichen Vorgehens ergänzen sich beide methodischen Zugangsweisen produktiv. Bestimmte organisationstheoretische Ansätze und empirische Forschungspraktiken bevorzugen in der Regel eher die eine oder andere Ausrichtung. Neben spezialisierten Forschungsdesigns kommt es aber in der Organisationsforschung zunehmend zu **pluralistischen Methodenverbünden**. Dabei werden Phänomene und Sachverhalte sowohl nomothetisch bzw. quantitativ als auch ideographisch bzw. qualitativ untersucht. Gerade eine **integrative Position** vermeidet einseitige Extrempositionen und Reduktionismen. Eine Reduktion auf den subjektiven Innen- oder Bewusstseinsbereich i.S. von „Die Welt existiert nur in meinem individuellen Ego/Geist" führt in einen sog. **Solipsismus**, also einen einseitigen Mentalismus oder Subjektivismus. Werden alle Bereiche nur auf einen intersubjektiven Sozial- oder Gemeinschaftsbereich bezogen, besteht die Gefahr eines **kulturellen Konstruktivismus bzw. Relativismus**. Alles erscheint dann als nur kulturell konstruiert, was z.B. mit einer Einebnung hierarchischer Werteordnung einhergeht, da alles gleichwertig angesehen wird. Die isolierte Ausrichtung auf einen äußeren Handlungs- bzw. Verhaltensbereich mündet in eine reduzierte Betrachtung, wie z.B. im **Behaviorismus bzw. Materialismus**. Eine Reduktion auf einen äußeren objektiven Systembereich kann zu einem subtilen Reduktionismus führen. Dabei wird zwar eine systemisch, d.h. strukturalistisch und funktionalistisch vernetzte Welt erkannt. Die Betrachtung bleibt jedoch gewissermaßen rein materialistisch und seelenlos. Denn eine solche Orientierung entwertet subjektive und gemeinschaftliche Erfahrungen im Sinne eines einseitigen **Funktionalismus**, dessen spezielle Probleme wir zuvor kennengelernt haben (☞ Kapitel 2.3.2).

Aus **integral-methodologischer Perspektive** sind die Organisation und ihre Mitglieder weder nur eine einfach gegebene, also positivistisch zu erforschende Realität, noch nur ein kontingentes Konstrukt. Weder kann es nur um eine Erklärung durch zu bestimmende Kausalitäten und Gesetzmäßigkeiten, noch ausschließlich um zu verstehende Einzelfälle gehen. In einer **integralen Forschung** geht es je nach Erkenntnisinteresse und Perspektive um ein Aufdecken von Mustern und Zusammenhängen von verschiedenen Aspekten des Organisationsgeschehens. Aus integraler Perspektive haben damit die verschiedenen methodischen Ansätze alle ihre **relative Gültigkeit**, sie sind geeignet bzw. „wahr", jedoch nur partiell. Zudem treten neuere Theorieansätze auch nicht einfach an die Stelle älterer, sondern erweitern den Blickwinkel auf das komplexe Geschehen in Organisationen. Gegen einen Dogmatismus in der Methodenwahl gerichtet, besteht aus integraler Perspektive eine **Vereinbarkeit verschiedener methodischer Forschungsorientierungen**. Je nach Feldsituation und untersuchtem Sachverhalt bestimmt sich jeweils der Einsatz und Nutzen der methodischen Instrumente. Es kann auch zu Strategien einer **Methodenintegration**, also eines zeitversetzten oder zeitgleichen Einsatzes verschiedener Verfahren, kommen. Diese Methodenintegration dient der kumulativen Validierung von Untersuchungsmethoden und -ergebnissen oder aber der komplementären Beleuchtung des Forschungsgegenstandes durch unterschiedliche Daten und Theoriezugänge (vgl. Kelle/Erzberger 2000, S. 302f.).

Eine **integral orientierte Methodologie** berücksichtigt gleichermaßen rationale Erkenntnisse, die durch logische Schlussfolgerungen und Interpretation von Erfahrungen gewonnen werden wie auch empirische Erkenntnisse, die mit spezifischen Erhebungsmethoden und Instrumenten gewonnen werden. Durch die Integration verschiedener Methodiken sowie einer Überprüfung, d.h. Bestätigung oder Widerlegung der Ergebnisse in der Wissenschaftsgemeinschaft (Diskurs), schließt sie an wissenschaftliche Standards an. Zugleich strebt eine integrale Epistemologie und Methodologie jedoch auch eine Überwindung der erkenntnis- und wissenschaftstheoretischen Opposition zwischen erkennendem Subjekt und erkanntem Objekt an. Eine integrale Methodologie versucht, über die noch vorherrschenden „Subjekt(ivismus)-Objekt(ivismus)-Dichotomie" (vgl. dazu Deeg 2005, S. 31ff.) in der (Organisations-)Wissenschaft hinauszugehen. Mit einem **paralogischen, perspektivischen Vorgehen** werden in einer integralen Methodologie existierende Pluralitäten verschiedener methodischer Zugänge bewusst genutzt und die damit verbundenen Spannungen akzeptiert, ohne auf partielle Integrationspotenziale durch einen lebendigen intra- und interdisziplinären Diskurs zu verzichten (vgl. Czarniawska 2001, S. 19; Deeg 2005, S. 17). Zwar steht der Einsatz integraler Methodologie im Sinne eines offenen Forschungsdesigns, d.h. bezogen auf milieu- und situationsabhängige Erhebungssituationen, aushandelbare Untersuchungsziele und lokale Gestaltungsmöglichkeiten, noch weitgehend aus (vgl. auch Lüders 2000, S. 393f.). Dennoch verweisen die Perspektiven einer integralen Methodologie auf vielversprechende Forschungspotenziale, die gerade für komplexe Organisation und Führungszusammenhänge noch an Bedeutung gewinnen werden (vgl. Küpers/Edwards 2008).

Nachdem wir die erkenntnistheoretischen und methodischen Grundlagen für das Verständnis des integralen Modells gelegt haben, wollen wir uns nun seinen einzelnen Entitäten und Welten zuwenden.

5.3   Entitäten und Welten des integralen Modells

Um die Komplexität integraler Zusammenhänge besser zu verstehen, ist es sinnvoll, die grundlegenden Elemente als „Entitäten" sowie als „Welten" der unterschiedlichen Bereiche näher zu betrachten. Dabei gilt es, die jeweiligen Spezifika, Operierungsweisen und Wirkungszusammenhänge dieser Grundelemente näher zu beleuchten. Der Begriff „Entität" (lat. „entitas") stammt aus dem Griechischen (ειναι) und meint ursprünglich „Wesen", „Seiendes". Als ontologischer Sammelbegriff umfassen **Entitäten** verschiedene Gegenstände, Eigenschaften, Prozesse, usw. von Phänomenen. Wir bezeichnen hier mit Entitäten besondere Konstrukte, mit denen die verschiedenen Bereiche des integralen Modells näher spezifiziert werden können. Sie stellen Teileelemente der unterschiedlichen Bereiche dar, die durch eine bestimmte „Seinshaftigkeit" und spezifische Zustandsformen gekennzeichnet sind. Dabei stellen sie je in sich eigenständige Größen dar, die jedoch in besonderen Beziehungen und Interrelationen zu anderen Entitäten und deren Bereichen stehen (☞ Kapitel 5.2). In diesem Zusammenhang verwenden wir den Entitäten-Begriff für die zentralen unterschiedlichen **Einheiten** in den verschiedenen Sphären des integralen Modells. Während wir die **Psyche** als Entität des subjektiven Bereichs des Bewusstseins bezeichnen, verweist die Entität **Gemeinschaft** auf den kollektiven Innenbereich der Kultur. Im Außen differenzieren wir zwischen der Entität des **Agenten** als dem individuell Handelnden und der **Agentur** als institutionelles System. Diesen vier Entitäten können spezifische **Personalpronomen** zugeordnet werden:

- Die individuell-innerliche Entität (**Psyche**/Bewusstsein) I korrespondiert mit dem „**Ich**" im intra-subjektiven Bereich. Die individuell-äußere Entität (**Agent**/Handelnder) II entspricht dem „**Es**" im objektivierten Bereich. Die sozial-innerliche Entität (**Gemein-schaft**/Kultur) III meint das „**Wir**" im intersubjektiven Bereich. Die sozial-äußerliche Entität (Agentur/System) IV steht für das „**Man**" im interobjektiven Bereich. Die folgende Abbildung zeigt die verschiedenen Entitäten in den Bereichen des integralen Modells bezogen auf das Holon „Organisation":

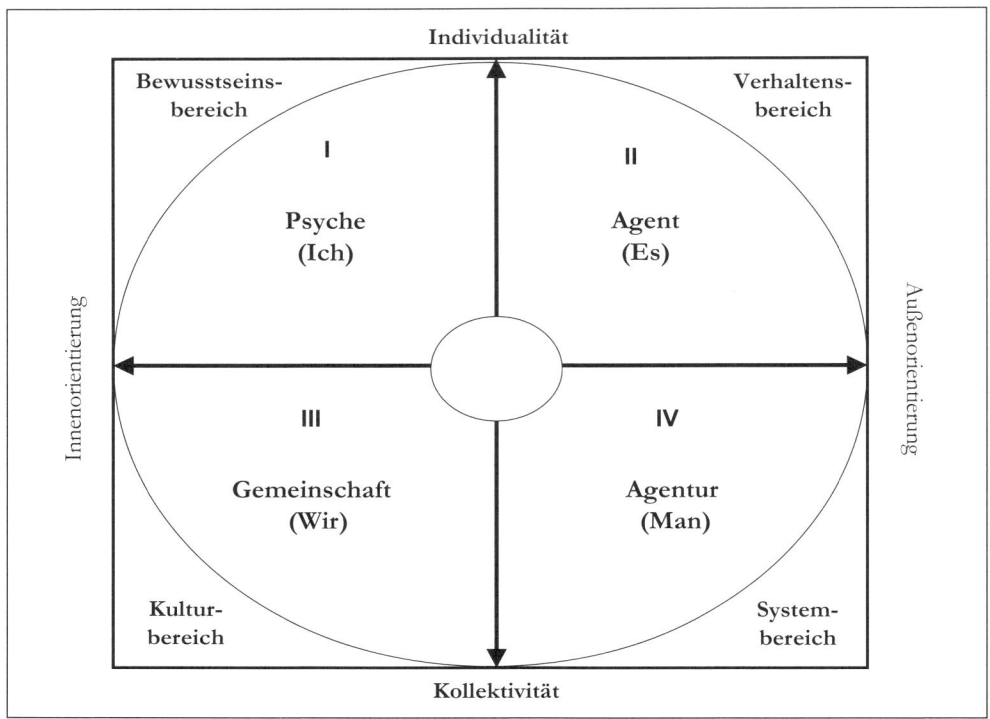

Abb. 5.12: Entitäten der Organisation in den Bereichen des integralen Modells

Entsprechend der Zuschreibungen der Personalpronomina gibt es einerseits eine jeweilige „Ich-Sprache" bzw. „Wir-Sprache" oder „Subjekt-Sprache", die nach einem *Verstehen* fragt (z.B. was bedeutet es für mich/für uns?). Dieser steht andererseits eine „Es-"/„Man-Sprache" oder „Objekt-Sprache" gegenüber, die nach einem *Erklären* fragt (z.B. Was tut es? Wie funktioniert es?). Diese Frageorientierungen repräsentieren die zuvor beschriebenen unterschiedlichen methodologischen Ausrichtungen (☞ Kapitel 5.2.2). Bezogen auf Rollen, welche die Entitäten in Organisationen innehaben oder vollziehen, können spezifische Fragen gestellt werden. So kann sich die Psyche fragen, welches Rollenbewusstsein das Ich hat oder wie es mit Diskrepanzen zwischen authentischem Ich und dem „Rollen-Ich" umgeht. Als Handelnder kann sich der Agent fragen, welche Rolle er als als Einzelner in seinem Agieren einnimmt. Die Gemeinschaft kann sich fragen, welche Rollen sie im Kollektiv verhandelt oder übernimmt. Auch stellt sich die Frage, welche Rollenspielräume oder auch Rollenkonflikte es in der Gemeinschaft gibt. Schließlich kann für das System danach gefragt werden, welche formale Rollen(-vorgaben) in dem Organisationssystem bestehen oder wie man seine Strukturen gestaltet.

Neben den Entitäten bestehen im integralen Modell auch verschiedene **Welten**: Jede Entität ist eingebettet in einen bestimmten Kontext, der eine eigene „Welt" ausbildet. Während die beschriebenen Entitäten eher personale, interpersonelle oder apersonelle Gebilde repräsentieren, stellen die Welten eher vorgestellte Räume und Situiertheiten, also Atmosphären bzw. „Gestimmtheiten" der Sphären dar. Die Welten beschreiben damit die situierte Befindlichkeit und den je spezifischen Habitus der vielfältigen Einbettungszusammenhänge der Entitäten. Der Begriff „Welt" meint hier also das **Medium** oder **Milieu**, in dem sich die Entitäten bewegen. Die ergänzende Beschreibung dieser Welten soll dazu dienen, die Bereiche des integralen Modells mit Bezug zur Organisation näher zu spezifizieren.

Entsprechend den vier Sphären des integralen Modells können folgende Welten unterschieden werden:

- Die intra-subjektive **Innenwelt** als Welt der einzelnen Psyche.
- Die objektivierte **Handlungs- und Wirkwelt** der einzelnen Agenten.
- Die gemeinschaftlich-kulturelle **Mitwelt** als Lebenswelt der Kultur.
- Die funktional-systemische **Sach- oder Umwelt** der Agentur.

Die folgende Abbildung zeigt diese „Welten" der vier Bereiche in einem Gesamtüberblick:

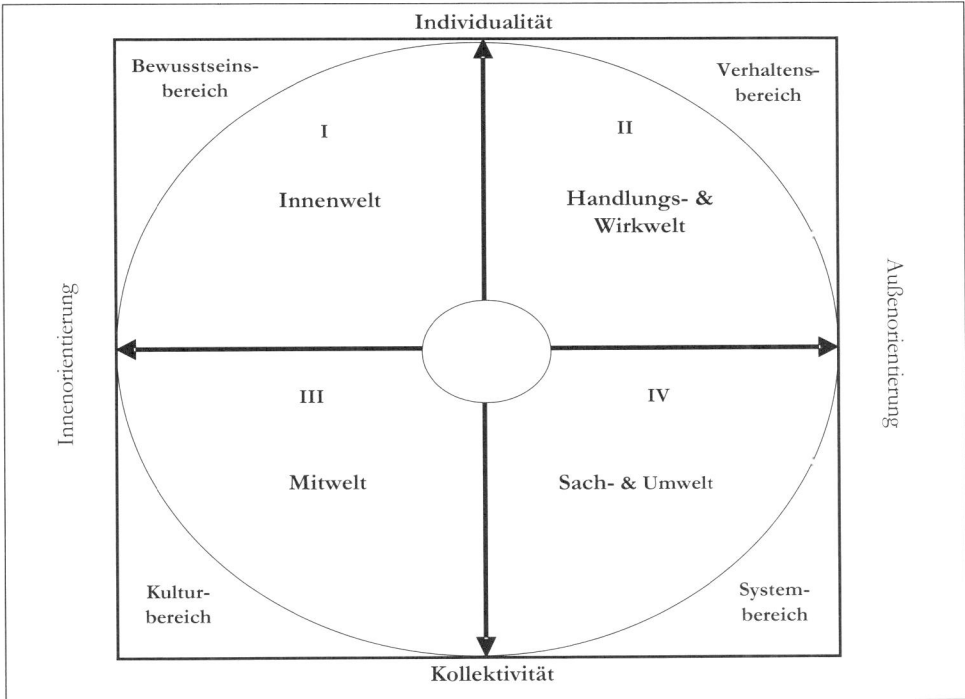

Abb. 5.13: Die „Welten" der Organisation in den vier Bereichen des integralen Modells

Insbesondere die beiden objektivierten also „depersonalisierenden" Aussenwelten des Agenten und der Agentur sind dabei als „Produkte" der **ausdifferenzierten Moderne** zu verstehen, die gerade für Organisationen von besonderer Bedeutung sind. Die Ausdifferenzierung der modernen Gesellschaften und ihrer Wirtschaft sowie ihrer Organisationen ist durch die Tendenz zur funktionalen Differenzierung von verschiedenen Handlungs- und Institutionengefügen gekennzeichnet. Die Rationalisierung der Moderne und die Entwicklung hin zu einer Unterscheidung in verschiedene Bereiche sorgt für eine Herausbildung **spezialisierter Welten** mit jeweils eigenen und damit pluralisierten Teilrationalitäten, Logiken und Sprachen sowie Problembearbeitungen. Diese Modernisierung steigert die Kontingenzbewältigung und Problemlösungsfähigkeit moderner Gesellschaften und Organisationen, doch sie bringt zugleich auch neuartige Schwierigkeiten des Übergangs und Konflikte bzw. Folgeprobleme zwischen den einzelnen Rationalitätsformen und Welten mit sich. Daraus ergeben sich spezifische Herausforderungen für eine Meta-Steuerung der Welten (☞ Kapitel 6). Da Wirtschaftsorganisationen Teil und Ergebnis bzw. Ausdruck der ausdifferenzierten modernen Gesellschaftsentwicklung sind, sowie in einem wechselseitigen und reflexiven Durchdringungsverhältnis mit ihr stehen, reproduzieren sich gesellschaftliche und organisationale Strukturen (vgl. Ortmann/Sydow/Türk 2000).

Die innerorganisatorischen Welten stehen zusammengenommen daher immer im Verhältnis zu einer umfassenden Umwelt im „Gesamtaußen" einer Organisation, wie auch umgekehrt die externe Umwelt alle Entitäten und Welten des Organisationsholons beeinflusst. Dabei haben die Handlungs- und Wirkwelt sowie die Sach- bzw. Umwelt der Organisation direkte Bezüge zum **„Gesamtaußen"** (z.B. Leistungsbereitstellung für Kunden, Ressourceneinfuhr von Lieferanten, Markteinflüsse). Demgegenüber haben die Innen- und Mitwelten nur mittelbar über die Verhaltens- und Systembereiche mit dem Außenbereich Kontakt. Auf den Bezug des Gesamtumfeldes der Organisation wurde bereits im Zusammenhang mit deren holonischer Einbettung innerhalb eines Holarchie-Netzwerkes hingewiesen (☞ Kapitel 5.1.3). Da wir uns im Weiteren auf Organisationen konzentrieren, gehen wir hier nicht vertiefend auf diese gesamthafte Umwelt ein. Nur dort, wo Einflussfaktoren der Außenwelt für die Organisation relevant sind, werden wir auf außerorganisationale Faktoren verweisen. In der folgenden Abbildung werden die Welten der Organisation im Zusammenhang zur Gesamtumwelt gezeigt.

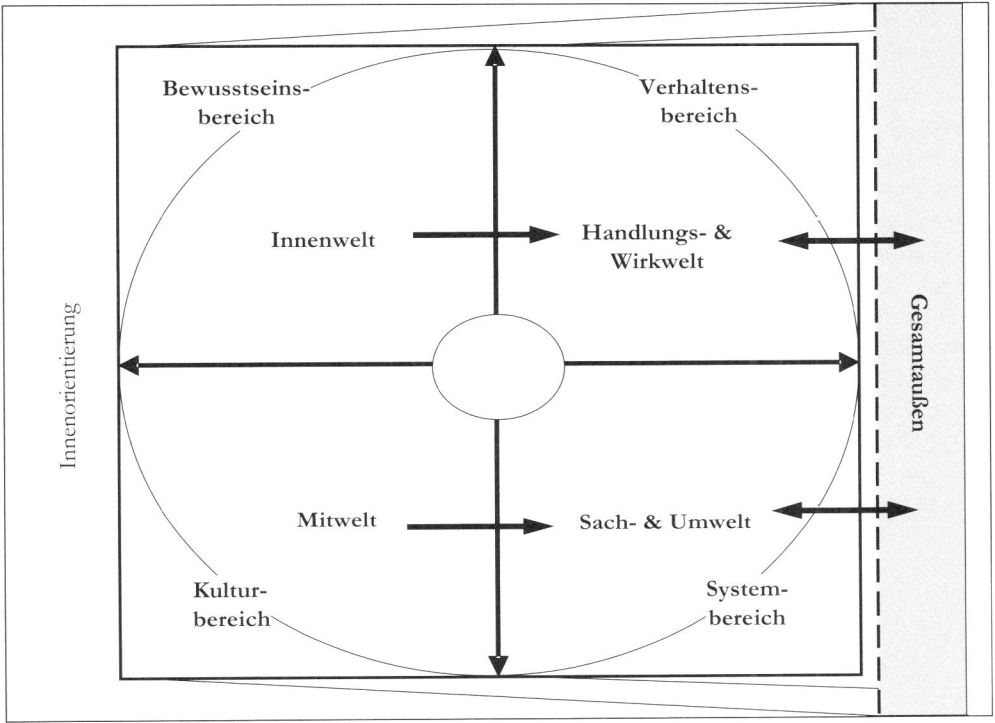

Abb. 5.14: Die vier „Welten" der Organisation im Zusammenhang zum Gesamtaußen

Nachdem wir die Entitäten und Welten im integralen Modell zunächst überblicksartig kennengelernt haben, werden wir nun die verschiedenen Entitäten und deren zugehörige Welten für die einzelnen Bereiche jeweils näher betrachten.

5.3.1   Die Psyche als Selbst und Person

Mit dem Begriff der „Psyche" als subjektive Entität sind die einzigartigen und charakteristischen individuellen Eigenschaften, Intentionen und Dispositionen der individuellen Mitglieder von Organisationen gemeint. Die Bestimmungsmomente einer personalen Psyche bzw. eines „Selbst" und dessen Verwirklichung wurden in verschiedenen psychologischen Modellen und Persönlichkeitstheorien erforscht (vgl. Fisseni 1998). Das **Selbst** gilt dabei als ein dynamisches und vielfältiges Phänomen, welches sich aus (Selbst-)Bildern, Schemata und Prototypen sowie Beziehungen mit anderen (Sphäre III) herausbildet. Die **Selbstbeziehung** ergibt sich aus dem Zusammenspiel eines wahrnehmenden Selbst im Verhältnis zum eigenen aktuellen Selbstwert und den sozialen Beziehungen sowie zu einem „Ideal-Selbst" bzw. einem idealen Set aus sozialen Identitäten. Mit diesem Selbst entwickeln die Subjekte spezifische Arbeitshypothesen oder „Gebrauchstheorien" und überprüfen und realisieren diese in ihrem äußeren Alltags- und Berufshandeln (Sphäre II) und im gemeinschaftlichen Kontext

(III) sowie im strukturell-systemischen Bereich (IV). Bei Bewährung und erlebter **Selbst-wirksamkeit** (vgl. Bandura 1994, Schachinger 2005) werden diese beibehalten, ansonsten werden sie verändert oder verworfen.

Eng zusammenhängend mit dem Begriff des Selbst ist der einer „Person". Der anthropologische Personbegriff umfasst dabei zwei Traditionsstränge: Der **substanziale Personbegriff** betont die Substanzialität (Selbstständigkeit), Individualität (Unteilbarkeit, Einzigartigkeit), Selbstreflexivität, Freiheit, Autonomie und Würde des Menschen. Demgegenüber benennt der **relationale Personbegriff** die Existentialität, das vorgängige In-Beziehung-Sein und Einander-Gegenüber-Sein und somit die Beziehungsangewiesenheit, Dialogfähigkeit und Verantwortung zur Solidarität. Im Kontext der Organisation tritt der einzelne Mensch mit seiner individuellen **Persönlichkeit** in Erscheinung. Unter einer Persönlichkeit versteht man die gesamten Charakteristika der Person, die zu konsistenten Verhaltensmustern (Sphäre II) führen. Diese individuellen Ausprägungen bestimmen zudem alle sozialen Beziehungen der Person (Sphäre III) sowie deren Verhältnis zur Organisation als funktionaler Systemzusammenhang (Sphäre IV). Weil sich Organisationen auf Personenmehrheiten ausrichten, wird im betriebswirtschaftlichen Diskurs und der formal-instrumentellen Organisationspraxis zumeist der Kollektivbegriff **„Personal"** verwendet. Während mit dem Begriff der Persönlichkeit ein bestimmtes menschliches Individuum bezeichnet wird, verallgemeinert der Begriff des Personals dieses zu einem vereinheitlichten Aggregat von einzelnen Personen (vgl. Neuberger 1997, S. 492), bei dem von individuellen Merkmalen weitgehend abstrahiert wird (Sphäre III und IV). Auf die Problematik eines formalisierten Personenbegriffs und die Bedeutung von geregelten Rollen und Positionen ist bei der Betrachtung des Außenverhältnisses der Organisationsmitglieder als Agenten (Sphäre II) innerhalb einer Kultur (Sphäre IV) hinzuweisen.

Grundlegend können die durch Organisation zusammengefassten und organisierten **Personen** als eines der **wichtigsten Elemente von Organisationen** überhaupt verstanden werden. Organisation ist in ihrer Entstehung, Entwicklung und Erhaltung zuallererst das Produkt von Menschen (vgl. Müller/Hurter 1999, S. 4) und deren Zusammenwirken. Bereits die Schaffung von Organisation als Gebilde bedingt ja den initiatorischen Einsatz von Personen (Unternehmern). Aber auch damit Organisationen z.B. Ziele und Zwecke kontinuierlich verfolgen und sich damit erhalten und entfalten können (☞ Kapitel 4.3.7), bedarf es zwingend der Mitwirkung von natürlichen, handelnden Personen. Weiterhin sind die Beziehungen zwischen Menschen konstitutiver Bestandteil von lebensweltlichen Organisationen (vgl. auch Dörler 1983, S. 161). Als Hintergrund des Selbst- und Personenverständnisses von Organisationsmitgliedern und ihres Umgangs miteinander fungieren **Menschenbilder**. Sie sind eine grundsätzliche, relativ dauerhafte Auffassung über das Wesen sowie die Bedürfnisse, Einstellungen und Verhaltensmuster des Menschen und konkretisieren sich in Werten, Erwartungen und Beurteilungen oder in der zwischenmenschlichen Praxis. Das Verständnis vom Menschen kann dabei recht unterschiedlich sein. Das Spektrum reicht dabei vom einfachen rationalen ökonomischen, über den sozialen bis hin zum wandlungsfähigen komplexen Menschen (vgl. Schein 1980, S. 50ff.). Bekannte Beispiele für auf bestimmten Menschenbildern aufbauende Konzepte sind Maslows motivationstheoretisches Konzept der Selbstverwirklichung (vgl. Maslow 1954) oder McGregors Theorie X und Y (vgl. McGregor 1960) sowie Argyris' Reife-Modell (vgl. Argyris 1964). Menschenbilder haben eine normativ-wertende, d.h. verhaltenslenkende Funktion. Sie bestimmen die Sicht auf die eigene Person und die

Mitmenschen und beeinflussen dadurch auch die Umgangsweise mit den Menschen sowie Gestaltungsmöglichkeiten in Organisationen.

5.3.2 Der intra-subjektive Bereich als psycho-dynamische Innenwelt

Der intra-subjektive Bereich umfasst die in herkömmlichen Organisations- und Führungstheorien oft vernachlässigten Dimensionen der **personalen Innenwelt** des Einzelnen. Damit bestimmt sich diese Sphäre als Erfahrungszusammenhang einzelner Organisationsmitglieder als individuelle Subjekte. Entsprechend umfasst sie die „Welten" der inneren **Empfindungen, Wahrnehmungen, Gefühle** und **Gedanken** sowie **Intentionen** von Einzelpersonen. Die emotionalen Empfindungen und kognitiven sowie volitionalen Orientierungen können sich dabei auf verschiedenen Entwicklungsniveaus bewegen. Eine Berücksichtigung dieser innerpersonalen Welt geht über die weit verbreitete Auffassung hinaus, nach der Organisationen – und deren Zwecke und Strukturen – ausschließlich aufgrund rationaler Überlegungen errichtet und am Leben erhalten werden. Denn mit dieser Welt kann auch die **Psychodynamik** des so genannten **Un(ter-)bewussten** von Einzelnen in Organisationen systematisch aufgenommen werden (vgl. Carr/Gabriel 2001, Sievers et al. 2004). Gerade diese unterbewusste Innenwelt ist für viele Konflikte und Pathologien mitverantwortlich (☞ Kapitel 4.1 und 4.4) aber auch von grundlegender Relevanz für die Identifikation und Beweggründe für das Agieren in Organisationen. Zudem wird mit der Beachtung des Innens der Person die gefühlsmäßige Welt Einzelner in Organisationen berücksichtigt, die in letzter Zeit verstärkt Beachtung in Forschung und Praxis gewonnen hat (vgl. Küpers/Weibler 2005). Denn wie zunehmend erkannt und erforscht wird, beeinflussen gerade auch die Gefühle einzelner Organisationsmitglieder deren Handeln sowie ihren Beitrag innerhalb der Gemeinschaft und den Umgang mit dem Organisationszusammenhang als System, wie auch umgekehrt die Gefühle des Einzelnen von diesen Bereichen maßgeblich mitbestimmt werden.

Organisationsbezogen geht es in dieser Binnensphäre um die persönliche Identität sowie Bedürfnisse, Bereitschaften (Potenziale) bzw. innere Dispositionen, Motivationen und Einstellungen sowie Ziele und Werthaltungen des Einzelnen in der Organisation. Die Innenwelt prägt als Orientierungs-, Wert- und Motivationsbereich das Verhalten und die Wirkung Einzelner nach außen (Sphäre II) sowie die Bereitschaft und Fähigkeit mit Anderen eine Gemeinschaft zu bilden und in ihr tätig zu werden (Sphäre III) sowie im Funktionszusammenhang angemessen eingebunden zu sein (Sphäre IV). Damit ist dieser Bereich eine wesentliche **personale Grundlage** für den äußeren Wirkungsbereich (Handlungswelt), das kollektivierte Innen der Gemeinschaft (Mitwelt) und systemische Außen von Organisationen (Um-/Sachwelt). Entsprechend kann dieser Bereich als eine originäre „**private" Lebensweltlichkeit** bestimmt werden, welche die Bereiche des Verhaltens sowie der Gemeinschaft und des Systems direkt und indirekt ebenso beeinflusst, wie sie auch umgekehrt von diesen mitbestimmt wird.

Die **Entwicklung der intrasubjektiven Sphäre** setzt bei der Sensibilisierung für die eigenen Wahrnehmungen und einer Bewusstmachung der oftmals schematisch ablaufenden Muster des Fühlens, Denkens und Wollens des Einzelnen an (vgl. zu den einzelnen Aspekten der

Selbstentwicklung auch Mudra 2004, S. 458ff.). Die Faktoren der prä-aktionalen und der aktionalen (Selbst-)Motivation, wie z.B. Handlungsdisposition, Handlungsergebniserwartungen und die Einschätzung und Ursachenzuschreibung und Bewertung von Handlungsergebnissen bzw. deren Folgen können durch **Selbsterkenntnis** und gezielte Transformation positiv beeinflusst werden. Dazu dienen Übungen zur **Selbstbesinnung** (z.B. Visualisierung, Selbstreflektion sowie Kontemplation und Meditation; vgl. Leonard/Murphy 1995) sowie Instrumente der **Persönlichkeitsentwicklung** (z.B. geleitete Selbsterfahrung, begleitete Reflektion in Form von Coaching; vgl. Rauen 2003) und das Erlernen von Techniken des **Selbstmanagements**. In Anlehnung an das einflussreiche Konzept der Maslowschen Selbstverwirklichung kommen hier praktische Möglichkeiten zur Persönlichkeitsbildung und **Selbstführung** (vgl. Neck/Houghton 2006) zur Anwendung.

Wie psychologische Persönlichkeitstheorien gezeigt haben (vgl. Fisseni 1998), ist die **Persönlichkeit** als ein fortschreitender Prozess des Veränderns, Entwickelns und Lernens zu verstehen. Die persönlichkeitsrelevanten Handlungsfelder, die neben dem Beruf auch Familie und Freizeit umfassen, müssen als integrative und sich wechselseitig beeinflussende Bereiche gesehen werden. Vor dem Hintergrund der zunehmenden Globalisierung der Geschäftätigkeit, des fortschreitenden sozialen und ökonomischen Wandels und der Pluralisierung von Lebensformen gewinnen dabei auch die Aspekte der **Eigenverantwortung** und **planvollen (Selbst-)Organisation** des Individuums an Bedeutung (vgl. Mudra 2004, S. 463); vor allem deswegen, weil die strukturierende und sicherheitsstiftende normative Außensteuerung und Orientierung tendenziell weiter abnehmen. In Anbetracht dieser sinkenden Geordnetheit und steigenden Diversität individueller und sozialer Zusammenhänge, aber auch der unausweichlich konfliktären, dilemmatischen und paradoxalen Organisationswirklichkeit (☞ Kapitel 4), ist zudem die Entwicklung einer **Ambivalenz- und Ambiguitätstoleranz** für den Einzelnen und seine Selbstentwicklung von entscheidender Bedeutung (vgl. Furnham/Ribchester 1995, Müller-Christ/Weßling 2007).

Eine **integrale Selbst- und Persönlichkeitsentwicklung** zielt darauf ab, dass der Einzelne sich fortwährend selbst kennen und mit sich selbst so umzugehen lernt, dass er in seinen Lebensbereichen mit deren Ansprüchen und Anforderungen zu einer integrativen Lebenspraxis kommt. Dies beinhaltet ein Sich-ins-Verhältnis-bringen und eine Auseinandersetzung mit den eigenen Begabungen, dem eigenen Vermögen und persönlichen Ressourcen, aber auch (Selbst-)Gefährdungspotenzialen des individuellen Lebensstils sowie Schwächen und Grenzen. Ziel dieser Selbstbesinnung ist es, die eigene Person bewusst und selbstbestimmt zu führen, also sich selbst und die eigenen Lebensumstände so zu organisieren, dass den Anforderungen des beruflichen und des privaten Alltags mit „engagierter Gelassenheit" begegnet und die eigene Lebenskraft sinnvoll eingesetzt wird, um so eine integrative Lebenszufriedenheit, Glück und eine erfüllte **Sinnpraxis** i.S. eines gelingenden Lebens zu gewinnen. Durch eine bewusste Sorge um sich selbst, gegebenenfalls auch mit unterstützender Begleitung durch Persönlichkeitsberatung oder individuellem Coaching, wird es für den Einzelnen möglich, seine Potenziale, Motivationen, Denkmuster, emotionale Reaktionen, Grundeinstellungen und Präferenzen, die Teil seines Selbst und seiner Identität bilden, gewahr zu werden. Zudem gilt es dann deren Aktualisierungstendenz zu unterstützen bzw. ungünstige physische, psychische, soziale und systemische Umstände und Bedingungen, die eine Verwirklichung behindern, zu reduzieren. Ein weiterer gestaltungspraktischer Ansatzpunkt liegt in der

Weiterentwicklung eigener Einstellungen, Haltungen und Wertvorstellungen, i.S. der Kultivierung einer neuen verantwortungsbewussten „Lebenskunst" (vgl. Schmid 1998, 2004).

5.3.3 Der Agent als Handelnde r und Rollenträger in Organisationen

Hier nimmt der Einzelne die Rolle als Sich-Verhaltender bzw. Handelnder ein (Agent). Um diese Dimension(en) zu erschließen, gilt es zunächst zu klären, was Verhalten und Handeln grundlegend bedeuten. **Verhalten** (engl.: behaviour) ist die allgemeinste Bezeichnung für jede Aktivität oder Reaktion eines Organismus; der Begriff umfasst körperlich-muskuläre Reaktionen (z.B. das Heben eines Arms) ebenso wie die Aktivitäten des Zentralnervensystems bzw. die von diesem gesteuerten Prozesse (z.B. das Denken als Nervenerregung). Verhaltensauslöser sind dabei innere und äußere Reize bzw. Stimuli. **Handeln** (engl.: action) wird dagegen oft als intentionales, zielgerichtetes und sinnhaftes Verhalten und auf diese Weise als eine Teilklasse des Verhaltens definiert (vgl. z.B. Wiswede 1998, S. 44; Schimank 2000, S. 23). Der Begriff des Handelns wird damit in spezifischer Absetzung vom Begriff des Verhaltens benutzt, um die Besonderheit des menschlichen (Inter-)Agierens gegenüber dem tierischen Verhalten zu betonen. Dabei wird die Definition des verwendeten Handlungsbegriffs über die Sprachfähigkeit des Menschen hergeleitet: Menschen zeichnen sich im Gegensatz zu Tieren dadurch aus, dass sie in der Lage sind, zu sprechen und ihr Leben sprechend vorzubereiten. Sie beraten sich mit anderen und bilden so Wissen und Meinungen über ihre Situation, d.h. sie erwerben Sinngehalte (vgl. Schreyögg 1995, S. 222). Wenn sich nun das Tun des Menschen auf diese Sinngehalte bezieht und dem Tun eine argumentative Reflexion der (Handlungs-)Situation vorausgeht (vgl. Sphäre I), wird von Handeln gesprochen.

Handeln kann hier also als ein **intendiertes Erleben und Sinngeschehen** bestimmt werden, das sich an die Motivbildung (Sphäre I) des Handelnden anschließt bzw. diese umsetzt. Es ist ein subjektiv reflektierter und interpretierter Vollzug, bei dem der individuelle Sinnzusammenhang mit den kollektiven Prozessen (Sphäre III, IV) zusammenwirkt. Auch wenn Handeln auf vortypisierendem (Orientierungs- und Routinen-)Wissen basiert und sich der Handelnde immer schon in **Rollen und Strukturen**, also in einem gesellschaftlich bzw. organisational vorgegebenen institutionalisierten **Handlungsrahmen** bewegt, werden diese jedoch vom Einzelnen aktiv angeeignet und umgesetzt. Das Individuum legt das ihm vorgegebene Handlungsrepertoire seinen Bedürfnissen und Interessen entsprechend situativ immer wieder neu aus, stimmt es mit den Handlungen Anderer ab und modifiziert es gemäß situativer Erfordernisse. Damit stehen Handelnde ständig vor der Wahl, welche der etablierten bzw. denkbaren Lösungen sie realisieren sollten, entweder indem sie bewährte für sich passend machen oder neue erfinden. Dazu ist es für sie immer wieder erforderlich, neue Techniken, z.B. der Problembewältigung im Organisationsalltag, zu erlernen. Sie leisten insofern kreative Anpassungsleistungen, mit denen mittelbar auch die organisationale Ordnung erzeugt, verändert und erhalten wird.

Die Betrachtung des Individuums als Handelnder (Akteur) reduziert die Betrachtung auf den Aspekt des Handelns, abstrahiert damit also weitgehend von individueller Eigenheiten der Psyche (Sphäre I). Der Begriff des Akteurs ist in einem neutralen Sinn als „Handlungszentrum" zu verstehen (vgl. Neuberger 1997, S. 493). Grundlegend sind Akteure ein „sozial unbeschriebenes Blatt ohne soziale Eigenschaften und soziale Identität" (Edeling 1999, S. 12). Der Akteurbegriff stellt somit eine Leerformel dar, die mit verschiedenen Inhalten (wie Individuum, Gruppe, Organisation) gefüllt werden kann (vgl. Neuberger 1997, S. 493), weswegen man nicht nur von individuellen, sondern auch von kollektiven Akteuren spricht. Verwendet man den Akteurbegriff, so abstrahiert man damit in hohem Maße von sozialen Gegebenheiten und sieht bei Individuen von deren spezifischen Eigenheiten ab. In Abgrenzung zu diesem Akteursverständnis verwenden wir im Folgenden für den einzelnen Handelnden den Begriff des **„Agenten"**. Diesen verstehen wir im Organisationskontext als individuellen Träger von Rollen im sozialen und funktionalen Kontext und praktisch Ausführenden von spezifischem Wissen, Kompetenzen und Leistungspotenzialen.

Wenn wir im Organisationskontext von beteiligten Personen als Agenten sprechen, haben wir in der Regel die sog. **Organisationsmitglieder** vor Augen. Darunter sind die zu dem Gebilde Organisation gehörenden Personen zu verstehen. Es stellt sich allerdings vergleichsweise schwierig dar, diese Mitglieder genau zu bestimmen (vgl. Scott 1998, S. 19). Denn Kriterien wie Einflussnahme auf organisationale Entscheidungen, Anwesenheit oder Vergütung der eingebrachten Leistung als Anzeichen für eine Mitgliedschaft, erweisen sich dabei zumeist als wenig hilfreich. Auf organisationale Entscheidungen nehmen auch Personen und Institutionen Einfluss, die außerhalb einer Organisation stehen (z.B. Gewerkschaften, Verbraucherschutzverbände, staatliche Verwaltungen). Leistungen können für Organisationen erbracht werden oder von Organisationen empfangen werden, ohne dass eine dauerhafte Mitgliedschaft bestehen muss (z.B. Handwerker, die Reparaturarbeiten in einem Unternehmen ausführen).

Neben der Bindung an die Organisation durch die Übertragung von Ressourcen existieren beispielsweise auch *emotionale* (z.B. Zugehörigkeitsgefühl), *formale* (z.B. Vertragsverhältnis) oder *faktische* Bindungen (z.B. wirtschaftliche Abhängigkeit). Deshalb unterscheidet Mayntz (1969, S. 46) folgende **Merkmale der Zugehörigkeit** zu einer Organisation:

- Formelle Mitgliedschaft
- Subjektives Zugehörigkeitsgefühl
- Selbstidentifizierung als Mitglied
- Häufigkeit der Interaktion mit anderen Mitgliedern
- Grad der Abhängigkeit von der Organisation
- Maß der persönlichen Bindungen an die Organisation
- Umfang der Tätigkeit für die Organisation

Als wichtigstes Merkmal darf aber u. E. die **formelle Mitgliedschaft** gelten. Sie wird zumeist durch Verträge (z.B. Arbeitsvertrag) konkretisiert. Die anderen Merkmale sind als additive Indizien anzusehen, die teils aus der vertraglichen Bindung resultieren (z.B. Grad der Abhängigkeit). Sie erhalten vor allem dann eine wesentliche Bedeutung, wenn die Organisation auf eine formelle Mitgliedschaft der mit ihr verbundenen Personen verzichtet. Die Mitglieder einer Organisation treten aus Sicht der Organisation aber nicht als individuelle Persönlichkeiten mit all ihren (inneren) Möglichkeiten und Begrenzungen bei (Sphäre I), sondern werden nur partiell in den Organisationskontext eingeschlossen (vgl. Kieser 1999,

S. 608). Sie werden auf bereits im Vorfeld definierte Leistungs- und Verhaltenspotenziale ausgerichtet (Sphäre IV), die zum Gelingen des organisationalen Auftrags beitragen sollen. Diese geforderten Potenziale einer Person werden in den Kontext der Potenziale der anderen Personen gestellt, so dass sich im Ergebnis eine zunächst zwar nur gedachte, aber immer beabsichtigte Verknüpfung der Organisationsmitglieder untereinander ergibt (Sphäre III).

Als Mitglieder von Organisationen nehmen Agenten mehr oder minder genau definierte **Positionen** ein, an die generalisierte Verhaltenserwartungen geknüpft sind. z.B. Geschäftsführer oder Abteilungsleiter (vgl. Mangler 2000, S. 249). Ein konsistentes Bündel von solchen Verhaltenserwartungen ergibt eine **Rolle**, die sich an den Inhaber bestimmter sozialer Positionen richtet (vgl. Wiswede 1992, Sp. 2001). Durch die Übernahme von Rollen in der Organisation sind Agenten organisationalen Regelungen direkt unterworfen (vgl. zum Rollenkonzept Mayntz 1969, S. 81ff.; Türk 1999, S. 55). Es wird vorausgesetzt, dass die Agenten sich der Position und der Rolle entsprechend verhalten und eben nicht ihrer Individualität in jeder Hinsicht freien Lauf lassen. Auch wenn die Beziehungen von Personen zu Organisationen recht vielgestaltiger Art sein können und sich nicht allein auf die Mitgliedschaft beschränken, nehmen sie *nur als* Mitglieder einer Organisation **formale Rollen** ein, die von der Agentur vorgeben werden. Das Handeln der Agenten verkörpert sich in diesen Rollen. Sie sind Teil eines **Rollenspiels**, dessen Interaktionen als lernend erworbene, ritualisierte Verhaltensmuster in Organisationen charakterisiert werden können. Solche Rollen haben daher für den Agenten handlungsleitende und komplexitätsreduzierende Funktionen. Denn die Besonderheiten der Situation werden durch generalisierte Verhaltenserwartungen einer Rolle überschritten (transzendiert). Auch wenn organisationale Rollen so durch ihre spezifischen Charakteristika insgesamt einen hohen Grad an Vorbestimmtheit und Druck zur Handlungsanpassung auf die Organisationsmitglieder aufweisen, kann nicht alles Handeln und Verhalten in Organisationen durch formale Verhaltenserwartungen bestimmt werden.

Es bleibt also immer eine Lücke zwischen generalisierter Verhaltenserwartung und situationsspezifischer Adaption der Verhaltenserwartung bzw. adäquater Verhaltenspraxis bestehen. Eine zu große Rigidität der Rollen und konformistische Rollengefüge können die Organisation nicht wie intendiert stabilisieren, sondern sogar gefährden. Die Möglichkeit der kreativen Abweichung für die Agenten in ihrer Handlungsorientierung bleibt also notwendig bzw. sie müssen aufgrund situativer Mehrdeutigkeit von Rollenanforderung über eine hohe Ambiguitätstoleranz verfügen. Auch formale Rollen weisen so nicht unerhebliche Interpretationsmöglichkeiten und **Rollenfreiräume** auf, die je nach Situation eine relativ freie und spontane Gestaltung des Rollenhandelns ermöglichen. Situative Besonderheiten wie der biographische Hintergrund, spezifische Kompetenzen und Interpretationen des Agenten sowie die jeweiligen besonderen Umstände der Handlungs- und Wirkwelt (☞ Kapitel 5.3.4) sowie Mitwelt (☞ Kapitel 5.3.6.) lassen die normierten Rollenvorgaben verschieben oder verändern. Die Möglichkeit zu einer Distanzierung von der jeweiligen, vermeintlich festgelegten Rolle ist dabei von großer Wichtigkeit auch für die Identität der Rollenträger. Das Handeln ist daher gerade keine bloße Konformität mit den Rollenerwartungen. Vielmehr ist es als ein Aushandeln der Beziehung durch die agentischen Beteiligten in ihren Welten aufzufassen. So betreffen zum Beispiel die Aushandlungsprozesse von Vorgesetzen- und Geführtenrollen (vgl. dazu Dansereau/Graen/Haga 1975) in formellen und informellen Interaktionen sowohl die situative Bestimmung der Wahrnehmungen, Interpretationen, sozialen Identitäten wie die Sinngewinnung („sense-makings") in Organisationen (vgl. Weick 1995).

Zudem kann es zu einem spezifischen **Außer-Rollenverhalten**, wie vor-sozialen bzw. anti-sozialen oder sogar kontra-produktiven Rollenspielen kommen. Mit einem „Extra-Rollen-verhalten" werden eigeninitiatorische Verhaltensweisen von einzelnen Mitarbeitern bezeichnet, die nicht in formalen Rollenvorschriften festgelegt oder direkt belohnt werden, aber an den organisationalen Werten und Zielen orientiert sind. Zu Formen eines **Extra-Rollenverhaltens** gehören persönliche Initiative, pro-soziales, organisationales Verhalten bzw. organisationale Spontaneität und das Arbeitsengagement aus freien Stücken (vgl. Müller/Bierhoff 1994) sowie das so genannte **Organizational Citizenship Behaviour** (vgl. z.B. Conrad 2004, Organ 2005). Unter Organizational Citizenship Behaviour (kurz: OCB) versteht man ein individuelles Verhalten, das freiwillig erfolgt und nicht direkt oder explizit durch die Organisation belohnt wird. Dies bedeutet beispielsweise, dass eine Person einem Kollegen bei Bedarf helfen wird. Die Hilfe erfolgt dabei aus freiem Willen, ohne eine Gegenleistung zu erwarten. Diese Formen eines besonderen Rollenverhaltens tragen zur Förderung von Eigenverantwortlichkeit, Risikobereitschaft und Kooperativität bei. Die individuellen und sozialen Choreographien ergeben sich nicht nur aus den formalen, offiziellen und sachlich-funktionalen Rollenzuschreibungen, sondern diese werden immer auch durch informelle, inoffizielle und extrafunktionale Rollen begleitet.

Im Weiteren werden wir nun die Bedeutung des Agenten bezogen auf den objektivierten Bereich der Handlungs- bzw. Wirkwelt vertiefend betrachten, der spezifisch auch als organisationaler Kompetenz- und Leistungskontext zu interpretieren ist.

5.3.4   Der individual-objektive Bereich als Handlungs- und Wirkwelt

Dieser Bereich umfasst als „Welt" die physischen, objektivierbaren Grundlagen und **Vergegenständlichungen** des Handelns sowie äußere Prozesse und Muster des Einzelnen, der hier als **Handelnder (Agent)** innerhalb der Organisation betrachtet wird. Diese Welt beinhaltet damit (in Organisationen) die wahrnehmbaren Äußerungen und die Performativität (Leistungsvermögen) des Einzelnen in Form von äußerlich bestimmbarem Wissen, Kompetenzen, Motivations- und Entscheidungspraktiken, die sich im Handeln manifestieren. Die Handlungs- und Wirkwelt repräsentiert den Ort der Realisation von Intentionen und sinnorientierten Motiven der Person sowie deren Aufgabenerfüllung und Interaktion mit Anderen. Die Welt des Handelns und Wirkens des Einzelnen ist dabei immer mit den kollektiven Sphären bzw. Welten (III; IV) verbunden. Denn erst aus der Einbindung in kollektive Kontexte ergeben sich für Individuen als handelnde Personen soziale Rollen und Identitäten, innerhalb derer sie als Mitglieder bzw. Mitarbeiter agieren.

Die Handlungs- und Wirkwelt stellt auch den für Organisationen wichtigen Bereich eines **Kompetenz- und Leistungskontextes** dar. Das Verhalten und Handeln wird an den „objektiv" vorhandenen oder zu entwickelnden Fähigkeiten und Kompetenzen als Vermögen des Einzelnen deutlich und praktisch wirksam, insbesondere in Bezug auf die ökonomisch relevante Performanz in Leistungsprozessen. Der **Kompetenzbegriff** wird in der wissenschaftlichen Literatur vielgestaltig und mit unterschiedlichen Bedeutungen verwendet. Es werden damit sowohl Zuständigkeit oder Berechtigung wie auch Können oder Fähigkeit verbunden (zur Anwendung im Personalentwicklungsbereich vgl. Heyse/Erpenbeck 1997). Während der Qualifikationsbegriff immer auch eine externe Zweckbestimmung der Fähigkeiten beinhaltet, die er umfasst, entspricht die Ausrichtung auf die subjektbezogene Kompetenz einer Individualisierung von Problemlagen (vgl. Geißler/Orthey 1998). Entsprechend soll hier unter Kompetenz eine Kombination von Fähigkeiten, Kenntnissen und Haltungen verstanden werden, die dem Individuum als **Handlungsvermögen bzw. Verhaltensrepertoire** zur Verfügung stehen und zur Zielerreichung eingesetzt werden (vgl. Hendrich 2000, S. 33). Im Kontext einer zunehmenden Dynamik von Wandlungsprozessen und der Zunahme von Wissensarbeit in heutigen Organisationen wächst die Bedeutung von Kompetenzen. Mitarbeiter müssen in zunehmendem Maße in der Lage sein, sich schnell selbständig neues Fachwissen und neue Arbeitsmethoden anzueignen. Darüber hinaus sollen sie fähig sein, rasch Kontakte zu knüpfen und Arbeitsbeziehungen herzustellen. Sie müssen ihre Stärken und Schwächen einzuschätzen wissen (reflexive Kompetenz) und im Sinne eines Selbstmanagements einsetzen bzw. regulieren können. Insbesondere Führungskräfte müssen bestehende und entstehende Konflikte zwischen Mitarbeitern konstruktiv bearbeiten (Mediationskompetenz), Mitarbeiter motivieren und bei der Umsetzung der Projekte unterstützen können (Coach, Moderations- und Führungskompetenz). Über exzellente Fach- und Methodenkompetenz hinaus werden also personale, soziale und emotionale Kompetenzen immer bedeutsamer.

Entsprechend zeichnet sich in der Aus- und Weiterbildung ein Trend zur spezifischen Entwicklung von Kompetenzen ab, also ein Übergang von der klassischen, systematischen Fachausbildung zur **praxis- und zielgruppenorientierten Kompetenzentwicklung**. Kompetenzen ermöglichen angemessene Handlungen, die zum (Lebens- und) Arbeitsvollzug bzw. zur Zielerreichung erforderlich sind sowie eine bedarfsgerechte Weiterentwicklung von Fähigkeiten. So umfasst eine soziale Kompetenzentwicklung auch die Fähigkeit weitere Sozialkompetenzen (also z.B. Empathie, Dialog-, Konflikt-, Kooperations- oder Steuerungsfähigkeit) in immer wieder neuen Handlungssituationen fortzuentwickeln. Neben diesen sachlichen Charakteristika sollte allerdings nicht unterschätzt werden, wie sehr die Handlungs- und Wirkwelt – oft im Verbund mit der Mitwelt – eine **politische Arena** (vgl. Mintzberg 1985) darstellt. Als solche ist sie gekennzeichnet von Konkurrenz, Rivalitäten und **politischen Prozessen** bzw. **Mikropolitik** (vgl. dazu u.a. Crozier/Friedberg 1993, Küpper/Felsch 2000, Neuberger 2006a).

Der objektivierte Verhaltensbereich umfasst sowohl die Entwicklung des körper-leiblichen Handlungsvermögens **(Fitness)** wie auch v.a. von Fähigkeiten, Kompetenzen und Wissen des Einzelnen **(Ability)** als Teil der Organisation. Entscheidende und organisationsrelevante Ansatzpunkte zur Gestaltung dieser Handlungssphäre liegen besonders im Bereich der **Verhaltensänderung** im Organisationskontext und der zielgruppenspezifischen Entwicklung von Fähigkeiten und **Kompetenzen** – hier als Vermögen des Einzelnen (Ability). In dieser Sphäre werden die „objektiv" vorhandenen oder zu entwickelnden Fähigkeiten, Qualifikationen und Kompetenzen im Handeln des Einzelnen äußerlich praktisch und wirksam mit Bezug zu professionellen **Verhaltens- und Leistungsprozessen**. Zur organisationalen Zentrierung der Kompetenzentwicklung wurde versucht, zu einer Identifizierung und Entwicklung von sog. **Kernkompetenzen** (vgl. Harteis et al. 2001, Krüger/Homp 1997) bzw. sog. **Schlüs-selkompetenzen bzw. -qualifizierungen** (vgl. Mudra 2004, S. 33) zu kommen. Diese kön-nen bei einer zielgruppenspezifischen Personalauswahl und -entwicklung, betrieblichen Wei-terbildung und zur Erweiterung beruflicher Handlungsfähigkeiten sowie bei der Leistungs-beurteilung von Mitarbeitern als Referenzgröße verwendet werden. Schlüsselkompetenzen sind aus Sicht der Organisation solche, die einen großen praktischen Verwendungsbereich haben und mit denen die Organisationsmitglieder sich viele unterschiedliche Inhalte und Methoden erschließen können. Aus integrativer Perspektive eröffnen „**Schlüsselkompeten-zen**" dem Individuum die Möglichkeit, sich ein gutes und erfolgreiches (Berufs-)Leben zu erschließen. Dabei geht es nicht nur um Konkurrenzfähigkeit am Arbeitsmarkt bzw. Arbeits-marktfähigkeit (employability) und Steigerung der Produktivität, sondern um eine ganzheit-lich-existenziale Sicht i.S. einer integralen Sinnerfüllung. Denn aus erweiterter Sichtweise sind solche Kompetenzen auch ein Schlüssel eines gelingenden Lebens in der modernen Welt überhaupt. In einer erweiterten Bestimmung umfassen erlernbare Kompetenzen nicht nur kognitives Wissen, Fertigkeiten und Fähigkeiten, sondern immer auch ein leibliches und emotionales Vermögen bzw. eine **emotionale Intelligenz** (vgl. Goleman 1997, Kü-pers/Weibler 2005), die in einen entwicklungsorientierten Kompetenzbegriff für das profes-sionelle Handeln „reflektierender Praktiker" (vgl. Schön 1983) zu integrieren sind.

Abschließend sei noch die Problematik unzureichender Berücksichtigung von Kompetenzen erwähnt. Der Ausbau einzelner oder weniger Kernkompetenzen kann zu einer Vernachlässi-gung von anderen Kompetenzen führen. Infolge einer Ausrichtung auf wenige spezialisierte Kompetenzen können beispielsweise Wahlmöglichkeiten bezüglich anderer oder neuartiger Produkt- und Prozesstechnologien eingeschränkt werden, was zu einer **Kompetenzfalle** (vgl. Levitt/March 1988) oder **Kompetenzstarre** (vgl. Leonard-Barton 1995, S. 36) führen kann. Zudem können Erfolge mit spezifischen Kompetenzen zu einer Eigendynamik führen, die über Institutionalisierung in organisationsinternen Routinen und Abläufen als Barriere für notwendige Veränderung wirkt und das Trägheitsmoment einer Organisation fördert. Für eine lernbiografische Weiterentwicklung von Individuen ist die Kompetenz, mit Inkompe-tenz kompetent umgehen zu können, von zentraler Bedeutung. Um Inkompetenz dement-sprechend produktiv zu kompensieren ist es notwendig, Formen zu entwickeln, mit Nicht-wissen zurechtzukommen, dennoch anschlussfähige und problemorientierte Handlungen zu realisieren bzw. zu ermöglichen (vgl. Harney/Kade 1990) und gegebenenfalls die dafür rele-vanten eigenen Potenziale zu aktualisieren. Schließlich sind handlungspraktische Bedingun-gen zu schaffen, die eine verantwortliche Arbeitspraxis unterstützen (vgl. Hoff/Lappe 1995), z.B. verantwortungsbewusste Dialog- oder Konfliktlösungsfähigkeiten oder Arbeitsgestal-tung (vgl. Hoyos 1998) und die Erweiterung von Handlungsspielräumen. Dies dient dann auch dazu, mit den zunehmend konfligierenden oder dilemmatischen Handlungsanforderun-gen und -zielen im Arbeitsalltag verantwortungsvoll umzugehen (vgl. Küpers 2008a).

5.3.5   Die Gemeinschaft und Kultur als kollektiver Zusammenhang

Als weitere grundlegende Entität sind die Gemeinschaft und die **Kultur** einer Organisation zu nennen. Diese sind **emergentes Ergebnis** wie **integratives Medium** der anderen sich wechselseitig beeinflussenden Entitäten. Einerseits bringen die einzelnen anderen Entitäten die Kultur hervor und prägen diese, andererseits macht erst das Zusammenwirken der übrigen Elemente im Kulturzusammenhang deren Bedeutung für die Organisation verständlich, denn die Kultur bestimmt die Interpretations- und Kommunikationspraxis der Organisationsmitglieder. Die gelebte Gemeinschaft und kollektiv geteilte Kultur als „Summe aller Selbstverständlichkeiten" (Hinterhuber/Krauthammer 1998) stellt ein Muster von nicht mehr hinterfragten Voraussetzungen des Handelns der Organisationsmitglieder dar. Als solche bildet und erhält sie (implizit) das **kollektive Ordnungsgefüge** und damit die **Identität** einer Organisation als Gemeinschaftsgebilde. Die ordnungsbildende **Funktion einer Organisation** wird so wesentlich durch die Kultur als Prozess wie Ergebnis ermöglicht und vermittelt. Diese identitätsstiftende Ordnungsbildung betrifft dabei nicht nur interne Prozesse, sondern auch die Zuordnung bzw. Abgrenzung zum externen Umfeld, z.B. Branchen- oder Landeskultur (vgl. Weibler et al. 2001, Weibler/Wunderer 2007). Kultur schafft diese Ordnung dadurch, dass sie als eine **„soziale Grammatik" des organisationalen Handelns** operiert (vgl. Martin/Behrends 1999, S. 83f). Wie die Grammatik einer Sprache erst Kommunikation möglich macht, aber nicht festlegt, welche Aussagen gemacht werden, regelt auch die Kultur das soziale Verhalten. Als System von Konstruktionsregeln stellt sie Mittel für eine produktive Gestaltung der Beziehungen zwischen den Elementen der Organisation bereit. „Kultur" ist damit ein machtvoller Zusammenhang zur **Beeinflussung des Verhaltens** in Organisationen. Denn die Kultur umfasst die Gesamtheit der in einer Organisation tradierten Wertvorstellungen (☞ Kap. 4.3.6), Denkhaltungen und Normen, welche das (Motivations- und Leistungs-)Verhalten von Organisationsmitgliedern sowie das Erscheinungsbild des Unternehmens maßgeblich prägen (vgl. Pümpin/Kobi/Wüthrich 1985, Heinen/Dill 1990).

Die anderen Entitäten der Organisation sind immer in eine **sinnvermittelnde Kultur** eingebettet, welche die Gestaltung der Organisation bestimmt. Denn eine gemeinsame kulturelle Orientierung reduziert die Komplexität und Ängste, vermindert so Unsicherheiten und vermittelt zugleich Sicherheitsäquivalente (vgl. Steinmann/Schreyögg 2005, S. 711). Dies ermöglicht organisationale Entwicklungs- und Lernprozesse und erhöht damit auch das Problemlösungsverhalten beim täglichen Umgang mit Problemen in den verschiedenen Bereichen und deren unterschiedlichen Entitäten. Von einer einheitlichen, **„starken" Kultur** wird direkt oder indirekt der Erfolg einer Organisation wesentlich mitbestimmt (vgl. Deal/Kennedy 1982). Jedoch geht von starken Organisationskulturen auch eine Tendenz zur Abschließung gegenüber Kritik, eine Abwertung neuer Orientierungen und eine Fixierung auf traditionelle Erfolgsmuster aus, woraus sich Wandelbarrieren ergeben können (vgl. Saffold 1988). Zudem ist die Kultur einer Organisation meist auch durch vielfältige, konfligierende **Gegenkulturen** (vgl. Martin/Siehl 1983, S. 52ff.) und **Subkulturen** geprägt (vgl. Gregory 1983, Rose 1988, Sackmann 1992). Dies führt zu einem Nebeneinander verschiedener Symbol- und Wertesysteme (vgl. Dierkes 1988, S. 563). So kann es zu potentiellen Widersprüchen zwischen unterschiedlichen Funktionsbereichen mit ihren verschiedenen Standards kommen. Bei Zielen kann eine autoritäre Kulturorientierung (top-down-Zielvorgabe) mit Bedürfnissen nach einer partizipativen Zielentwicklung und -vereinbarung in Konflikt geraten. Auch das Element Personen wird durch eine Arbeiter-, Angestellten-, Managerkultur oder durch spezifische Rollenkonflikte (z.B. Alter, Status) subkulturell beeinflusst. Schließlich wird der Umgang mit Ressourcen und Strukturen durch eine Marketingkultur, eine F-&-E-Kultur oder eine Buchhaltungskultur verschieden ausgerichtet. In Anbetracht diverser Subkulturen ist es daher wichtig, dass gemeinsame, übergreifende Orientierungsmuster ein Mindestmaß an Homogenität und Kohäsion sicherstellen (vgl. Trice/Beyer 1993, S. 184).

Gerade auch aus einer integralen Perspektive sind Organisationskulturen letztlich nicht rational beherrschbar, formal programmierbar oder technokratisch verwaltbar (vgl. Bardmann/Franzpötter 1990, S. 434). Eine von oben verordnete Organisationskultur verfehlt ihren integrativen Zweck, wenn sie nicht auf der Zustimmung von Subkulturen, Statusgruppen und einzelnen Mitarbeitern basiert. Die pragmatischen Fehler und programmatischen Bedenken gegen ein vorschnelles und unreflektiertes Kulturmanagement bedeuten im integralen Zusammenhang, dass sich durch die Interrelationen und Wechselwirkungen der Sphären hierdurch noch weit folgenschwerere Fehlentwicklungen ergeben können. Zudem kann die Organisationskultur im Sinne eines **Steuerungs- und Integrationsmediums** auch als Machtwerkzeug und sozialer Kontrollmechanismus instrumentalisiert werden, der eine Unterwerfung Einzelner oder bestimmter, unterprivilegierter Gruppen unter die Interessen der dominanten Koalitionen vornimmt. Wegen ihrer formalen wie informellen Anteile bildet die Organisationskultur allerdings eine einzigartige Brücke zu anderen Sphären und kann deswegen auch als eine Verständigungsbasis zwischen subjektiven und objektiven Dimensionen dienen (z.B. über die Verwendung von integrativen Symbolen).

5.3.6   Der intersubjektive Bereich als Mitwelt der Organisation

Als Welt des Zwischenmenschlichen **(Intersubjektiven)** und der kulturellen Rahmenbedingungen **(Kultur)** umfasst diese Sphäre die vorherrschenden sowie identitätsbestimmenden Wertvorstellungen, Konventionen, Überzeugungen und Regeln innerhalb von Gruppen bzw. (Organisations-)Gemeinschaften. Die tradierten, wandelbaren, zeitspezifischen Normen und **Werte** prägen das kollektive Wahrnehmen, Fühlen, Denken und Verhalten der Mitglieder dieser Gemeinschaften sowie die Einstellungen der Organisationsmitglieder (Personen) zueinander, zu den Zielen sowie zu Ressourcen und Strukturen (☞ Kapitel 3.2.2). Auf der Basis eines gegenseitigen Verständnisses darüber, was als „richtig" und „gerecht" gilt, organisieren die Mitglieder einer Kultur ihr Gemeinschaftsleben und ihre Zusammenarbeit. Die kollektiven Wahrnehmungen – als soziale Leistung in einem gemeinsam geteilten Kontext von Bedeutungen, Werten und kulturellen Praktiken – bilden und folgen intersubjektiven Mustern im Bewusstsein der Mitglieder einer Organisation. Die Mitwelt ist damit v.a. eine **Werte- und Interpretationsgemeinschaft**. Die gemeinsam geteilten und gelebten Werthaltungen (vgl. Sathe 1985, S. 17f.) und Interpretationspraktiken werden dabei über wandelbare aber zeitspezifische Symbole, Mythen, Rituale und Artefakte vermittelt bzw. sozialisiert (vgl. Schein 1992, Neuberger/Kompa 1987, Turner 1990). Dabei spielen Kommunikationsprozesse (☞ Kapitel 2.2.2) eine wesentliche Rolle, da Werthaltungen und Interpretationen der organisationalen Wirklichkeit kommunikativ zwischen den Individuen vermittelt und so die Organisation „kommunikativ verfertigt" wird (vgl. Kieser 1988; ☞ Kapitel 4.4.3).

Die gemeinschaftliche Sphäre kann deswegen insbesondere auch als eine **„Erzählpraxis"** interpretiert werden (vgl. u.a. Czarniawska 1997, Gabriel 2000, Boje 2001). In Erzählungen des Organisationsalltags werden kollektive Erfahrungen generiert und transformiert. Wie eine „soziale Landkarte" dienen Geschichten der Identifikation, Orientierung und als Interpretationswissen sowohl bei internen organisationalen und individuellen Handlungen wie in der Interaktion mit der Umwelt, z.B. Kunden und Lieferanten. Für Organisationen repräsentieren **Narrationen** zudem auch ein Medium, durch welches deren Werte, Sinn- und Glaubensvorstellungen nicht nur hervorgebracht und legitimiert werden, sondern auch sich reproduzieren und weiterentwickeln. Gleichzeitig ermöglichen vieldeutige Geschichten es auch mit mehrdeutigen und paradoxen Wirklichkeiten zu leben, da sie kreativ Deutungszugänge und Interpretationspraktiken und Problemlösungen erlauben. Schließlich unterstützt ein narratives Wissen und Erzählen z.B. in Form von Erfahrungsaustausch in Form von Anekdoten oder über Gerüchte ein informelles Networking und schafft spezifische sozial integrative Verbindungen unter den Organisationsmitgliedern. Die Wahrnehmungs-, Denk- und Bewertungsmuster der Organisationskultur manifestieren sich in den individuellen und organisationalen **Entscheidungen und Handlungen**. Je nach organisationsspezifischer Kultur wird z.B. eine Vorgabe oder die partizipativ gestaltete Vereinbarung von Zielen oder eine Mischform gewählt. Die Kultur determiniert den Umgang mit Ressourcen (z.B. Sparsamkeit, Synergien) oder Strukturen (z.B. Bürokratie, Selbstorganisation). Schließlich hängt von der Kultur einer Organisation auch das gemeinsame Handeln und Verstehen der Personen ab (z.B. Kontroll- oder Vertrauenskultur, Gruppenverhalten).

Zusammenfassend kann die inter-subjektive Mitwelt von Organisationen als **Lebenswelt des Sozialen** (Organisationsgemeinschaft) und **Kulturellen** (Organisationskultur) bestimmt werden. Als Sinngemeinschaft beeinflusst diese Sphäre mit ihren spezifischen Werten und Normen das Fühlen, Wollen, Denken (Sphäre I) sowie Wissen bzw. Können und Handeln bzw. Verhalten (Sphäre II) der Einzelnen sowie den systemisch-strukturellen Bereich (Sphäre IV). So werden durch die Gemeinschaftssphäre grundlegend die Identität der Individuen (Sphäre I) sowie die Bedeutung und Entwicklung ihrer Fähigkeiten und Kompetenzen bzw. das Leistungsverhalten (Sphäre II) mitbestimmt. Damit beeinflusst dieser Bereich auch die Verwirklichung der Ziele und Aufgaben, Ressourcen und Strukturen sowie insgesamt die institutionelle Verfasstheit der Organisation nach Außen (Sphäre IV). Umgekehrt beeinflussen auch alle anderen Sphären diesen sozio-kulturellen Bereich. Auf diese interrelationalen und interdependenten Zusammenhänge wird im Folgenden zurückzukommen sein (☞ Kapitel 6.2).

Da die Sphäre III die Lebenswelt der wert- und sinnbasierten Organisationsgemeinschaft und der Organisationskultur repräsentiert, setzt eine Gestaltung dieser Sphäre v.a. bei der **Entwicklung der gemeinschaftlichen Beziehungen** und **Kultur der Organisation** an. Diese Entwicklung bezieht sich dabei auf eine Neuausrichtung des sozialen Ordnungszusammenhangs, die zu Prozessen der Erweiterung des gemeinsamen Wahrnehmens, Wissens und Könnens von Organisationsmitgliedern führt. Diese Prozesse vergrößern das Potenzial, die

Praxis einer gemeinsamen Reflexion und die Flexibilität. Maßnahmen für eine praktische Gestaltung der intersubjektiven Sphäre i.S. einer **Beziehungs- und Kulturentwicklung** können unterstützt werden, z.B. durch gemeinsames Überdenken und Weiterentwickeln der Werte und Normen sowie durch die vielfältigen Maßnahmen der qualitativen Gestaltung einer Personalstruktur, insbesondere der **Personal- und Teamentwicklung** (vgl. z.B. Neuberger 1994a, Mudra 2004, Becker 2009). Dabei sind jedoch spezifische Bedingungen der **Personalentwicklung in Organisationen**, z.B. individualisierte Arbeitsformen, heterogene Personalstruktur, multiple Rollen oder Nachwuchsförderung, Karrierepfade etc. zu beachten. Dazu treten zielgruppenspezifische Aus- und Weiterbildungsprogramme für Mitglieder von Organisationen. Ferner kommen hier Möglichkeiten des (Team-)Coachings, Counseling, Mentoring sowie der direkten, **interaktiven Führung** mit ihrer Ausrichtung auf eine ergebnis- und wertorientierte Umsetzung von Partizipations-, Delegations- und Entwicklungsmaßnahmen zur Anwendung (vgl. Wunderer 2006, Wunderer/Küpers 2003).

Für die Entwicklung der kollektiven Sphäre ist eine **kooperativ-kommunikative Kultur** hilfreich (vgl. Kropp 1997, S. 423). Diese strebt nach einem Ausgleich von Machtverhältnissen und Reduktion von Abhängigkeiten beteiligter Interessengruppen auf der Grundlage von Entwicklungsförderung, (Fehler-)Toleranz und Offenheit. Dabei sind verschiedene Einzel- und Kollektivinteressen auf der Basis von Gerechtigkeit, Fairness und Gleichheit (i.S.v. Gleichwertigkeit) anzuerkennen und ein konflikt-austragender Interessensausgleich anzustreben. Eine solchermaßen auf Kooperation orientierte Kultur folgt bei Verhandlungen und Ausgleichsprozessen einem **Dialogprinzip** i.S. einer verantwortungsvollen Beteiligung möglichst aller Betroffenen und versucht eine sinnstiftende und vertrauensorientierte Arbeitswelt zu fördern. Eine Entwicklung und Gestaltung der kollektiven Praxis kann – im Rahmen einer kollektiv orientierten **Organisationsentwicklung** (vgl. Sphäre IV) v. a. durch die Erweiterung von **kollektiven Handlungsspielräumen** (z.B. Aufgaben-, Entscheidungs- sowie Kooperationsspielräumen) zur selbstorganisierten Gestaltung in Arbeitskontexten von Gruppen unterstützt werden (vgl. Ulich 2005). Eine besondere Möglichkeit der Gestaltung der Gemeinschaftssphäre ist durch die Unterstützung und Entwicklung von **Praxisgemeinschaften** möglich (vgl. Lave/Wenger 1991, Wenger 1998, Küpers 2003; Hildreth/Kimble 2004; Hara 2009). Diese sich freiwillig bildenden Gemeinschaftsformen werden durch das verbindende Interesse am und Erfahrungsaustausch über Wissen sowie durch gemeinsame Ziele zusammengehalten. Die Praxis, die sowohl beruflich-praktische wie soziale Aspekte der täglichen Praxis integriert, bildet sich dabei durch das gemeinsame Handeln bzw. das gegenseitige Engagement in aufgabenbezogenen Wissensgebieten oder Problemen als eine soziale Konfiguration für die Sinnentstehung bzw. -entwicklung.

Die Auseinandersetzung mit Problemlagen erfolgt in solchen Praxisgemeinschaften anhand eines **gemeinsamen Repertoires**. Dieses äußert sich z.B. im verwendeten Sprachgebrauch, in Werkzeugen, Regeln oder Routinen. Da die Aktivitäten dieser Gemeinschaften sich informell, hierarchie-unabhängig und zeitlich nicht begrenzt gestalten, stellen sie eine **flexible Organisationsform** dar, die neben offiziellen Organisationseinheiten oder formellen Teams existiert. Als selbstorganisierende, emergente Gemeinschaften setzen diese sich selbst Ziele und verwirklichen sie selbstverantwortlich. Damit bieten sie sich gerade für gemeinschaftsorientierte Organisationen in besonderer Weise an. Als **„Wissens- oder Lerngemeinschaften"** (vgl. dazu North/Romhardt/Probst 2000, Romhardt 2002) kann es in ihnen zu einem lebendigen Umgang und zur Verteilung auch von implizitem Wissen kommen. Als Experimentier- und Lernfeld können Mitglieder von Organisationen darin offen Ideen austauschen und ihre Kompetenzen weiterentwickeln. Schließlich bilden sie durch ihre Gemeinschaftsbildung auch eine spezifische Identität für ihre Mitglieder aus, die in Zeiten des ständigen Wandels von Projekten und Teams besondere Relevanz gewinnt. Mit der Entwicklung von lernenden Praxisgemeinschaften im Verbund mit Einstellungen (Sphäre I), Kompetenzen (Sphäre II) und Systembedingungen (Sphäre IV) kann dann eine integral lernende Organisation aufgebaut werden (vgl. Küpers 2006b). Dies impliziert, dass Organisationen und ihre Mitglieder nicht nur „lernen" – also ihre handlungsleitenden Wissensstrukturen reflektieren und verändern – sondern auch das „Lernen lernen" – also die Art und Weise der Veränderung dieser Wissensstrukturen, Reflexions- und Veränderungsprozesse zugänglich machen können.

Mit einem solchen **Meta-Lernen** wird also die organisationale Lernfähigkeit selbst zum Gegenstand des Lernprozesses (vgl. Argyris 1976, 1982). Dabei wird z.B. der Leitfrage gefolgt: „Ist unser Wissenserwerb und unsere Lernpraxis überhaupt angemessen zur Erreichung unserer Strategien?" Es fragt also nicht danach, ob „die Dinge richtig getan", sondern „die richtigen Dingen getan" werden. Ein „lernendes Lernen" analysiert und hinterfragt damit auch die bisherigen Lernvorgänge im Hinblick auf den Lernkontext, das Lernverhalten sowie die Lernerfolge oder -misserfolge. Dazu müssen die Organisationsmitglieder gemeinsam frühere Lernkontexte und erfolgreiche sowie erfolglose Lernerfahrungen erinnern, reflektieren und untersuchen. Mit einem solchen „Verständnislernen" werden dabei auch lernhemmende bzw. -fördernde Faktoren, also Lernhindernisse bzw. Lernerleichterungen bestimmt. Die gewonnenen Erkenntnisse müssen dann in ein verändertes Handeln und Kommunizieren des Einzelnen (Sphäre II) bzw. des Kollektivs einfließen oder für zukünftige Lernsituationen zur Verfügung stehen, um so die Wandlungsfähigkeit sicherzustellen. Auch vermag eine solche **„organisationale Bildung"** reflexiv über vollzogene Lernfähigkeiten eingefahrene Regeln und Strukturen (Sphäre IV) von Organisationen zu verändern. Lernen wird damit auch zu einem ständigen Prozess der übereinstimmenden Überprüfung von Organisationsprozessen bzw. -strukturen und äußeren Umfeldeinflüssen. In solchermaßen über Lernprozesse „gebildeten" Organisationen kommt es somit nicht nur auf die bloße Konstatierung und Lösung von Problemen, sondern vor allem auf die Frage des reflexiven und responsiven Umgangs mit Problemen und Herausforderungen an, die sowohl eine generelle organisationale Lernfähigkeit wie auch flexible Gestaltungsformen entwickeln lässt. Denn eine solche „organisationale Bildung" bezieht sich sowohl auf den Prozess des organisationalen „Lernen des Lernens" in und von Organisationen (Bildung als Prozess), wie auch auf die durch diesen Prozess vermittelte wirklichkeitsverändernde Kompetenz zum organisationalen Lernen, also die organisationale Lernfähigkeit (Bildung als Ergebnis). „Demgemäß `bildet´ sich eine Organisation sofern es ihr gelingt, organisationale Lernprozesse zu initiieren und kontinuierlich fortzuentwickeln. Sie `ist gebildet´, wenn sie über die für organisationales Lernen erforderlichen Kompetenzen und Fähigkeiten verfügt und diese auch umzusetzen vermag" (Klimecki/Lassleben 1995, S. 16). Mit all dem trägt eine „organisationale Bildung" zur Erhöhung der Selbstorganisations- und Selbststeuerungsfähigkeit (☞ Kapitel 6.6) und damit zum Wandlungsvermögen von Organisationen bei.

5.3.7   Die Agentur als Struktur und System der Organisation

Die inter-objektive Sphäre stellt als Entität schließlich die „Verkörperung" der Organisation als **institutionelle und funktionale Agentur bzw. System** dar. Als äußerlicher Bereich des kollektiven Organisationszusammenhangs besteht die Agentur aus objektivierbaren **Artefakten, Materialien, Ressourcen, Funktionen und Strukturen bzw. Prozessen**. Diese Systemelemente bilden das äußere Gebilde und die Ordnung einer Organisation, welche sie insbesondere als Struktur- und Rollengefüge ausmacht. Wegen der Bedeutung von **Strukturen** für diese objektive Entität gehen wir zunächst besonders auf diese ein. Denn einflussreich ist dieser Systembereich bzw. die Agentur v.a. weil er als geregelter Strukturzusammenhang einen spezifischen **Ordnungszusammenhang** für alle anderen Bereiche einer Organisation schafft und erhält. So regeln Strukturen als dauerhafte und unpersönliche Regelungsmuster die Beziehungen zwischen den organisierten Personen (vgl. Scott 1998, S. 17) als Einzelne (Sphäre I), steuern deren Handeln und Verhalten (Sphäre II) und das Zusammenarbeiten und -leben in der Gemeinschaft (Sphäre III). Sie bilden deswegen eines der entscheidenden Grundelemente der Organisation, die wir zuvor schon kennengelernt haben (☞ Kapitel 2.2.2).

Gerade in der reproduzierbaren und übertragbaren **Struktur** verkörpert sich eine bestimmte **Allgemeinheit und Regularität** der Organisation. Aus Strukturen als dauerhaftes Regelungsmuster der Beziehungen zwischen den organisierten Personen ergibt sich ein längerfristiges „Aufbaugefüge" der Teile (Personen) in Bezug zum Ganzen (Organisation) (vgl. Mayntz 1969, S. 81). Strukturen sollen also eine Ordnung von Beziehungen zwischen Menschen und ihren Lebenswelten und Handlungen schaffen. Dazu werden **Regeln** formuliert und zumeist schriftlich fixiert, deren Befolgung eine solche Ordnung der Sachwelt herstellen und erhalten soll. Organisatorische Strukturen und Ordnungen entstehen also in Organisationen insbesondere durch das Formulieren, Erlernen und Anwenden von Regeln und Normen (Sphäre III) und werden durch deren Befolgen im Handeln (Sphäre II) wirksam. Regulierende Normen beziehen sich in Organisationen – neben den technisch-strukturellen betrieblichen Prozessen – auch als **soziale Handlungsnormen** auf das Rollenverhalten und den Umgang sowie die Konflikte der Organisationsmitglieder untereinander. Dazu treten Deutungsnormen, z.B. in sog. Unternehmensleitbildern, mit der die Wahrnehmung der Organisationswirklichkeit durch die Organisationsmitglieder zielgerichtet beeinflusst werden sollen.

Mit ihrem **präskriptiven Charakter** beziehen sich Regeln damit nicht nur auf die Regelmäßigkeiten des Verhaltens, auf das, was Organisationsmitglieder unter bestimmten Umständen sagen oder tun, sondern auf die Regelhaftigkeit ihres Verhaltens, also auf das, was sie unter bestimmten Umständen zu sagen oder zu tun haben. Formale Regeln dienen damit auch der Rechtfertigung, Kontrolle und der Beurteilung des Verhaltens der Organisationsmitglieder sowie der Konflikthandhabung. Organisatorische Regelungen stellen somit **kodifizierte Verhaltenserwartungen** dar, deren Befolgung honoriert wird und deren Nichtbefolgung Sanktionen nach sich zieht, um deren Einhaltung zu sichern (vgl. v.d. Oelsnitz 2000, S. 25). Sanktionen fungieren dabei insbesondere zur Unterdrückung oder Beseitigung „unerwünschter" bzw. „systemgefährdender" Variabilität. Als geregeltes System stellt also eine Organisation eine instrumentalisierte Struktur dar, mit der der Vollzug einer bestimmten Ordnung realisiert wird. Organisationen und die durch sie ausgedrückte und verwirklichte Ordnung fungiert dabei als ein Mittel für die Erreichung von Zielen.

Organisatorische Regeln erfüllen außerdem verschiedene **Funktionen** (vgl. Burr 1998, S. 315; v. d. Oelsnitz 2000, S. 23; Neuberger 2006b, S. 480ff.): Unter anderem reduzieren sie die Unsicherheit in Bezug auf das Verhalten eines Interaktionspartners und die Entscheidungskomplexität, indem sie die Vielfalt möglicher Handlungsvarianten auf einige wenige Formen beschränken. Sie versorgen Aufgabenträger mit für die Aufgabenerfüllung relevanten Informationen, indem sie beispielsweise regeln, wie Mitarbeiter ihre Arbeitsaufgaben erledigen sollen. Ferner grenzen sie die Aufgabengebiete und Handlungsspielräume von Akteuren ab und wirken damit integrierend und identitätsstiftend. Regeln verleihen aber auch eine apersonale Autorität. Damit reduzieren sie den Aufwand, der in Verhandlungen, Überzeugungsarbeit, Widerstandsbewältigung etc. liegt: „Regeln sind (geliehene) Macht. Wer passende Regeln verankern oder zumindest zitieren kann, erspart sich mühevolle Beziehungs- und Begründungsarbeit" (Neuberger 2006b, S. 82). Unter einer weitgehenden Abstraktion von aktuellen Inhalten oder Konflikten bieten Regeln Verfahren, mit Problemen formal umzugehen. Sie leisten dies z.B. dadurch, dass sie den Kommunikationsprozess strukturieren, in dem die Interpretation der Regeln zu erfolgen hat. Schließlich schützen Regeln auch vor Willkür der Hierarchie und limitieren den Zugriff auf individuelle Handlungsfelder (vgl. Neuberger 2006a, S. 82f.).

Die geregelte Ordnung dient vorrangig der Kanalisierung von Verhalten der Individuen (vgl. Hall 1998, S. 48) und wird durch die Tatsache ermöglicht, dass Verhalten immer auch Strukturen folgt (vgl. Schanz 1994, S. 74). Die Gesamtheit der geltenden Regelungen für die Steuerung des Verhaltens von Organisationsmitgliedern bildet die **formale Organisationsstruktur** (vgl. Kieser/Kubicek 1992, S. 23) mit ihrem spezifischen Aufbau- und Ablaufgefüge sowie deren Leitungs- oder Führungsorganisation. Organisationen regeln so Über-, Unter- und Gleichordnungen (z.B. im Dienstrecht) zwischen den Elementen und dem Aufbau bzw. der Organisationsverfassung sowie die Mechanismen zur Aufrechterhaltung oder Veränderung der Ordnung. Organisatorische Regeln schaffen durch die Zuordnung von Weisungsbefugnissen an bestimmte Stellen die erforderlichen **Führungsinstanzen**. Das aus der Bildung von Instanzen entstehende Ordnungsmuster ist die **Hierarchie**, die ein System von Über- und Unterordnungen darstellt (vgl. Krüger 2001, S. 142). Die Gesamtheit der Weisungs- und Kommunikationsbeziehungen im hierarchischen Gefüge bildet das Leitungssystem, das auch **Leitungs-** oder **Führungsorganisation** genannt wird (vgl. Vahs 2007, S. 110).

Wie schon zuvor angesprochen, legt das System bzw. die Agentur auch die **formalen Positionen und Rollen** der Agenten fest. Die Positionen werden durch **formelle Verfahren** (Stellenbeschreibung und -besetzung) festgelegt, die so das konkrete Handeln im Vorfeld mitbestimmen. Rollen werden über organisatorische Regelungen spezifiziert, z.B. die Zuordnung zu bestimmten Funktionsbereichen und Hierarchieebenen. Von einer **formalen Rolle** sprechen wir dann, wenn einerseits die mit der Rolle verbundenen Verhaltenserwartungen formalisiert sind und sich andererseits auch die den Erwartungen zugehörige Position durch formelle Verfahren bestimmt. Von **formalisierten Verhaltenserwartungen** kann dann gesprochen werden, wenn sie aktiv gesetzt, im Hinblick auf die Erreichung von Zielen gestaltet, unpersönlich (d.h. unabhängig von bestimmten Individuen) gültig, schriftlich fixiert, durch die Organisationsleitung als gültig erklärt sind und ihre Anerkennung eine grundlegende Bedingung für Zugehörigkeit zur Organisation darstellt (vgl. Hill/Fehlbaum/Ulrich 1994, S. 25).

Zudem werden organisationale Positionen dem Inhaber durch einen formalen Akt verliehen (vgl. auch Weibler 2001, S. 47). In Organisationen wird Personen bei ihrem Eintritt eine **Stelle** zugewiesen, mit der verschiedene Handlungsbefugnisse verbunden sind. Der Begriff der Stelle bezeichnet dabei einen versachlichten Aufgabenkomplex (vgl. Staehle 1999, S. 698), der einer bestimmten Person zugeordnet ist. Die Position bestimmt sich im Organisationskontext, also durch die Bildung von Stellen und ihrer gegenseitigen Vernetzung (vgl. Weibler 2001, S. 47). Oftmals werden die mit einer Stelle verbundenen Rechte und Pflichten in Form von **Stellenbeschreibungen** schriftlich festgehalten. Auf diese Weise können Stellenbeschreibungen zu einem beträchtlichen Teil als Rollenbeschreibungen interpretiert werden (vgl. auch Krüger 1995, Sp. 1988). Kieser/Kubicek (1992, S. 456) fassen das Zusammenspiel zwischen Organisationsstruktur, Regeln und Rollen wie folgt zusammen:

- „Organisatorische Regelungen zur Spezialisierung und Konfiguration bestimmen die Positionen der Organisationsmitglieder in der Organisation. Die Zuordnung zu bestimmten Funktionsbereichen und Hierarchieebenen führt zu bestimmten Rollenerwartungen."
- „Indem organisatorische Regelungen Ziele, Handlungsprogramme, Kommunikationswege u.a. festlegen, bringen sie Verhaltenserwartungen an die Inhaber bestimmter Positionen zum Ausdruck."
- „Organisatorische Regelungen ermächtigen schließlich andere Organisationsmitglieder dazu, offizielle und verbindliche Erwartungen zu formulieren, indem sie beispielsweise bestimmte Organisationsmitglieder zu Vorgesetzten anderer bestimmen und sie mit Weisungsbefugnissen ausstatten. Dadurch werden unzweideutig bestimmte Organisationsmitglieder als besonders relevante Rollensender ausgezeichnet."

Organisationale Rollen weisen durch ihre spezifischen Charakteristika insgesamt einen **hohen Grad an Vorbestimmtheit** auf (vgl. Weibler 2001, S. 49). Organisationsmitglieder akzeptieren – als Agenten – deswegen formulierte Regelungen als Teil der Rollendefinition und sind zumeist nur wenig geneigt, gegen formale Rollenvorschriften zu handeln (vgl. Mangler 2000, S. 251). Somit kann ein hoher Grad an Verhaltensvarianz in Organisationen den Rollenerwartungen zugeschrieben werden (vgl. Weibler 2001, S. 49). Jedoch ist nicht alles Verhalten in Organisationen durch Verhaltenserwartungen, die mit formalen Rollen verbunden sind, bestimmt. Auch formale Rollen weisen einen nicht unerheblichen interpretativen Spielraum auf, der unter anderem durch sprachlich nur begrenzt präzise formulierbare Verhaltenserwartungen und Einflussprozesse u.a. aus der Gemeinschaft entsteht. Dieser sogenannte **Rollenfreiraum** wird durch verschiedene Faktoren beeinflusst, die die nachfolgende Abbildung zeigt:

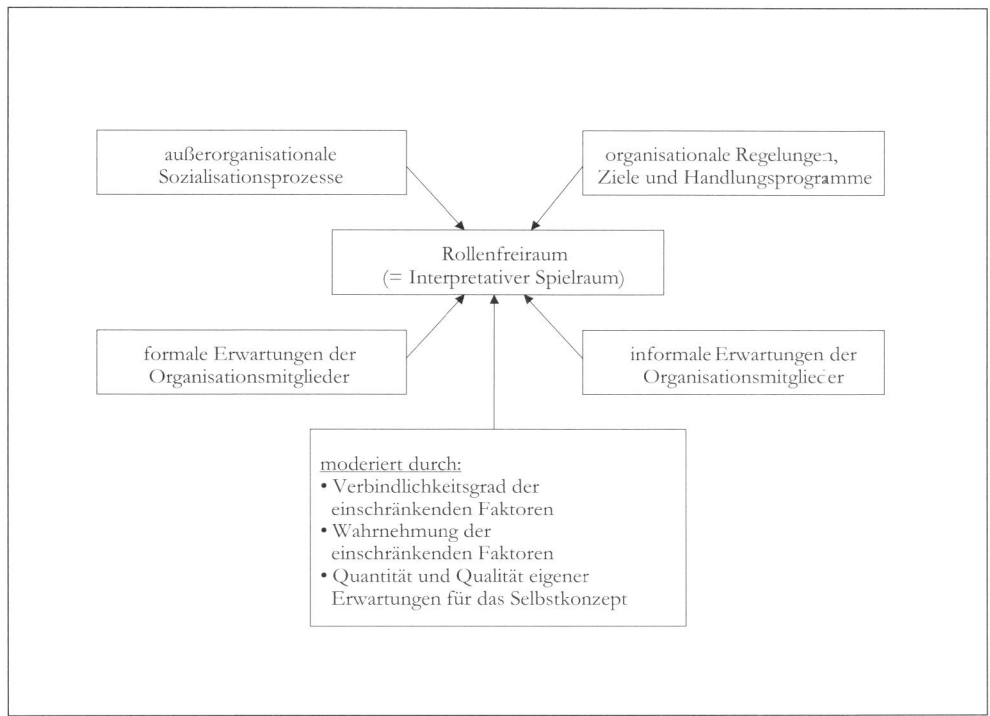

Abb. 5.15: Der Rollenfreiraum und seine Bestimmungsfaktoren in Organisationen (vgl. Weibler 1994, S. 91)

Weitere Qualitäten der Agentur werden im Folgenden als Bestandteile der Sach- bzw. Umwelt näher beschrieben.

5.3.8   Der inter-objektive Bereich als Sachwelt

Wie zuvor beschrieben, ist die äußere Sachwelt der Ort, der durch objektivierbare Größen wie Artefakte, Funktionen und Strukturen bestimmt wird. Als „interobjektive" Wirklichkeit des Sachlichen umfasst dies in Organisationen insbesondere künstliche Gebilde, Ressourcen, Arbeits- und Produktionsbedingungen und die organisationalen Strukturen. Hier finden sich z.B. die räumlich-materielle und technologische Infrastruktur, Maschinen und (Wissens-)Ressourcen sowie die Aufbau- und Ablaufstruktur, die für die Identität, Bestandssicherung und Entwicklung von Organisationen grundlegend sind. Die Realität dieses Bereichs bezieht sich zudem auf die externe Umwelt als die umgebende gesellschaftliche Kultur und äußere Anspruchsgruppen bzw. den „Markt" und weitere Umwelteinflüsse einer Organisation. Die folgenden Komponenten der **internen und der externen Situation** beschreiben verschiedene **Variablen** einer Organisation als Sachwelt:

interne Situationsvariablen	externe Situationsvariablen
gegenwartsbezogene Faktoren	**aufgabenspezifische Umwelt**
• Leistungsprogramm	• Konkurrenzverhältnisse
• Unternehmensgröße	• Kundenstruktur
• Fertigungstechnologie	• Technologische Dynamik
• Informationstechnologie	
• Aufgabenkomplexität	
• Rechtsform und Eigentumsverhältnisse	
• unternehmensinterne Krisensituationen	
vergangenheitsbezogene Faktoren	**globale Umwelt**
• Alter der Organisation	• gesellschaftlich-kulturelle Bedingungen
• Art der Gründung	• gesamtwirtschaftliche Krisensituationen
• Entwicklungsstadium der Organisation	

Abb. 5.16: Hauptkomponenten der Organisation als Sachwelt (vgl. Vahs 2007, S. 45)

Wir wollen im Weiteren nicht auf all diese Komponenten der Organisation als Sachwelt eingehen. Wir konzentrieren uns stattdessen auf zwei zentrale, sachliche Grundelemente der Organisation: die **Ziele** und die **Ressourcen**. Während sich Ziele eher auf das Sollen und Wollen der Agenten und bedingt auch der Psychen beziehen, verweisen Ressourcen auf ein Wissen und Können der Agenten und der Agentur.

Wie bereits zuvor dargestellt, sind Organisationen Einrichtungen zur Realisation von Zielen und Zielbildungsprozesse ein wichtiger Teil des Organisationsgeschehens (☞ Kapitel 3.3). Die Ziele einer Organisation beeinflussen bedingt die Psychen, jedoch zentral das Verhalten von Agenten und das Agieren von Gemeinschaften sowie das organisationale Strukturgefüge als Ganzes. Ziele sind grundlegend bewusste, intentionale und handlungsleitende Prozesse, also immer auch personal und agentisch. Auch verlangt die Zielrealisation eine Leitung und Gestaltung von Gemeinschaften. Dennoch wollen wir hier die grundlegende Bedeutung von Organisationszielen als Teil der Sachwelt bestimmen. Als Ziele werden in diesem Zusammenhang angestrebte zukünftige Situationen, Zustände oder Entwicklungen bezeichnet (vgl. Etzioni 1967, S. 16). Sie müssen einen dauerhaften Charakter haben (vgl. Mangler 2000, S. 21). Ferner muss zwischen dem Ziel und dem Zweck einer Organisation unterschieden werden (vgl. hierzu auch Staehle 1999, S. 438):

- Unter dem Zweck einer Organisation versteht man allgemein die Leistung der Organisation für die Gesamtgesellschaft (z.B. besteht der Organisationszweck von Bildungsorganisationen in der Vermittlung von Wissen und Gewinnung von Erkenntnissen).
- Unter dem Ziel einer Organisation versteht man dagegen die von der Organisation bzw. ihren Mitgliedern selbst definierten Vorstellungen über erwünschte organisationale Zustände oder Verhaltensweisen (z.B. Mitgliederzuwachs, Produktivitätssteigerung).

Zwischen dem Zweck und dem Ziel einer Organisation besteht insofern ein Zusammenhang, als angenommen wird, dass eine Organisation, die ihre Ziele erreicht, gleichzeitig auch ihren Zweck erfüllt.

Es lassen sich vier grundlegende **Bedeutungen von Organisationszielen** formulieren (vgl. Schanz 1994, S. 11; Scott 1998, S. 286), die teilweise über die Sachwelt von Organisationen hinausreichen:

- **Ziele dienen der Information von Mitgliedern und Nichtmitgliedern:** Organisationale Ziele setzen sowohl die Mitglieder einer Organisation als auch außerhalb stehende Personen davon in Kenntnis, worauf sich die Aktivitäten einer Organisation richten. Dies hilft, Missverständnisse zu vermeiden und erleichtert die Erfüllung des Organisationszwecks.
- **Ziele dienen als Verhaltensrichtschnur:** Organisationsziele definieren Verhaltenserwartungen für die Mitglieder einer Organisation, an denen diese ihre täglichen Handlungen ausrichten können. Die formalen Strukturen von Organisationen dienen dabei als Mittel zur Umsetzung der (organisationalen) Ziele.
- **Ziele bilden eine wichtige Quelle von Legitimität:** Anhand von Organisationszielen können Organisationsmitglieder die Wünschbarkeit und Berechtigung einer Verhaltensweise erkennen. Zielkonformes Verhalten wird in der Organisation positiv sanktioniert und als legitim erachtet. Organisationsziele sichern außerdem auch nach außen hin die Erlangung von Legitimität. Durch klar offengelegte und rational begründete Ziele lassen sich die Handlungen der Organisationsmitglieder oder der Organisation als Ganzes gegenüber Dritten rechtfertigen.
- **Ziele stellen einen Vergleichsmaßstab dar:** Anhand von Organisationszielen kann die Leistung eines einzelnen Organisationsmitglieds oder einer Gruppe gemessen werden, indem ermittelt wird, welcher Beitrag zur Verfolgung der Organisationsziele geleistet wurde. Organisationale Ziele bilden somit einen wichtigen Maßstab der Leistungsbeurteilung.

Gemeinhin wird davon gesprochen, dass eine Organisation Ziele besitzt. Jedoch sind einer Organisation Ziele eben nicht inhärent zu Eigen, sondern müssen erst in Kommunikations- und Verhandlungsprozessen konstituiert werden. Die Mitglieder einer Organisation (die Agenten der Agentur) nehmen hierbei wesentlichen Einfluss auf die Zielbestimmung in Organisationen. Es lässt sich damit nur schwer allein von Zielen der Organisation reden, wie dies vielfach (v.a. auch umgangssprachlich) getan wird. Eine solche Sprachregelung verkennt die eigenständigen Zielabsichten der durch die Organisation zusammengefassten Individuen und die zwischen ihnen bestehenden Machtunterschiede (vgl. auch Scott 1998, S. 288f.). Darüber hinaus bleibt auch außer Acht, dass Organisationen stets Teil der Gesamtgesellschaft sind und damit ihre Zwecksetzungen und Leistungen gesellschaftlich bewertet und ggf. ökonomisch eingeschätzt werden (z.B. durch den Markt). Das Kriterium der Zielge-richtetheit von Organisation bedeutet auch nicht, dass Individualziele und Organisationsziele deckungsgleich sein müssen. Vielmehr erlauben Organisationen durch ihre Merkmale den in ihnen zusammengefassten Mitgliedern, im Einzelfall auch Ziele zu verfolgen (z.B. Einkom-mensmaximierung), die von den übergeordneten organisationalen Zielen (z.B. Gewinnsteige-rung) abweichen können (vgl. Scott 1998, S. 288). Durch die formale Organisationsstruktur wird aber das Verhalten der Mitglieder soweit wie möglich in Einklang mit den Organisati-onszielen gebracht (vgl. Kieser/Kubicek 1992, S. 10ff.). Aus integraler Perspektive sind psychische, agentische und gemeinschaftliche Dimensionen koordinierend und steuernd in einen Zusammenhang zu bringen, um zu einer Zielverwirklichung zu kommen (☞ Kapitel 6).

In Ergänzung zu Zielen sind **Ressourcen** geradezu Inkorporationen wie auch Potenziale inter-objektiver Sachzusammenhänge. Wie schon zuvor erwähnt, umfassen Ressourcen nicht nur materielle Gegenstände, sondern Potenziale von nutzenorientierten Sachverhalten. In diesem Sinne sind auch summierte Wissensbestände und die Kompetenzen von Agenten und Gemeinschaften als organisationale Ressourcen verfügbare Bestandteile der Sachwelt. Neben den **zweckgebundenen Ressourcen** existieren zudem auch sogenannte **zweckungebundene Ressourcen**: Hierunter fallen zum einen organisationale **Überschussressourcen** (engl. „or-ganizational slack" bzw. slack-Ressourcen) und zum anderen **Redundanzen** (vgl. dazu u.a. Bourgeois 1981, Weidermann 1983, Staehle 1991b). Der Begriff „slack" meint dabei einen Überschuss an organisatorischen Ressourcen (z.B. Zeitreserven), der über das funktional erforderliche Maß hinaus geht (vgl. Staehle 1991b, S. 314). Mit Redundanzen als Sonder-form von Slack bezeichnet man parallel vorhandene Ressourcen, die als Reserve vorgehalten oder ständig mitgenutzt werden (z.B. Mehrfachqualifikationen, Doppelfunktionen, Backup-Systeme; vgl. Staehle 1991b, S. 323). Auch wenn diese zweckungebundenen Ressourcen ökonomischen Überlegungen tendenziell entgegenstehen, sind sie nicht negativ zu beurtei-len, da einer Organisation hieraus erhebliche Flexibilitätsvorteile erwachsen und sie auch Teil einer absichtsvollen Gestaltung sein können.

Die Sachwelt stellt den Teil der Organisationen dar, in dem es zu einer absichtsvollen Zu-sammenlegung von Ressourcen kommt (vgl. v.d. Oelsnitz 2000, S. 21). Da in ihnen „Res-sourcen einer Mehrzahl von Individuen in einen Pool eingebracht sind, der einer einheitli-chen Disposition untersteht" (Vanberg 1982, S. 10), bezeichnet man organisationale Gebilde auch als **Ressourcenpools**. Die von den Individuen eingebrachten Ressourcen können von ganz unterschiedlicher Beschaffenheit (Kapital, Fähigkeiten, Wissen, Rechte etc.) und unter-schiedlichem Umfang sein (vgl. auch Kieser/Kubicek 1992, S. 1). Die Übertragung erfolgt in aller Regel freiwillig und auf vertraglicher Basis. Sie wird geleistet, weil sich der Einzelne davon einen Gewinn (sog. Kooperationsrente) verspricht, der die Nachteile der Übertragung übersteigt. Zum anderen sind Ressourcen ein Mittel, das den Organisationsprozess erst mög-lich macht. Sie werden mit anderen Worten für die Aufrechterhaltung der Existenz von Or-ganisation gebraucht (vgl. Pfeffer/Salancik 1978, S. 258). Da aber nicht alle Ressourcen von den durch Organisation zusammengefassten Personen eingebracht werden können, ist es notwendig, sie auch aus der Umwelt von Organisationen zu beschaffen. Eine organisationale Ressourcenbeschaffung und -koordination verlangt, dass Organisationen mit internen und externen kollektiven Akteuren interagieren müssen, um eine bestmögliche Ressourcenverwendung sicherzustellen (vgl. Pfeffer/Salancik 1978, S. 258). Auch diese Koordinationsleistung erfordert eine integrale Steuerung mit den anderen Entitäten und Welten der Organisation (☞ Kapitel 6).

Wie wir gesehen haben, sind Strukturen, wie auch Regeln, Ziele und Ressourcen entscheidend für die Ordnungsbildung und -erhaltung von Organisationen. Dies gelingt insbesondere dadurch, dass sie stabile Beziehungsmuster zwischen den organisierten Personen und ihren Interaktionen herstellen. Damit stellt die Struktur ein wesentliches Instrument dar, mit dem Organisation eine Verhaltenssteuerung konkret erreicht (vgl. Schanz 1994, S. 74). Jedoch wurde auch deutlich, dass weder alles Verhalten in Organisationen völlig durch Strukturen bestimmt, noch dass dieses völlig frei von strukturellen Einflüssen ist (vgl. Walgenbach 2000, S. 94). Vielmehr besteht eine **Wechselwirkung** zwischen Strukturen, Psychen und Verhalten bzw. Handeln sowie Kulturen und Gemeinschaften. So beschränken Strukturen nicht nur individuelle Interessen und Intentionen, sondern lassen sich stets auch umgekehrt für die Verwirklichung dieser nutzen. Durch die stabilen Beziehungsmuster, die die Organisationsstruktur schafft, wird aber auch die Stellung und Bedeutung der Entitäten als Teile (Psychen, Agenten, Gemeinschaften) in Bezug zum Ganzen (Organisation) geregelt. Die Bestimmung und Integration sowie Steuerung des Verhältnisses von Teilung und Vereinigung, spezifisch von einzelnen Entitäten/Teilen zum Ganzen, ist damit eine Schlüsseldimension im Organisationsgeschehen und dessen Meta-Steuerung (☞ Kapitel 6).

Eine Gestaltung der interobjektiven Sphäre kann bei einer **Restrukturierung** und **Systementwicklung der Organisation** ansetzen, die ein grundlegendes Managementproblem darstellen (vgl. Klimecki/Probst/Eberl 1991). Gestaltungsobjekte sind dabei der geregelte Struktur- und Ordnungszusammenhang der interobjektiven Sphäre, mit dem die Beziehungen zwischen Einzelnen (Sphäre I) und deren Handlungen (Sphäre II) sowie der lebensweltlichen Gemeinschaft (Sphäre III) organisiert werden. Veränderungen der formalen Organisationsstruktur, insbesondere der Aufbau- und Ablaufstruktur sowie der Leitungs- oder Führungsorganisation zur verbesserten Zielerreichung, sind ein weit reichender Einflussprozess. So können aufbaustrukturelle Neuzuordnungen von bestimmten materiellen Ausstattungen oder Neubestimmungen der Ressourcenzusammenlegung das Organisationssystem modifizieren. Ebenfalls verändern ablaufstrukturelle Restrukturierungen der Arbeitsprozesse in personaler, zeitlicher und räumlicher Hinsicht das Organisationsgefüge. Dies kann über eine Re-Arrangierung über die Zerlegung von Teilaufgaben in einzelne Arbeitsschritte oder Arbeitsgänge (Arbeitsanalyse) und einer erneuten Zusammenfügung von Arbeitsprozessen (Arbeitssynthese) als Basis für modifizierte Ressourcenzuteilungen vollzogen werden.

Eine tiefgreifende Einflussnahme in diesem Systembereich erfolgt über Veränderung von strukturprägenden (Kontingenz-)Faktoren wie Größe (z.B. Anzahl von Hierarchieebenen) und „Leistungsprogramm" (z.B. Produktdiversifikation) sowie weitere (Umwelt-)Faktoren (z.B. Herstellungsbedingungen oder Informations- und Kommunikationstechnologien). Damit zusammenhängend, liegt ein einflussreicher Ansatzpunkt für die funktionale Sphäre in einer **strategischen Ausrichtung und Bewertung von Leistungsprozessen** (z.B. Performance Measurement und Performance Management). Des Weiteren dienen **Anreizsysteme** als funktionales und instrumentelles Gestaltungsmedium. Wobei bei diesen Instrumenten die Gefahr besteht, dass äußere, materielle Anreize die intrinsische Motivation verdrängen (vgl.

Frey/Osterloh 2002). Ihr Einsatz ist deswegen aus einer integralen Sichtweise heraus sehr sorgfältig zu dosieren, um negative Effekte und unerwünschte Langzeitwirkungen für andere Sphären möglichst zu verhindern.

Bei der Auswahl aus diesen potenziellen Gestaltungsmöglichkeiten sind die jeweiligen **Besonderheiten der jeweiligen Organisation** zu beachten. Aufgrund der Heterogenitäten von Organisationen mit ihren unterschiedlichen Sub-Kulturen kann es nicht um die Einführung einer abstrakten „optimalen Organisationsstruktur" gehen (vgl. Kühl 2002). Vielmehr sind Optimierungen der Organisationsstrukturen stets vor dem Hintergrund der spezifischen Aufgaben/Handlungen und Anforderungen (Sphäre II) sowie der jeweiligen Kulturen (Sphäre III) zu sehen. Eine spezifische Konzipierung von Organisationsstrukturen muss zudem neben den eigentlichen Arbeitsebenen und den fachlichen abteilungsspezifischen Ebenen auch überfachliche Aspekte sowie die Gesamtorganisation berücksichtigen. Mit einem solchen differenzierten Restrukturierungsvorgehen kann eine Verbesserung jeweiliger funktionaler Strukturen und Prozesse erreicht werden (z.B. Optimierung des organisationalen Designs und der Aufgabenstrukturierung in Fachbereichen über Standardisierung, Verfahrensrichtlinien, Programme, Pläne oder auch Gestaltung von Strukturalternativen). Als **neue Organisationsformen** und innovationsfördernde Organisationsstrukturen sind insbesondere intra- und inter-organisationale Netzwerkstrukturen bedeutsam, mit denen temporäre betriebliche oder überbetriebliche Projektteams gebildet sowie längerfristige Partnerschaften geschaffen werden können. Netzwerke bilden lateral verknüpfte, partielle autonome Einheiten, die (dezentral organisiert) mit der Gesamtorganisation in einer losen Kopplung stehen. Die innovationsförderliche Entwicklung von „Schnittstellen" zwischen Experten und die pro-aktive Mitwirkung in Netzwerken öffnen den Blick und unterstützen die Kooperation der Subeinheiten mit internen und externen Quellen des Wissens und der Zusammenarbeit. Wobei mit der Vernetzung neben den genannten Chancen auch Unsicherheiten und Risiken wie Abhängigkeiten, Intransparenzen, Misstrauen, Opportunismus, Übervorteilung einhergehen können.

Schließlich stellen die **Ressourcen** einer Organisation ein wichtiges Gestaltungsfeld dar. Dies umso mehr in Hinblick auf die Knappheit und Unterausstattung an Ressourcen bei gleichzeitigem Bedarf an professionellen Unterstützungssystemen und entsprechender Ausstattung in Organisationen. In Anbetracht der gesteigerten Relevanz von organisationalen **Wissensressourcen** benötigen zeitgemäße Organisationen ein **Wissensmanagement** (vgl. z.B. Wilkesmann/Rascher 2005, Lehner 2009). Mit diesem wird nicht nur eine Sammlung und Speicherung von Wissen (Informationsmanagement), sondern auch eine zielorientierte und integrative Gestaltung von Wissensprozessen organisiert. Im Rahmen eines solchen Wissensmanagements geht es insbesondere darum, Bedingungen für die Entwicklung und Verwendung des individuellen und impliziten sowie expliziten und kollektiven Wissen zu schaffen, um die im Wissen liegenden Potenziale zu erschließen. Denn der Zu- und Umgang zu diesen Wissenspotenzialen ist eine entscheidende Voraussetzung für Innovationen. Organisationales Wissensmanagement kann gestaltungspraktisch für diese Sphäre insbesondere durch den Einsatz von Informations- und Kommunikationstechnologien realisiert werden. Dazu gehören Methoden der operativen Wissenslogistik (z.B. Work-flow-Management) sowie Geschäftsprozesswissen und IT-basierte Systeme und Architekturen. Die Bereitstellung und Entwicklung erforderlicher Informations- und Wissensressourcen bezieht sich aber nicht nur auf quantitative oder technologische Aspekte. Entscheidend ist auch ein benutzerfreundlicher und medienkompetenter Umgang sowie vor allem die Qualität und Transparenz der Wissensressourcen. Arbeitsbezogene Transparenz bezeichnet die von einem Mitglied der Organisation erlebte Verfügbarkeit und Verständlichkeit von arbeits- und organisationsbezogenen Informationen. Dazu gehören neben der Kenntnis der Aufgaben, Informationen über wichtige Organisationsangelegenheiten sowie Rückmeldungen über die eigenen Arbeitsleistungen.

Ein weiterer Gestaltungsansatz in dieser Sphäre von Organisationen hinsichtlich der Ressourcen stellen die Bereitstellung und der Aufbau von **„slacks"** dar (vgl. dazu Bourgeois 1981, Weidermann 1983, Staehle 1991b). Die Bildung von „slacks" wird durch Mehrfachqualifizierung, überlappende Aufgaben und vielseitige Rollenverteilung sowie Entscheidungsverteilung und Zulassen selbstorganisatorischer Elemente gefördert. Die organisatorischen **Ressourcenüberschüsse** können dann als „Umsteuerungspotenziale" genutzt werden, die in Form von Flexibilitätsmöglichkeiten (z.B. „Puffer", zweckindifferente Instrumente oder Ressourcen) vielfältige Ausgleichs- und Anpassungsmöglichkeiten eröffnen. Eine optimale „slack-Menge" eröffnet Organisationsmitgliedern Spielräume, um persönliche und betriebliche Interessen besser aufeinander abzustimmen. Zudem werden so Potenziale und Energien in zukunftsgerichtete, extrafunktionale Leistungen gelenkt. „Slacks" wirken positiv, wenn die Mitglieder der Organisation sie für kreative Sachleistungen nutzen. Wobei die Leistungsfähigkeit und -bereitschaft sowie ein verantwortungsvoller Umgang mit den Freiräumen die Wirksamkeit von „Slacks" wesentlich bestimmen. Durch Bereitstellung und Aufwertung des Stellenwertes von „Slacks" als Teil der Rahmenbedingungen kann auch die Entwicklung der internen kollektiven Praxis (Sphäre III) wie auch die Ebene der individuellen Praxis (Sphäre I, II) nachhaltig gefördert werden.

Nachdem wir damit alle Entitäten und Welten kennen gelernt haben, wollen wir unseren Rundgang durch die Landkarte des integralen Modells mit einer kurzen Synopsis beschließen.

5.3.9   Zusammenhang der Entitäten und Welten des integralen Modells

Während unserer Reise durch die verschiedenen Entitäten und Welten des integralen Modells von Organisationen haben wir unterschiedliche Sichtweisen eingenommen. Jede der beschriebenen Entitäten und Welten hat uns andere Einblicke und Betrachtungsmöglichkeiten vermittelt. So haben wir uns mit den individuellen Perspektiven der Psyche als subjektiver Innenwelt ebenso beschäftigt wie mit solchen eines Agenten und seiner Handlungs- und Wirkwelt. Auf der kollektiven Ebene konnten wir perspektivische Möglichkeiten einer Kultur bzw. Gemeinschaft mit deren intersubjektiver Mitwelt ebenso beleuchten wie die Agentur und deren interobjektive Sachwelt als Struktur- und Funktionszusammenhang. Die nachfolgende Abbildung zeigt nochmals zusammenfassend die verschiedenen Entitäten und Welten einer Organisation des integralen Modells:

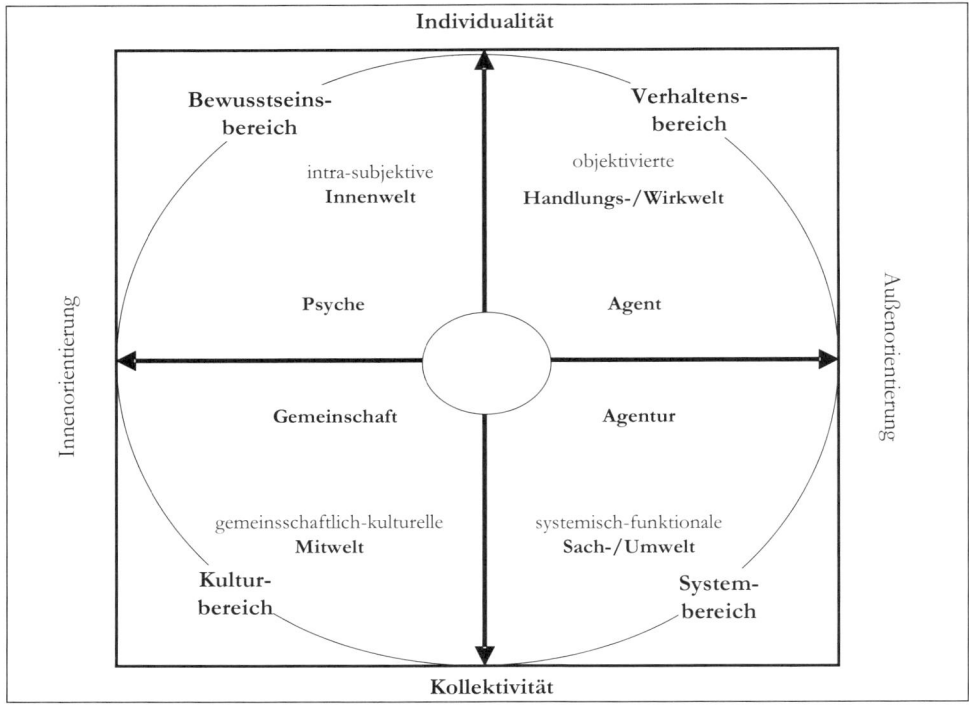

Abb. 5.17: Die Entitäten und Welten einer Organisation

Zusammenschauend betrachtet, stellen die jeweiligen Entitäten quasi die Repräsentationen der in Organisationen vorkommenden Einheiten in Form von Psyche, Agent, Kultur und Agentur dar. Ergänzend dazu repräsentieren die Innen-/Handlungs-/Mit- und Sach-Welten sozusagen das „Milieu", in dem die Entitäten einer Organisation sich bewegen bzw. situiert sind. Durch das Zusammenwirken dieser Einheiten und Welten wird damit ein umfassendes Organisationsbild beschrieben. Durch diese Betrachtung wird einmal mehr der **Doppelcharakter** von Organisationen als **Vollzug und Ergebnis** deutlich: Denn Organisationen sind zum einen Prozess, d.h. als Ereignis und Entwicklung des Organisierens in den miteinander verflochtenen Einheiten und Welten. Zum anderen sind Organisationen auch ein **„Organisat"** (vgl. Neuberger 1997, S. 494ff.), d.h. als reales Gebilde oder Konstrukt verschiedener entitativer und weltlicher Verfasstheiten. Eine Berücksichtigung der je einzelnen Entitäten und Welten sowie deren produktive Wechselwirkung macht gewisserweise erst die Organisation aus.

Damit sind Organisationen zugleich **Medien und Resultat** eines integralen Zusammenwirkens von Entitäten und Welten sowie deren inter-relationalen Verflechtungen, die noch näher zu bestimmen sind (☞ Kapitel 6.2). Zudem entwickeln sich Organisationen als integrale Gebilde durch ein Zusammenspiel aller beschriebenen Dimensionen und Bereiche fort. Damit wird durch eine integrale Praxis nicht nur ein zweckgerichtetes Agieren und Operieren in

Organisationen vollzogen, sondern auch deren Weiterentwicklung gewährleistet. Nur eine solche differenzierte Betrachtung der unterschiedlichen Grössen und deren Zusammenspiel wird der Komplexität der realen Organisationswirklichkeit gerecht. Auf dieser Basis können dann die im Folgenden beschriebenen Gestaltungsmöglichkeiten ihre Anwendung finden. Zudem erfordert und ermöglicht eine solche integrale Betrachtung auch eine adäquate **Meta-Steuerung**, wie sie im abschließenden Kapitel dann behandelt wird.

5.4 Zusammenfassung und kritische Reflexion

Wie wir am Anfang dieses Buches aufgezeigt haben, verlangt ein zeitgemäßes Verständnis von organisationaler Steuerung eine integrale Orientierung. Entsprechend wurde in diesem Kapitel ein umfassendes **Integrationsmodell** entwickelt, das verschiedene, grundlegende Sichtweisen von Organisation und Führung als unterschiedliche aber zusammenhängende Perspektiven betrachtet. Dazu wurden verschiedene systematische, erkenntnistheoretische und methodische Grenzziehungen vorgenommen. Diese analytischen Differenzierungen erlauben zugleich spezifische **Abgrenzungen** und **Verbindungen** zu sehen. Einerseits lassen die separierenden Teilungslinien einzelne Bereiche entstehen; andererseits werden damit die (meta-paradigmatischen und methodischen) Zusammenhänge und Relationen zwischen Teilen sichtbar. So können Einzelbereiche vertiefend untersucht, aber auch aufeinander bezogen werden, um so die Komplexität der Organisationen und ihrer Führung verstehbar und handhabbar zu machen. Die Konstruktion eines solchen **analytischen** und **synthetischen Arbeitsmodells** erlaubt insbesondere einen differenzierten Zugang zu subjektiven, inter-subjektiven und objektiven bzw. inter-objektiven Dimensionen, Entitäten und Welten einer Organisation. Damit können die relativen Bedeutungen und Perspektiven des Personalen, Zwischenmenschlichen wie des (Inter-)Objektiven in einem Deutungszusammenhang systematisch zu berücksichtigt werden. Durch diese Perpsektive wird deutlich, dass eine Organisation kein Konglomerat isolierter Größen, sondern der Prozess wie das Ergebnis miteinander zusammenhängender und rekursiv wirksamer Sphären und deren jeweiliger Dynamiken ist.

Aufgrund dieser Zusammenhänge ist konsequenterweise eine **multidimensionale Integration** anzustreben, die die Wirklichkeit der Organisation als ein **holonisches Gebilde** von miteinander interagierenden Teilen und eines Ganzen in den Sphären des Einzelnen als Psyche und Agent sowie der Gemeinschaft und des Systems versteht. Organisation und ihre Mitglieder werden so als ein **holarchischer Zusammenhang** individueller bzw. kollektiver Holone erkennbar, was dabei hilft, deren komplexe Einbettungen und Wechselwirksamkeiten sowie Ko-Evolution zu erschließen. Die inneren und äußeren Aspekte der Einzelpersonen müssen mit den kollektiven Kultur- und Systeminhalten bzw. -kontexten zusammenwirken, um die Organisation zu ermöglichen und entfalten zu lassen. Eine integral verstandene Organisation setzt sich damit zusammen aus Formen und Prozessen des Organisierens in interdependenten Beziehungsgefügen. Einerseits werden Individuen durch Organisation erst handlungsfähig, z.B. indem Organisation Ressourcen für den Einzelnen und die Gemeinschaft oder Logiken des Handelns zur Verfügung stellt (vgl. Edeling 1999, S. 13). Andererseits werden Menschen in ihrem Inneren und ihrem Handeln durch Organisation als Form und Medium der Verhaltenssteuerung (z.B. über Aufgaben oder Normen) eingeschränkt.

Menschen sind folglich aus einer integralen Perspektive heraus zugleich **Subjekte** wie **Objekte von Organisationen**. Das „organisationsförmige Individuum" (Neuberger 1997, S. 493) ist gleichermaßen Rollenträger (Person), Handlungseinheit (Akteur) wie auch Gemeinschaftsmitglied (Kultur) sowie Personal bzw. Human Ressource (System). Jede dieser Bezeichnungen bzw. Bestimmungen – wie auch weitere Begriffe wie Mitarbeiter, Mitglieder, Aufgabenträger, Arbeitnehmer, etc. – stehen für eine bestimmte Sichtweise auf den Menschen wie auch auf die Organisation. Aus integralem Blickwinkel gilt es daher, die verschiedenen **Perspektiven**, mit denen auf das organisierte Individuum, Gruppenprozesse sowie auf individuumsüberschreitende, kollektive Organisationsdimensionen geschaut werden kann, zusammenhängend zu betrachten. Dadurch lassen sich einseitige oder unterkomplexe Sichtweisen, wie wir sie bei den klassischen Steuerungsformen und -prinzipien kennengelernt haben (☞ Kapitel 2) vermeiden.

Zudem bewegen sich die beschriebenen Sphären in ihrer Organisationspraxis immer in einem **integralen Gesamtvollzug**. Damit wird deutlich, dass das Individuum oder die Organisation nicht einfach als getrennte Ausgangspunkte der Analyse und Reflexion sowie Gestaltung genommen werden können. Vielmehr sind sie selbst Bestandteile und Effekte von organisierenden Praktiken und Diskursen der jeweiligen Entitäten bzw. Welten und deren zusammenwirkenden Prozessen. So gilt es beispielsweise gleichermaßen individuelles Verhalten daraufhin zu untersuchen, wie es durch kollektive Prozesse und Strukturen beeinflusst wird; andererseits muss untersucht werden, wie sich individuelles Verhalten zu einem „synergetischen Verhaltensstrom" (Reimer 2005, S. 120) mit Gemeinschafts- und Systembezügen verbindet. Grundlegend ist dabei ein integrales Verhältnis von Individuum und Organisation nicht nur für die **Leistungsfähigkeit** von Organisation (als „Kultur" und „System") und deren Gestaltung, sondern auch für das **Leistungsvermögen sowie das Wohlergehen** ihrer Mitglieder (als „Psychen" und als „Agenten") wesentlich (vgl. zur Bedeutung eines integralen Wohlergehens Küpers 2005). Für ein Gesamtverständnis sind jedoch auch mögliche **bereichsübergreifende Schwierigkeiten und Probleme** zu berücksichtigen. Diese betreffen grundlegende 1.) konzeptionelle, paradigmatische und methodische Problemlagen sowie 2.) praktische Probleme bei der Realisation.

Ad 1.) Konzeptionell und paradigmatisch kann es zu einer **Inkommensurabilität** des integralen Paradigmas mit Einzelparadigmen der Wissenschaften im Allgemeinen und dem Paradigma des Ökonomischen im Besonderen kommen. Der Begriff der Inkommensurabilität (vgl. dazu Kuhn 1976, S. 116ff.; Scherer 2006, S. 40ff.) verweist hier, neben logisch-semantischen und methodischen Schwierigkeiten, auf theoriegeschichtliche, sozio-kulturelle und psychologische Probleme der Vergleichbarkeit und Vereinbarkeit unterschiedlicher Paradigmen. Demnach scheinen die vier Sphären bzw. Entitäten und Welten methodisch und inhaltlich auf den ersten Blick unvereinbar zu sein. Aus integraler Perspektive kann demgegenüber jedoch ein **meta-paradigmatischer Standpunkt** gewonnen werden, der nicht von bestimmten Kommensurabilitäten heraus orientiert ist. Demnach erscheinen die Grundspannungen zwischen subjektiver und objektiver Identität, den Bereichen des Innen und Außen sowie zwischen agentischer Identität (Individualität) und kommunaler Identität (Gemeinschaft/System) sowie zwischen den Geltungsansprüchen und Entwicklungslinien nur aus isolierter Sicht nicht aufhebbar.

Eine **integrale meta-paradigmatische Erkenntnisorientierung** wendet sich damit gegen einen paradigmatischen Abschluss oder eine Isolierung von Paradigmen aufgrund ihrer Unvergleichbarkeit bzw. Unübersetzbarkeit. Entgegen der Annahme eines unaufhebbaren Konkurrenzverhältnisses zwischen radikal verschiedenen paradigmatischen Perspektiven und Theorien, ermöglicht eine integrale Epistemologie gleichzeitig in mehreren (auch scheinbar gegensätzlichen) Paradigmen zu operieren oder diese – bei Wahrung ihrer Eigenständigkeit – zu kombinieren bzw. ineinander zu übersetzen. Mit dem integralen Erkennen werden so auch erkenntnistheoretische Positionen vereinbar, die herkömmlich als gegensätzlich bzw. unvereinbar gesehen wurden. So finden sowohl Erklärung und Prognose sozialer Realität durch das Aufspüren von Regelmäßigkeiten und kausalen Zusammenhängen zur Entdeckung objektiven Wissens wie im Positivismus, als auch interpretative, verstehensorientierte (antipositivistische) Zugänge zur Gewinnung subjektiven und intersubjektiven Wissens, einen Ort im integralen Erkenntniszusammenhang. Ein solches **(meta-)paradigmatisches Ergänzungsverständnis** ermöglicht Forschungsstrategien, welche die partiellen Orientierungen und Repräsentationen jeweiliger Paradigmen anerkennen, aber diese auch aus einer umfassenderen Sicht relativieren.

Eine meta-paradigmatische Orientierung erlaubt damit die Entwicklung einer **Holarchie des Wissens** und Erkennens, welche die wechselseitige Abhängigkeit und Verflechtung verschiedener Einsichten und Methodologien in einen holonistischen Sinnzusammenhang einordnet. Aus integraler Perspektive kann so von einem Ergänzungsverhältnis ausgegangen werden, welches die Problematik der Inkommensurabilität überschreitet (vgl. auch Hassard/Keleman 2002). Der große Vorteil einer solchen Orientierung ist es, dass damit epistemologische und methodologische **Reduktionismen** und Gefahren einseitiger Fokussierung vermieden bzw. abgebaut werden können. Damit werden auch monistische Positionen und Methoden vermieden, die dazu tendieren, den realen Unterschied zwischen den Teilen oder den Elementen des betreffenden Forschungsbereiches zu ignorieren, zu abstrahieren oder zu eliminieren zugunsten einer vorgeblich einfachen Einheit. Zudem eröffnet eine integrale Ausrichtung inter- und transdisziplinäre Zugänge für die Forschung. Mit einer solchen **Inter- und Transdisziplinarität** wird versucht, über fachliche und disziplinäre Engführungen hinauszugehen, um zu einem integralen Organisationsverständnis zu kommen. Neben theoretischen Argumenten für eine Inter- bzw. Transdisziplinarität und Perspektivenvielfalt sprechen auch praktische Gegebenheiten des Anwendungsbezugs organisationswissenschaftlicher Erkenntnisse für dieses Vorgehen. So treten praktische Probleme und Sachlagen in Organisationen nur selten in einer exklusiv fachwissenschaftlich behandelbaren Form auf. Sie müssen deswegen oft unter Berücksichtigung anderer Zugänge und praktischen Erfahrungswissens fachüberschreitend bestimmt und angegangen werden. (vgl. Walter-Busch 1996, S. 54). Gerade der Anwendungsbezug in Organisationen verweist so auf die Bedeutung eines disziplinüberschreitenden, multi-paradigmatischen bzw. multi-theoretischen und polyperspektivischen Zugangs organisationstheoretischer Erkenntnisse (vgl. Schwan 2003, S. 5).

Neben der Frage der Vereinbarkeit besteht eine weitere **Gefahr** in der **Konfundierung (Verwechslung)** des integralen Modells mit der (beobachteten) Organisationsrealität. Da ein

Modell nur ein **Konstrukt** ist (vgl. Weibler 2004b), also eine Art Landkarte, dürfen die in Modellen analysierten Dimensionen, Entitäten, und Welten sowie Prozesse nicht mit der Wirklichkeit verwechselt werden. Wie der Semantikforscher Alfred Korzybski bereits warnte: **„A map is not the territory!"** Auch wenn Karten es erlauben, sich auf einem Territorium besser zu orientieren und zu bewegen, entsprechen die Wahrnehmungen des Kartographierten nicht „dem Wirklichen". Denn die Abstraktionen vom Wirklichen in der Theorie können nie alle Facetten der (organisationalen) Realität abdecken. Wie bereits einleitend angemerkt, geht es bei der Verwendung des integralen Modells nicht darum, Wirklichkeitsbereiche von Organisationen 1:1 wiederzugeben. Es werden also **keine substanziellen Bereiche** in realitas erfasst. Vielmehr dient das methodologische Vorgehen als ein flexibler und **interpretativer Zugang** zu den Sphären und Holonen sowie den verschiedenen holarchischen Ebenen von Organisationen. Die mit dem Modell gewonnenen Erkenntnisse der Wirklichkeit bleiben dabei ein aspekthafter und unabschließbarer Prozess. Nochmals sei deswegen betont, dass sich das integrale Modell nur als vorläufiges, immer wieder zu **kritisierendes Konstrukt** und **arbeitshypothetischer Ordnungszusammenhang** versteht, mit dem aber wertvolle konzeptionelle und praktische Integrationsmöglichkeiten erschlossen werden können.

Andererseits kann es durch eine **Verabsolutierung des Integralen** zu einer „**Überintegralität**" kommen, die sich für Organisationen als problematisch bzw. sogar pathologisch erweisen könnte. Die Problematik eines all-umfassenden Anspruchs liegt auch darin, dass dieser unter Umständen forschungspraktisch nicht einzulösen ist. Damit einher geht die Gefahr einer **methodischen Überlastung** i.S. einer **Operationalisierungsproblematik** durch eine „Überinklusivität" der zu berücksichtigenden Dimensionen. Durch eine systematische Beachtung aller Faktoren, Variablen und Einflussgrößen aller Sphären kommt eine wissenschaftliche Erfassung und Auswertung an methodische Grenzen. Dazu müssten erst noch entsprechende komplexe Forschungsdesigns und -methoden entwickelt und umgesetzt werden. Schließlich besteht die Gefahr, dass durch eine Verabsolutierung des Integralen eine „**Totalitätsperspektive**" eingenommen wird, mit der sich in einem falsch verstandenen Hol(on)ismus totalitären Ideologien und entsprechende universalistische Ansprüche und Beherrschungspraktiken über alle Teile ableiten lassen würden. Eine kritische und **aufgeklärte Integralität** ist sich der Probleme einer solchen „Hyper-Integralität" bewusst und vermeidet, in die Falle eines „Terror des Integralen" zu geraten.

Ad 2.): Grundlegende **praktische Probleme** für eine integrale Führungs- und Organisationspraxis und insbesondere Umsetzung von Erkenntnissen aus dem integralen Modell liegen im Bereich der **Orientierungs- bzw. Einstellungsprobleme** sowie **fehlenden Voraussetzungen**. In von Misstrauen geprägten Organisationskulturen, in Zeiten des Personalabbaus oder bei unzureichendem Kommunikationsverhalten von Führungskräften bzw. fehlender Konfliktkultur treten **Schwierigkeiten und Wirkungsfolgen einer unzureichenden Integration** oft nicht direkt oder erst sehr spät zu Tage. Oder auftretende Probleme werden aufgrund isolierter Betrachtung nicht auf eine defizitäre Integration zurückgeführt. Mit einer solchen fehlenden oder verfehlten Erkenntnis wird sowohl eine präventive Ausrichtung wie auch gestaltungspraktische Umsetzung des Integralen erschwert. Zudem ergeben sich viele **Realisationsprobleme** v.a. durch **Überforderungen** der betroffenen Menschen und Bereiche sowie **dominante Logiken** und **Zwänge** in einzelnen Sphären.

So können sich **Probleme der Psyche** durch unzureichende Selbstbeziehungen und damit einhergehende, für den Einzelnen und die Organisation problematische Bereitschaften, Intentionalitäten, Gefühle oder Kognitionen äußern. Aus einem nicht-integralen oder isolierten Selbst der Psyche bzw. seiner Innenwelt erwachsen (psychodynamische) Probleme wie egoistische oder selbstabwertende Neigungen. Ein Narzissmus oder ein alles abwertender Zynismus, aber auch Formen der Selbstausbeutung markieren spezifische **„Selbstzwänge"**. Diese Probleme machen eine kritische Reflektion und praktische Formen eines Selbstmanagements erforderlich. Auf der **Handlungsseite** des Einzelnen als Agenten kann es analog zu einer fehlenden oder unzureichenden Handlungspraxis kommen. Bedingt u.a. durch fehlendes Wissen oder defizitäre Kompetenzen oder großen Performanz-/Leistungsdruck kann das Agieren eines nichtintegralen oder isolierten Agenten mit dessen Handlungswelt zu einem „hemdsärmeligen" **Aktionismus** führen, welcher spezifische **Handlungszwänge** manifestiert. Diese Vereinseitigungen verlangen zu ihrem Ausgleich eine entsprechende Wissensvermittlung, ein Kompetenztraining (z.B. emotionale Intelligenz) oder lernende Handlungserfahrungen. Auf der kollektiven Ebene können nicht-integrale oder isolierte Gruppen- oder Kulturprozesse in einem problematischen, weil relativistischen **„Kulturalismus"** mit der Gemeinschaft oder der Mitwelt resultieren. Gruppendynamiken und **„Gruppenzwänge"** sowie Groupthink stellen weitere Gefahren einer vereinseitigten Gemeinschaftsorientierung dar. Um diesen pro-aktiv vorzubeugen oder entgegenzuwirken, sind Formen der Team- und Kulturentwicklung sowie integralitätsfördernde Erfahrungen eines gemeinsamen Tuns (z.B. in kooperativer Projektarbeit) notwendig. Schließlich resultieren im kollektiven Außen fehlende oder unzureichende Bedingungen der isolierten Agentur bzw. der Um-/Sachwelt (z.B. Ressourcen, Strukturen, Funktionen) in Systemdynamiken und **Systemzwängen**. Um diesen zu begegnen, ist eine entsprechende Systementwicklung (z.B. in Form von unterstützender Bereitstellung von Ressourcen, Budgets) erforderlich.

Dazu tritt bei der Verwirklichung des Integralen eine zu beachtende **Verstärkungs-** oder **(Ab-)Schwächungsdynamik** der sich wechselseitig beeinflussenden Sphären (z.B. Hegemonie, Kampf um Vorherrschaft einer Sphäre und ihrer Teilwahrheit mit anderen). Weiterhin ist ein **nicht-integraler Gesamtzusammenhang** zu berücksichtigen, der sich durch ungenügende Beziehungen und Koordinationen zwischen den Sphären, Entitäten und Welten ergibt, was auf wichtige integrale Führungs- und Steuerungsaufgaben verweist. „Gesunde" integrale Organisationen finden eine dynamische Balance zwischen den Leitbildern der Differenzierung und der Integration. Während **„überintegrierte" Praktiken** die Innenbeziehungen zu stark betonen, werden gerade diese bei **„unterintegrierten" Praktiken** zugunsten der Außenbeziehungen vernachlässigt. Entsprechende **Fehlintegrationen** offenbaren sich dann z.B. in Schwierigkeiten der Organisation, sich auf äußere Gegebenheiten einzustellen oder in internen Konflikten und hohen Kosten durch Fehlabstimmungen und mangelnde Kommunikation zwischen den Organisationsmitgliedern. Eine weitere Problematik liegt in der **Evaluation** einer integralen Realisation und Praxis. Auch wenn die Verwirklichung einer integralen Organisation von strategischer Bedeutung ist, ist eine solche zeit- und kostenaufwändig. Daher sind fortlaufende **responsive Bewertungsverfahren** notwendig (vgl. z.B. Van der Haar/Hosking 2004). Mit diesen können dann auch organisationale Kosten und Nutzen sowie Ergebnisse i.S. einer „chain of impact" z.B. bei dem Einsatz in der Führungskräftentwicklung (vgl. Martineau/Hannum 2003) ermittelt werden. Aus ökonomischer Perspektive wird es wichtig sein, den **Integrationsnutzen** (z.B. optimierte Waren-, Informations- und Geldflüsse, Synergievorteile) wie auch die **Integrationskosten** (z.B. Transaktions- und Kommunikationskosten) insbesondere für verschiedene **Integrationskombinationen** zu bestimmen. Zudem müssen auch **Opportunitätskosten** (z.B. entgangene Synergien bei zu geringer Integration, entgangene Umsätze infolge langer Abstimmungsprozesse bei zu hoher Integration) ermittelt werden. Schließlich ist auch eine integrale **Gesamtoptimierung** im Spannungsfeld zwischen Partialoptimierung („Suboptimierung") und Synergie-Effekten zu bewerten. In diesem Zusammenhang stellt die Entwicklung und Anwendung **integraler Bewertungsinstrumente** eine große, aber wichtige Herausforderung dar. Damit einhergehend kommt **integral orientierten Feedbacksystemen** (vgl. Cacioppe/Albrecht 2000) eine besondere Bedeutung zu. Sie ermöglichen es, dass Rückmeldungen aus allen Bereichen erfolgen und frühzeitig Vorkehrungen bei Problemen oder Lösungen für auftretende Problemlagen gefunden werden können.

Schließlich stößt ein integrales Denken und Handeln bzw. Leben an eine **grundlegende Grenze** im Verhältnis zu Dimensionen, die nicht integrierbar sind. Dies betrifft insbesondere Phänomene des „**A-Rationalen" oder „Anti-Rationalen"**. Da der Modus einer Integration auf rationaler Analyse und Begründung basiert, ergibt sich die Problematik der Erfassung und Berücksichtigung von a-rationalen (un- oder nichtvernünftigen) und anti- bzw. irrationalen (widervernünftigen) Dimensionen bzw. nicht rational begründbaren Zusammenhängen. So entziehen sich **vorsubjektive und vorobjektive Dimensionen** einem direkten integrierbaren Zugang. Auch kann nicht ausgeschlossen werden, dass ein integraler Gesamtvollzug auch A- und Anti- bzw. Irrationalitäten als **nicht-intendierte Nebeneffekte** hervorbringt, die aber von zentralem Einfluss für die Entwicklung und Steuerung von Organisationen werden können (Kapitel 6.). Andererseits kann auch ein absichtsvolles **Zulassen von „Nicht-Integralität"** für Organisationen und ihre Mitglieder zweck- und sinnvoll sein. Dies gilt insbesondere für die Generierung von **Innovationen**. Gerade die Entwicklung des Neuen, seien es technische Innovationen bei Produkten oder Dienstleistungen bzw. der Produktion oder auch Sozialinnovationen, kann das Zulassen nicht-integraler Praktiken voraussetzen. Auch **Anpassungen** durch sachliche, zeitliche oder soziale bzw. systemische Veränderungen (Kontingenzfaktoren) können gerade in Krisen nichtintegrale Organisationsweisen notwendig machen. In diesem Sinne gibt es auch eine **Funktionalität einer (scheinbaren) Dysfunktionalität des Nicht-Integralen**. Sinnvoll ist das Erlauben des Nichtintegralen auch i.S. einer zum einzigartigen Menschsein und zur spezifischen Organisiertheit gehörenden Dimension, die durch keine Konzepte einholbar und völlig steuerbar ist. Gerade die Besonderheit der jeweils betriebsindividuellen Organisation und ihrer je einmaligen Menschen, die immer auch durch Nichtintegrierbares bestimmt sind, machen deren unersetzbaren und letzlich unverfügbaren Wert und ihre spezifische Wertschöpfung aus.

Wie die verschiedenen Problematiken, Grenzen und Perspektiven gezeigt haben, wäre die Verwirklichung einer integralen Organisation theoretisch wie praktisch überaus komplex und herausfordernd. Zudem ist die integrale Modellierung erst einmal in die Diskussion eingebracht und die praktische Umsetzung gegenwärtig noch am Anfang ihrer Entwicklung. Daher ist die Realisation der Vision eines integralen Menschen („homo integralis") und einer integralen Organisation („organisatio integralis") noch ein langer Weg. Wie dieses Kapitel jedoch zeigen sollte, lohnt es sich, diesen Weg zu gehen und dabei das integrale Denken und dessen Praxis theoretisch-konzeptionell wie pragmatisch-operational zu verfeinern – ohne zu beanspruchen, dass es einen „one-best-integral-way" gäbe. Um das Zusammenwirken der verschiedenen Sphären des integralen Modells zu optimieren, kommt es schließlich ganz entscheidend auch auf eine gestaltungspraktische „**Meta-Steuerung**" i.S. eines integralen Organisierens, Führens und Koordinierens an, der wir uns nun im folgenden Kapitel eingehend zuwenden. Organisation und Führung werden dabei als **Medien der Integration**, insbesondere zur Ausrichtung und Beeinflussung der individuellen und kollektiven Dimensionen im Organisationsholon, verstanden.

6 Integrale Meta-Steuerung von Organisationen

Aufbauend auf den Grundlagen des integralen Modells, das im vorherigen Kapitel eingehend vorgestellt wurde, sollen nun weiterführende **steuerungsrelevante Inhalte und Sachverhalte** diskutiert werden. Wie das integrale Modell, versteht sich auch die hier vorgenommene integrale Modellierung von Steuerung als eine heuristisch zweckvolle Perspektive und Ordnungshilfe. Analog zu den Ansprüchen des integralen Modells, wird dabei nicht beansprucht, die Steuerungswirklichkeit vollumfänglich zu erfassen oder abzubilden. Als ein leitendes, aber wandlungs- und entwicklungsfähiges Konzept bietet sich jedoch eine integrale Meta-Steuerung für einen strukturierten, aber flexiblen Umgang mit übergreifenden Steuerungsfragen der Organisation und der Führung in besonderer Weise an. Denn, wie im Einzelnen zu zeigen sein wird, ermöglicht es eine originelle Betrachtung von Steuerung und eröffnet neue Perspektiven zu ihrer Gestaltung. Während das zuvor beschriebene integrale Modell als eine Landkarte dargestellt wurde, stellen die Ausführungen des folgenden Kapitels zur Meta-Steuerung, der integralen Organisation und integralen Führung, Möglichkeiten einer **steuerungsorientierten Verwendung** dieser Karte dar. Ein steuerungsbezogener Gebrauch der integralen Karte kann dabei eine wegweisende Orientierung durch komplexe „Steuerungswelten" bieten. Zudem erschließt ein solches Vorgehen relevante (Steuerungs-) Potenziale und Gestaltungsformen, die auch eine wirksamere und integralere Organisationspraxis ermöglichen. Denn ein integrales Denken von Organisationen, Führung und Steuerung erlaubt grundlegend verschiedene **Steuerungsperspektiven** einzunehmen. Zudem kann es dabei auftretende unterschiedliche Konflikte und Problemlagen verstehen und überwinden helfen. Dies ist umso bedeutsamer, als mit einer unzureichenden Integration verbundene **Steuerungsprobleme** zu suboptimalen Prozessen und vielfältigen Fehlentwicklungen führen, die eine Organisation belasten oder sogar gefährden können. Demgegenüber ist über eine integral orientierte Steuerung die Verwirklichung einer **Gesamtintegration** und damit einer **nachhaltigen Gesamtentwicklung** der Organisation mit ihren Personen, Gemeinschaften und Systemen möglich.

Insgesamt zielt das Kapitel damit darauf ab, ein steuerungsspezifisch orientiertes, integrales Denken und dessen Umsetzung in Organisationen zu vermitteln. Dabei gilt es zunächst den **Bedarf** und die Bedeutung einer integralen Meta-Steuerung auszuweisen (Kapitel 6.1). Insbesondere gilt es dazu auch, die Grundprinzipien und Medien integraler Meta-Steuerung zu bestimmen (Kapitel 6.2). Anschließend werden dann eine **integrale Organisation** und eine integrale Führung mit ihren jeweiligen Einfluss- und Entwicklungsfeldern vorgestellt (Kapitel 6.3 und Kapitel 6.4). Die Betrachtungen zu einer integralen Meta-Steuerung münden dann in integralen **Steuerungskonfigurationen** (Kapitel 6.5). Ein besonderer Fokus wird dann auf Möglichkeiten und Grenzen einer **integralen Selbststeuerung** durch Selbstorganisation gelegt (Kapitel 6.6). Abschließend werden dann noch die Grenzen einer integralen Meta-Steuerung kritisch analysiert (Kapitel 6.7) und die Idee der integralen Meta-Steuerung zusammenfassend gewürdigt (Kapitel 6.8).

6.1   Bedarf und Bedeutung integraler Steuerung

Wie anfangs erwähnt, kommen herkömmliche Verständnisse von Steuerung (auch in Anbetracht gegebner Kontextveränderungen) an ihre Grenzen (☞ Kapitel 2.3.2). Dies auch deshalb, weil eine solche Vorstellungen von organisationaler Steuerung nur unzureichend das Zusammenspiel der Teilelemente von Organisationen erfasst bzw. berücksichtigen kann.Der besondere Bedarf und die Relevanz integraler Meta-Steuerung – wie auch damit zusammenhängender integraler Organisation und Führung – ergeben sich aus verschiedenen Gründen. Zunächst ist grundlegend die steigende interne **Komplexität** von Organisationen zu nennen, die mit einer partiellen Betrachtung nicht hinreichend erfassbar und damit auch nicht durch eine Kontrolle einzelner Elemente steuerbar ist. Außerdem sind die Kooperation und Kommunikation zwischen den Elementen in komplexen Organisationszusammenhängen oft kompliziert und intransparent. Weiterhin sind integrale Organisationen nicht-linear vernetzt. Informationen werden innerhalb und zwischen den einzelnen Entitäten und Welten umgelenkt und teilweise kontraintuitiv verarbeitet. Die Reaktion auf Einflüsse von anderen (entitativen und weltlichen) Sphären erfolgt darüber hinaus erst mit zeitlicher Verzögerung, denn diese müssen häufig erst einen weitläufigen internen Verarbeitungsprozess durchlaufen.

Ein zentrales Problem von Organisationen ist es, eine **Kongruenz**, d.h. eine Übereinstimmung zwischen Organisations- und Personalstruktur (vgl. dazu Türk 1981, S. 366ff.; ☞ Kapitel 3.2) sowie zwischen divergenten Zielen und Interessen der Beteiligten und Betroffenen in Organisationen oder zwischen Abteilungen in der Organisation herzustellen. Eine Deckungsgleichheit der jeweiligen individuellen bzw. organisationalen und sphärenspezifischen Intentionen und Interessenslagen ist jedoch nicht immer (einfach) gegeben. Zudem ist die Übereinstimmung zwischen dem organisational erwarteten und dem individuell oder kollektiv tatsächlich gezeigten Operieren keineswegs gesichert. Eine solche Kongruenz muss aber deshalb bis zu einem gewissen Grad her- oder sichergestellt werden, weil anderenfalls die Erreichung des Organisationsziels und damit letztlich das Überleben der Organisation erheblich gefährdet werden könnte. Auf der funktionalen Ebene ergibt sich ein hoher **Koordinationsbedarf** aus den Abstimmungs- und Verteilungserfordernissen in Bezug auf innerbetriebliche Ressourcen, Stellen- bzw. Abteilungsbildung und deren Leistungsverflechtungen sowie (Absatz-)Marktinterdependenzen. Werden Schnittstellen und Bezüge von verschiedenen Aufgaben- und Verantwortungsbereichen (z.B. Einkauf, Finanzierung, Personal, Produktion, Vertrieb) nicht aufeinander abgestimmt, können verzögerte Prozessabwicklungen in der Gesamtorganisation entstehen. Ein hoher Grad von Arbeitsteilung, starke gegenseitige Abhängigkeit zwischen verschiedenen Organisationseinheiten oder übergreifende (variable und unstrukturierte) Probleme sowie große räumliche, zeitliche, sachliche oder menschliche Distanzen resultieren ebenfalls in einem erhöhten Koordinations- und Steuerungsbedarf, auch zur Eingrenzung potentiell dysfunktionaler Wirkungen von Einzelbereichen (vgl. Rühli 1992, Sp. 1165). Weiterhin erfordern auch die Kommunikationsprozesse in Organisationen eine gesamthafte Steuerung, um Unterversorgungen, Nachfragedefizite oder Ungleichverteilungen, die sich aus bestimmten Strukturformen ergeben, zu vermeiden.

Die Notwendigkeit einer übergreifenden Abstimmung ist neben den grundlegenden Spannungsfeldern, wie sie sich in Konflikten, Dilemmata, Paradoxien und Pathologien äußern (☞ Kapitel 4.), auch durch die spezifischen **Konfliktfelder und Problemlagen** in den einzelnen Sphären des integralen Modells sowie deren Verhältnis zu den anderen Sphären gegeben. Wie bereits zuvor bei den Realisationsproblemen einer integralen Praxis angesprochen (☞ Kapitel 5.4), gibt es **dominante Logiken** und Zwänge in einzelnen Sphären. Neben den je eigenen Logiken, d.h. Blickrichtungen und in sich kohärenten, je subjektiv konstruierten Plausibilitäten der Entitäten und Welten, bestehen Zwänge, z.B. bezogen auf das egoistische Selbst, individuelle Handlungszwänge, dynamische Gruppenzwänge oder funktionale Sach- bzw. Systemzwänge. Diese vorherrschenden Orientierungen können nicht nur binnensphärisch zu Problemen führen, sondern wirken sich auch auf andere Bereiche aus. Beispielsweise reduziert ein Mitarbeiter mit eingeschränkter Motivation bzw. Leistungsbereitschaft (Psyche/Innenwelt) das Engagement seines Handelns und Verhaltens (Agent/Wirkwelt), was damit auch die Gruppe (Kultur/Mitwelt) und Gesamtperformance (System/Sachwelt) beeinträchtigt. Oder eine Gruppe, die in einem „group-think" gefangen ist, beeinträchtigt das Handeln einzelner Mitarbeiter, was sich wiederum negativ auf die Gesamtorganisation auswirkt. Ebenso können instrumentelle Vorgaben des Systems und der Sachwelt, Prozesse in allen anderen Entitäten und Welten blockieren.

Zudem können die Logiken und die Fremd- und Selbststeuerungen in jeder Sphäre auch **nicht-intendierte Nebenfolgen** (auch kostenintensiver Art) generieren, die das Gesamtholon betreffen. So könnte eine narzisstisch eingestellte charismatische Führungskraft zu einem „selbstausbeuterischen" Leistungssyndrom beim Einzelnen (Agent) führen oder zu einer unkritischen Gefolgschaft von und in Gruppen (Kultur), die zu problematischen Abhängigkeitsstrukturen in der Organisation (System) beiträgt. Auch von Strukturen (Systemen) können unerwünschte Effekte ausgehen. So bewirken halbherzig eingeführte („unechte Matrix") oder schlecht funktionierende „Matrixstrukturen" Konflikte, Kompetenzstreitigkeiten oder eine Verlängerung von Entscheidungsprozessen bei Gruppen (Kultur). Schließlich können auch übertrieben steile Hierarchien oder Regelungen als Strukturzusammenhang problematisch sein. Beispielsweise kann die bewusste Bündelung von Kernkompetenzen in Forschungs- und Entwicklungsabteilungen neben den gewünschten Spezialisierungsvorteilen auch einen Verlust von Breite an Qualifikation und unternehmerischem Kompetenzeinsatz bzw. „process-ownership" nach sich ziehen sowie die eingeschränkte Generierung von kreativen Innovationen. Die Entlassung eines (leistungsschwachen) Mitarbeiters mag zu einem Verlust des benötigten „Sozial-Hygienikers", der dieser Mitarbeiter auch war, oder zu einem Verlieren seines impliziten Wissens führen, das jedoch gerade in Krisensituationen erforderlich sein kann. Dies kann sich wiederum negativ sowohl auf das Organisationsklima (Kultur) wie auf die Gesamtorganisation (System) auswirken. Ebenso führen Fehlinvestitionen oder „Desinvestitions-Strategien" des Systems, mit denen Einsparungen angestrebt werden, (angewandt am falschen Ort) zur Reduzierung von Personal (Mitarbeiter) oder Kapital (Budget), was psychische wie gruppenbezogene Zusatzbelastungen bzw. Stress(-folgen) bewirkt.

Ferner können sich gute Absichten in **schlechte Folgen** verkehren: Eine Veranschaulichung dazu wären übermotiviert oder „over-comitted" eingestellte Mitarbeiter (Psyche), die in ihrem Handeln aktionistisch werden (Agent). Diese können nicht nur sich selbst überfordern (Burn-out), sondern auch den Gruppenzusammenhang (Kohäsion) stören. Beispielsweise belasten die unbefugten Eingriffe von übereifrigen „Aktionisten" in Zuständigkeitsbereiche anderer Mitarbeiter diese sehr. Auch wirkt sich ein übererfüllter „Leistungsakkord" auf eine Abteilung langfristig negativ aus (z.B. auf Faktoren wie Gruppenklima, Fehlerhäufigkeit oder Motivation). Diese Einflüsse beeinträchtigen dann wiederum die Gesamtorganisation. Auch kann es zu einer **„Überleistungsproblematik"** kommen, wie eine einseitige Umsatz-steigerung (z.B. durch zu viele akquirierte Kundenaufträge), die die Bearbeitungskompeten-zen der Unternehmung übersteigt und dadurch nicht zu einer Rendite-Generierung führt. Ein anderes Beispiel wäre eine zu starke Unternehmenskultur, die sich ausweitet und rigide wird (verhärtet) oder in das Privatleben von Mitarbeitern eingreift (All-Inkludierung). Kritisch ist auch, wenn nur scheinbar gute Intentionen (Incentives), die aber ganz andere Zwecke und Interessen verfolgen, als solche durchschaut werden, was einen Vertrauenseinbruch bewirkt. Zudem führen Ansprüche, Werte (z.B. ethische Grundsätze), die nicht gelebt oder nicht um-gesetzt werden, zu frustrierenden Enttäuschungen, Misstrauen oder Verletzung von psycho-logischen Verträgen bei Einzelnen und in Gruppen. Kommt dies fortwährend vor, kann da-durch die gesamte Organisation in ihrem Ruf geschädigt werden. Oft ergibt sich ein solcher **„gesamt-holonischer" Schaden** durch Kurzsichtigkeiten in der Fokussierung auf einzelne Sphären, bei denen längerfristige Effekte in anderen Sphären sowie deren Zusammenhang nicht hinreichend berücksichtigt werden. Durch eine **sphärenspezifische „Borniertheit"** kann es so zur Verwechselung von Teilen mit dem Ganzen kommen.

Wie diese Beispiele zeigen, ist eine rein **binnensektorielle Orientierung** unzureichend und der Bedarf für eine integrale Meta-Steuerung gegeben, die auch eine **transsektorielle Koor-dination** der Sphären unter Berücksichtigung der geschichtlich und aktuell situierten Ge-samtkonstellation der Organisation vollzieht. Des Weiteren ergibt sich der Bedarf an Meta-Steuerung daraus, dass Probleme und Entwicklungserfordernisse oft nicht durch die Eigenlo-gik und „Eigenkraft" (Vermögen zur Selbst-Steuerung) der jeweiligen Sphären allein bewäl-tigt werden können. Die Grenzen einer kreativen Eigensteuerung der jeweiligen „Sphären" und somit der Bedarf an korrigierendem und antizipativem Eingriff durch Fremdbeeinflus-sung ergeben sich aus einseitigen Orientierungen und selbstverstärkenden Effekten. Denn wie auch Neuberger (2006a S. 198 und 2006b, S. 172) ausführt: „Jeder isolierte Steuerungs-mechanismus in Organisationen tendiert dazu, sich zu verabsolutieren und Misserfolge durch mehr von demselben zu bekämpfen"; etwas das Argyris (1976) als vielfach unzureichendes „Einfach-Schleifen-Lernen" erster Ordnung qualifizierte. Hierin äußert sich oft die patholo-gische Tendenz, gegebenenfalls auch dann noch am Falschen festzuhalten, wenn dessen Versagen offenkundig geworden ist.

Schließlich können sich auch Probleme aus **nicht-integralen Gesamtzusammenhängen**, z.B. unzureichenden Beziehungen und Koordinationen zwischen den Sphären ergeben. Da-her besteht die Aufgabe einer integralen Meta-Steuerung auch darin, immer dann steuernd und korrigierend einzugreifen, wenn die **Gesamtintegration** gefährdet ist. Gleichzeitig darf eine Meta-Steuerung jedoch nicht in die Pathologie einer falsch verstandenen Ganzheitlichkeit (Holismus) verfallen. Eine solche würde sich quasi „proto-totalitär" nur vom Ganzen (z.B. übergeordneter Betriebszweck) her orientieren, ohne den jeweiligen Eigenwert der Teile (z.B. Bedürfnisse und Besonderheiten einzelner Mitarbeiter oder einer Gruppe) hinreichend zu beachten. Eine Meta-Steuerung hat vielmehr das Ganze und die Teile inklusive deren relativer Bedeutungen sowie mit beiden verbundenen Gesamtzusammenhängen in holonischer Weise zu berücksichtigen. Zur Aufrechterhaltung von bestimmten Organisationsprozessen sowie zur Verhinderung von Fehlentwicklungen und eventueller Gegensteuerung muss eine Metasteuerung in verschiedenen Bereichen operieren und zugleich den Blick für das Ganze nie verlieren. Um dies zu leisten, ist eine umfassende Abbildung bzw. Repräsentation dieser Bereiche notwendig, wie sie durch das integrale Modell vermittelt wird. In diesem Sinne liefert das integrale Rahmenmodell nicht nur eine Übersicht und Orientierungshilfe analog einer Landkarte, sondern erlaubt auch die „Kartierung" und Angabe von Wegen, wodurch eine Art steuerndes Eingreifen ermöglicht wird. Je nachdem wie geschaut wird, also welche Perspektive eingenommen wird, werden jeweils spezifische Wirklichkeitsbezüge konstruiert und steuernd beeinflusst.

Wie mit diesen Ausführungen gezeigt wurde, besteht also ein besonderer Bedarf an einer integralen Meta-Steuerung. Denn nur sie stellt eine **Koordinationsinstanz** dar, die zwischen den Sphären, Entitäten bzw. Welten sowie deren Übergängen vermittelt. Eine integrale Meta-Steuerung und eine integrale Organisation und Führung ergeben sich also ganz grundlegend aus dem **interrelationalen Zusammenhang** der unterschiedlichen Sphären. Im Weiteren werden hier zunächst diese Interrelationen der verschiedenen Sphären des integralen Modells vorgestellt und daraus weitere Grundprinzipien entwickelt sowie die zentralen Medien integraler Steuerung vorgestellt.

6.2 Grundprinzipien und Medien integraler Meta-Steuerung

Als erstes Grundprinzip ergibt sich unmittelbar aus der wechselseitigen Verbundenheit und Verflochtenheit der Sphären, Felder und Welten im integralen Modell das Steuerungsprinzip der **Interrelationalität**. Erst durch eine (inter-)relationale Orientierung und Interpretation wird es möglich, sowohl die reduktionistischen Einseitigkeiten eines Subjektivismus wie eines Objektivismus zu vermeiden. Aus einer relationalen Perspektive können wir lernen, Individuen, Gruppen oder eine organisationale Wissensbasis etc. nicht als Container aufzufassen, sondern zu beobachten, was sich *zwischen* ihnen bewegt. Dieses Zwischen verweist dabei auf eine spezifische Art und Weise des Seins, welches sich nicht von festgelegten Positionen (wie die eines Subjektes oder eines Objektes) her bestimmt, sondern diese erst hervorbringt. Damit kann es als eine vermittelt, dialogisch strukturierte und responsive Praxis interpretiert werden (vgl. Shotter 1995, Stacey 2001), die sich *zwischen* und über alle Felder, Bereiche und Entitäten einer Organisation bzw. des integralen Modells prozessiert. Konkret

realisiert sich eine relationale Praxis durch vielfältige Kommunikationen im Organisationsalltag. Individuen kommunizieren z.B. ihre Erwartungen, Pläne, Vorschläge oder Intentionen, ihre Gedanken und Gefühle zunächst sich selbst als Handelnden. In Ergänzung direkter
Kommunikation zu Gruppen und zum System als Bewusstseinsträger, kommunizieren Individuen insbesondere als Agenten ihr Wissen, Können und v. a. ihr Handeln den kollektiven
Entitäten, z. B. ihrer Arbeitsgruppe oder dem System. Dabei sind es in Organisationen als
Leistungsgebilde insbesondere die Leistungsbeiträge, die als Kommunikationsangebot erwartet bzw. bereitgestellt werden und auf die geantwortet wird. Auch die Gruppen (oder die
Organisationskultur) kommunizieren neben Erwartungen und Rückmeldungen an (handelnden) Individuen ihre Teamleistungen (Performanz) an die Agentur. Das System wiederum
kommuniziert in a-personaler Weise bereitstellend Ressourcen, Strukturen und Bedingungen.
Ferner kommuniziert es Anreize oder Sanktionen, sowie Optionen oder Einschränkungsfor-
men. Durch diese relationalen Kommunikationsfluesse kommt es zu relationalen Konver-
genzen und Divergenzen, zu Bestätigungen, Anschlusskommunikationen oder Konflikten
und Kommunikationsverweigerungen, die in konversationalen Verhandlungs-und Führungsprozessen fortwährend (wiederum kommunikativ) bearbeitet werden. Kommunikationen
stellen damit die relationale Konstitution von Organisationen dar (vgl. Cooren/Taylor/Van
Every 2006), die nicht nur ein rein instrumenteller, kalkulativer oder nur funktionaler Infor-
mationsaustausch darstellt, sondern eine komplexe, emergente und kreative Beziehungspra-
xis mitformt.

In gewisser Weise sind Organisationen somit **relationale Konversationen**, die sich durch
die Kommunikationen ihrer integralen Elemente ko-konstituieren. Es ist dabei eine spezifische Ko-Orientierung durch die sich Kommunikation als relationale Organisationspraxis
ereignet. Diese vermittelnde Ko-orientierung stellt dabei eine protointegrale Möglichkeit dar
„of linking subjective, social and the objective, material world within a single framework."
(vgl. Cooren/Taylor/Van Every 2006, S. 14). Wichtig dabei ist es, diese relationalen Kom-
munikationsweisen nicht nur als abstrakte (apersonalisierte, entleiblichte) Formen, sondern
als immer durch leiblich-sinnliche Dimensionen verkörperte und vermittelte Praktiken zu
verstehen. Alle kommunikativen Interrelationen und Vermittlungsprozesse sind dabei (onto-
logisch) Teil eines beziehungsreichen, interdependenten und reversiblen **Nexus** (vgl. dazu
Merleau-Ponty 1995). Die Prozesse dieses Nexus vollziehen sich dabei auch durch Überset-
zungspraktiken (Trans-re-lationen), bei dem die Qualitäten, Bedingungen, Einflüsse oder
Ergebnisse eines Bereichs, die in anderen Bereichen prozessual genutzt werden, was wiederum auf den Ausgangsbereich zurückwirkt. Aus relationaler Sicht wird damit deutlich, wie
sehr die Bereiche sowie Formen und deren jeweilige (situierten) Praktiken in der Steuerung
zusammen- oder auch gegeneinander wirksam werden. Mit diesen Zwischenpraktiken werden also alle Dimensionen des integralen (Steuerungs-)Modells als ein Verflechtungszu-
sammenhang verständlich, in dem psychische, agentische, sozio-kulturelle bzw. systemische
(Steuerungs-)Praktiken sich wechselseitig konstituieren und entwickeln. Letztlich ist es also
der interrelationale Raum des „Zwischens" (space in-between, vgl. Bradbury/Lichtenstein
2000), der den Ursprung und das Milieu einer integralen (Steuerungs-)Praxis ausmacht.

Es ist dieses prozessuale Zwischen mit seinen individuellen und kollektiven Identitäten sowie personalen, interpersonalen, aktionalen und systemischen Beziehungen, das die (nicht-
statische) „Basis" der integralen Steuerung einer Organisation und ihrer darin verfassten

Mitglieder und Elemente konstituiert. In dieser **„Inter-Praxis"** (vgl. Küpers 2009) von Steuerung sind die integralen Praktiken, Praktiker bzw. Praxiselemente unaufhebbar als fortwährende relationale Aktivität miteinander verknüpft. Geht man von einem Primat relationaler Prozesse aus, werden diese zu (Vollzugs-)Formen und Medien, in denen die Qualitäten und (Steuerungs-)Praktiken des Integralen kontinuierlich kreiert, modifiziert und transformiert werden. Der **relationale Fluss** (relational flow, vgl. Gergen 2009, S. 46) bewegt sich dabei zwischen Ein- bzw. Beschränkungen und Offenheit, Entfremdungen und Vertrautheiten. „In the process of relational flow, we generate durable meaning together in our local conditions, but in doing so we continuously innovate in ways that are sensitive to the multiplicity of relationships in which we are engaged" (Gergen 2009, S. 46). Als mehrwertiger Prozess, kann sich der Beziehungsfluss als degenerativ oder generativ manifestieren. D.h. er schränkt mögliche Entfaltungen des Steuerungsgeschehens ein oder fördert diese. Das Prinzips der Inter-Relationalität in Steuerung zu praktizieren bedeutet, zwischen Sein und Werden, zwischen dem Stabilen und dem Fluiden, etablierten (konservierenden und schließenden) Mustern, Routinen bzw. Gewohnheiten und kreativen, improvisierenden Öffnungen und möglichen Optionen zu oszillieren. Bildlich gesprochen heisst Inter-Relationalität die Pfeile (und Kreise) zwischen Sphären, Entitäten des Steuerungsnexus zu sehen, denken und damit zuberücksichtigen.

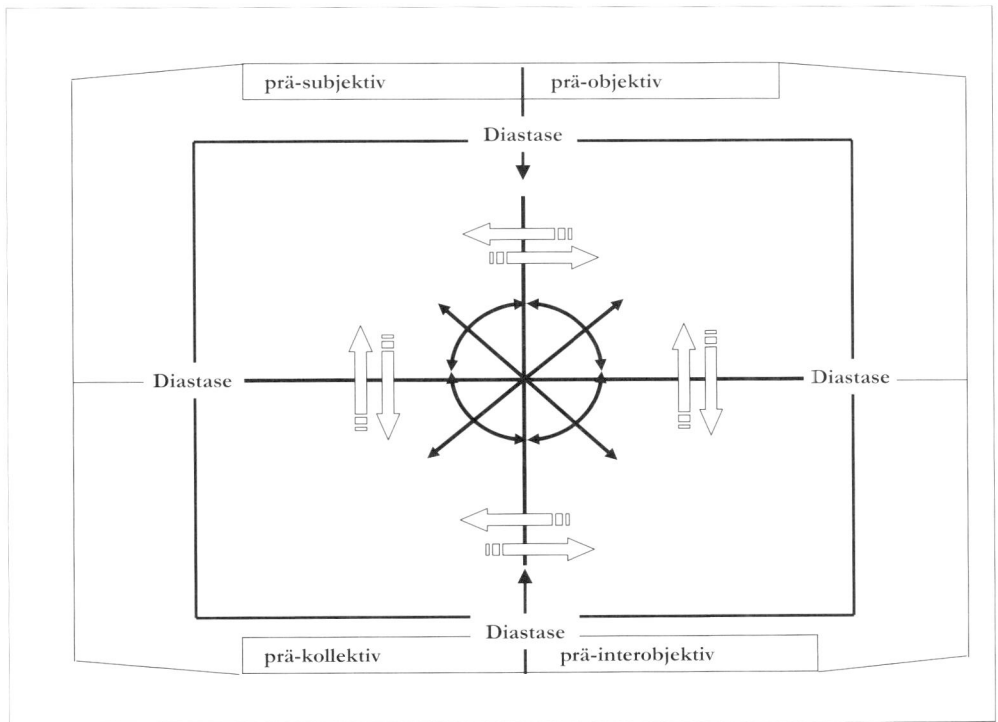

Abb. 6.1: Interrealationalität im Integralen Modell

Durch die so genannten **Diastase** als Gestaltungskraft der (gebrochenen) Erfahrung entsteht das**,** was unterschieden wird, erst eben im trennend-verbindenden Zwischen selbst. Das Konstellationsmodell berücksichtigt in dieser Weise den **vor-subjektiven und vor-objektiven bzw. vor-kollektiven und vor-interobjektiven Zusammenhang des Zwischens** und das, was die Involvierten darin leiblich und sprachlich erfahren bzw. hervorbringen und/oder was die sozio-kulturellen und strukturell-funktionaler Dimensionen ausmachen.

Eng verbunden mit dem ersten Steuerungsprinzip der Interrelationalität ist das zweite Steuerungprinzip der **Sympoetik** (aus dem Griechischen: „sym" = „zusammen" und „poeisis" = Erzeugung /Hervorbringen). Auch wenn die im fünften Kapitel beschriebenen Sphären analytisch differenzierbar sind, stellen sie in der Praxis keine völlig voneinander getrennten Bereiche dar. Weder sind Innen- und Außenbereiche gänzlich voneinander unabhängig zu betrachten, noch dürfen die Individual- und Kollektivsphären isoliert gesehen werden. Die analytische Aufteilung in die vier Bereiche dient vielmehr – wie bereits erwähnt – nur als ein heuristisches Hilfsmittel, mit dem die Komplexität der Phänomene und ihrer Inhalte besser zugänglich und interpretierbar wird. Aus **gesamtintegraler Perspektive** wird deutlich, dass jede einzelne Sphäre nur einen Weltausschnitt bzw. eine Sichtweise innerhalb eines holonischen „Teil-Ganzen" repräsentiert. Die folgende Abbildung zeigt nochmals die verschiedenen Bereiche und Welten eines integralen Organisationsholons im interrelationalen Gesamtzusammenhang zwischen agentischer, kollektiver bzw. subjektiver und objektiver Identität.

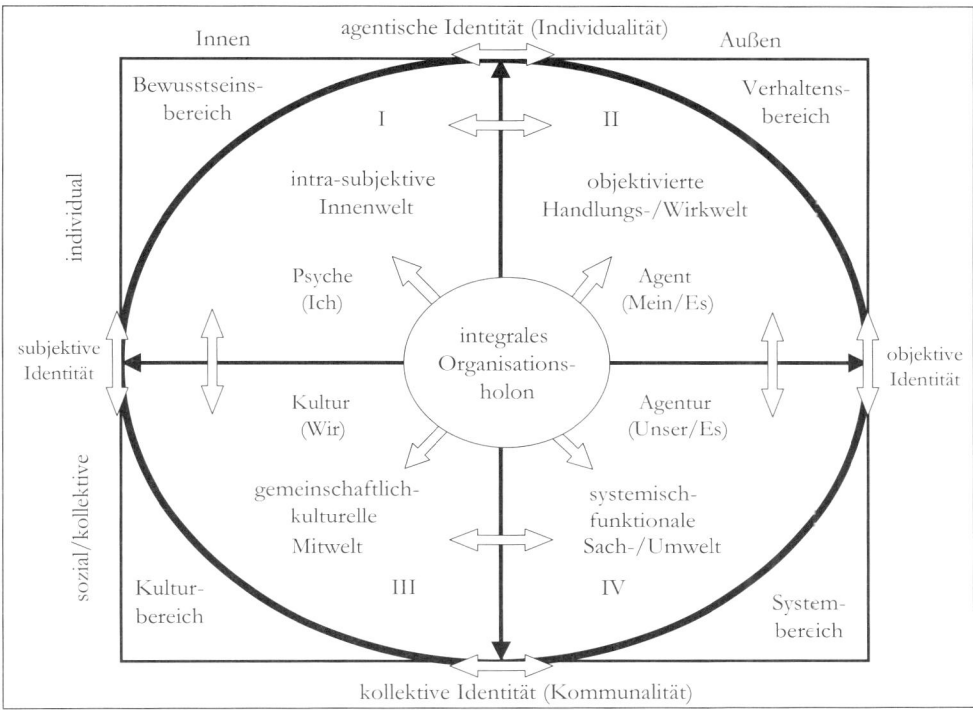

Abb. 6.2: Interrelationaler Gesamtzusammenhang im integralen Organisationsholon

Die Abbildung zeigt zusätzlich zu den Sphären auch ihre Interrelationen. Es handelt sich dabei um einen **gleichursprünglichen Interdependenzen-Zusammenhang**, bei dem beispielsweise die Agentur auf einen Agenten ebenso angewiesen ist, wie Agenten eine Agentur brauchen. Zudem bedingen auch die Psychen Einzelner und Gemeinschaften einander. Analog sind auch alle Welten miteinander unaufhebbar verflochten.

Werden die Interrelationen zwischen den Sphären berücksichtigt, wird der Zusammenhang von Innen und Außen i.S. eines **Innenbezug im Außen** sowie eines **Außenbezug im Innen** wie auch die Verflechtungen von Individuum und Kollektivität deutlich. Eine solche integrale Sichtweise auf die zusammenhängenden Sphären erlaubt ein Erschließen des Zusammenspiels von „inneren" Zuständen des Einzelnen (Innenwelt) und Interpretations- und Kommunikationsprozessen der Gemeinschaft (Mitwelt) mit den äußeren Handlungsweisen des Agenten (Wirkwelt) sowie kollektiven Funktionen und Strukturen im System (Sachwelt). Denn die Konstitution, Entwicklung und Gestaltung der individuellen und kollektiven Innen- und Außensphäre wird von allen Entitäten und Welten in ihrem **Zusammenwirken** mitbestimmt. Einerseits werden menschliche Individuen (Sphäre I, II) und die Gemeinschaft (Sphäre III) erst durch die interobjektive Sphäre (IV) lebens- und handlungsfähig, z.B. indem das Organisationssystem funktionale Strukturen, Ressourcen und Logiken für das Handeln zur Verfügung stellt. Andererseits werden die Einzelnen und die Gemeinschaft in ihrem Handeln durch die Organisation als Form der Verhaltenssteuerung eingeschränkt. Dabei ist weder das Verhalten von Einzelnen noch der Gemeinschaft in Organisationen völlig durch Strukturen determiniert, noch ist es völlig frei von strukturellen und funktionalen Einflüssen. Vielmehr besteht eine **Wechselwirkung** zwischen den inneren Prozessen und äußeren Handlungen des Einzelnen, wie den Wert- und Zielorientierungen, Interpretationen der Gemeinschaft und den Strukturen und Funktionen der inter-objektiven Organisationspraxis. So beeinflussen und beschränken Strukturen nicht nur individuelle und kollektive Interessen, sondern lassen sie sich stets auch umgekehrt für die Verwirklichung individueller und kollektiver Interessen nutzen.

Als integraler Zusammenhang treten die Sphären gemeinsam auf und bilden eine **holonische Identität** wechselseitiger Verweisung. Sie sind dabei durch vielfältige Beziehungen zu-, mit- aber auch gegeneinander bestimmt. So gibt es Kollusionen (negatives Zusammenwirken) ebenso wie Kollisionen (aufeinandertreffendes Gegeneinanderwirken), Extensionen (Ausweitungen) wie Kontraktionen (Zusammenziehungen), Introversionen (Selbstbezogenheit) bzw. Intrusionen (Verinnerlichungen) und Extroversionen (Außenbezogenheit) bzw. Extrusionen (Herausstoßungen), Perversionen wie auch „Normalisationen". Hinzu treten (positive und negative) **Verstärkungs-** oder **(Ab-)Schwächungsdynamiken** der sich wechselseitig beeinflussenden Sphären. Einerseits können sie sich in ihrem Verhältnis zueinander zu „win-win-Konstellationen" entwickeln, also positiv beeinflussen, andererseits auch gegeneinander verlustreich beeinträchtigen. Beispielsweise führt ein Kampf um Vorherrschaft (Hegemonie) einer Sphäre (mit ihrer Teilwahrheit) zur Benachteiligung anderer, was Nachteile für das Organisationsholon mit sich bringt. Schließlich ist im Verlauf einer **Gesamtentwicklung** der Organisation auch der kontinuierliche, oft unvorhersehbare Wandel und die damit einhergehende situative Veränderung der relativen Bedeutungen einzelner Entitäten und Welten in ihrer Beziehung einflussreich. Alle vier Sphären mit ihren Wirklichkeiten und Prozessen entwickeln sich daher immer gleichzeitig in einer vierfachen Weise. Eine Organisation ko-evolviert (bzw. „tetra-evolviert") also durch das Innen und Außen und durch den Einzelnen und die kollektiven Sphären und wird durch deren verflochtenen Zusammenhang von Interdependenzen und Rückwirkungen maßgeblich beeinflusst.

Als ein weiteres integrales Steuerungsprinzip ergibt sich im Anschluss daran die **Proportionalität** zur Gewährleistung einer gleichberechtigten Behandlung aller Elemente eines Holons. Ein **integrales Organisationsholon** vereinigt entsprechend die Entitäten und Welten sowie die komplexen Muster und Verweisungen der involvierten Inter-Relationen. Nur wenn alle Felder in ihrer interdependenten Verbundenheit und Einflussweise hinreichend beachtet werden, können Organisationen und ihre einzelnen Mitglieder bzw. ihre Gemeinschaft sowie ihre Systemfunktionen zu einer nachhaltigen und integralen Entwicklung kommen. Werden einzelne Sphären nicht hinreichend integral beachtet, kommt es zu **Steuerungsproblemen, suboptimalen Prozessen und Ungleichgewichten** in anderen Bereichen. So kann eine reduktionistische oder vereinseitigte Ausrichtung innerhalb der jeweiligen Sphären zu **Fehlentwicklungen** führen, die sich bis hin zu Dilemmata, Paradoxa und Pathologien ausweiten können (☞ Kapitel 4). Beispielhaft wären Introspektions- und Reflexionspotenziale des Einzelnen (Sphäre I) von geringem Nutzen ohne hinreichende Wahrnehmungs- und Kommunikationsfähigkeiten sowie Handlungspraktiken (Sphäre II), in denen sie eine Umsetzung finden. Auch können sich hoch entwickelte kognitive Fähigkeiten oder technische Kenntnisse ohne Beachtung ihrer Grenzen sowie emotionaler oder sozialer Zusammenhänge durchaus auch kontraproduktiv oder negativ auswirken. So führt beispielsweise ein rein rationales oder sachliches Vorgehen im Umgang mit Mitarbeitern zu auch unbewussten Abwehrhaltungen oder emotionalen Gegenreaktionen. Auf der kollektiven Ebene entstehen Probleme beispielsweise bei Gruppen mit guter Gemeinschaftskultur und hoher Teamkohäsion (Sphäre III), die jedoch Einzelne isolieren (z.B. Mobbing von Außenseitern) oder nicht mit anderen Abteilungen kooperieren bzw. nicht zu einem Anschluss an die Gesamtorganisation bereit sind (Abteilungsegoismus). Für die Systemsphäre (IV) kann eine einseitige Forcierung bzw. nichtintegrale Einführung von Informations- und Kommunikationstechnologien (z.B. Computer-Based-Training, Intranet) zum Verlust von sozialen Begegnungen führen oder zur Ablehnung durch ihre Anwender. Oder die Top-down-Auferlegung neuer Organisationsstrukturen im Rahmen eines Reorganisationsprogramms löst Widerstände bei Einzelnen oder Gruppen aus.

Damit ist eine **(Ko-)Responsivität** als weiteres Grundprinzip einer integralen Steuerung angesprochen, die der Vermeidung einseitiger, unidirektionaler oder aufoktroyierter Steuerungsansprüche dient. Zur Steuerung von und in Organisationen gehört generell, dass den Betroffenen etwas zum Handeln oder Zulassen bzw. Sprechen auffordert. In konkreten Steuerungssituationen stellen sich Herausforderungen und Anfragen oder werden Initiativen angeregt. Bei entsprechender Ansprechbarkeit der Handelnden kommen dabei Ansprüche zur Geltung, die ein Antworten provozieren. Dieses Antwortverhalten bzw. -handeln kann als **Responsivität** bestimmt werden (vgl. dazu ausführlich Küpers 2008a). Der Begriff des Responsiven verweist zurück auf die „Response" die in verschiedenen Verhaltenstheorien eingehend untersucht, dabei allerdings oft auf eine bloße Reaktion reduziert wurde. Das breite Bedeutungsspektrum von Responsivität umfasst dagegen vielfältige Interpretationen, welche von Reaktionsfähigkeit, Reagibilität, Antwortbereitschaft, bis hin zu Anregbarkeit oder Empfänglichkeit reichen. Responsivität kann damit als ein Grundzug allen Empfindens, Redens und Tuns, allen leiblichen, vor- und außersprachlichen wie sprachlichen Verhaltens und Handelns auch im Steuerungskontext verstanden werden. Dabei ermöglicht Responsivität die konkrete Einheit einer vielfältigen Lebensform. Sie rhythmisiert sozusagen das organisationsrelevante Gesprächs- und Handlungsgeschehen von seinen anonymen Routinen bis hin zu seinen affektiven Orientierungen, die jede sprachliche und handlungspraktische Äußerung wie ein „basso continuo" begleiten. Das Responsive schafft so einen **vieldimensionalen Gesprächs-, Stimmungs- und Handlungsraum,** in dem Menschen – sei es kollegial oder institutionell – im Organisations- und Steuerungszusammenhang miteinander verbunden sind. Aus dieser Perspektive äußert sich bzw. bedeutet alles Erleben und Erleiden sowie Sprechen, Erkennen und Handeln in organisationsrelevanten Kontexten immer auch eine Art von Antwortpraxis.

Responsivität vollzieht sich damit immer im jeweiligen Hier und Jetzt in bestimmten handlungswirksamen Ereignissen von Organisationswelten und ist als ein offenes Geschehen zu verstehen, das seine Maßstäbe mit entstehen lässt. Responsive Anknüpfungen lassen also auch zu, dass etwas auftritt, was nicht erwartet, vorgesehen, vorgeplant oder im Voraus geregelt war. Diese Möglichkeiten entstehen durch die **responsiven Differenz** zwischen dem „Was" (Inhalt) und dem „Worauf" (Anspruch) einer Antwort, aus der eine spezifische Zwischensphäre zurück- bzw. neugewonnen wird, die weder in subjektiven Intentionen noch in trans-subjektiven Koordinationen zu ihrem Recht kommt. Denn das, *worauf* geantwortet wird, bildet dabei weder die Etappe zu einem Ziel, noch den Fall einer Regel, noch das Vorstadium eines zu lösenden Problems. Die responsive Differenz zwischen dem Anspruch worauf wir antworten, und dem, was wir ziel-, regel- oder problemorientiert, also stets auf bestimmte Weise zur Antwort geben, fällt nicht in die jeweilige Ordnung aus Zielen, Geboten und Problemen, sondern sie lässt Ordnungen erst entstehen. Das Antworten ist zudem offen für das Zu- und Ein-Fallende. Als ein solches ist es dann nicht ein bloß reproduktives, indem ein bereits existierender Sinn wieder- oder weitergegeben bzw. vervollständigt wird oder einer vorgegebenen Norm folgt, sondern ein **produktives Antworten.** Es erschließt Innovatives und Kreatives, das sich ergibt und erfindet, indem es gegeben wird und so sich erst bildet. In solchen Formen eines solchen schöpferischen Antwortens gibt es etwas, was im Antworten auf den fremden Anspruch in Form einer Verfertigung von Antworten in der Rede bzw. im Tun oder Lassen erst entsteht. Damit liegt die besondere Bedeutung des Prinzips der Responsivität in der integralen Steuerung in der Entwicklung einer flexiblen, **proaktiven Steuerung**, durch die Anpassungen, Gegen- und Umsteuerungen in Abstimmungen mit vielen organisationalen Einheiten und Elemente vorbereitet und ermöglicht werden. Dies geschieht durch einen Resonanz- und Beziehungszusammenhang, der sensibel und offen ist für Signale von allen Ebenen und Elementen der Organisation und zweiseitige Kommunikationen fördert.

Syntegralität als viertes Grundprinzip repräsentiert abschließend den Versuch, das dichotomome Denken klassischer Steuerungsansätze mit seiner oft irreführenden Binarität und Polarität von Denkfiguren und seiner „Entweder-Oder-Logik" (vgl. Tsoukas 2000) zu überwinden. Somit ist das Prinzip der Syntegralität eine Weiterentwicklung holonischer und integraler Ansätze, die verschiedene Wege, wie sich (divergente und konvergente) relationale Dimensionen in dynamischer Weise ergänzend zueinander verhalten, betrachtet (vgl. dazu ausführlich Küpers/Deeg 2009). Damit bezieht sich Syntegralität (oder Syntegration) auf eine weiterentwickelte Form dynamischer, interrelationaler Integration. Zu einem besseren Verständnis kann das Prinzip der Syntegralität mit dem Konzept der **Synergetik** kontrastiert werden, das einen interdisziplinären Zugang zur Erklärung der Bildung und Selbstorganisation von Muster und Strukturen in offenen Systemen jenseits thermodynamischer Gleichgewichte darstellt (vgl. Haken 2004). Im Gegensatz zu diesem systemischen Ansatz, der Selbstorganisation als ein Phänomen auffasst, bei dem ein komplexes System seine räumliche Struktur und Anordnung oder seine Funktionen ohne irgendeinen äußeren Eingriff herausbildet, beinhaltet Syntegralität ausdrücklich die Möglichkeit eines aktiven, eingreifenden Handelns. Denn obwohl sie in einen holonischen Zusammenhang bzw. ein holarchisches Netzwerk eingebettet sind, können individuelle und kollektive Akteure aktiv zwischen Elementen und Ebenen eines organisationalen Holons vermitteln. Näher am Konzept der Syntegralität liegt daher das formale Model von **Syntegrität**, das eine Form nicht-hierarchischer Problemlösung in Gruppen insbesondere über informelle Wege darstellt (vgl. Beer 1994). Obwohl Syntegralität weit über die Gruppenebene und reine Problemlösungsaufgaben hinausgeht und die Grenzen system-kybernetischer Ansätze betont, stimmt sie mit der grundlegenden Idee der Synergie überein, derzufolge die Teile eines Ganzen mehr und anderes sind und ergeben können als die Summe von Einzelteilen und die bloße Zusammenlegung ihrer Eigenschaften.

Insbesondere steht Syntegralität im Einklang mit der Idee einer **Tensegrität** (Spannungsba-lance), die den Zusammenhalt von Strukturen auf eine Synergie zwischen den untrennbaren und ausgewogenen Komponenten von Spannung und Druck gegründet sieht (vgl. Ful-ler/Applewhite 1975). Eine syntegrale Orientierung folgt Buckminster Fuller's architektoni-schem Prinzip der Effizienz der Konstruktion von Dingen, demzufolge eine Integration ma-ximimale Stabilität, Robustheit und Ergebnisqualität mit einem Minimum von Input erzielen soll („To do more with less"). Gleichermaßen geht die Idee der Syntegralität davon aus, dass eine konfigurative Stabilität gleichzeitigen Anwendung und Verteilung von Spannung und Druck auf das Gesamtgebilde wie in den Beziehungen der Teile oder Einheiten untereinan-der entsteht. Damit wird also die Integrität des Ganzen durch eine Zugspannung im Sinne ausbalancierten Spannung zwischen allen Teilen gewährleistet. Fuller/Applewhite charakter-isieren dies wie folgt: „Tensegrity describes a structural-relationship principle in which struc-tural shape is guaranteed by the finitely closed, comprehensively continuus, tensional be-haviours of the system and not by the discontinuous and exclusively local compressional member behaviours. Tensegrity provides the ability to yield increasingly without ultimately breaking or coming asunder (Fuller/Applewhite 1975, S. 372)." Auf soziale Gebilde (wie Organisationen) angewandt, kommt man zu einer synergetischen Tensegrität oder Syntegri-tät, die eine optimale Verbindung (Konnektivität) zwischen Teilen ohne eine Marginalisie-rung ermöglicht. Mit dieser Optimierung von Verbindungen erlaubt Syntegralität als Steue-rungsprinzip Trennungen und Trennendes anders ins Auge zu fassen und stärker die relatio-nalen Zwischenräume zu berücksichtigen und gestalterisch zu nutzen. Dabei strebt diese Idee keineswegs eine egalisierende Einebnung von Differenzen oder unbedingten Harmonisierung von Pluralität an, noch folgt es einem (metaphysischen) Einheitsideal. Es versucht ganz im Gegenteil auf einem differenzsensitiven Weg gegensätzliche oder unterschiedliche Prinzi-pien und Positionen in Betracht zu ziehen und zu integrieren. Insgesamt entspricht die Idee der Syntegralität damit besser der Diversität, Komplexität und Ambiguität realer Organisati-onen wie der begrenzten Rationalität ihrer Mitglieder und Gestalter. Mit einem solchen Vor-gehen lassen sich sozusagen „ultrastabile" Strukturen schaffen, die insgesamt belastbarer sind und den vielfältigen „Zerreißproben" (u.a. durch konfklitäre, dilemmatische oder para-doxe Konstellationen und Ereignisse; ☞ Kapitel 4), denen organisatorische Gebilde regel-mäßig ausgesetzt sind, besser standhalten können. Durch die Inklusion von Spannungen führt eine solche Ultrastabilität keineswegs zu einer Erstarrung, sondern beinhaltet mit ihrem Wechselspiel von Statik und Dynamik gleichzeitig auch Veränderungspotenziale und flexib-le Reaktionsmöglichkeiten.

In Anbetracht der genannten Probleme und Gefahren einer nicht-integralen Praxis ist eine **integrale Steuerung und gleichwertige Berücksichtigung** der Dimensionen, Inhalte, Mög-lichkeiten und Probleme in *allen* Sphären eine wesentliche Voraussetzung für eine **integrati-ve Gesamt-Evolution der Organisation**. Erst eine solch umfassende Entwicklung ermög-licht ein gelingendes, inneres und äußeres Wachstum von Organisationen mit ihren Mitarbei-tern bzw. Gemeinschaften sowie Systemen. Das bedeutet konkret, dass zur Erledigung von Aufgaben und zur Lösung von Problemen im Organisations- und Führungsalltag wie auch in Steuerungszusammenhängen sowohl subjektive und soziale bzw. kulturelle Zustände und Prozesse als auch systemische Funktions- und Strukturzusammenhänge integral zu sehen sind. Über eine Berücksichtigung hinaus, kommt es auch darauf an, diese Bereiche gestaltungspraktisch zusammenhängend zu entwickeln und zu übergreifenden Formen der Umsetzung zu kommen. Dazu ist auch eine integrale Führung erforderlich, die für jeden Bereich spezifisch und als Gesamtführung zu konzipieren ist (☞ Kapitel 5.4). Im Weiteren werden wir zunächst ein integrales Organisations- und Führungsverständnis mit spezifischen Einfluss- und Entwicklungsfeldern vorstellen, bevor wir dann die Aufgaben und Funktionen einer integralen Meta-Steuerung beschreiben und diskutieren. Diese Reihenfolge ergibt sich daraus, dass auf der Grundlage einer integralen Organisation sich auch ein integrales Führungsverständnis erschließt. Beide fließen dann in den Zusammenhang einer übergreifenden Meta-Steuerung ein.

6.3   Integrale Organisation

Auf Basis des zuvor dargestellten integralen Modells (☞ Kapitel 5) und unter Berücksichtigung der beschriebenen interrelationalen Verflechtungen ergibt sich ein integrales Gesamtverständnis von Organisationen. Dabei umfassen Organisationen als **Holone** durch ihre Bewusstseins- und Verhaltensbereiche sowohl eine agentische bzw. **individuelle Identität** wie durch ihre Kultur- und Systembereiche eine **kollektive Identität**. Durch ihre Innenbereiche verweisen Organisationsholone zudem auf eine **(inter-)subjektive Identität** und durch ihre Außenbereiche auf eine **(inter-)objektive Identität**. Als Holon sind Organisationen zudem Teil umfassenderer Holone auf der Makroebene. Übergreifend betrachtet sind nun **integrale Organisationen** – und deren Prozesse des Organisierens – immer schon eingebettet und bestimmt von den zusammenhängenden Entitäten und Welten, die sie hervorbringen. Um nun dauerhaft bestimmte Ziele und Zwecke zu realisieren, wirken in integralen Organisationen einzelne Personen (Psychen) und handelnde Menschen (Agenten) sowie Werte und Normen sozialer Gemeinschaften (Kultur) wie auch funktionale Systeme (Agentur) in **koordinierter und steuernder Weise** zusammen. Zur Verwirklichung ihrer Ziel- und Zweckvorstellungen beeinflussen Organisationen dabei gleichzeitig sowohl die Innenwelt und die Wirk- bzw. Handlungswelt der einzelnen Mitglieder als auch die kollektive Mit- sowie Sach- bzw. Umwelt.

Organisationen dienen somit als Steuerungsgebilde, die mit Bezug auf die Führung (☞ Kapitel 6.4) ihre Sphären und deren interrelationale Operationen koordinieren. Als soziale Holone sind Organisationen insbesondere **Medien** für kollektive Prozesse der Verwirklichung von Intentionen und entsprechenden Einflussnahmen. Dies bedeutet, dass sie ein Eigenleben und -dynamik mit einer unbestimmten Zahl von Personen (Personenmehrheiten) und sachlichen Ordnungszusammenhängen haben. Die einzelnen Personen und Mitglieder stellen demgegenüber individuelle Holone der Organisation dar, die miteinander interagieren. Während sich interaktive Personalführung vorwiegend – wenngleich nicht ausschließlich – in dyadischer Form vollzieht (vgl. Weibler 2001, S. 71), ist Organisation insbesondere **pluraler Natur**. Dementsprechend bezieht sie sich gestaltend und ordnend auf das Verhalten einer Vielzahl von Personen und kollektiven Zusammenhängen (vgl. Türk 1978, S. 5). Dabei wird abstrahierend vom Leistungsvermögen des Einzelnen eine durchschnittliche Leistungsmenge und Leistungsgüte der organisierten Personen unterstellt (vgl. auch Scott 1998, S. 37). Orga-

nisation liefert so standardisierte (Verhaltens-)Lösungen für vorab definierte Anwendungsfälle (vgl. auch v.d. Oelsnitz 2000, S. 23), die von vielen Personen gleichzeitig und voneinander unabhängig genutzt werden können. Dieses Verfahren senkt den Steuerungsaufwand
und erhöht gleichzeitig die Entscheidungskapazität.

Eine Organisation zeichnet sich dabei gerade dadurch aus, dass die durch sie bewirkte Steuerung einer **Ziel- bzw. Zwecksetzung** i.S. einer zielführenden Zweckerreichung bzw. zweck-
orientierten Zielverwirklichung folgt. Die im Rahmen von Organisation verfolgten Ziele und
Zwecke haben dabei nicht nur **funktionale** (z.B. verhaltenssteuernde und leistungsbezogene), sondern auch **identitätsstiftende Auswirkungen**. Denn eine dauerhafte gemeinsame
Verfolgung von Zielen in einem organisierten Kontext führt auch zu einem gemeinsamen
Verständnis und einer Verbundenheit. Bei der Zusammenarbeit organisierter Individuen (I,
II) entstehen durch die Auseinandersetzung der Personen miteinander kollektive Vorstellun-
gen (III), die einen Bezug zueinander herstellen und so die Erwartungssicherheit individuellen Handelns erhöhen (vgl. Müller/Hurter 1999, S. 4) und zugleich Anforderungen an eine
Systemfunktionalität (IV) erfüllen. Eine zielorientierte und zielrealisierende Organisation
schafft so „sinnhaft integrierte Zusammenhänge von gewisser Selbständigkeit" (Türk 1978,
S. 1). Ihre besondere Wirkung - mit Blick auf die gesetzten Ziele - erreicht eine Organisation
dabei durch die Prinzipien der gesteuerten Arbeitsteilung und Koordination (vgl. Weibler
2001, S. 104). Erst durch dieses Verfahren kann das **Leistungspotenzial** von einer Organisation als Zusammenspiel von Personen, als Psychen und Handelnde, Gemeinschaften und
Systemen bestmöglich ausgeschöpft bzw. eine betriebliche und integrale **Wertschöpfung**
erreicht werden.

Mit diesem integralen Organisationsverständnis kann auch eine **vermittelnde Position** zwischen den verschiedenen Begriffen, Elementen und Prozessen bzw. Formen und Strukturen
von Organisation gewonnen werden. Weder wird allein eine äußere Systemdimension als
Kennzeichen für das Vorhandensein von Organisation angenommen, noch allein auf ein
inneres Gefüge der einzelnen Mitarbeiter (Leistungsträger) oder einer Kultur (Leistungsgemeinschaft) als bestimmend für das Organisationsverständnis gesetzt. Organisationen sind
vielmehr **steuernde Mittel der Integration**, also integraler Formgebung und Gestaltung des
Organisierens von Einzelnen und Kollektiven. Als ein solches Integrationsmedium ermöglichen Organisationen bei komplexen Zielsetzungen und Aufgabenstellungen die Erzielung
von (Leistungs-)Ergebnissen und damit einer Wertschöpfung. Ein integrales Organisationsholon vollzieht damit einen Vorgang, der als „**Sym-poeisis**" (☞ Kapitel 6.2., Sympoetik)
bezeichnet werden kann. Im Zusammenwirken und -arbeiten der intentionalen, handlungs-
praktischen, sozialen und institutionell-strukturellen Entitäten und Welten ist die Organisation „sym-poietisch" produktiv und wertschöpferisch. Um genauer zu verstehen, wie auf den
entwicklungsfähigen Zusammenhang einer Organisation steuernd Einfluss genommen werden kann, werden im Weiteren verschiedene Einfluss- und Entwicklungsfelder der Sphären
einer integralen Organisation vorgestellt.

6.3.1   Einflussfelder in integralen Organisationen

Für alle Bereiche des integralen Modells können spezifische Einflussfelder bestimmt werden (vgl. Comelli/v. Rosenstiel 2003, S. 34). Dem personalen inneren Bereich können z.B. ein Denken, Fühlen und **„Wollen"** als eine auf Zielerreichung gerichtete Bereitschaft und ein (selbst-)verpflichtendes Commitment als Einflussfelder zugeordnet werden. Im Außenbereich können ein **„Können"** als Qualifikationen und Kompetenzen bzw. „Rollen" für das Handeln des Einzelnen definiert werden. Auf der kollektiven Ebene ist beispielsweise ein soziales **„Dürfen/Sollen"** durch die vorherrschenden Werte und normativen Kultur- oder Strategiepraktiken als Einflussgröße bestimmbar sowie entsprechende soziale Rollen manifestiert. Im äußeren Kontext der Arbeits- und Organisationsgestaltung kann schließlich auf ein **„Haben"** i.S. situativer Ermöglichung z.B. durch Ressourcenverfügbarkeit bzw. eine Ermächtigung sowie Entscheidungs- und Handlungsspielräume verwiesen werden. All diese Einflussfelder sind **interrelational miteinander verflochten** und können sich je und gesamthaft positiv, jedoch bei unzureichender Gestaltung auch negativ verstärken. Die folgende Abbildung zeigt die Einflussfelder mit ihren Wechselwirkungen:

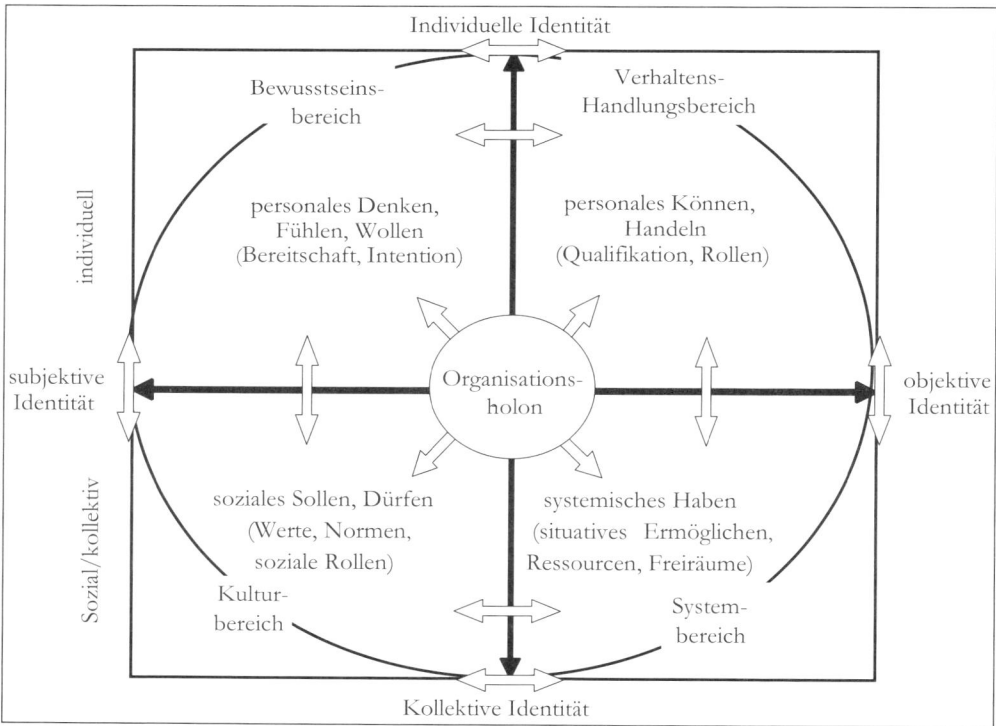

Abb. 6.3: Einflussfelder der Organisation mit ihren Wechselwirkungen

Diese Einflusszusammenhänge können an einem **Beispiel** veranschaulicht werden: Ein Mitarbeiter ist gefühlsmäßig (intrinsisch) motiviert und beabsichtigt eine neue Idee, z.B. einen **Verbesserungsvorschlag**, für seinen Arbeitsplatz einzubringen (Wollen). Er strebt dabei an, diesen auch in die Tat umzusetzen, was ein entsprechendes Vermögen (Können) im Handlungsbereich erfordert. Für die Realisation ist ferner eine Abstimmung mit seinen Kollegen und Vorgesetzen notwendig, denn er muss seine Idee mit der Mitwelt und deren Werten und Normen (Sollen/Dürfen) koordinieren. Schließlich bedarf er der Ressourcen und Freiräume (Haben), um die Ideen ganz praktisch umzusetzen und so die Sachwelt auch zu verändern.

Ein anderes **Beispiel** wäre eine **Restrukturierungsmaßnahme** in der Sach- bzw. Umwelt, z.B. die Einführung einer neuen Informations- und Kommunikationstechnologie und eine dadurch bedingte Veränderung der Arbeitsabläufe. Diese Veränderung im Bereich der Ressourcen (Haben) wirkt sich auf den sozialen Kontext (Sollen/Dürfen) aus. So können Konflikte mit bisherigen Kommunikationspraktiken oder Widerstände von Gruppen auftreten. Beim Einzelnen ist gegebenenfalls eine Weiterqualifizierung erforderlich, um mit den neuen Programmen medienkompetent umzugehen (Können). Auch können das Innenleben des einzelnen Mitarbeiters, also seine Einstellung, Motivation oder Gefühle (Wollen), durch die neue Technologien sowie die Gruppenreaktionen beeinflusst werden. Damit wollen wir uns nun den einzelnen Entwicklungsfeldern der vier Sphären in integralen Organisationen näher zuwenden.

6.3.2   Entwicklungsfelder der vier Sphären in integralen Organisationen

Die zuvor beschriebenen Gestaltungsmöglichkeiten der einzelnen Sphären (☞ Kapitel 5) können zusammenhängend als **Entwicklungsfelder** bestimmt werden, die allerdings miteinander abzustimmen sind, um die Entwicklung einer Organisation nachhaltig zu gestalten. Die folgende Abbildung fasst die verschiedenen Entwicklungsfelder mit ihren Interrelationen und Wechselwirkungen zusammen.

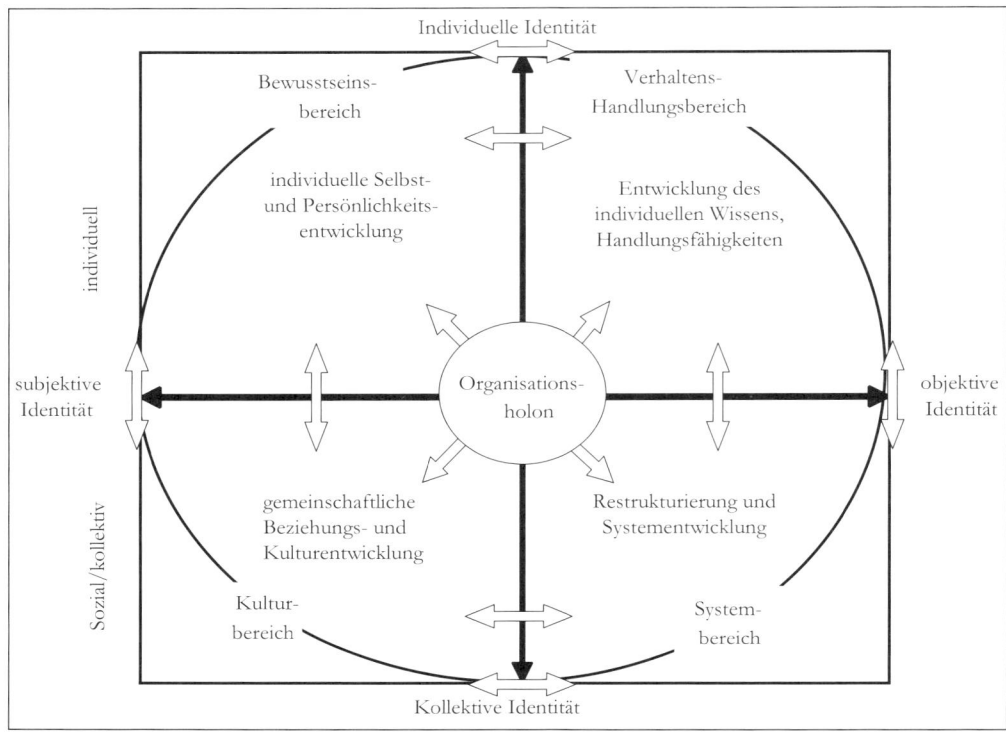

Abb. 6.4: Entwicklungsfelder der Organisation mit ihren Wechselwirkungen

Wie beschrieben, gibt es zwar für jede der Sphären verschiedene praktische Gestaltungsmöglichkeiten. Aus einer umfassenden Perspektive sind diese jedoch im Zusammenhang zu sehen. Versucht eine Organisation beispielsweise im intersubjektiven Bereich der Kultur bzw.
Mitwelt eine Maßnahme der **Personalentwicklung** zu organisieren, sind Bezüge zum Bewusstseinsbereich (Psyche/Innenwelt) der betroffenen einzelnen Mitarbeiter (z.B. Einstellungen, Gefühle) und ihrer Handlungs- und Verhaltensbereiche (Agent/Wirkwelt) (z.B. Qua-
lifikationsniveau, Handlungsvermögen) ebenso zu beachten wie zum Systembereich (Agen-
tur/Sachwelt) (z.B. infra-strukturelle Voraussetzungen). So betreffen beispielsweise Inhalte
und Ziel- und Leistungsvereinbarung der Mitarbeitergespräche die Orientierungen in der
Innenwelt sowie die Performance der agentischen Wirkwelt des Einzelnen und die Teamarbeit in der gemeinschaftlichen Mitwelt wie auch agentischen Sachwelt der Gesamtorganisation.

Strebt eine Organisation, als weiteres Beispiel, eine **kooperativ-kommunikative Kultur** an,
so bedarf dies sowohl der Berücksichtigung von Einstellungen, Gefühlen, Bedürfnissen und
Interessen, also der Psychen (Sphäre I) der involvierten Organisationsmitglieder, als auch
deren Handlungsmöglichkeiten. Entsprechend sind Kompetenzen des Einzelnen zu entwi-

ckeln, z.B. emotionale Intelligenz (Sphäre II) sowie materielle Voraussetzungen, z.B. Handlungsspielräume im Rahmen der (strukturell ermächtigenden) Organisationsentwicklung (Sphäre IV) bereitzustellen. Nur im Zusammenwirken aller Einflussfelder kann eine verantwortungsbewusste Beteiligung der Betroffenen erreicht und eine sinnstiftende und vertrauensorientierte Arbeitswelt in der Organisation gestaltet werden.

Ein anderes Beispiel stellt die Unterstützung und Entwicklung von (informellen) **Praxisgemeinschaften** dar (vgl. Küpers 2003). Will eine Organisation z.B. im Rahmen einer Initiative zur Förderung des Wissensmanagements eine „Wissens- oder Lerngemeinschaft" unterstützen, geht dies mit übergreifenden Zusammenhängen einher. So verlangt die Etablierung solcher Praxisgemeinschaften nicht nur entsprechende Bereitschaften/Motivationen (I) und Handlungspraktiken/Leistungen (II) des Einzelnen, sondern auch Ressourcen/infrastrukturelle Möglichkeiten (IV), wie z.B. die Möglichkeit, sich während der Arbeitszeit mit anderen informell zu treffen, sowie I-K-Technologien oder Lernarchitekturen. Damit zeigt sich, dass die Entwicklung gemeinschaftlicher Beziehungen und der Kultur einer Organisation nicht von der individuellen und systemischen Entwicklung getrennt werden kann. Andererseits wirkt eine solche Gemeinschaftsbildung auf die Identität der einzelnen Mitglieder sowie deren Kompetenzniveau und Arbeitsleistungen zurück und verbessert wahrscheinlich die Gesamtperformance einer sich dadurch lernend entwickelnden Organisation

Wie zuvor beschrieben, bedarf gerade die Entwicklung einer **lernenden Organisation** und eines **Meta-Lernens** (i.S. organisationaler Lernfähigkeit und einer „gebildeten Organisation", ☞ Kapitel 5.3.6) einer Meta-Steuerung bei der Gestaltung. So müssen für alle Bereiche gleichermaßen lernhemmende bzw. -fördernde Faktoren diagnostiziert und im Zusammenhang entweder vermieden bzw. abgebaut oder aber unterstützt werden. Die sphärenübergreifende Gestaltung des Lernens ermöglicht nicht nur die Praxis eines **integralen Lernens** in und von Organisationen (vgl. Küpers 2006b, 2008b), sondern trägt zur Erhöhung der **integralen Selbstorganisations- und Selbststeuerungskompetenzen** Einzelner wie der kollektiven Sphäre (☞ Kapitel 6.6) und damit zum Wandlungsvermögen der Gesamtorganisationen bei. Auch am bereits zuvor erwähnten Beispiel von **Restrukturierungsmaßnahmen** zeigt sich die Notwendigkeit, auch dieses Entwicklungsfeld im Systembereich mit den anderen Feldern der Entwicklung abzustimmen. Werden neue Strukturen, Funktionen und Technologien eingeführt oder die Umverteilung von Ressourcen vorgenommen, muss dies mit der Selbstentwicklung im Bewusstseinsbereich (I), mit der Entwicklung des Wissens und der Kompetenzen im Handlungsbereich (II) sowie mit der gemeinschaftlichen Beziehungs- und Kulturentwicklung (III) koordiniert werden. Ansonsten sind individuelle und kollektive Unvereinbarkeiten, Konflikte, Widerstände und damit das Scheitern der Restrukturierung vorprogrammiert. Mit den beispielhaft beschriebenen Zusammenhängen wird deutlich, wie sehr eine integrale Organisationsarbeit einen ausgeprägten **Querschnittscharakter** hinsichtlich der beteiligten Einheiten und Welten aufweist. Allerdings gehen mit den verflochtenen Bezügen vielfältige Realisierungsprobleme (☞ Kapitel 5.4) sowie Konflikte und ein erheblicher Koordinationsbedarf zwischen den Sphären einher, was die Bedeutung von **integraler Führung** (☞ Kapitel 6.4) für ein strategisches, effektives und effizientes Organisationsmanagement des Integralen deutlich macht.

6.4   Integrale Führung

Aufbauend auf dem integralen Organisationsverständnis und dem zugrundeliegenden integralen Modell sowie den Grundlagen zur Führung (☞ Kapitel 2.2 und 3.2) werden im Folgenden Möglichkeiten einer **integralen Führung** vorgestellt. Führung ist sowohl beeinflussend wirksam als auch eingebettet in die Bereiche des personalen und handelnden Einzelnen, der sozialen Gemeinschaft sowie des funktional-strukturellen Systemzusammenhangs der Organisation. Daher stehen die „intra-subjektive" Sphäre des Bewusstseinsbereichs, die „objektivierte" Sphäre des Handlungs- und Verhaltensbereichs sowie die intersubjektive und interobjektive Sphäre im Kultur- bzw. Systembereich (mit) der Führung in einem interrelationalen Zusammenhang. Die folgende Abbildung zeigt die verschiedenen Sphären mit ihren Entitäten und „Welten" eines integralen Führungsmodells.

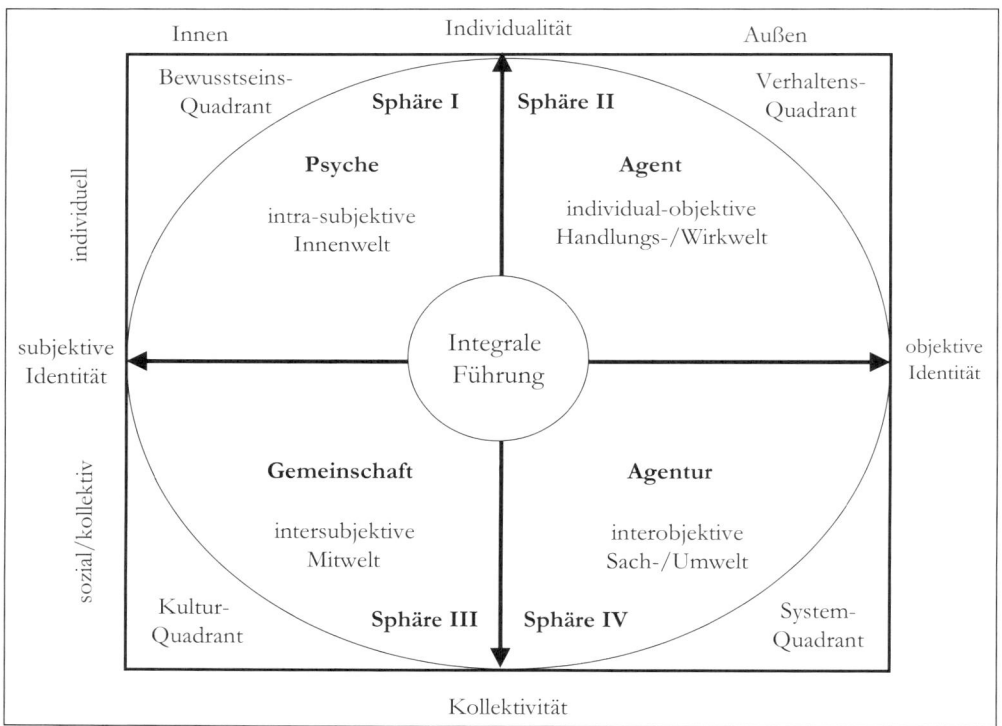

Abb. 6.5: Sphären, Entitäten und Welten einer integralen Führung

Innerhalb dieser Welten bzw. unterschiedlichen Entitäten vollzieht sich eine integrale Führungspraxis. Die **Sphären** einer solchen Führung umfassen dabei entsprechend sowohl eine **personale Selbstführung** und ein **äußeres Führungshandeln** als auch eine soziale Beeinflussung (Mitarbeiterführung) insbesondere der **Führer-Geführten-Beziehungen** bzw. der **Teamführung** im kulturellen Kontext sowie strukturierter **Führungssysteme**. Bezogen auf die Entitäten setzt sich eine integrale Führung demnach zusammen aus Führungskräften als (intentionale) Psychen und handelnde Agenten sowie kollektiven Führungsformen in sozialen Gemeinschaften (Kultur) und funktionalen Systemen (Agentur). Mit Blick auf die Welten beeinflusst eine integrale Führung die miteinander verflochtenen Innen-, Wirk-, Mit- und Sachwelten bzw. wird von diesen beeinflusst. Analog zur integralen Organisation strebt auch eine integrale Führung in ihrer Beeinflussungspraxis an, dauerhaft bestimmte Zwecke und Ziele zu realisieren.

Integrale Führung wird daher verstanden als absichtsvolle, sozial akzeptierte Beeinflussung der generischen Entitäten und Sphären der Organisation, ihrer Interrelationen sowie des Organisationsholons in seiner Gesamtheit. Im Weiteren werden daher die einzelnen Sphären und Gestaltungsansätze jeweils kurz beschrieben sowie anschließend deren Interdependenzen und Wechselwirkungen erläutert.

6.4.1   Einflussfelder integraler Führung

Analog zu den Einflussfeldern integraler Organisation wollen wir zur näheren Konkretisierung der integralen Führung zunächst ihre wesentlichen Einflussfelder darstellen, die sich aus den vier Sphären des integralen Modells ergeben:

1) Intra-subjektive Selbstführung und -entwicklung (Sphäre I)
Wie bereits in Kapitel 5 beschrieben, betrifft dieser Innenbereich die individuellen Dimensionen, hier von einzelnen Führungskräften. Dies umfasst deren Einstellungen und charakterliche Eigenschaften, aber auch Intentionen und Werte. Als Wirklichkeit des Ichs, also der persönlichen Innenwelt, bezieht sich dieser (Bewusstseins-)Bereich u. a. auf die emotionalen, kognitiven und volitionalen Selbstbeziehungen, damit auch auf die Bereitschaften, Motivationen und Commitments des Einzelnen. Die verschiedenen Dimensionen dieses Bereichs beeinflussen auch den praktizierten Führungsstil. Entsprechend dieser Innenorientierung liegt der zentrale Ansatzpunkt zur Gestaltung dieser Sphäre in der Sensibilisierung und Reflektion in Bezug auf Wahrnehmungen, Fühlen, Denken und Wollen von einzelnen Führungskräften. Analog geht es hier um die selbstorganisierte Förderung von Einstellungen und Erwartungen im Selbstverhältnis sowie der (Selbst-)Motivation durch Selbsterkenntnis und Transformation.

Gerade für Führungskräfte sind Übungen zur Selbstbesinnung sowie **Persönlichkeitsentwicklung** und Techniken des **Selbstmanagements** von besonderer Bedeutung. Ziel einer integralen Selbst- und Persönlichkeitsentwicklung von Führenden sollte es sein, zu einer **authentischen Führungspraxis** beizutragen (vgl. Küpers 2006a). Dabei ist eine solche authentische Führung insbesondere durch **Selbsteinsicht**, d.h. kritische Selbstreflexion über eigene Grundverständnisse, Glaubensvorstellungen und Basisüberzeugungen sowie **Selbstregulation**, d.h. Einbeziehung von auf das Selbst und Andere bezogener Informationen mit Bezug zu eigenen Werten, Motiven etc., zu erlangen (vgl. Gardner et al. 2005). Authentische Führende übernehmen ethische Verantwortung und sind auch fähig, aus unterschiedlichen

Blickwinkeln moralische Dilemmata zu betrachten (vgl. May et al. 2003). Damit verbunden, können sie auch mit Ambiguitäten und Führungsparadoxien leben und kreativ umgehen (☞ Kapitel 4).

Die Weiterentwicklung eigener Einstellungen, Haltungen und Wertvorstellungen sind im Sinne einer **Selbstkultur und -führerschaft** durch Einübung des bewussten Erlebens, durch Praktiken der Konzentration sowie erfahrungsbasierte und kritische Reflektion und Dokumentation (z.B. in Form eines Lerntagebuchs) vielfältig förderbar. In einem solchen **Lerntagebuch** können wichtige Erfahrungen, Beobachtungen, Erfolge und Misserfolge, Fragen und Probleme, usw. festgehalten werden. Die Führungskräfte oder Mitarbeiter mit Führungsaufgaben führen damit quasi einen Dialog mit sich selbst über wichtige Fragestellungen, die sie bei ihrer Arbeit beschäftigen. Ein regelmäßiges Aufschreiben und späteres Nachlesen fokussiert die Reflexion und schafft so eine gewisse Ordnung des Erlebens, lässt Erfahrungen miteinander vergleichen. Ferner machen ein Tagebuch wie auch andere Formen **kreativer Schreibtechniken** (vgl. v. Werder 2001) unbewusste Prozesse teilweise bewusst, was häufig emotional entlastend wirkt und die Kreativität fördert (vgl. Baldwin 1992). Auf diese Weise können nicht nur Praxiserfahrungen verarbeitet, sondern auch theoretisches Wissen praxisgemäß aufgearbeitet und in Bezug zum eigenen Erleben gebracht werden. Grundlegend umfasst eine „**Selbst-Bildung**" für Führungskräfte über die Besinnung auf das eigene Selbst- und Rollenverständnis hinaus auch eine Klärung des eigenen Bildungsbedarfes und entsprechende Planung des eigenen Entwicklungsprozesses. Führungskräfte lernen sich so auch selbst als eigener „Personalentwickler" bzw. als Lernende verstehen. Dies lässt dann die Bereitschaft und die Fähigkeit eines kontinuierlichen und selbstorganisierten Lernens entwickeln und praktizieren. Die grundlegende übergreifende Bedeutung dieser **Selbstkultivierung** i.S. einer Lebenskunst liegt darin, dass erst aus der eigenen Entwicklung auch Entwicklungsmöglichkeiten in Bezug auf andere erwachsen: „Nur wer den Umgang mit sich selbst zu gestalten weiß, ist fähig zur Gestaltung des Umgangs mit anderen (Schmid 2004, S. 17)."

2) Objektiviertes Führungshandeln (Sphäre II)

Dieser Bereich des Handelns und Verhaltens betrifft die Entwicklung und Praxis des Handlungsvermögens sowie v.a. von führungsspezifischen Wissenselementen, Fähigkeiten, und Kompetenzen, aber auch Führungsstile von Führungskräften. Als **direkte Mitarbeiterführung** äußert sich hier die Handlungspraxis interaktiver Führung, mit denen die Führungskräfte als Agenten in differenzierten Rollen Einfluss ausüben. Die Umsetzung des Führungshandelns umfasst verschiedene spezifische Praktiken der Planung, Entscheidung, Strategieentwicklung sowie **aufgabenspezifische Führungspraktiken**. Diese beinhalten z.B. die Strukturierung von Aufgaben, Rollen, Informations- und Kommunikationsbeziehungen (vgl. Ridder 2007, S. 53; Scott/Davis 2007, S. 66). Damit versuchen Führungskräfte das Erreichen von Organisationszielen durch Aufgabendefinition, Sicherung der Kooperation und Kommunikation sowie Vorschriften und Anregungen zur Aufgabenerledigung zu fördern (vgl. Weibler 2001, S. 311). Mit dem Instrument der **Zielvereinbarung** bzw. einem **Management by Objectives** können zudem die Aufgabenorientierung mit einer Ausrichtung auf Mitarbeiter integrativ zusammengebracht werden. Als Teil einer integralen Führung dient es zudem auch der hierarchischen und inhaltlichen Integration des Führungshandelns in der Organisation (vgl. Reimer 2005, S. 238) und schlägt so eine Brücke zu den strukturellen Dimensionen der Organisation (Sphäre IV). Grundlegend können das objektivierte Führungshandeln und dessen Wirkungen als (Leistungs-)Performanz gemessen und bewertet werden.

Zur Förderung einer integralen Führung in diesem Bereich sind für die einzelnen Führungs-agenten zum einen gesundheitsfördernde und präventive Aspekte zu beachten, zum Beispiel Antistress- und Entspannungstraining sowie regelmäßige Erholungspausen. In diesem Zu-sammenhang ist auch die Kultivierung einer **„Work-Life-Balance"** zu nennen, die gerade bei vielen Vorgesetzen nicht ausreichend entwickelt ist (vgl. Wunderer/Küpers 2003). Ver-haltensänderungen und leistungsbezogene Kompetenzentwicklung können hier durch Aus- und Weiterbildung und Qualifizierung z.B. im Rahmen von „Management-Development-Programmen" unterstützt werden. Bei der Entwicklung der Führungs(nachwuchs-)kräfte sollten führungsspezifische Schlüsselqualifikationen (vgl. Wunderer 2006, S. 57ff.) gefördert werden. Für eine wirkungsvolle Führung ist ein methodisches emotionales und soziales **Kompetenztraining** förderlich, welches z.B. das Erlernen von Problemlösungstechniken, Verhandlungs- oder Konfliktlösungsfähigkeiten etc. umfasst (vgl. Wunderer/Küpers 2003, S. 385). Hinzu treten näher zu bestimmende Maßnahmen der Persönlichkeits- und Personal-entwicklung (z.B. Coaching). Diese sind zudem vor dem Hintergrund von Berufsbiografien und -phasen sowie speziellen und neu hinzutretenden Anforderungen auszurichten. Im Mit-arbeitergespräch können entsprechende Weiterbildungsmaßnahmen individuell eruiert und avisiert werden.

Die situations- und problemangemessen eingesetzten **Handlungskompetenzen** unterstützen das Handlungsvermögen von Führungskräften, in ihrem Arbeitsbereich professionell zu agieren. Eine integrale Entwicklung von Führung folgt dabei einem **ganzheitlichen Ver-ständnis** (vgl. Day 2001, Day/O'Connor 2003, van Velsor/McCauley 2004). Ein solches versteht die Führungspraxis als eine zusammenhängende Verbindung von erfahrungsbasier-tem „Handwerk", reflexiv-analytischer „Wissenschaft" und kunst- und einsichtvoller Praxis (vgl. Mintzberg 2004). Die integrative Entwicklung von Praktiken und Prozessen einzelner Handelnder hat dabei stets im interrelationalen Bezug zu ihrer Psyche (I), Gruppensituation (Sphäre III) und zur Gesamtorganisation des Systems (Sphäre IV) zu erfolgen und deren besondere Herausforderungen und Spezifika zu beachten (vgl. Intagliata/Ulrich/Smallwood 2000). Neben den vielfältigen Interrelationen zwischen den beiden Sphären des Innen und Außen einzelner Führungskräfte als Individuen ist Führung somit immer auf den intersubjek-tiven und interobjektiven Kontext zu beziehen, wie es im Weiteren dargestellt wird.

3) Führung in sozio-kulturellen Lebenswelten (Sphäre III)
Führung ist bezogen und nimmt Einfluss auf die zwischenmenschlichen Prozesse und kultu-rellen Rahmenbedingungen. Diese sind maßgeblich geprägt durch identitätsbestimmende Werte, Konventionen und Regeln für Gruppen bzw. (Sinn-)Gemeinschaften in der Organisa-tion. Diese Welt des Intersubjektiven umfasst für Führungskräfte auch den Umgang mit und das **„Bedeutungsmanagement"** von geteilten Symbolen, Geschichten, ungeschriebenen Normen aber auch Tabus der jeweiligen Kulturen. Führende ihrerseits werden umgekehrt ebenfalls beeinflusst von dieser Welt des „Wir" mit ihrer Sprache und Kommunikationswei-se sowie kollektiven Bewusstseinssphären. Führung hat eine besondere Relevanz und Ver-antwortung für die Lebenswelt des Sozialen (Organisationsgemeinschaft) und Kulturellen

(Organisationskultur). Versteht man unter Führung „andere durch eigenes, **sozial akzeptiertes Verhalten**, so zu beeinflussen, dass dies bei den Beeinflussten mittelbar oder unmittelbar ein intendiertes Verhalten bewirkt" (vgl. auch Weibler 2001, S. 29), so ist Führung damit eine auch von Hierarchien relativ unabhängige Kategorie. Nicht jeder Vorgesetzte ist folglich per se als Führer zu betrachten und nicht jeder Unterstellte wird wirklich geführt.

Da so verstandene Führerschaft nicht „von oben" oktroyiert, sondern „von unten" attribuiert wird, lässt sich auch das wesentliche Ziel der Führung i.S. einer beabsichtigten Verhaltensausrichtung bei anderen – über bloße formal begründete oder zweckrationale Leitung nicht oder allenfalls suboptimal realisieren. Vielmehr bedarf es grundsätzlich der **Akzeptanz** durch die Geführten, i.S. von „Führen und führen lassen" (Neuberger 2002). Für diese Akzeptanz ist es unabdingbar, dass Führung sich einerseits konform zur Organisationskultur mit deren Gruppennormen darstellt, andererseits gestaltungspraktisch auch zur Entwicklung der gemeinschaftlichen Beziehungen und Kultur der Organisation beiträgt. Dies bezieht sich dabei sowohl auf eine optimierte Fortführung als auch auf eine Neuausrichtung des sozialen Miteinanders und dessen Ordnung. So kann Führung Potenziale der gemeinsamen Reflexion, der Entwicklung neuer intersubjektiv geteilter Wirklichkeitsvorstellungen und der Flexibilität für sinngebende Handlungen erhöhen. Allerdings ist zu beachten, dass es sich bei der „Kultur" um einen „weichen" und zugleich tief verwurzelten Bereich handelt, der nur schwer wandelbar ist. So lassen sich Werte nur begrenzt und allenfalls mittelfristig verändern. „Kultur" ist nicht eine beliebig instrumentalisierbare Gestaltungsvariable für ein **„Sinn-Management"** (vgl. Sackmann 1990, Türk 1989, S. 110). Einer gezielt „verhaltenskanalisierenden" Gestaltung von Kultur bzw. einem mechanistisch-instrumentellen „Kulturmanagement" sind deutliche praktische wie auch ethische Grenzen gesetzt. Zudem erfordert ein sozio-technokratischer Ansatz kultureller Steuerung einen hohen Planungs-, Überzeugungs-, Kommunikations- und Kontrollaufwand. Orientierung und Inhalte einer kulturbewussten, sinnvermittelnden **Führung bzw. Führungskultur** (vgl. Steinle/Eggers/Hell 1994, S. 145; Ulrich 1990) folgen nicht der Indoktrination einseitig erfolgsorientierter Normen. Vielmehr richten diese sich auf gemeinsame Sinnpotenziale von Organisationen und ihren Mitgliedern aus. Wobei „Sinn" nicht (vor-)gegeben, sondern gemeinsam und individuell gefunden, interpretiert und entwickelt werden muss.

Wie bereits zuvor angesprochen, liegen Ansatzpunkte und Maßnahmen für eine praktische Gestaltung der Gemeinschaftssphäre in einer **Beziehungs- und Kulturentwicklung**. Hierbei werden Möglichkeiten der Personal-, Team- und Organisationsentwicklung ergänzt durch **führungsspezifische Formen des Human-Ressource-Management** sowie (Team-)Coaching, Counseling und Mentoring. Ferner kommen hier Formen direkter, situativer und interaktiver Führung mit ihrer Ausrichtung auf eine ergebnis- und wertorientierte Umsetzung von Partizipations-, Delegations- und Entwicklungsmaßnahmen zur Anwendung (vgl. Wunderer 2006 S. 16ff. und 203ff.). Ferner ist eine integrale Führung von Teams und ein integrales Team-Design anzustreben, bei der die Führungskraft ein Team bzw. einzelne Mitglieder unter Berücksichtigung der jeweiligen Gruppensituation und unter Einsatz von Führungsinstrumenten in Richtung auf einen gemeinsam zu erzielenden Gruppenerfolg (z.B. Gruppenleistung) beeinflusst. Ziel einer solchen Team-Führung ist es dabei, die für eine optimale Aufgabenbearbeitung notwendige teaminterne und -externe Kooperation sicherzustellen sowie dysfunktionalen Tendenzen und Konflikten entgegenzuwirken (vgl. z.B. Margerison

1990, Wegge 2004, Rahn 2006). Des Weiteren sollte Führung in diesem Bereich die zuvor erwähnten Praxisgemeinschaften oder informelle Organisationsformen anerkennen und unterstützen sowie die Entwicklung einer kooperativ-kommunikativen Kultur fördern. Schließlich ist es eine ergänzende Aufgabe von Führung, kollektive **Handlungsspielräume** (z.B. Aufgaben-, Entscheidungs- sowie Kooperationsspielräume) und ein Empowerment zur selbstorganisierten Gestaltung in Arbeitskontexten von Gruppen zu ermöglichen. Mit verstärkter Selbstorganisation wandeln sich auch Orientierung, Rollen und Aufgaben der Führungskräfte. Sie werden eher zu Coaches und Moderatoren, welche die Selbstorganisationsprozesse begleiten und z.B. über Feedback unterstützen (vgl. Sydow 1993. S. 245; Faust et al. 1995, S. 89ff.). Sie wirken dann mehr als Bindeglied und Koordinationsmedien zu anderen selbstorganisierenden Einheiten und zur übergeordneten Organisation. „Führung" innerhalb gruppenbestimmter Selbstorganisation ist zudem nicht mehr an Positionen gebunden, sondern findet auch über kritische Fragen oder konstruktive Vorschläge der Mitarbeiter statt, die sich wechselseitig herausfordern und eigenverantwortlich Beziehungsnetzwerke und Lernprozesse entwickeln.

4) Führung in und durch Strukturen und Führungssysteme (Sphäre IV)
Hier geht es um die kollektive Außendimension von Führung. Die inter-objektive systemische Sphäre im äußerlichen Bereich der Organisation beinhaltet **strukturell-systembezogene** Führungsformen. Führung nimmt Einfluss auf äußere Bestimmungsgrößen wie Ressourcen und Technologien sowie Arbeits- und Produktionsbedingungen und Aufbau- und Ablaufstruktur, Stellen- und Leitungsorganisation etc. Des Weiteren wirkt Führung gestaltend auf systemkonstituierende Strukturen bzw. Prozesse wie strategische Planung, den Bereich der Finanzierung und des Controllings sowie institutionelle Bedingungen und Einflussgrößen ein. Grundlegend umfasst dieser Bereich die Steuerung von ökonomischen (Mess-)Größen wie Effektivität, Effizienz, Produktivität und Leistungen sowie weiterer Determinanten und Aufgaben im Verhältnis zu internen und externen Anspruchsgruppen. Entsprechend dieser vielfältigen Inhalte kommen in diesem Bereich spezifische **„Führungssysteme"** zum Einsatz (vgl. Link 2004, S. 26ff). Dazu gehören Planungs-, Informations-, Entscheidungs- und Kontrollsysteme sowie formale Regelungen, die die Identität, Produktivität und den Bestand von Organisationen sichern.

Der Systembereich umfasst auch den Bereich der **indirekten Führung** als Form der Beeinflussung durch Medien entpersonalisierter Führung oder Kontextgestaltung. Dabei geschieht die Steuerung nicht unter Anwesenden, sondern apersonal und anonym durch „Surrogate" oder Institutionen der Verhaltensbeeinflussung. Zu den strategischen Führungssystemen gehören auch explizite und implizite **Unternehmens- und Führungsgrundsätze** (vgl. z.B. Matje 1996, Gabele et al. 1982) sowie **Beurteilungs-** und **Anreizsysteme** (vgl. Weibler 2001, S. 351ff. und 374ff.). Beide sollen gewünschte Verhaltensweisen leiten oder auslösen sowie unerwünschten entgegenwirken. Zu beachten ist allerdings, dass die im Rahmen von Anreizsystemen gestalteten extrinsisch motivierenden Incentives potenziell die intrinsische Motivation verdrängen können (vgl. Frey/Osterloh 1997, Wunderer/Küpers 2003). Ferner ist bei der Anwendung solcher Verfahren die Verteilungs- und Verfahrensgerechtigkeit, also gleiche Honorierung, für vergleichbare Leistungen unterschiedlicher Personen sowie adäquate Bewertung von Leistungen durch das Verfahren zu berücksichtigen, da eine Verletzung der Gerechtigkeitsprämisse aus Sicht der Geführten motivationale Probleme nach sich ziehen kann.

Aktuelle Gestaltungsaufgaben von Führung im strukturell-systemischen Bereich beziehen sich insbesondere auf **Restrukturierungsprozesse** von Organisationssystemen, beispielsweise durch ein umfassendes „Change-Management". Insbesondere Veränderungen des Organisations- und Leitungssystems als Gesamtheit der Weisungs- und Kommunikationsbeziehungen im hierarchischen Gefüge tragen zur Neuausrichtung der Organisationsordnung bei. So tangiert eine Neubildung durch (Führungs-)Instanzen entstehender Ordnungsmuster, die als Hierarchie ein System von Über- und Unterordnungen vermitteln, den Systemzusammenhang. Ferner ist die Führung verantwortlich für den Einsatz und die Umsetzung neuer Organisationsformen und innovationsfördernder Organisationsstrukturen, z.B. intra- und interorganisationaler Netzwerkstrukturen. Bei allen von und durch die Führung eingeleiteten Formen eines **strategischen Wandels** müssen allerdings der spezifische Kontext und die betriebsindividuellen Besonderheiten berücksichtigt werden, um die angestrebten Veränderungen in der Organisation nachhaltig wirksam werden zu lassen. Von besonderer Bedeutung ist schließlich auch eine führungsspezifische Mitwirkung an der Entwicklung von organisationalen **Wissens- und Lernsystemen** (z.B. Einsatz moderner Kommunikations- und Lerninfrastruktur) bzw. am Abbau struktureller Blockaden (z.B. bürokratische und funktionale Hemmnisse). Mit all den genannten Einflussmöglichkeiten dient Führung zur **Verbesserung funktionaler Strukturen und Prozesse** (z.B. Optimierung des organisationalen Designs, der Aufgabenstrukturierung, Ressourcenvergabe etc. über Standardisierung, Verfahrensrichtlinien, Programme, Pläne, Gestaltung von Strukturalternativen). Zudem kann eine führungsspezifische Einflussnahme an strukturprägenden (Kontingenz-)Faktoren wie Größe (z.B. Anzahl von Hierarchieebenen) und Leistungsprogramm (z.B. Produktdiversifikation) sowie bedingt auch an Umweltfaktoren (z.B. Innovationen, Produktions- und Informations- und Kommunikationstechnologien) und Ressourcen von Organisationen ansetzen. Damit zusammenhängend liegt ein einflussreicher Ansatzpunkt für die funktionale Sphäre in einer strategischen Ausrichtung und **Bewertung von Leistungsprozessen** (z.B. Performance Meassurement und Performance Management) sowie kritisch verwendeten Evaluations- und Controllingformen (vgl. Kappler 2004).

6.4.2   Entwicklungsstufen und -linien von Führenden

Wie zuvor beschrieben, gibt es für jede der vier Sphären unterschiedliche **Entwicklungsstufen und -linien**. Auf Führende und die Führung angewendet, bestimmen **Stufen der Entwicklung** die Kapazitäten und die emergenten Qualitäten von Führungskräften und deren Bewusstsein. Dazu gehören beispielsweise der Erwerb und die Praxis eines konkurrierenden, konformierenden, leistenden oder visionierenden Verhaltens. Oft sind es nicht einfach charakterliche oder fähigkeitsbezogene Defizite, sondern bestimmte **Bewusstseinniveaus**, auf denen sich eine Führungskraft befindet, mit dem er oder sie die Welt interpretiert. Erst auf einer **autonomen und integralen Bewusstseinsebene** wird eine Führungskraft ihre eigenen, wie auch andere Wertesysteme in einem kohärenten und bedeutungsvollen Ganzen zusammenzubringen (vgl. Kegan 1995). Erreichte Entwicklungsebenen bestimmen auch Inhalte und Charakter der Linien der Entwicklung. Die **Entwicklungslinien** betreffen komplexe raum-zeitliche, emotionale, kognitive, interpersonelle, wissens- oder lernbezogene oder ethi-sche Entwicklungszusammenhänge von Führenden und Führungsprozessen. Ähnlich wie die **„multiple Intelligenzen"** bei Führungskräften (vgl. Gardner/Laskin 1997, Gardner 2004) entwickeln sich die Linien der Entwicklung über die Zeit und sind weiter entwickelbar. Grundlegend markieren die Entwicklungslinien komplexere Niveaus der Reife und des In-tegrationsvermögens oder der Unterentwicklung bzw. Defizite von Führungskräften und Führungszusammenhängen, die deren Wirksamkeit beeinflussen. Dabei können einzelne Führungskräfte oder organisationale Führungszusammenhänge in einigen Linien besonders entwickelt sein (z.B. kognitive Fähigkeiten), während sie in anderen Bereichen weniger entwickelt sind (z.B. emotionale oder moralische Kompetenzen). Ein Beispiel wäre ein Ma-nager, der ein kluger und analytisch brillanter Experte ist, jedoch rücksichtslos und unethisch handelt. Zudem kann die relative Vorteilhaftigkeit in der Entwicklung in einem Bereich durch eine relative „Rückständigkeit" auf anderen Entwicklungslinien beeinträchtigt werden.

Zwar können sich Entwicklungsstufen und Entwicklungslinien von einzelnen Führungskräf-ten, aber auch von Führungskulturen oder Führungssystemen, auf je verschiedenem Niveau bewegen; sie sind aber nicht völlig voneinander unabhängig. Vielmehr sind auch sie als **integraler Zyklus** miteinander so verbunden, dass dies spezifische Wachstums- und Integra-tionsdynamiken von Führung energetisiert (vgl. Edwards 2005). Diese Dynamiken bestim-men und beeinflussen verschiedene Beziehungen und Entwicklungsformen. Neben der **translationalen Dynamik** innerhalb einer Führungssphäre gibt es auch eine bereichsüber-greifende **integrale Zyklusdynamik**, mit der Entwicklungen zwischen den Führungsfeldern erfasst werden können. Schließlich betrifft eine **integrative Dynamik** auch die auf- und/oder absteigenden Verläufe der Entwicklung. Die folgende Abbildung zeigt den integralen Zyklus und die spezifischen Bereichsdynamiken der Führung mit ihren Entwicklungslinien vor dem Hintergrund von Entwicklungsstufen im holonistischen Zusammenhang:

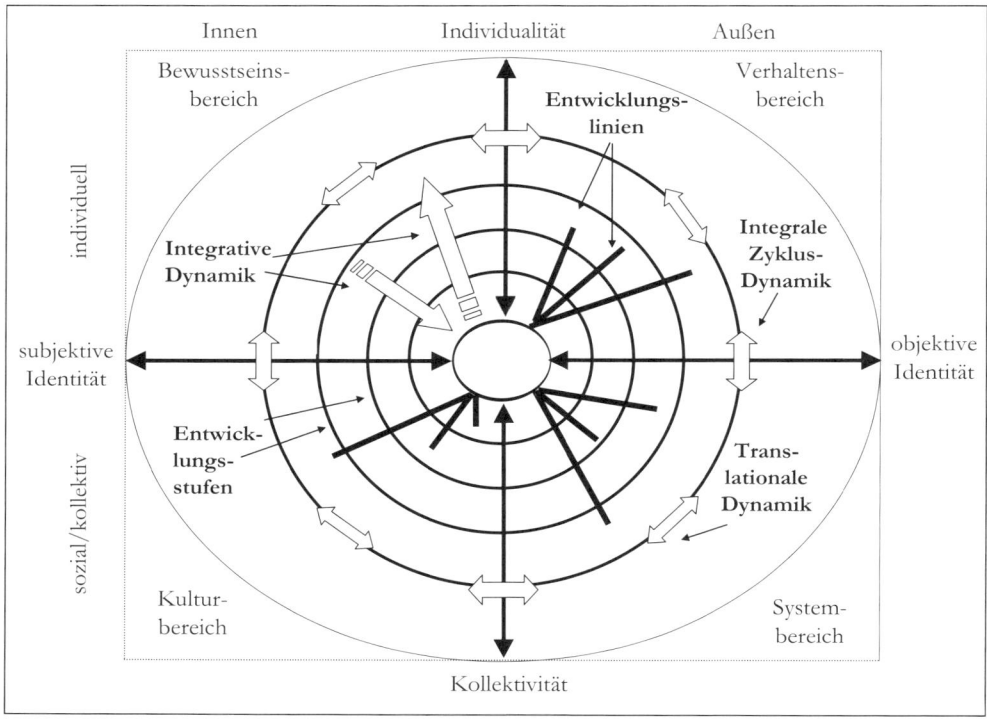

Abb. 6.6: Entwicklungsstufen und -linien sowie Zyklus integraler Führung

Mit einer systematischen Berücksichtung dieser Stufen und Linien der Entwicklung und den Dynamiken kann ein integriertes Verständnis der Entfaltung von individueller und kollektiver Führung in den unterschiedlichen Bereichen gewonnen werden. Nachdem wir damit die Besonderheiten der Führung in den unterschiedlichen Sphären kennen gelernt haben, wollen wir nun die wechselseitigen Abhängigkeiten und mögliche Entwicklungsfelder vorstellen.

6.4.3   Interdependenzen und Entwicklungsfelder der vier Sphären in integraler Führung

Die analytische Differenzierung in die beschriebenen Führungssphären ist nur ein erster wichtiger heuristischer Schritt auf dem Weg zu einer integralen Führung. Die Führungspraxis vollzieht sich immer in einem wechselseitigen holonischen Zusammenwirken. Dabei repräsentiert jede einzelne Sphäre von Führung nur einen Teil bzw. eine Perspektive innerhalb der interdependenten Organisation als Ganzheit. Jede der dargestellten Sphären ist untrennbar mit den übrigen verbunden und eine Betrachtung einzelner Sphären ohne Einbezug der anderen Sphären wäre unvollständig, da sie alle hinsichtlich ihrer Erhaltung und Entwicklung voneinander abhängen. Entsprechend realisiert und entwickelt sich Führung aus integraler Sicht immer zugleich durch das Innen und Außen sowie durch den Einzelnen und das Kollektiv in einem **verflochtenen Zusammenhang von Interdependenzen und Wechselwirkungen**. Erforderlich ist daher eine Betrachtung und Praxis, die alle Bereiche und Welten in ihrem Zusammenhang sieht. Folgende Abbildung zeigt die Interdependenzen zwischen den Entitäten und Welten integraler Führung, die durch die Doppelpfeile sichtbar gemacht werden:

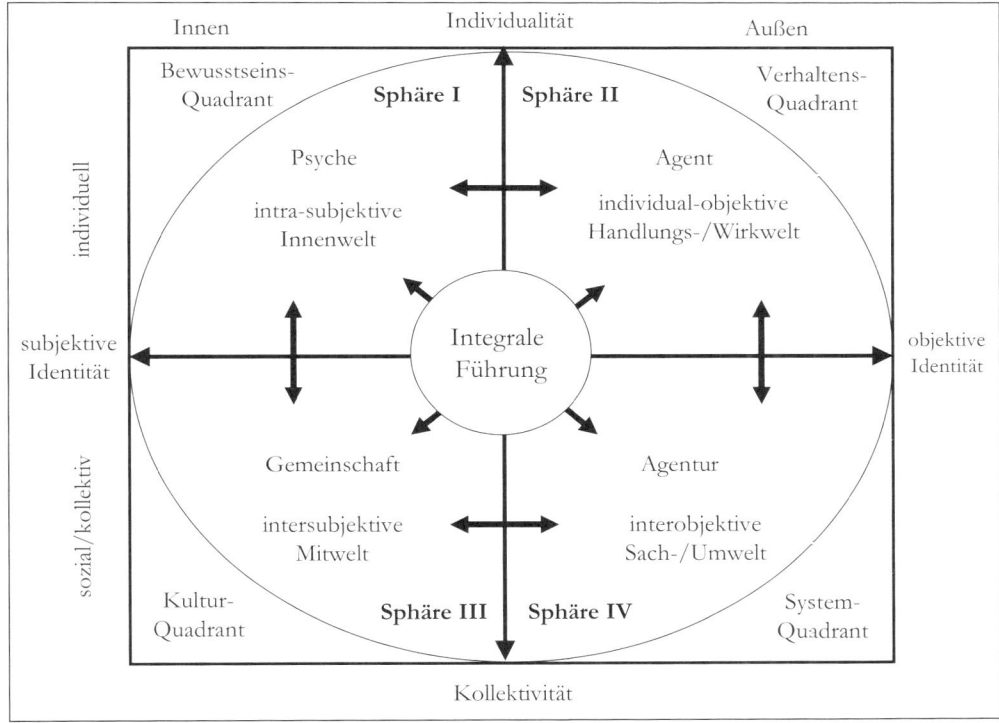

Abb. 6.7: Interdependenzen der Entitäten und Welten integraler Führung

Bedingt durch die Interpendenzen sind konsequenterweise auch die je spezifischen gestaltungspraktischen Formen von Führung in einem integralen Zusammenhang zu sehen, wie dies in der nachfolgenden Abbildung dargestellt wird:

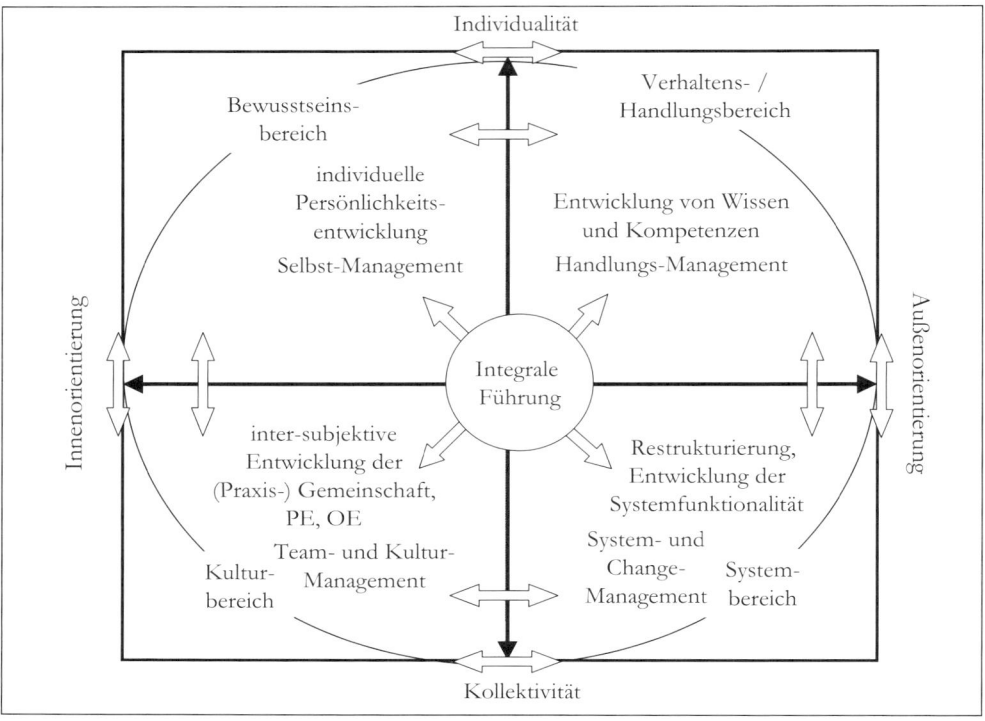

Abb. 6.8: Interdependenzen und Formen integraler Führung

Für den **Führungsalltag** bedeutet dies, dass bei Praktiken und Entscheidungen der Führung alle vier Sphären gleichermaßen zu berücksichtigen sind. So sind für z.B. führungsspezifische Entscheidungen und Interventionen im Rahmen eines restrukturierenden Change-Managements alle anderen Bereiche zu beachten. So verlangt die Einführung von neuen Vergütungs- oder Karrieremodellen eine Beachtung der kulturellen (vorherrschenden Werte), agentischen (Leistungspraktiken) und partiell auch psychischen Besonderheiten. Eine integrale Führung koordiniert auch beispielsweise ein Management der Agenten, z.B. in Form eines MbO zusammen mit institutionalisierten Rückmeldungen, z.B. regelmäßige Mitarbeitergespräche und einem „kulturbewussten Management".

Eine integrale Führung und deren Beziehungsgefüge finden nicht in einem „luftleeren Raum" statt, sondern vollziehen sich unter den gegebenen Bedingungen ihres Umfelds. Das gesamte Umfeld des Führens kann als **Führungssituation** bezeichnet werden. Diese situationale Seite integraler Führung umfasst sowohl die personale, interpersonale wie objektiven Dimensionen der Führung. Der Begriff der Führungssituation dient daher als eine Art **Globalkategorie** für eine große Zahl unterschiedlicher Einflusswirkungen auf die integrale Führung und deren Führungserfolg (vgl. Bass 1990, S. 574ff.). Dazu gehört z. B. die Leistungsbereitschaft und der Reifegrad der Psyche (Sphäre I), die Beschaffenheit der Freiheitsgrade für die Arbeitsaufgabe des Agenten (Sphäre II) oder der Verbreitungsgrad von Gruppenarbeit oder Gruppenkohäsion der Gemeinschaft (Sphäre III). Für den Systembereich (Sphäre IV) treten der Organisationstyp, und -größe, u. v. auch die Organisationsstruktur (z. B. Dezentralisierungsgrad, Anzahl der Hierarchiestufen) und die Ressourcenausstattung sowie externe Einflüsse, wie z. B. gesellschaftliche Rahmenbedingungen oder die Landeskultur hinzu. Für die Führungspraxis stehen viele situative Einflussgrößen in vielen Fällen weitgehend außerhalb des Einflussbereichs der an einer Führungsbeziehung unmittelbar beteiligten Personen. Dies bedeutet, dass bei der Gestaltung integraler Führungsbeziehung viele Faktoren als gegeben angesehen werden müssen und einer gezielten Veränderung (kurzfristig) nicht zugänglich sind. Eine integrale Führung und jede Führungskraft und die Geführten haben sich damit auf eine jeweils spezifische Situation einzustellen und nach bestem Vermögen ihre Potenziale einzubringen. Diese Tatsache verdeutlicht, dass Führung eine beträchtliche **Varietät** in der Ausformung ihrer Praxis erfordert. Je nach Situation werden ganz unterschiedliche Faktoren verschiedener Sphären benötigt. Ein generelles Erfolgsrezept für integrale Führung kann es aus diesem Grund nicht geben. Die Unmöglichkeit eines „one-best-way" der Führung folgt auch aus der Tatsache, dass gemäß der Abgrenzung von für jede Organisation speziell ausgeprägten Faktoren der Führungssituation, Erfolg versprechende Vorgehensweisen nicht ohne weiteres von einer Organisation auf andere Organisationen übertragen werden können.

Werden einzelne Sphären oder unterschiedliche Entwicklungsniveaus nicht hinreichend integral beachtet, kommt es zu **Ungleichgewichten und Pathologien** (☞ Kapitel 4.4). Somit können die bereits für die Entitäten dargestellten Problemfelder auch auf die Führung bezogen werden. Beispielsweise kann es zu einem Narzissmus von einzelnen egoistischen Führungskräften (Psyche) oder einem Aktionismus einzelner Manager mit „workaholism" (Agent) kommen. Auf der kollektiven Ebene können z.B. ein „group-think" von Top-Management-Teams (Gemeinschaft) oder ein Instrumentalismus funktionalistischer Management-Systeme (Agentur) auftreten. Weitere konkrete Beispiele für **nicht-integrale Imbalancen** mit Bezug zu den Entwicklungslinien wären ein Introspektions- und Reflexionspotenzial von Führungskräften ohne hinreichende Wahrnehmungs- und Kommunikationsfähigkeiten, hoch entwickelte kognitive Führungsfähigkeiten oder technische Sachkompetenzen von Vorgesetzten ohne Beachtung emotionaler Aspekte usw. Auch können sich führungsspezifische Einzelmaßnahmen und intervenierende Aktionen, die nicht mit der Kultur vereinbar sind oder mit dem Unternehmensganzen koordiniert werden, als problematisch erweisen. Andererseits sind Führungsteams mit stark homogener Gemeinschaftskultur, die Einzelne isolieren oder nicht mit anderen Abteilungen kooperieren, in ihrer Mitwelt gefangen. Schließlich bleiben auch technologische Investitionen in aufwändige Management(informations-)systeme unzureichend, wenn sie von ihren Anwendern abgelehnt oder nicht genutzt werden.

Eine einseitige oder **nicht-integrale Führungspraxis** kann in vielfältigen, oft kostenintensiven Folgewirkungen mit problematischen und konfliktreichen Konsequenzen resultieren. Daher ist eine parallele Betrachtung und gleichwertige Berücksichtigung der Themen, Möglichkeiten und Probleme in allen genannten Sphären der Führung eine wesentliche Voraussetzung für eine integrative Evolution, die erst ein gelingendes innerliches und äußerliches Wachstum von Organisationen und ihren Mitarbeitern und Gemeinschaften sowie Systemen ermöglicht. Das bedeutet z.B. konkret, dass zur Lösung von Aufgaben und Problemen in der alltäglichen Führungspraxis sowohl subjektive als auch soziale bzw. kulturelle Zustände und Prozesse und schließlich ebenfalls systemische Strukturzusammenhänge zu berücksichtigen bzw. gestaltungspraktisch zu entwickeln sind. Gerade weil mit den beschriebenen Zusammenhängen vielfältige Konfliktpotenziale und ein erheblicher Koordinationsbedarf zwischen den Sphären einhergehen, liegt eine wesentliche Aufgabe einer integralen Führung darin, im Verbund mit einer integralen Meta-Steuerung für eine bereichsübergreifende Gesamtkoordination zu sorgen.

Der Vorteil des beschriebenen integralen Modells ist es, Führung als ein **vielfältiges** und **emergentes Ereignis** zu verstehen. Mit dem Fokus auf verschiedene Einflusssphären und Interrelationen kommt einer **prozessualen Vermittlung** zwischen den einzelnen Sphären grundlegende Bedeutung zu. Dabei geht es nicht nur um das, was einzelne Führungskräfte innerlich prägt und was sie empfinden (Psyche) oder welche Eigenschaften und Handlungen sie zeigen (Agent), sondern immer auch das, was zwischen Führenden und Geführten in Gemeinschaft (Kultur) geschieht und sich entwickelt sowie sich in Strukturen und Funktionen ausdrückt und verändert (System). Eine solche umfassende Orientierung hilft, die inhärenten Probleme und Begrenztheiten eines atomistischen, mechanistischen oder heroischen Verständnisses von Führung (vgl. House/Aditya 1997, S. 409; Meindl/Ehrlich/Dukerich 1985) zu überwinden. Damit kann auch der **Gefahr einer personenzentrierten Führung** begegnet werden, die in einen elitären Individualismus oder Personenkult zurückzufallen droht oder zu einer Verklärung charismatischer Führungspersonen führt (vgl. Neuberger 2002, S. 160; Weibler 1997), die in ihnen einen Retter oder „Allheilmittel" für die komplexen Probleme sieht, wie es sich im Verhaftetbleiben an Führungsmythen oder Rückwärtsprojektionen auf die **Archetypen des Führers** z.B. als Über-Vater, Held, Heilsbringer, Erleuchteter äußert (vgl. Neuberger 2002, S. 100 ff., Steyrer 1995).

Das integrale Modell ermöglicht demgegenüber gleichermaßen subjektive, intersubjektive und objektive bzw. interobjektive Sphären und Beziehungen von Führung in einem interdependenten und ko-evolvierenden Zusammenhang zu sehen. Damit erlaubt das integrale Modell einen Zugang zu den zunehmend wichtiger werdenden **dezentrierten, rotierenden** oder **geteilten Formen von Führung** (vgl. dazu z.B. Bradford/Cohen 1998, Manz/Sims 1995b, Cox/Pearce/Perry 2003). Dies ermöglicht zudem auch Führungs- und Organisationsprozesse des „Werdens" (vgl. z.B. Chia 1999, Wood 2005) stärker zu beachten und die dynamischen Beziehungen zwischen **Führer und Geführten als wechselseitigen Einflusszusammenhang** adäquater zu beschreiben (vgl. Küpers 2007a). Beide können damit als Zusammenwirkende einer Transformation sozialer Wirklichkeit verstanden werden. Darüber hinaus werden Möglichkeiten einer **„dienenden" Führung** zugänglich (vgl. Greenleaf 1977, Block 1997, Spears 1998, Hinterhuber et al. 2007), nicht nur für Non-Profit-Organisationen (vgl. Dym/Hutson 2005). Denn ein solches ganzheitlich orientiertes Service-Leadership betont die gegenseitige Interdependenz und Verantwortlichkeit in der Führung, wobei dessen anspruchsvolle Voraussetzungen und Kritik zu beachten sind (vgl. z.B. Humphreys 2005). Andererseits können als Teil einer integralen Führung auch Einflussstrategien der Geführten i.S. einer **„Führung von unten"** vorkommen. Damit sind bestimmte Strategien benannt, die Geführte wählen, um sachliche wie persönliche Ziele durch die Beeinflussung ihres Führers zu erreichen (vgl. dazu z.B. Wunderer/Weibler 1992, Weibler 1998). Beispielsweise erfolgt dabei die Einflussnahme durch rationale Argumentation (sachbetonte Diskussionsführung, Vorbereitung von Schriftstücken, Unterlegung von Vorlagen mit Zahlen, Schaubildern usw.) durch Verweis auf geltende Werte und Normen (Führungsgrundsätze, bisherige Praktiken etc.) oder durch Präsentation anregender Vorschläge wie auch durch Koalitionsbildung mit Gleichgesinnten in sog. Beziehungsnetzwerken. Aus integraler Perspektive ist diese Führung insbesondere auch als eine Art **„Ermöglichungsmanagement"** für Lehr- bzw. Lernprozesse in allen Sphären der Organisation interpretierbar. Sie kommt in besonderer Weise den Bedürfnissen der Geführten nach Selbstbestimmtheit und Selbstverwirklichung entgegen und fördert so die Korrespondenz zwischen den Motiven und Zielen der Psyche (Sphäre I) und den Kompetenzen und Handlungen des Agenten (Sphäre II).

Wie dargestellt, setzt sich die Praxis einer integralen Führung, wie auch die Organisation, aus einer Mischung von personalen, interpersonalen und sachlogischen bzw. strukturellen Dimensionen zusammen. Weil dabei verschiedene **Logiken** zusammen bzw. gegeneinander wirken (vgl. Neuberger 1997, S. 378), entzieht sich diese Komplexität einer einfachen Bewältigung und eindimensionalen oder direktiven **Steuerung**. Über eine **Machtlogik** im interpersonellen Bereich durch divergierende Interessen sowie ungleichgewichtige Abhängigkeits- und Austauschverhältnisse der Agenten untereinander und zu den Vorgesetzen, gibt es eine **System- und Herrschaftslogik**, die sich in Ordnungsvorgaben, Disziplinierungsprozessen und Normen manifestiert. Gerade aufgrund oft konfliktreicher Wechselbeziehungen zwischen den verschiedenen Sphären sind für eine integrale Führung daher immer auch die einflussreichen **Machtfragen** und **mikropolitischen Dimensionen** zu beachten. Zudem gibt es eine **Anpassungslogik** durch institutionalisierte Erwartungen, Verträge, Traditionen und Werte, die die Grenzen betrieblicher Autonomie zeigen. Andererseits wird in einer integralen Führung auch eine **Kooperationslogik** wirksam, mit der Planungs- und Koordinationsprobleme und Störungen im Ablauf und in Bezug auf die Qualität der Beziehungen einhergehen. Schließlich greift eine **Logik der Gefühle**, welche die emotionalen Dynamiken und Wirkungsprozesse ausdrückt und großen Einfluss auf die Entstehung und Entwicklung der Organisation und Führung nimmt, aber selbst nur eingeschränkt und oft nur indirekt beeinflussbar oder steuerbar ist (vgl. Ackerman/Maslin-Ostrowski 2002, Küpers/Weibler 2005). Alle diese Logiken benötigen zu ihrer Umsetzung und für ein produktives Zusammenwirken paradoxerweise Mehrdeutigkeiten, weil damit Interpretations-, Entscheidungs- und Handlungsspielräume ermöglicht werden, die Patt- und Verriegelungssituationen auflösen helfen. Mit einer integralen Orientierung kann Führung sich mit und zwischen den beschriebenen Logiken bewegen.

Allerdings ist gegenüber den hier vorgeschlagenen Integrationsversuchen von Führung hinsichtlich der Realisation zu bedenken, dass der **Arbeitsalltag** von Führungskräften oft äußerst zerstückelt und uneinheitlich sowie von vielen ungeplanten Ereignissen gekennzeichnet ist. Vorgesetzte sind darin meist durch intensive soziale Kontakte stark eingebunden, oft mit vielen kurzen Arbeitsakten ausgelastet und vielfältigen Anforderungen konfrontiert, die sie zudem häufig unter Zeitdruck und gestört durch viele Ablenkungen bewältigen müssen. Dennoch entspricht eine integrale Orientierung, die gleichermaßen die individuellen und kollektiven Ebenen wie die Dimensionen des Inneren und Äußeren sowie deren wechselseitigen Zusammenhang berücksichtigt, den Erfordernissen einer **zeitgemäßen Führung**, mit der auch zukünftige Herausforderungen besser bewältig werden können. Entsprechend wurden programmatische und weiterführende Ausarbeitungen und Anwendungen unternommen, mit denen die Weite und Tiefe eines integralen Modells als Heuristik für eine **erweiterte Führungsorientierung** untersucht wurde (vgl. z.B. Rooke/Torbert 1998, Pauchant 2002,

Bradbury 2003, Küpers/Edwards 2008, Küpers/Weibler 2008). Zudem wurde schon ein umfassendes Forschungsprojekt zur integralen Führung vorgeschlagen (vgl. z.B. Pauchant 2005, Volckmann 2005). Auch wenn die Forschung und Praxis einer integralen Führung noch ganz am Anfang steht, zeigt sie jedoch viel versprechende Perspektiven auf, insbesondere wenn sie im Zusammenhang mit einer integralen Organisation und einer integralen Steuerung gebracht wird.

6.5   Integrale Steuerungskonfigurationen

Aufgabe einer integralen Steuerung ist vor dem Hintergrund der vorherigen Ausführungen die **Sicherung** einer integrativen Ordnung und übergreifenden Rationalität sowie die Koordination der Teil-Ordnungen bzw. Teil-Rationalitäten der einzelnen Sphären (Entitäten, Welten) und ihrer wechselseitigen Interrelationen. Grundlegend kann dabei davon ausgegangen werden, dass je komplexer die Differenzierungen und Interdependenzen sowie je größer die Organisation und stärker die räumliche Distanz wie auch je geringer dabei das Vertrauensniveau zwischen Abteilungen ausgeprägt sind, desto schwieriger es sein wird, eine Integration zu erzielen oder aufrechtzuerhalten (vgl. auch Kotter/Schlesinger/Sathe 1979, S. 123). Die zentrale Steuerungsaufgabe ist damit die Aufrechterhaltung bzw. Re-Stabilisierung einer **integralen Gesamtordnung** durch eine koordinierte Prozessierung von unterschiedlichen (Sub-)Steuerungspraktiken. Dieser Aufgabe entsprechend, können folgende **Funktionen integraler Steuerung** unterschieden werden:

- **Informations-, Kommunikations- und Abstimmungsfunktion:** Wie wird i.S. integraler Steuerung strategisch informiert und kommuniziert bzw. wie wird integral koordiniert?
- **Entscheidungsfunktion:** Wie können durch Steuerung Entscheidungen vorbereitet und erleichtert werden?
- **Diagnose-/Optimierungsfunktion:** Wie können durch Steuerung systematisch Verbesserungs- oder Einsparmöglichkeiten eruiert werden?
- **Qualifizierungsfunktion:** Welche Qualifikationen und Kompetenzen werden für eine steuernde Verwirklichung integraler (Organisations- und Führungs-)Praxis bei Einzelnen und Gemeinschaften bzw. Systemen benötigt?
- **Implementierungsfunktion:** Wie kann eine integrale Praxis in der Organisation und Führung steuerungspraktisch umgesetzt und nachhaltig verankert werden?
- **Evaluationsfunktion:** Wie kann eine integrale Organisations- und Führungspraxis steuerungsbezogen bewertet werden?

Diese Funktionen der Steuerung unterstützen die Führung z.B. bei Planung, Organisation, Personaleinsatz oder Personalführung. Andererseits dienen bestimmte Instrumente, wie die bewertenden quantifizierenden Techniken des **Controllings** der Steuerung. So fungieren z.B. Kennzahlensysteme, Planungs- und Budgetierungs- oder Verrechnungs- und Lenkungspreissysteme und die Kostenrechnung (vgl. Küpper 2001) als eine steuerungsrelevante Visualisierung organisationaler Sachverhalte.

Aus integraler Perspektive betrachtet, sollten die Vorteile organisationaler Steuerungsformen vereint und die jeweiligen Nachteile reduziert werden. Damit kann eine **„proto-integrale"
Verbindung von sozialer und systemischer Sphäre** gewonnen werden. So können durch gleichzeitiges Zulassen z.B. von sozialer Netzwerkkultur und internem Markt, also Konkurrenz und Kooperation („co-opetition"), **Synergieeffekte** realisiert werden. Gerade die Verknüpfung von „hard factors" (Leistungen, Erträge im Sinne einer Gewinnorientierung) und „soft factors" (Vertrauen, soziale Verpflichtung, Aspekte der Beziehungsorientierung) scheint zweck- und sinnvoll. Denn damit wird sowohl eine sachliche und ergebnisgerechte Zielausrichtung über eine marktlogische Steuerung, wie auch eine nachhaltigere, weil sozial fundierte Einbindung und Steuerung gewährleistet. Dies scheint gerade bei arbeitsteiligen, sozialen und flexibilitätsbedingt vernetzten Leistungsprozessen (z.B. im Rahmen von Projekten) zunehmend erforderlich. Während der ökonomische Austausch und dessen Steuerung durch eher kurzfristig wirksame und kalkulative Orientierungen geldwerter Leistungen und Gegenleistungen gekennzeichnet ist, liegt der Fokus des sozialen Austauschs und dessen Steuerung auf Vertrauen in langfristige Gegenleistungen und dauerhafter Kooperation, bei der auch emotionale Dimensionen der Beteiligten berücksichtig werden. Das damit möglich werdende Arrangement eines „sozialen Binnenmarktes" wird auch von Praktikern als eine erstrebenswerte Steuerungskonfiguration angesehen, wie empirisch nachgewiesen wurde (vgl. z.B. Wunderer/Dick 2006). Dies ist wahrscheinlich auch darauf zurückzuführen, dass ein Zusammenspiel beider Steuerungsgrundlagen die wünschenswerten selbstorganisierten Ansätze, die auf aktive, kreative, problemlösende, kooperative und selbstständige Mitarbeiter setzen, begünstigt. Allerdings verlangen die erforderliche innere Einstellung und Motivation sowie Qualifikationen (z.B. Beziehungsfähigkeit, Vertrauen und Risikobereitschaft sowie Sozial-, und Umsetzungskompetenz) für solche Steuerungskonfiguration eine systematische Berücksichtigung und Integration auch der Sphären I und II.

Ein Großteil herkömmlicher Steuerungskonzepte basiert auf einer relativ explikativen Orientierung und formalen Ausrichtung der Organisation. Die Rationalität und Vorteilhaftigkeit von formal-organisationalen Steuerungsmethoden liegt darin begründet, dass sie generelle Antworten auf wiederkehrende und deshalb typisierte Problemlagen sind (vgl. Neuberger 2006b, S. 173). Wenn jedoch alle Steuerungsprobleme auf den dafür formal zuständigen Ebenen gelöst werden würden, kämen Prozesse mit ihren drängenden Situations- oder Handlungsbedarfen an bestimmten Stellen in Organisationen zum Erliegen. Zudem ergibt sich die Frage, wie es zu einer Berücksichtigung **nicht-objektivierbarer und nicht-formalisierbarer Zusammenhänge** kommen kann. Auch in Anbetracht der Nachteile hierarchischer und formaler Steuerung und Koordination kommt es auf die Beachtung von Steuerungs-(Abstimmungs-)bedarfe für Prozesse an, für die keine expliziten Regelungen durch Programme oder explizite Entscheidungsdelegationen vorgesehen sind. Damit sind es oft **informelle Organisationen** bzw. **Prozesse**, die eine wichtige Ergänzung formaler Strukturen und Prozesse darstellen und damit wesentlich nicht nur zum Erhalt und zur Entwicklung, sondern auch zur Steuerung von Organisationen beitragen. Informelle Organisation können sowohl als **Sozialstruktur** nicht kodifizierte, inoffizielle Beziehungen in Organisationen wie als **spontaner Prozess** von Individuen oder kleinen Gruppen in Subbereichen der Organisationen verstanden werden. Gerade mit ihren Merkmalen Personen- bzw. Sozialbezug, der Emotionalität und Spontaneität sowie Abweichung von geplanten, vorgegebenen, formalen

Strukturen durch verschiedenste Interaktionen und Kommmunikationskanäle, ermöglichen sie einen Umgang mit Steuerungsdefiziten bzw. stellen selbst Quasi-Steuerungs-Substitute dar.

Eine Art **„informelle Fremd-Steuerung"** erfolgt zum Beispiel durch inoffizielle, „ungeschriebene Gesetze" oder nicht schriftlich bestimmte aber wirksame Vorgaben sowie „Zufalls-Steuerungen" durch kontingente, d.h. mögliche aber nicht notwendigerweise gewollte Ereignisse. Auch kann ein Schweigen, oder bewusst keine Anweisungen zu geben, informell steuernd wirksam sein. Eine **informelle Selbststeuerung** im Kollektiv erfolgt über informelle Regeln, z.B. ungesagte aber handlungswirksame Erwartungen, (z.B. erwartbares Organizational Citizenship Behavior, Extrarollenverhalten). Auch kann Steuerung negativ über eine behauptete „Nicht-Zuständigkeit" oder vermeintliches „Nicht-Wissen" als „selbstgesteuerte Nicht-Steuerung" („negative Koordination") erfolgen. Besonders bei Engpässen, Versagen oder Unwirksamkeit formeller Steuerungen fungiert auch **Mikropolitik** als eine Art Steuerungsmittel informeller Steuerung. Mikropolitik überbrückt Steuerungslücken und Steuerungsversagen durch lokale Eigeninitiative (Mitdenken, Engagement) und Rückbindung abstrakter Prozesse an persönliche Interessen. Dabei kommt es zu einem steuernden Zusammenspiel von individuellen Gefühlen, Machtmotiven und Interessen eines entsprechenden agentischen Handelns, verbunden mit Gruppenprozessen, z.B. in Form von Koalitionen, unter Ausnutzung von Systemregeln und organisationalen Spielräumen (vgl. Neuberger 2006b, S. 170f). Informelle Dimensionen tragen aber auch dem wachsenden Bedarf an **unregulierten Freiheitszonen** für das Denken, Fühlen und Wollen von Psychen und Handeln von Akteuren bzw. dem Agieren von Gruppen und Systemen Rechnung, welche gerade für eine selbstorganisierte Steuerung grundlegend sind.

6.6   Integrale Selbststeuerung durch Selbstorganisation

Wie bereits einleitend beschrieben, sind **Selbst- und Fremdorganisation** grundlegende Form- und Strukturelemente von Organisationen (☞ Kapitel 3.5). In Abgrenzung zur Fremdorganisation, die als hierarchische oder fremdbestimmte Organisations- und Führungsform unter heutigen Umweltbedingungen zunehmend zunehmend an ihre Grenzen kommt (vgl. Göbel 1993, S. 395; Rüegg-Stürm/Achtenhagen 2000, Göbel 1998), sind mit autogener Selbstorganisation solche Ordnungs- und Steuerungsprozesse gemeint, die nicht auf rationale Planung und Entscheidung zurückzuführen sind, sondern wie „von selbst" zu einer Ordnung und Steuerung führen (vgl. Göbel 2004, Sp. 1313). Diese Selbststeuerung durch Selbstorganisationspraktiken tritt dabei sowohl in den einzelnen Sphären wie auch in übergreifenden Organisationsprozessen auf. Aus integraler Perspektive ist ein solches „Selbst-Organisieren", welches nicht mehr (nur) auf einzelne Personen (Führungskräfte, Organisatoren) und ihr Handeln reduziert wird, aufschlussreich. Denn so werden organisationale Ordnungsbildungen als Ergebnis zwar autonomer und dezentraler, jedoch integral zusammenhängender holonischer Prozesse und eigensinniger Dynamiken verständlich. Gerade die Komplexität und

Vielgestaltigkeit der auf allen Ebenen der Organisation zu koordinierenden Bedingungen, Sachverhalte und Prozesse würde einzelne Organisatoren oder Führungskräfte in quantitativer und qualitativer Hinsicht überfordern.

Für die Steuerung gewinnt so die Selbstorganisation insbesondere in komplexen Zusammenhängen und Zuständen, wo einfache Regelungen bzw. Reaktionen nicht hinreichend sind, an Bedeutung. Auf das Bild der **Seefahrt** vom Anfang des Buches zurückkommend, ist Selbstorganisation für eine Steuerung von Entdeckungsreisen in unbekannten Gewässern ohne Seekarte und Kenntnisse der Inselwelten und Küsten besonders wichtig (vgl. Müller-Stewens/Lechner 2005, S. 566). Die Mannschaft, die zum ersten Mal so reist, verfolgt eine Vision, deren Verwirklichung sie handlungspraktisch realisieren muss. Dazu ist entscheidend, dass die Besatzungsmitglieder gemeinsam alle Signale sensibel wahrnehmen, die sich ihnen als Anhaltspunkte anbieten und alle an Bord vorhandenen Interpretationsmuster aufmerksam verwenden. Der Kurs ergibt sich aus dem kontinuierlichen Abgleich bisheriger Ziele, vorgefundener Bedingungen sowie der Belastbarkeit von Team und Materialien. Das Agieren der Beteiligten und deren Aufgabenverteilung resultieren dabei aus der situativ entstehenden eigendynamischen Ordnungsbildung, demgemäß sich alle Beteiligten flexibel auf Veränderungen einlassen können aber auch müssen.

Als **Merkmale der Selbstorganisation** wurden verschiedene Attribute, wie relative Autonomie, Selbstreferenz, Redundanz, Komplexität, Dynamik, Nicht-Determinismus, Interaktion und Emergenz bestimmt (vgl. Probst 1987), die im Weiteren kurz erläutert werden:

- **Relative Autonomie und Selbstreferenz** verweisen darauf, dass jeder Bereich sich selbst steuert und auf sich selbst zurückwirkt. In selbstorganisierenden Organisationen gibt es keine Trennung zwischen organisierenden, gestaltenden oder lenkenden sowie organisierten, gestalteten oder gelenkten Teilen. Alle Teile der Organisation bzw. alle Beteiligten stellen potenzielle Gestalter dar.
- **Redundanz** liegt vor, wenn mehrere Teile befähigt sind, Gleiches zu tun oder ähnliche Aufgaben zu erfüllen. Mit der Redundanz von Gestaltungspotenzialen, welche über die gesamte Organisation verteilt sind, werden ein breiteres Verhaltensspektrum und damit eine höhere Flexibilität ermöglicht. Die Redundanz äußert sich in konkreten Organisationen in Form von „organizational slacks", das heißt mit dem Vorhandensein von Ressourcenüberschüssen (z.B. Mehrfachqualifikationen; ☞ Kapitel 5.3.8).
- **Komplexität** verweist auf ein hohes Vorkommen an bestehenden Wechselbeziehungen sowohl zwischen den einzelnen Elementen und ihren Operationen als auch zur Umwelt einer Organisation (vgl. Dörner 2005). Aus der Komplexität und **Dynamik** selbstorganisierender Organisationen erwächst auch deren **Nicht-Linearität** und **Nicht-Determinismus**. Damit ist gemeint, dass die Operationen im Selbstorganisationszusammenhang nicht kausal bestimmbar und demnach nicht prognostizierbar sind. Aus den **Interaktionen**, also den Austauschbeziehungen (z.B. Informationen, Wissen oder Energie) der Organisationsteile, ergeben sich synergetisch **Emergenzen**, also neue qualitative Eigenschaften oder Zustände. Das so erreichte höhere Qualitätsniveau zeichnet sich dabei durch eine verbesserte Fähigkeit zur Komplexitätsbewältigung aus.

Organisationsformen der Selbstorganisation folgen dabei einer **Prozess- und Entwicklungs-orientierung**, was bedeutet, dass sie flexibel, spontan, mehrdeutig, lernfähig und evolutionär verfasst sind. Als Grundsätze einer solchen Prozessorientierung gelten vernetzte Planung, Priorität des Holons, dezentralisierte Führung, selbstsicherer Umgang mit Unsicherheit sowie Verbindung von Eigenverantwortung und Gesamtverantwortung (vgl. Müri 1994, S. 29ff.). Die prozessuale Ausrichtung verbindet dabei integral die subjektiven (Innen-) und objektiven (Außen-)Seiten des Einzelnen und des Kollektivs im holonistischen Sinne. In einer integralen Selbstorganisation ko-konstituieren und koordinieren Organisationsmitglieder mit ihren Innen- und Handlungswelten sowie auch den gemeinschaftlichen und systemischen Mit- bzw. Sachwelten die Herausbildung und Organisation ihrer je eigenen, wie auch der Gesamtordnung in Organisationen (vgl. auch Bea/Göbel 2006, S. 4). Wenn jeder Zustand der Gesamtorganisation von den Zuständen der Organisationsteile abhängig und rekursiv verbunden ist, bedeutet dies auch, dass Organisationen nicht mehr im traditionellen Sinne vorhersagbar und rein formal (fremd-)steuerbar sind. Der **Vorteil** einer integralen Steuerung über Selbstorganisation ist es gerade, dass gewollte Freiräume genutzt und dabei Defizite und Lücken der isolierten formalen Fremdorganisation sinnvoll geschlossen und eine problematische (nicht-integrale) Fremdorganisation korrigiert werden. Eine funktionierende integrale Selbstorganisation muss andererseits immer auch durch **Fremdorganisation** vorbereitet und begleitet bzw. unterstützt werden (vgl. North/Friedrich/Lantz 2005, S. 614). Selbstorganisierende Aktivitäten finden erst durch fremdorganisierte, vorgegebene Rahmenregelungen ihre Legitimation und ihren Platz in der Unternehmensorganisation (vgl. Bea/Göbel 2006, S. 211). Durch Fremdorganisation wird somit der Grad der autonomen Selbstorganisation bestimmt, welcher sich hauptsächlich in dem Ausmaß der eingeräumten Entscheidungsfreiräume (Autonomie) für die einzelnen Bereiche durch Prozesse der Delegation und Dezentralisation widerspiegelt (vgl. Kappler 1992, Sp. 273).

Als **Mindestbedingung** für Steuerung über informelle Selbstorganisation gilt, dass sie überhaupt als zulässig erachtet und nicht durch organisatorische Vorschriften und formale Verfahren be- oder verhindert wird. Das schließt ein, dass sie auch während der Arbeitstätigkeit vor Ort und je nach Bedarf vollzogen werden kann. Für die Realisation einer Selbstorganisation gibt es spezifische **Voraussetzungen**, welche die Führungsorganisation, die Führungskräfte, Mitarbeiter und den Gruppenzusammenhang sowie strukturelle Rahmenbedingungen betreffen, die je im Weiteren kurz beschrieben werden:

- Über **Führungsorganisation** kann Selbstorganisation durch erweiterte Freiheit der Zielwahl, Verringerung von Überwachung oder engen Vorgaben gefördert werden. An Stelle äußerer Kontrolle und Vorbestimmungen treten prozedurale Prinzipien als Spielregeln der Zusammenarbeit. Dazu gehören Mindestanforderungen an wechselseitige Transparenz, pro-aktive Informations- und Feedback-Prozesse, Gerechtigkeitsstandards sowie konstruktive Konfliktbewältigung. Diese fördern ein angemessenes Kommunikations- und Teamverhalten, Fairness, Vertrauen und wechselseitige Verlässlichkeit (vgl. Rüegg-Stürm/Achtenhagen 2000, S. 12).
- Mit verstärkter Selbstorganisation wandeln sich auch Orientierung, Rollen und Aufgaben der **Führungskräfte**. Sie übernehmen verstärkt die Rolle als Coach oder Moderator, welche die Selbstorganisationsprozesse begleiten und unterstützen (vgl. Sydow 1993, S. 245; Faust et al. 1995, S. 89ff.). Damit fokussieren sie ihre Einflussnahme auf begleitende

Aufgaben, jedoch ohne auf Anstöße zur Fortentwicklugn der Sphären und der Gesamtorganisation sowie ihre Koordinationsfunktion zu verzichten. Dabei haben Führungskräfte stets auch Interessen wichtiger externer Anspruchsgruppen (z.B. Kapitalgeber, Kunden) zu berücksichtigen. Wenn beispielsweise Qualitätsanforderungen nicht hinreichend erfüllt werden oder die Kundenzufriedenheit sinkt, muss das Management entsprechend sensibilisieren oder gegensteuern. Führungskräfte wirken auch als Bindeglied zu anderen selbstorganisierten Einheiten und zur übergeordneten Organisation. In Situationen starker Systemschwankungen und großer Unsicherheit können und müssen Führungskräfte die auch als Zumutung empfundene Selbstregulation von Problemen (vgl. Minssen 1999) konstruktiv interpretieren. Schließlich bleiben die Rückmeldung und Anerkennung von Leistungsergebnissen eine Führungsaufgabe. Bei fremdbestimmter Selbstorganisation können Widersprüche und Konflikte einer „verordneten Selbstbestimmung" (vgl. Pongratz/Voss 1997, S. 35) auftreten. Betriebliche Selbstorganisationskonzepte erfordern daher eine Konfliktkultur, in der offen Macht- und Interessensauseinandersetzungen geführt werden (vgl. Pongratz/Voss 1997, S. 42). Zudem benötigen sie eine Führung, die Gefühle der Verunsicherung aushält sowie selbstkritisch mit eigenen Mehrdeutigkeiten und eigenen Schwächen sowie Schwierigkeiten umzugehen versteht (vgl. Pongratz/Voss 1997, S. 46; Faust/Jauch/Notz 2000). Viele der genannten Erfordernisse verlangen eine zielgruppenspezifische Vermittlung durch Aus- und Weiterbildung von Führungskräften, z.B. im Rahmen einer Führungskräfteentwicklung.

- Selbstorganisation stellt auch hohe Anforderungen an die **Mitarbeiter** für die Durchführung selbstorganisierter Koordinationsprozesse und die damit verbundene Verantwortungsübernahme. Die Ausrichtung auf eine Dezentralisierung der Wissens-, Entscheidungs-, und Handlungsprozesse erfordert einen emanzipierten, selbstständig handelnden Mitarbeitertypus. Neben hinreichender Qualifikation, flexibler Anpassungsfähigkeit, sozialen Kompetenzen und Teamfähigkeiten ist auch Offenheit für eigene und gemeinsame Potenzialentwicklung notwendig (vgl. Probst 1987, 1992). Diese anspruchsvollen Voraussetzungen sind bei Mitarbeitern oft nicht gegeben. Sie müssen zunächst vorbereitet und entwickelt oder wiedergewonnen werden. Je nach Charakter und Reifegrad sind daher Voraussetzungen der Selbstorganisation auch zielgruppenspezifisch und individuell zu überprüfen und zu fördern.

- Grundlegend muss für den kollektiven Bereich der Gemeinschaft (Kultur) ein gegenseitiges **Vertrauen** bestehen bzw. entwickelt werden, die (relativ) hierarchische Gleichheit aller Beteiligten anerkannt sowie auf dominantes Verhalten verzichtet werden. Ein selbstorganisierter **Gruppenzusammenhang** ist durch folgende Voraussetzungen und Merkmale bestimmt (vgl. Hackman 1986, S. 93): Die Gruppenmitglieder fühlen sich für die Ergebnisse ihrer Arbeit sowie die Lösung von Herausforderungen und Problemen verantwortlich. Es gibt eine laufende Selbstkontrolle der Arbeitsergebnisse, die sich auch auf die Schwierigkeiten bei der Arbeitsdurchführung und -koordination erstreckt. Korrekturen und Verbesserungen der Arbeitsmethoden werden weitgehend selbst gesteuert vorgenommen. Die Organisation von Arbeitsprozessen erfolgt über eine Selbstabstimmung in der Gruppe und mit anderen Organisationseinheiten. Für die Kommunikation zwischen Führungskräften und selbstorganisierten Gruppen hat sich die Institution eines rotierenden Gruppensprechers bewährt (vgl. Alioth 1995, Sp. 1900f.). Damit ist „Führung" innerhalb gruppenbestimmter Selbstorganisation nicht mehr an Positionen gebunden, sondern findet auch über kritische Fragen oder konstruktive Vorschläge der Mitarbeiter statt, die sich wechselseitig herausfordern oder beistehen. Die Selbstorganisierenden müssen auch aktiv mitdenken und zur Bildung tragfähiger Beziehungsnetzwerke beitragen. Häufig ist zudem ein Gruppentraining für die Organisationsmitglieder erforderlich, um den Einsatz hierarchischer Koordinationsinstrumente durch Selbstorganisation substituieren zu können (vgl. Bea/Göbel 2006, S. 317).

* Schließlich ist Selbstorganisation auch noch von **strukturellen Voraussetzungen** abhängig. Vor dem Hintergrund der bereits dargelegten Unzulänglichkeiten hierarchischer Koordination und des in dynamischer und komplexer Umwelt hohen Bedarfs an Flexibilität (☞ Kap. 2.3.2), müssen auch **organisatorische Rahmenbedingungen** geschaffen werden, die Selbstorganisation nicht nur ermöglichen, sondern auch fördern. Dazu gehören neben der grundsätzlichen **Dezentralisierung** von bzw. Ermächtigung zu Entscheidungen (Empowerment), die Einrichtung von horizontalen **Kommunikationskanälen**, die Ausstattung von **Gremien** mit entsprechenden Entscheidungskompetenzen sowie die Festlegung von Anlässen oder **Interdependenzen**, die der Selbstabstimmung und Selbstorganisation bedürfen. Dazu müssen die einzelnen Beteiligten auch genügend **Zeit** und **Spielräume** für die selbstorganisierten Tätigkeiten und einen Zugang zu allen notwendigen Informationen und Wissen haben. Je nach Ausgestaltung des strukturellen Rahmens, können verschiedene strukturelle Arten der Selbstorganisation unterschieden werden (vgl. Seidel/Redel 1987, S. 92f.; Kieser/Kubicek 1992, S. 107ff.). So gibt es neben **fallweisen Interaktionen**, die nach eigenem Ermessen der Betroffenen vorgehen, auch **themenspezifische Interaktionen** durch generelle Regelung bei bestimmten Problemen sowie **institutionalisierte Interaktionen** in formalen, sekundärorganisatorischen Gruppen (z.B. Komitees, Ausschüsse, Arbeitskreise).

All diese Voraussetzungen verweisen direkt und indirekt auf einen erforderlichen Bezug der Selbstorganisation zu den zuvor beschriebenen, teilweise fremdorganisationalen Möglichkeiten einer integralen Organisation und integralen Führung (☞ Kapitel 6.3 und 6.4).

Die praktische Verwirklichung und Etablierung von Selbstorganisation findet sich schließlich auch in **spezifischen Organisationsformen**. Dazu gehören Lean-Konzepte, Projektgruppen, Qualitätszirkel sowie teilautonome Gruppenarbeit und laterale Netzwerkkonzepte. Über wechselseitige Einflussnahme und gemeinsame Aufgabenerledigung sowie informelle Kooperationen wird eine Gruppenstruktur, mit spezifischen Rollen, Normen und „Wir-Gefühl" gebildet (vgl. Manz/Sims 1995b). Dank vorhandener Freiräume mit direkten Kommunikationskanälen zwischen relativ gleichberechtigten Partnern ermöglichen sie ein relativ hohes Maß an selbstorganisiertem Handeln und können damit zu einer selbstbestimmten und -gesteuerten Praxis beitragen. Eine besondere Organisationsform der Selbstorganisation stellt die sog. **„Soziokratie"** dar. Der Begriff Soziokratie (von lat./gr. „socius" = Begleiter und „kratein" =regieren abgeleitet) bedeutet wörtlich Herrschaft der Menschen. Die soziokratische Steuerungspraxis folgt dem Grundsatz, dass eine Entscheidung über selbstorganisierte Zusammenhänge nur getroffen werden kann, wenn niemand der Anwesenden einen begründeten Einwand dagegen hat. Soziokratie beruht daher nicht auf dem Konsensprinzip oder Mehrheitsbeschluss, sondern auf dem **Prinzip des „Consent"** (Einverständnis). Das Modell der Soziokratie ist als Form kreativer Mitbestimmung, Entscheidungsfindung, organisatorischer Selbststeuerung und als innovativer Organisationspraxis gedacht. Dabei konnte gezeigt werden, dass die Methode der soziokratischen Zirkelorganisation zu einer ganzheitlichen Einbindung der Belegschaft, des Managements, der Investoren und Anspruchsgruppen führt sowie ganz praktisch die Zahl der Meetings und den Krankenstand reduziert, während sie die Kreativität und Problemlösung und Bereitschaft zu Veränderung erhöht und die Qualität der Produkte oder Dienstleistungen bzw. Kundenorientierung steigert (vgl. dazu Endenburg 1998, Romme/Endenburg 2006).

Zur Veranschaulichung wollen wir an einem Beispiel die **Prozesse der Selbstorganisation** in und zwischen verschiedenen Organisationsmitgliedern und Abteilungen beschreiben: Entwicklungsingenieure einer F&E-Abteilung informieren die Mitarbeiter aus der Produktion direkt über neue Ideen bzw. die Neuentwicklung für die Fertigung (vgl. Bolte/Porschen 2006, S. 53ff.). Es gibt zwar ein formalisiertes Regelwerk für die Weitergabe von Wissen bzw. Änderungen. Diese Verfahrensanweisungen versuchen die Weitergaben unvollständiger Informationen einzuschränken. Solche Regelungen verhindern jedoch, dass sich im Prozessablauf nachfolgende Abteilungen frühzeitig mit den Auswirkungen initiierter Änderungen befassen und darauf vorbereiten können. Entsprechend bringt eine Selbststeuerung bereits aktiv im Vorfeld – unabhängig von formalen Regelungen und Dienstwegen – Informationen ein. Dazu gehören z.B. die Abklärung von Fertigungsmöglichkeiten oder die Darstellung eigener Ideen und Vorhaben. Damit kann die Entstehung kritischer Situationen oder Probleme vermieden werden, bevor sie manifest werden. Dies reduziert den Aufwand für die Planung und spätere Anpassung, reguliert frühzeitig mögliche Personalengpässe und erhöht somit auch die Wahrscheinlichkeit einer erfolgreichen Umsetzung.

Ein solches Vorgehen setzt allerdings voraus, dass die Beschäftigen wissen, wen sie ansprechen können, wer also kompetente Auskunft geben kann (und solche Anfragen nicht als Zeichen von Inkompetenz deutet) und mit den Informationen vertrauensvoll umgehen wird. Umgekehrt kann es zu selbstgesteuerten Kommunikationen, z.B. zu Vorschlägen oder Rückfragen durch Mitarbeiter aus der Produktion an die Entwicklungsabteilung kommen. Auch wären selbstorganisierte Steuerungsprozesse zu anderen Abteilungen wie Einkauf oder Vertrieb denkbar. Solche Kooperationsbeziehungen bilden dann ein **innerbetriebliches Netzwerk**, das eine situations- und anlassbezogene Selbststeuerung „quer" durch die Organisation ermöglicht und lebendig gestalten lässt. Die Steuerungskooperation ist dabei zugleich ein zielgerichtetes wie auch erkundendes Vorgehen. So werden nicht nur gemeinsame Absprachen und Klärungen bezüglich der Vorgehensweise getroffen, sondern auch im Dialog neue Aspekte berücksichtigt sowie Probleme gemeinsam bestimmt und evtl. angegangen oder gelöst. Damit treten neben der Weitergabe von Informationen immer auch **Verständigungs-, Verhandlungs- und Lernprozesse** in den Vordergrund. Gerade das explorative Erschließen neuer Dimensionen und Zusammenhänge in selbstorganisierten Steuerungen zwischen Abteilungen oder Organisationseinheiten verweist auf ein innovatives Potenzial und Lernvermögen, auf das Organisationen nicht verzichten können.

Mit einer integralen Steuerung durch Selbstorganisation verbinden sich spezifische **Wirkungen**, aber auch **Grenzen**. Koordination und Steuerung durch Selbstabstimmung und -organisation entlasten die auf persönlichen Weisungen basierende hierarchische Koordination, da sie verteiltes Wissen nutzen kann und die vertikale Kommunikation entlang der Dienstwege reduziert. Damit ermöglicht sie, kurzfristig auftretendem Koordinationsbedarf zu begegnen und schneller fundierte, sachkompetente Entscheidungen zu treffen (vgl. Kieser/Kubicek 1992, S. 100). Die Vorteile einer selbstorganisierten Steuerung liegen damit neben einer Zeiteinsparung und Reduzierung von Entwicklungs- und Durchlaufzeiten in einer Flexibilitätserhöhung durch eine verbesserte Reagibilität auf wechselnde externe und betriebsinterne Anforderungen sowie aktive frühzeitige Antizipation möglicher Veränderungen. Auf der Ebene der Individuen (als Psyche und Agenten) führt Selbstorganisation – gerade bei Mitarbeitern mit Autonomie- und Selbstgestaltungsbedürfnissen – häufig zu erhöhter (innerer) Motivation und handlungspraktischem Engagement der Beteiligten. Für die kollektive Ebene steigert eine integrale Steuerung durch Selbstorganisation die Qualität gemeinschaftlicher Kooperation sowie die Funktionsfähigkeit des Systems.

Diese positiven Wirkungen werden allerdings nicht eintreten, wenn die zuvor genannten Grundbedingungen und führungs-, mitarbeiter- gruppen- und strukturbezogene Erfordernisse gegeben sind. Ohne führungsorganisationale und gruppenspezifische Voraussetzungen und ohne qualifizierte, engagierte sowie verantwortungsbewusste Führungskräfte und Mitarbeiter sind Selbstorganisationsprozesse nur eingeschränkt möglich. Andererseits schafft die Selbstorganisation optimale Vorbedingungen gerade zur Entwicklung von Selbstständigkeit und Eigenverantwortung. Mitarbeiter können so durch Selbstbeobachtungen und Lern- und Erfahrungsprozesse zu weiterführenden Erkenntnissen und Praktiken der Steuerung gelangen. Aber grundsätzlich bleibt Selbstorganisation häufig in beachtlichem Maße auf Fremdorganisation angewiesen, welche die (Ermöglichungs-)Bedingungen für selbstorganisierende Prozesse sowie eine Selbstkoordination und Selbststrukturierung erst schaffen muss (vgl. Kieser 1994, S. 218ff.). Beispielsweise müssen für selbtsorganisierte Gruppenprozesse Aufgaben neu geordnet, Lohnsysteme umgestellt oder Vorgesetztenrollen neu bestimmt werden. Bei einer lateralen Selbstkoordination von Abteilungen müssen zunächst abteilungsübergreifende Komitees eingerichtet, Problemlösungsverfahren zur Strukturierung komplexer Entscheidungsproblematik vorgegeben oder unterstützende Informationssysteme gestaltet bzw. Kommunikationstrainings durchgeführt werden (vgl. Kieser 1994, S. 219).

Allerdings kann die Einführung selbstorganisationsförderlicher neuer Steuerungs- und Organisationsprozesse bei Beibehaltung **alter Denk- und Strukturmuster zu Konflikten** führen. Beispielsweise verschärft eine Hierarchieabflachung bei unveränderten Karrieremustern eher den Wettbewerb unter Mitarbeitern, ohne die beabsichtigte horizontale Ausrichtung und kollegiale Kooperation sicherzustellen. Oder eine Ausdehnung des Handlungsspielraums von Mitarbeiten ohne echten Glauben in ihre Fähigkeit und ihren guten Willen sowie Vertrauen werden Kontrollbedürfnisse der Vorgesetzten vermutlich eher steigern anstatt zu verringern. Weiterhin kann eine autonome Selbstorganisation unter Umständen auch als ein **Störfaktor** wirken oder **Fehlentwicklungen** provozieren. Denn „von selbst" können sich auch dysfunktionale (Wahrnehmungs-, Handlungs-, Kultur- oder System-)Barrieren und starre Routinen bzw. „heimliche Spielregeln" (Scott-Morgan 1994) entwickeln, die dabei offiziellen Normen oder gesamtorganisationalen Zielen widersprechen. Grundlegend problematisch können sich solche Situationen erweisen, in denen Individuen oder Gemeinschaften konkurrierende und von den Zielen des Unternehmens **abweichende Ziele** (durch die Selbstorganisation) verfolgen oder zwischen den Mitarbeitern ein destruktives Konkurrenzdenken vorherrscht.

Demgegenüber kommt es in einer integralen Steuerung durch Selbstorganisation auf eine **Vereinbarkeit von Zielen** und eine **produktive Kooperationspraxis** an (vgl. Schäffer 1996, S. 1098). Allerdings entzieht sich eine weitgehend autonome aber zieldivergente oder ineffiziente Selbstorganisation einem formellen Zugriff, einer Kontrolle oder Korrektur. Gerade informelle Steuerung lässt sich zwar unterstützen, letztlich nicht aber selbst von Außen steuern, festlegen und kontrollieren. Eine **indirekte Steuerung** kann aber versuchen, über Veränderung von Kontextbedingungen mittelbaren Einfluss auszuüben. Die Steuerung solcher **Kontextsteuerung** erfolgt also nicht durch direkte Intervention, sondern durch Konditionierung der Selbststeuerung (vgl. Wilke 1983). So kann sie indirekt steuern, indem sie Rahmenbedingungen in Handlungs- oder Sachwelten verändert (z.B. Wissensnetzwerke oder Regelsysteme neu arrangiert), auf die diese dann in eigengesetzlicher Weise reagieren. Insgesamt betrachtet, muss der relativ große Aufwand hinsichtlich der Voraussetzungen und die Realisationskosten sowie die beschriebenen Probleme den relativen Vorteilen und Gewinnen für Psychen, Agenten, Gemeinschaften und Systemen der Organisation gegenübergestellt werden. Schließlich sind integrale Steuerungen über Selbstorganisation **nicht für alle Organisationen**, Situationen und Kontexte gleichermaßen geeignet. Grundlegend sind sie tendenziell eher in dezentralen, flachen Organisationsstrukturen mit hoher Entscheidungsdelegation, hoher Arbeitsteilung und einer dynamischen Umwelt angemessen und wirkungsvoll. Mit genannten Problemen und der Notwendigkeit spezifischer Anwendungen integraler Steuerung wird schon auf Bedingtheiten und Begrenzungen integraler Meta-Steuerung verwiesen, die im Weiteren noch genauer aufgezeigt werden.

6.7   Grenzen integraler Meta-Steuerung

Schon am Schluss des fünften Kapitels zum integralen Modell wurde auf die Grenzen und Gefahren einer übermäßigen Integralität hingewiesen. Eine unbedingte Geltung i.S. eines **„Integrationsrigorismus"** droht eingespielte Eigenheiten von und Prozesse zwischen den Psychen, Akteuren, Gemeinschaften und Systemen aufzulösen und diese damit zu paralysieren. Zudem würde eine rigorose Verabsolutierung oder Idealisierung des Integralen auch und gerade in einer integralen Steuerung eine permanente, lückenlose (Selbst-)Überwachung und -prüfung erfordern. Diese würde nicht nur hohe Kosten verursachen, sondern auch unausweichlich die Erfahrung des Ungenügens produzieren, was wiederum zu (Selbst-)Destruktivität führen kann. Schließlich würde eine überfordernde Integralität vielfältige Widerstände und Gegenreaktionen auslösen. Gerade durch die Gefahr vielfältiger **Überforderungen** würde eine übertriebene Integralität so ihre eigene Irrelevanz für eine Meta-Steuerung befördern sowie gegebenenfalls irrationale Folgen zeitigen. Anstelle einer Verabsolutierung des Integralen, die von einer rigorosen Unbedingtheit oder extremer Perfektionierung geprägt wäre, resultiert aus der Einsicht, dass eine durchgängige Prinzipienintegralität unmöglich ist, eine bewusste Beschränkung des Integralen. Eine Strategie einer lebbaren und gelebten Integralität (**„Gebrauchs-Integralität"**) zielt demnach nicht auf perfekte, sondern auf **hinreichende Integration**. Mit einer solchen integralen Steuerung sind Unter- bzw. Über-Steuerungen vermeidbar, die auf spezifische **„Steuerungsdefizite"** verweisen. „Integrationspraktisch" kann eine integrale Steuerung Prozesse eine einseitige „Fehl-Steuerung" durch Flexibilisierung von Entitäten und ihren Welten vermeiden helfen.

Die Meta-Steuerung einer integralen Organisation und Führung basiert auf dem Primat einer **„begrenzten Integralität"** („bounded integrality"). Analog zu dem einflussreichen Konzept „begrenzter Rationalität" (Simon 1976) der verhaltenswissenschaftlichen Entscheidungstheorie, gibt es auch in Steuerungssituationen (kognitive) Grenzen der Informationsaufnahme und -verarbeitung komplexer Integrationszusammenhänge. Auch Entscheidungen im Rahmen einer Meta-Steuerung entsprechen daher nicht dem Idealbild objektiver Rationalität (vgl. Simon 1976, S. 81ff.). Vielmehr ist anzuerkennen, dass eine **Unvollständigkeit des Wissens** über Zusammenhänge der Steuerung besteht. So ist die Kenntnis der Bedingungen, welche die Konsequenzen der Entscheidungsalternativen bei integralen Steuerungszusammenhängen beeinflussen, immer fragmentarisch. Die partielle Ignoranz betrifft auch fehlende Informationen über Möglichkeiten, Beteiligte, Motive, Folgen und Nebenfolgen, Wechselwirkung bzw. aktive Wissenszurückhaltung hinsichtlich des Integralen. Weiterhin besteht die Schwierigkeit der **Bewertung zukünftiger Ereignisse**, die aus integraler Meta-Steuerung erwachsen. So sind die Kontingenzen und möglicherweise auftretende Einflüsse in der Zukunft für die aktuelle Steuerungssituation nicht mit vorauszusehen. Darüber hinaus existiert nur eine **begrenzte Auswahl von (Entscheidungs-)Alternativen** zu Steuerungsproblemen.

Entsprechend dem „satisficing-Konzept" (vgl. March/Simon 1958) ist es dabei sinnvoll, von einem **„integral satisficing"** auszugehen. Individuen und Gruppen richten sich in (Entscheidungs-)Situationen integraler Steuerung auf die Suche nach befriedigenden, nicht nach optimalen Lösungen aus. Was eine befriedigende Lösung bzw. Alternative ist, ergibt sich dabei aus dem (dynamisch verstandenen) Anspruchsniveau (der Integration). Zudem wird die Definition von Entscheidungsproblemen integraler Steuerung auch von den subjektiven bzw. intersubjektiven (selektiven) Wahrnehmungs- und Deutungsmustern beeinflusst (vgl. Simon 1976, S. 90; March/Simon 1958, S. 150ff., Weibler/Küpers 2008) sowie die situative Komplexität durch habituelles Verhalten verarbeitet. Integrale Steuerungssituationen sind außerdem oft durch Unklarheit und Mehrdeutigkeit, bis hin zu **„organisierten Anarchien"** (vgl. Cohen/March/Olsen 1972) bestimmt. Neben dem erwähnten beschränkten Wissen über entscheidungsrelevante Einfluss- und Kausalbeziehungen und unvollkommenen Verfahren zur Zielerreichung in integralen Steuerungszusammenhängen bestehen auch inkonsistente Ziele bzw. prozessuale Zielfindungen (vgl. March 1976, S. 69ff.). Ferner nehmen Individuen und Gruppen an mehreren Entscheidungs- und Steuerungsprozessen teil und widmen diesen unterschiedliche, variierende Beachtung.

Das integrale Modell abstrahiert in seiner idealisierten Konstruktion von **Komplikationen**, die durch fluktuierende Teilnahme der entscheidenden und steuernden Teilnehmer entstehen können. Unter den Bedingungen organisierter Anarchie ist es unklar bzw. kontextabhängig, welche Lösungen zu welchen (Steuerungs-)Problemen passen, welche (Steuerungs-)Probleme bei welchen Entscheidungsgelegenheiten behandelt werden sowie welche Personen wann und mit wie viel Aufmerksamkeit für die Entscheidungen und Steuerungsprozesse zuständig sind. Begrenzte Integralität realisiert sich für die integrale Organisation und für die integrale Führung in Form eines **„gemäßigten Voluntarismus"** (vgl. dazu Deeg 2005, S. 39; Kirsch 1994, S. 228f.). Dieser bewegt sich zwischen den beiden Polen eines Determinismus

(Vorherbestimmbarkeit) und Voluntarismus (freie Willensdurchsetzung). „Gemäßigt" ist diese Art von Voluntarismus in dem Sinne, dass Organisationsmitglieder oder die Führung zwar Einfluss haben und ausüben können, dieser aber durch andere kontextuelle und situative Faktoren begrenzt wird.

Die **Bewährungsprobe** einer begrenzten Integralität zeigt sich in der konkreten Umsetzung der Konstruktionen des integralen Modells unter **Praxisbedingungen**, von denen im Idealmodell abstrahiert wurde (vgl. Neuberger 2006b, S. 532). Dazu gehören zum einen die bereits zuvor erwähnten praktischen Probleme für eine Gestaltungs- und Umsetzungspraxis der Integration (z.B. Orientierungs- bzw. Einstellungsprobleme, fehlende Voraussetzungen, Überforderungsgefahr, Logiken und Zwänge, Verstärkungs- oder Schwächungsdynamik in den zusammenhängenden Sphären). Darüber hinaus bestehen bei der praktischen Steuerung vielfältige **Ambiguitäten und Asymmetrien** im Zugang zu Informationen, Ressourcen, Chancen, widersprüchliche Präferenzen, Motive, (Un-)Verständnisse und Ambivalenzen der Entitäten und Welten. Des Weiteren gibt es unterschiedliche kontextbezogene variierende Bedeutungen, Oszillation, Instabilität, Schwankungen, innerhalb und zwischen den Entitäten und Welten. Ferner treten unterschiedlichste **Synchronisationsprobleme** an Schnittstellen, Überraschungen, Störungen, Unwägbarkeiten und Spontaneitäten sowie bleibende pluralistische Widerstreite von Interessen auf. Wie sich dabei zeigte, bauen Organisationen auf **widersprüchlichen Steuerungsprinzipien** auf, die sich gegenseitig bedingen. Deswegen existieren für jeweilige Steuerungsprinzipien immer auch Alternativen und antagonistische Steuerungsprinzipien (vgl. Neuberger 2006b, S. 174ff, S. 189ff), die die nachfolgende Abbildung im Überblick zeigt:

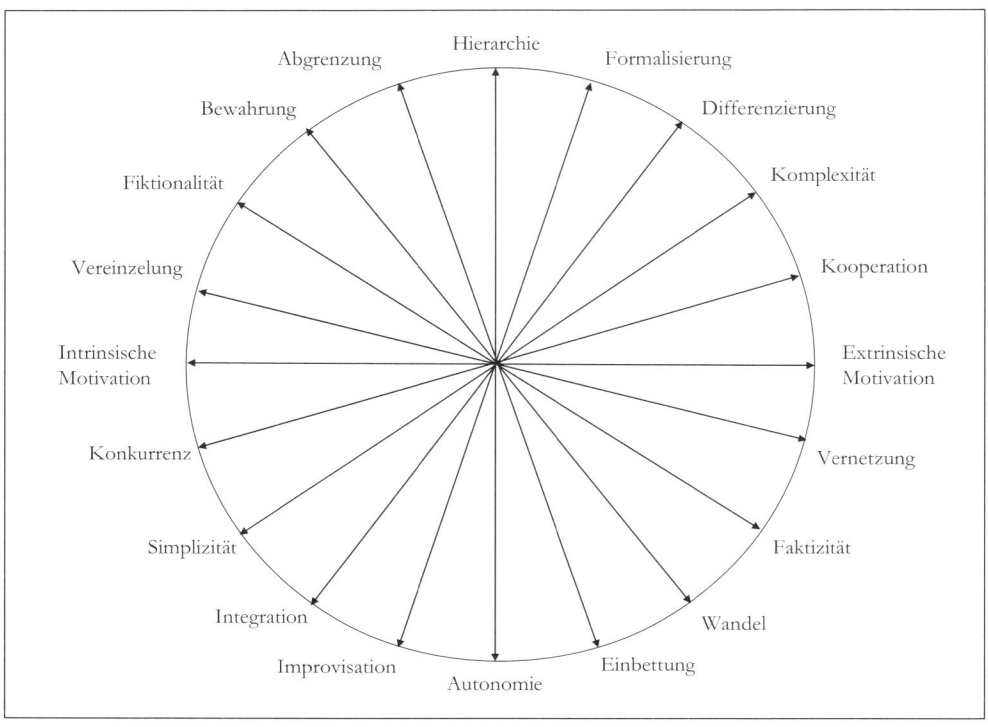

Abb. 6.9: Antagonistische Steuerungsprinzipien (vgl. Neuberger 2006b, S. 174)

Eine Möglichkeit integraler begrenzter Meta-Steuerung ist es, antagonistische Steuerungs-prinzipien i.S. einer **Gleichzeitigkeit des Gegensätzlichen** (Neuberger 2006b, S. 170f) zuzulassen. Auch kann sie als Hybrid-Konzept Gegensätze kombinieren, um so zur „Überwindung von Entweder-Oder-Alternativen" und zur Findung eines „dritten Weges" zu kommen (vgl. Frese 2000, S. 194ff.). Oder aber kann sie versuchen, die verschiedenen miteinander konkurrierenden Steuerungsprinzipien bzw. -mechanismen in den unterschiedlichen Sphären ständig herauszufordern, um sie dadurch zur Koordination und gegenseitigen Anpassung zu zwingen (vgl. Neuberger 2000b, 172). Eine begrenzte integrale Steuerung kann dazu beitragen, die genannten **Widersprüche** der Steuerung – wie Widersprüche überhaupt – auch emotional auszuhalten und konstruktiv mit ihnen umzugehen. Insbesondere kann sie helfen, die Ambivalenz- und Ambiguitätstoleranz von Personen bzw. Agenten und der Organisation als Gemeinschaft und System zu erhöhen, was so zu einer nachhaltigen Unternehmensentwicklung beiträgt (vgl. Furnham/Ribchester 1995, Riese 2007, Müller-Christ/Weßling 2007). Mit all dem tragen eine „bedingte Integralität" und eine „integrale Befriedigung" den Bedingungen des Lebendigen in Organisation in besonderer Weise Rechnung. Eine solche Orientierung passt eine integrale Praxis pragmatisch an die gegebenen Möglichkeiten und Grenzen an. Denn begrenzte Integralität und ein jeweiliges Integrationsniveau sind nicht als fertige

Endpunkte zu verstehen, sondern als entwicklungsfähiger Zusammenhang, womit ein Bezug zu einem **integralen Lernen** gegeben ist (vgl. Küpers 2006b, 2008b).

6.8   Zusammenfassung und kritische Reflexion

In diesem abschließenden Kapitel wurden die Bedeutung und Dimensionen einer integralen Organisation und Führung sowie integralen Meta-Steuerung als Gesamtkoordination thematisiert. Wie der dargelegte **Bedarf** nach einer umfassenden Steuerung deutlich macht, sind die **Interrelationen** und Perspektiven der verschiedenen voneinander abhängigen Sphären des integralen Modells im Organisations- und Führungszusammenhang systematisch zu beachten. Sowohl aus ökonomischen wie organisationspraktischen Gründen ist eine integrale Meta-Steuerung notwendig, um die Vermeidung von Problemen bzw. Gefahren einer **nicht-integralen Praxis** im Umgang mit organisationalen und führungsspezifischen Erfordernissen sowie die Operation und Entwicklung der Organisation zu gewährleisten. Entsprechend wurden **Organisationen als integrale Einfluss- und Steuerungsmedien** zur Koordination und Verwirklichung von Zwecken und Zielen von Personen und Agenten sowie der Gemeinschaftskultur und Agentur mit ihren Welten bestimmt. Diese Betrachtung kann dazu beitragen, deren Leistungspotenzial bestmöglichst zu aktualisieren und eine umfassende Wertschöpfung zu erreichen. Mit der Darstellung der verschiedenen, zusammenhängenden **Einfluss- und Entwicklungsfelder** wurde beispielhaft spezifiziert, wie Organisationen als Mittel integraler Formgebung und Gestaltung des Organisierens von Einzelnen und Kollektiven wirksam werden.

Eng mit einer integralen Organisation hängen Möglichkeiten einer **integralen Führung zusammen**, die sowohl in allen Sphären und Welten involviert ist, wie auch selbige permanent beeinflusst. Konsequenterweise wurden die Besonderheiten einer integralen Führungspraxis jeweils sphärenspezifisch als personale Selbstführung und äußeres Führungshandeln, als Führer-Geführtenbeziehung im sozio-kulturellen Kontext sowie als strukturell-systemische Führung gestaltungspraktisch und in ihren Zusammenhängen erörtert. Die Beschreibung der **Einfluss- und Entwicklungsfelder einer integralen Führung** zeigte die Interdependenzen und Wechselwirkungen auf. Damit wurde nicht nur die übergreifende Integrationsaufgabe von Führung, sondern auch ein neues, zeitgemäßes und nachhaltiges Führungsverständnis als „Ermöglichungsmanagement" deutlich. Die Notwendigkeit einer erweiterten Sichtweise belegen auch die Perspektiven einer integralen Steuerung. Aufbauend auf eine Begriffsklärung und der Bestimmung von Grundprinzipien und Medien integraler Meta-Steuerung wurden Bezüge zu organisationalen Steuerungskonfigurationen hergestellt und die Relevanz des **Informellen** akzentuiert. Gerade der Bezug zur ergänzenden Informalität als Quasi-Steuerungssubstitut machte klar, wie wichtig es ist, nicht-objektivierbare, nicht-formalisierbare wie emotionale und soziale Zusammenhänge zu berücksichtigen. Dies umso mehr auch in Anbetracht der **Grenzen und Probleme hierarchischer und formaler Steuerung**. Es zeigt sich, dass eines der einflussreichsten Mittel informeller Steuerung die **Mikropolitik** darstellt, die alle Bereiche, d.h. Entitäten und Welten des Integralen umfassen kann und gerade anbetracht widersprüchlicher Steuerungsprinzipien von grundlegender Bedeutung ist. Mit dem Aufzeigen von Möglichkeiten, Merkmalen, Voraussetzungen, Formen sowie Empfehlungen zu einer integralen Selbststeuerung durch **Selbstorganisation** wurde die Relevanz und Praxis eines erweiterten Steuerungsverständnisses in und für Organisationen verdeutlicht.

Darüber hinaus wurden einige **Grenzen und Probleme** thematisiert, die mit einer Meta-Steuerung einer integralen Organisation und Führung einhergehen. Die zuvor beschriebenen Probleme der Umsetzung einer integralen Praxis gelten auch für eine integrale Meta-Steuerung. Die spezifischen Schwierigkeiten der Realisation sowie Grenzen des „Nicht-Integrierbaren" und des Arationalen bzw. „Nicht-Steuerbaren" einer integralen Organisation und Führung sowie Steuerung erfordern daher die Einsicht, dass die Integralität nur eine begrenzte sein kann. Zur Berücksichtigung der je spezifischen Begrenztheiten und Bedingt-heiten des Integralen („begrenzten Integralität") kommt einer **begrenzten „integralen Rati-onalität"** eine besondere Rolle zu. Eine solche Vernunft vermittelt, fördert und ermöglicht eine integrale Organisation, Führung und Meta-Steuerung sowie damit eine **„Gesamt-Optimierung"**. Sie realisiert dies auch, in dem sie auf den **(ko-)responsiven Vollzug**, also einen antwortenden Beziehungs- bzw. Resonanzzusammenhang sowie eine **proportionale Ausgewogenheit** der Verhältnisse zwischen den Sphären achtet. In der Weise, wie eine sol-che integrale Rationalität die verschiedenen Antwortbeziehungen und Verhältnismäßigkeiten sowie unterschiedlichen Prinzipien der unterschiedlichen Sphären und deren **Übergänge** systematisch berücksichtigt, kann sie als eine „transversale Vernunft" (vgl. Welsch 1996) verstanden werden. Mit ihrer pro-aktiven und optimierenden Qualität dient eine solche **ko-responsive und proportionale Übergangsvernunft** nicht nur zur Vermeidung von bzw. zu einem konstruktiven Umgang mit Konflikten, Dilemmata, Paradoxien und Pathologien (☞ Kapitel 4), sondern trägt auch synergetisch zu einer umfassenden Wertschöpfung bei. Sie verweist dabei auf einen vielperspektivischer Operationsmodus von Übergängen (von oder zwischen Steuerungsformen), der sich dabei auf Diverses und Divergierendes einzustellen vermag ohne relativistisch zu werden.

Mit ihrer bereichsübergreifenden Orientierung kann eine integrale Steuerung die **Reaktions-fähigkeit der Gesamtorganisation** erhöhen. Dies gilt sowohl für externe Veränderungen auf den Märkten als auch für interne Veränderungen, die sich aus der Dynamisierung und Flexi-bilisierung der Organisation ergeben. Dabei umfasst eine „integrale Reagibilität" nicht nur ein „Reagieren", sondern auch eine (pro-)aktive frühzeitige Antizipation möglicher Verände-rungen. Anstelle punktueller und kurzfristiger Betrachtungen einzelner Abläufe oder Berei-che, verbessert eine integrale Steuerung mit der Qualität von Produkten, Dienstleistungen und Prozessen auch mittel- bis langfristig die Wirtschaftlichkeit der Gesamtprozesse. Die Herausforderung wird es sein, die Interdependenz von **Differenzierung und Integration** als zeitgemäße Effizienz von Organisationen verstehen zu lernen. Die zentrale Frage ist es, wie (post-moderne) Organisationen fähig sein können, differenzierte Ansprüche, Ressourcen und Werte zu integrieren, ohne dabei einzelne Teilnehmer auszuschließen, zu unterdrücken oder zu marginalisieren (vgl. Holtbrügge 2001, S. 266). Denn einerseits würde eine zu dominante Differenzierung die Verwirklichung der Vorteile kollektiven Handelns (z.B. Synergie- und Spezialisierungsvorteile) einschränken oder sogar verhindern. Andererseits würde eine Ü-berbetonung einer Gesamtintegration die Besonderheiten einzelner Organisationsmitglieder nicht hinreichend berücksichtigen, worauf diese sich dann zurückziehen bzw. der Organisation ihre Ressourcen entziehen könnten.

Daher kommt es darauf an, dass die besondere **Individualisierung des Einzelnen** und allgemeine **Organisierung des Kollektivs** in richtiger Weise zusammenkommen und -wirken. Erst wenn subjektive und objektive sowie intersubjektive und systemische Bereiche, Belange und „Rationalitäten" differenzsensibel koordiniert werden, wird eine nachhaltige Integration von Individuum und Organisation (vgl. dazu Deeg/Weibler 2008) möglich. Aufbauend auf dem integralen Modell bringt eine integrale Steuerung das Individuum und Organisation sowie die unterschiedlichen Integrationsprinzipien mit ihrer bleibenden Bedeutung in einen **Meta-Zusammenhang**. Dabei finden die traditionellen Grundformen der Integration von Individuen und der Organisation ihren Ort in der integralen Modellierung und Steuerungskonzeptionalisierung. Sowohl die einseitigen (divisionalisierenden) Integrationsformen (Hierarchisierung und Funktionalisierung) wie auch wechselseitige (einigende) Integrationsformen (Beziehungsorientierung und die Kultivierung) sind demnach nur verschiedene Formen, die **verschiedene Perspektiven** im holonischen Ganzen der Organisation repräsentieren. Denn viele der Probleme dieser einzelnen Integrationsversuche erwachsen aus einer nicht-integralen Ausrichtung.

Aus integraler Perspektive werden so die **Grenzen** herkömmlicher Integrations- und Steuerungsprinzipien (vertikaler) Hierarchisierung, (horizontaler) Funktionalisierung, (lateraler) Beziehungsorientierung und (kollektiver) Kultivierung verständlich. Denn bürokratischhierarchische und funktionale Organisationsprinzipien – die sich eher auf den Agenten und die Agentur bzw. Verhaltens- und Sachwelt richten – verbleiben ohne hinreichende Integration der Beziehungsorientierung und der Kultivierung – die sich eher an die Psyche und Kultur/Gemeinschaft bzw. Binnen- und Mitwelt orientieren – unzureichend, wie umgekehrt. Oft werden vielfältige Optimierungen organisationaler Prozesse, die durch die Integrationsprinzipien vermittelt werden, nur dann wirklich erkennbar und wirksam, wenn eben nicht nur einzelne Arbeitsabläufe und Teilprozesse, sondern vielmehr der Gesamtprozess aus integraler Perspektive betrachtet wird. Aus integraler Perspektive werden so die Bedeutung, Potenziale aber auch Vorteile und Stärken der jeweiligen Prinzipien erkennbar. Neben ihrem sphärenspezifischen Beitrag leisten die Prinzipien dabei auch übergreifende Vermittlungen. So bauen vergemeinschaftende Kultivierung bzw. Beziehungsorientierung Brücken zwischen der Psyche mit ihrer Innenwelt und der Kultur/Gemeinschaft mit ihrer Mitwelt. Oder bürokratisch-hierarchische und funktionale Organisationsprinzipien vermittelten die Beziehung zwischen Agent in der Handlungswelt mit der Agentur und dessen Sachwelt. Gerade in ihrem **Zusammenspiel** sind die Prinzipien füreinander ergänzend, korrektiv bzw. relativierend und bewahren die Prinzipien der Integration vor den problematischen Vereinseitigungen und dessen negativen Folgen.

Alle Integrationsprinzipien sind im Rahmen eines integralen Modells deswegen als gleichberechtigt zu berücksichtigen, jedoch ihr Wechsel- und Zusammenspiel gleichwohl anders als bisher zu konzipieren und gestaltungspraktisch zu berücksichtigen. Damit ermöglicht eine integrale Meta-Steuerung die Verwirklichung einer **integrierenden Komplexitätspraxis**. Hiermit ist das Ausmaß gemeint, mit dem Individuen oder Kollektive multiple Perspektiven effektiv einnehmen und verbinden können, um z.B. integral informiert Probleme zu lösen und Entscheidungen zu treffen sowie neue Organisationspraktiken zu entwickeln. Bei all dem darf nicht vergessen werden, dass die vorgestellten Konzeptionen einer integralen Organisation, Führung und Steuerung zunächst nur konzeptionell-methodische Konstruktionen sind. Analog zu den Ausführungen zum integralen Modellkonstrukt (☞ Kapitel 5.2), ist daher zu beachten, dass diese analytischen bzw. heuristischen Konstruktionen die Realität immer nur unvollständig widerspiegeln (vgl. Kappler 1995, S. 314). Damit wird jedoch auch deutlich, dass integrale Steuerungsformen und steuernde Problemlösungen auf Selektionen beruhen, womit die Gefahr einhergeht, sachgerechte Lösungen und Steuerungen zu übersehen oder die Begrenztheit der eigenen Sichtweise nicht wahrzunehmen.

Eine **reflektionsorientierte Steuerung** kann – ähnlich wie ein „reflexionsorientiertes Controlling" (vgl. Pietsch/Scherm 2004) – jedoch dazu beitragen, irrtümliche Selektionen aufzudecken und die Perspektivengebundenheit jeder Steuerung erkennen lassen. Denn Reflexion i.S. einer perspektivenorientierten Reflexion analysiert Steuerungsfragen und Entscheidungen aus unterschiedlichen Blickwinkeln. Damit können auch zunächst unerkannte Chancen und Risiken sowie Handlungs- bzw. Steuerungs-Optionen erkannt werden. Weiterhin kann eine reflektierte Steuerung für das Risiko von Fehlentscheidungen und -steuerungen sensibilisieren und präventiv Vorkehrungen vor unerwünschten (Neben-)Folgen treffen. Ferner zielt sie auf die Aufdeckung neuer Gestaltungsperspektiven, um damit zu einem umfassenderen Verständnis von Steuerung sowie innovativen Gestaltungsvorschlägen bzw. -praktiken zu kommen (vgl. auch Pietsch/Scherm 2004, S. 537). Allerdings stellt eine reflektionsorientierte integrale Steuerung zunächst nur ein Analyseraster und Deutungsschema zur Verfügung, das Akteure in Organisationen nutzen können, um ihre jeweiligen konkreten Situationen zu analysieren und damit situationsangepasste Lösungen zu erarbeiten. Der Weg zu einer **reflexiven Organisation** (vgl. Nolte 2007) verlangt allerdings noch weitergehendere Schritte und Maßnahmen, die von einer personalen Reflexivität und Managementbildung bis zu systemischen Kompetenzen sowie Praktiken integraler Weisheit (vgl. Küpers 2007b, Küpers/Statler 2008) reichen.

Schließlich ergeben sich auch für eine integrale Organisations-, Führungs- und Steuerungspraxis Fragen der **Evaluation**. Die Bestimmung der Wirkung und des Erfolgs dieser integralen Praxisformen der Steuerung unterliegen besondere Erfassungs-, Messungs- und Bewertungsprobleme. Analog zur Evaluationsproblematik des integralen Modells (☞ Kapitel 5.4) sind auch der **Nutzen** und die **Kosten** einer Steuerung integraler Organisation und Führung zu beachten. So sind aus ökonomischer Perspektive verschiedene Kosten, insbesondere auch Transaktionskosten, wie z.B. Delegations-, Koordinations- und Motivationskosten bzw. Anreiz-, Abwicklungs-, und Kontrollkosten der Steuerung zur Verwirklichung der Leistungserstellung und -austausches zu berücksichtigen (vgl. Berg 1981, S. 84ff). Grundlegend sind im Sinne des Integralen eine Minimierung der „Gesamtkosten" und eine Optimierung des „Gesamtnutzens" der Steuerung anzustreben. Wenn eine Situation vorliegt, bei der die Wahl der kostenminimalen Alternative den gesamten Nutzen des Organisationssystems erhöhen, aber den persönlichen Nutzen eines Akteurs oder den sozialen Nutzen einer Gemeinschaft verringern würde, bestimmt aus integraler Perspektive ein **gesamthaftes Effizienzprinzip** sowie erweitert ein **integrales Wohlfahrtstheorem** (vgl. Milgrom/Roberts 1992, S. 38) die Operationalisierungsentscheidungen der Steuerung und deren Bewertung. Diese integrale Wohlfahrsorientierung beachtet auch Kritieren der Nachhaltigkeit und richtet sich dabei auf ein wiederzuentdeckendes und neu zu interpretierendes Gemeinwohl (Daly/Cobb 1994) bzw. einen 'Common Wealth' (Sachs 2008) hin aus. Sie strebt eine Steuerung an, bei der die Verbesserung eines Teilbereiches nicht zu Lasten anderer Teilbereiche und des Ganzen geht. Umgekehrt gilt dabei auch, das was einer Teilsphäre nützt und keiner anderen schadet, die Gesamtheit des Organisationsholons verbessert. Allerdings muss nicht das, was „teilsphärisch" nützlich ist, immer auch holonisch sinnvoll sein. Andererseits kann was gesamtholonisch nützlich ist, für einzelne Teilbereiche zunächst nicht sinnvoll erscheinen.

Für die „Gesamtoptimierung" gilt es zudem zu beachten, dass es nicht nur *eine* **Kombination** zur Optimierung des holonischen Ganzen gibt, sondern verschiedene auch situationsabhängige Möglichkeiten und Konstellationen. Es kann also keinen „one best way" integraler Führung, Organisation und Steuerung geben, wohl aber verschiedene zweck- und sinnvolle Wege, die zu einem **integralen Wohlergehen** von Individuen und Organisationen (vgl. Küpers 2005) führen. Entsprechend kann es auch verschiedene Optimierungsverteilungen geben, bei der sich Teilbereiche (begrenzt) wechselseitig unterstützen, substituieren oder kompensieren. Dabei ist ferner zu berücksichtigen, dass sich ein integral definiertes Optimum nicht nur nach rein **ökonomischen Kriterien**, wie z.B. Effizienz oder Effektivität, Profitmaximierung oder individuellen Nutzenkategorien bestimmt. Deshalb müssen auch **ethische Bewertungskriterien** (vgl. z.B. Thielemann/Weibler 2007) in Steuerungszusammenhängen berücksichtigt werden. Dabei ist eine Meta-Steuerung integraler Organisation und Führung nie neutral, sondern mitbestimmt von konkurrierenden Motiven, Absichten und Interessen von Einzelnen, Gruppen und Systemen sowie eingebettet in einflussreiche **Machtzusammenhänge**, mit denen die jeweiligen Subbereiche versuchen sich zu reproduzieren bzw. zu optimieren. Auch ist eine Gesamtsteuerung mit der Entstehung und selektiven Verwendung von (disziplinierenden) Wissens- und Machtstrukturen verbunden. Insbesondere können auch Praktiken der Steuerung zur Herrschaftsausübung oder -sicherung eingesetzt werden, indem z. B. mit ihr Einfluss auf die Handlungsmöglichkeiten, Mittelallokation, Ressourcenzuteilung, oder Verantwortungszuweisung genommen wird.

Mit all den eingebrachten unterschiedlichen Problemen und Grenzen einer integralen Metasteuerung stellt sich diese als überaus herausforderndes Unternehmen dar. Die Realisation einer integralen Meta-Steuerung und Gesamtkoordination braucht daher eine **langfristige Strategieorientierung** und bedarf dauerhafter Anstrengung aller Beteiligten, um zu einer nachhaltigen Transformation und integralen Praxis der Organisation und ihrer Führung zu kommen. Als eine Leitvorstellung kann sich eine integrale Organisation, Steuerung und Führung an der Idee einer **Vitalisierung** orientieren (vgl. Steinle 2005, S. 787). Analog zur biologischen Lebendigkeit ist eine integrale Organisation und Führung demnach durch eine besondere Vitalität oder Verlebendigung gekennzeichnet. Eine integral verwirklichte Organisation bzw. Führung ist damit immer auch eine vitale bzw. vitalisierende Praxis. Wird die Integrationspraxis als eine Form von Vitalisierung verstanden, gehen mit ihr Energetisierungen für wertschöpfende Transformationsprozesse in der Organisation einher. Damit wird Integration zu einem „Management der Unternehmensvitalisierung" (Steinle 2005, S. 788) bzw. zu einer „Vitalisierungspolitik und -strategie" (Steinle 2005, S. 799). Integration koordiniert also **Lebens-** und **Entwicklungsenergien** in und durch die spezifischen Entitäten und Welten sowie deren Beziehungsgefüge. Diese können damit als Vitalisierungsfelder interpretiert werden. Mögliche Re-Vitalisierungen äußern sich dann als personale Re-Orientierung, gemeinschaftliche Re-Kulturalisierung, agentische Wissen- und Kompetenz-Restrukturierung sowie funktional-systemische Restrukturierung.

Insgesamt ist deutlich geworden, dass eine integrale Meta-Steuerung von grundlegender Bedeutung für die dauerhafte Entwicklung und umsetzungspraktische Gestaltung bzw. Realisation einer integralen Organisations- und Führungspraxis ist. Neben einer **theoretischen Weiterentwicklung** der beschriebenen Konzeptionalisierung, wird es auf eine **praktische Erprobung** und **empirische Überprüfung** einer integralen Organisation, Führung und Meta-Steuerung ankommen, mit der deren nachhaltige Wirksamkeit aufgezeigt werden kann. Für die Zukunft ist zu erwarten, dass eine integrale Orientierung der Organisation, Führung und Steuerung mit ihrer differenzierten, übergreifenden und zugleich inkludierenden Perspektive insbesondere für verantwortungsbewusste Unternehmen (vgl. Küpers 2008a) eine zunehmend relevante strategische Bedeutung erhalten wird. Angesichts der beschriebenen komplexen Zusammenhänge sowie in Anbetracht einer begrenzten Integralität ist jedoch eine **aufgeklärte Bescheidenheit** und **engagierte Gelassenheit** bezüglich weiterer Konzeptionalisierungen sowie konkreter Gestaltungspraktiken eine anzuratende Tugend.

Literaturverzeichnis

Abraham, M./Büschges, G. (2004): Einführung in die Organisationssoziologie, 3. Aufl., Wiesbaden

Ackerhans, C. (1999): Zur Rolle der Führungskräfte in organisationalen Veränderungsprozessen, Göttingen

Ackerman, R. H./Maslin-Ostrowski, P. (2002): The wounded leader: How real leadership emerges in times of crisis, San Francisco

Ahlers-Niemann, A. (2007): Dem Unbewussten auf der Spur – Einige Überlegungen zur Sozioanalyse von Organisationen. In: Gruppendynamik und Organisationsberatung, 38, S. 97-114

Aldrich, H. E. (1979): Organizations and environments, Englewood Cliffs/N.J.

Alioth, A. (1995): Selbststeuerungskonzepte. In: Kieser, A./Reber, G./Wunderer, R. (Hrsg.): Handwörterbuch der Führung, 2. Aufl., Stuttgart, Sp. 1894-1902

Argyris, C. (1957): Personality and organization: The conflict between the individual and the system, New York

Argyris, C. (1964): Integrating the individual and the organization, New York u.a.

Argyris, C. (1975): Das Individuum und die Organisation: Einige Probleme gegenseitiger Anpassung. In: Türk, K. (Hrsg.): Organisationstheorie, Hamburg, S. 215-233

Argyris, C. (1976): Single-loop and double-loop models in research on decision making. In: Adminstrative Science Quarterly, 21, S. 363-375

Argyris, C. (1982): Reasoning, learning and action, San Francisco

Argyris, C. (1988): „Crafting a theory of practice" – The case of organizational paradoxes. In: Quinn, R. E./Cameron, K. S. (Hrsg.): Paradox and transformation: Toward a theory of change in organization and management, Cambridge, S. 255-278

Attems, R. (1996): Es lebe der Widerspruch. In: Gutschelhofer, A./Scheff, J. (Hrsg.): Paradoxes Management: Widersprüche im Management – Management der Widersprüche, Wien, S. 523-548

Babiak, P./Hare R. D. (2007): Menschenschinder oder Manager: Psychopathen bei der Arbeit, München

Backhausen, W. J./Thommen, J.-P. (2007): Irrgarten des Managements: Ein systemischer Reisebegleiter zu einem Management 2. Ordnung, Zürich

Baethge, M./Denkinger, J./Kadritzke, U. (1995): Das Führungskräfte-Dilemma – Manager und industrielle Experten zwischen Unternehmen und Lebenswelt, Frankfurt am Main/New York

Baldwin, C. (1992): Das kreative Tagebuch: Tagebuchschreiben als Weg der Selbstfindung und Selbstverwirklichung – als Zwiesprache mit sich selbst, Weilheim

Balzer, W. (1997): Die Wissenschaft und ihre Methoden, Freiburg

Bandura, A. (1994): Self-efficacy. In: Ramachaudran, V. S. (Hrsg): Encyclopedia of human behaviour, Vol. 4, New York, S. 71-81

Bardmann, T./Franzpötter, R. (1990): Unternehmenskultur: Ein postmodernes Organisationskonzept. In: Soziale Welt, 41, S. 424-444

Barth, R./Wolff, F. (Hrsg.) (2009): Corporate social responsibility in Europe: Rhetoric and realities, Cheltenham

Bartölke, K./Grieger, J. (2004): Individuum und Organisation. In: Schreyögg, G./v. Werder, A. (Hrsg.): Handwörterbuch Unternehmensführung und Organisation, 4. Aufl., Stuttgart, Sp. 464-472

Bass, B. M. (1990): Bass & Stogdill´s handbook of leadership: Theory, research, and managerial applications, 3. Aufl., New York/London

Baum, R. C./Lechner, F. J. (1987): Zum Begriff der Hierarchie: Von Luhmann zu Parsons. In: Baecker, D. (Hrsg.): Theorie als Passion, Frankfurt am Main, S. 298-332

Bea, F. X./Göbel, E. (2006): Organisation: Theorie und Gestaltung, 3. Aufl., Stuttgart

Bea, F. X./Schnaitmann, H. (1995): Begriff und Struktur betriebswirtschaftlicher Prozesse. In: Wirtschaftswissenschaftliches Studium, 24, S. 278-282

Becker, M. (2009): Personalentwicklung: Bildung, Förderung und Organisationsentwicklung in Theorie und Praxis, 5. Aufl., Stuttgart

Beer, M./Spector, B. (1985): Corporate wide transformations in human resource management. In: Walton, R. E./Lawrence, P. R. (Hrsg): HRM: Trends and Challenges, Boston, S. 219-253

Beer, S. (1994): Beyond dispute: The invention of team syntegrity, Chichester

Benson, J. K. (1977): Organizations: A dialectical view. In: Adminstrative Science Quarterly, 22, S. 1-21

Berg, C. C. (1981): Organisationsgestaltung, Stuttgart

Berger, U. (1993): Organisationskultur und der Mythos der kulturellen Integration. In: Müller-Jentsch, W. (Hrsg.): Profitable Ethik – effiziente Kultur. Neue Sinnstiftungen durch das Management?, München und Mering, S. 11-38

Berkel, K. (1978): Konflikte und Konfliktverhalten. In: Mayer, A. (Hrsg.): Organisationspsychologie, Stuttgart, S. 305-331

Berkel, K. (1984): Konfliktforschung und Konfliktbewältigung, Berlin

Berkel, K. (1991): Konflikte in und zwischen Gruppen. In: Rosenstiel, L. v./Regnet, E./Domsch, M. (Hrsg.): Führung von Mitarbeitern: Handbuch für erfolgreiches Personalmanagement, Stuttgart, S. 283-294

Berner, G. (2004): Management in 20XX: Worauf es in Zukunft ankommt – ein ganzheitlicher Blick, Erlangen

Bion, W. R. (1959): Experiences in groups, London

Blau, P./Scott, R. W. (1962): Formal organizations, San Francisco

Bleckner, T. (1999): Unternehmung ohne Grenzen, Wiesbaden

Bleicher, K. (1991): Organisation: Stratgegien –Strutkturen – Kulturen, 2. Aufl., Wiesbaden

Block, P. (1997): Entfesselte Mitarbeiter: Demokratische Prinzipien für die radikale Neugestaltung der Unternehmensführung, Stuttgart

Boessenkool, J. (2006): Organisational culture: A concept's strenghts and weaknesses. In: van Hees, B./Verweel, P. (Hrsg.): Deframing organization concepts, Malmö u.a., S. 70-88

Bogumil, J./Schmid, J. (2001): Politik in Organisationen: Organisationstheoretische Ansätze und praxisbezogene Anwendungsbeispiele, Opladen

Boje, D. (2001): Narrative methods for organizations and communication research, Newbury Park u.a.

Bolte, A./Porschen, S. (2006): Die Organisation des Informellen: Modelle zur Organisation von Kooperation im Arbeitsalltag, Wiesbaden

Banerjee, S. B. (2008): Corporate social responsibility: The good, the bad and the ugly. In: Critical Sociology, 34, S. 51-79

Bornewasser, M. (2009): Organisationsdiagnostik und Organisationsentwicklung, Stuttgart

Bosetzky, H./Heinrich, P./Schulz zur Wiesch, J. (2002): Mensch und Organisation: Aspekte bürokratischer Sozialisation, 6. Aufl., Stuttgart

Bourgeois, L. J. (1981): On the measurement of organizational slack. In: Academy of Management Review, 6, S. 29-39

Bouwen, R. (2005): Relational organizing: The social construction of communities of practice and shared meaning. In: Resch, D./Dey, P./Kluge, A./Steyart, C. (Hrsg.): Organisationspsychologie als Dialog: Inquiring social constructionist possibilities in organizational life, Lengerich, S. 55-70

Bradbury, H./Lichtenstein, B. M. B. (2000): Relationality in organizational research: Exploring the space between. In: Organizational Science, 11, S. 551-564

Bradbury, H. (2003): Sustaining inner and outer worlds: A whole-systems approach to developing sustainable business practices in management. In: Journal of Management Education, 27, S. 172-188

Bradford D. L./Cohen A. R. (1998): Power up: Transforming organizations through shared leadership, New York

Broekstra, G. (1996): The triune-brain metaphor: The evolution of the living organization. In: Grant, D./Oswick, C. (Hrsg.): Metaphor and organizations, London u.a., S. 53-73

Bronner, R. (2004): Entscheidungsprozesse in Organisationen. In: Schreyögg, G./v. Werder, A. (Hrsg.): Handwörterbuch Unternehmensführung und Organisation, 4. Aufl., Stuttgart, Sp. 229-239

Brown, A. D./Starkey, K. (2000): Organizational identity and learning: A Psychodynamic Perspective. In: Academy of Management Review, 25, S. 102-120

Brown, M. (2005): Corporate integrity, Cambridge

Brown, B. (2006a): Theory and practice of integral sustainable development: Part 1 - Quadrants and the practitioner. In: AQAL: Journal of Integral Theory and Practice, 1, S. 366-405

Brown, B. (2006b): Theory and practice of integral sustainable development: Part 2 - Values, developmental levels, and natural design. In: AQAL: Journal of Integral Theory and Practice 1, S. 406-477

Bruce, K. (2006): Henry S. Dennison, Elton Mayo and Human Relations historiography. In: Management & Organizational History, 1, S. 177-199

Bruhn, M. (1997): Hyperwettbewerb – Merkmale, treibende Kräfte und Management einer neuen Wettbewerbsdimension. In: Die Unternehmung, 51, S. 339-357

Buchinger, K. (1988): Widersprüche in Organisationen. In Zeitschrift für systemische Therapie, 6, S. 255-266

Burr, W. (1998): Organisation durch Regeln: Prinzipien und Grenzen der Regelsteuerung in Organisationen. In: Die Betriebswirtschaft, 58, S. 312-331

Cacioppe, R./Albrecht, S. (2000): Using 360° feedback and the integral model to develop leadership and management skills. In: Leadership and Organization Development Journal, 21, S. 390-408

Cardinal, L. B./Sitkin, S. B./Long, C. P. (2004): Balancing and rebalancing in the creation and evolution of organizational control. In: Organization Science, 15, S. 411-431

Carr, A./Gabriel, Y. (2001): The psychodynamics of organizational change management: An overview. In: Journal of Organizational Change Management, 14, S. 415-420

Carroll, J. E. (2004): Sustainability and spirituality, Albany

Chia, R. (1999): A „rhizomic" model of organizational change and transformation: Perspectives from a metaphysics of change. In: British Journal of Management, 10, S. 209-277

Clements, C./Washbush, J. B. (1999): The two faces of leadership: Considering the dark side of leader-follower dynamics. In: Journal for Workplace Learning, 11, S. 170-175

Cohen, M. D./March, J. G./Olsen, J. P. (1972): A garbage can model of organizational choice. In: Administrative Science Quarterly, 17, S. 1-25

Collinson, D. (2005): Questions of distance. In: Leadership, 1, S. 235-250

Comelli, G./v. Rosenstiel, L. (2003): Führung durch Motivation: Mitarbeiter für Organisationsziele gewinnen, München

Conrad, P. (2004): Organizational Citizenship Behaviour. In: Schreyögg, G./v. Werder, A. (Hrsg.): Handwörterbuch Unternehmensführung und Organisation, 4. Aufl., Stuttgart, Sp. 1101-1108

Cooren, F./Taylor J. R./Van Every, E. J. (Hrsg.) (2006): Communication as organizing: Empirical and theoretical explorations in the dynamic of text and conversation, Mahwah/NJ

Coser, L. (1992): Theorie sozialer Konflikte, Neuwied

Cox, J. F./Pearce, C. L./Perry, M. L. (2003): Toward a model of shared leadership and distributed influence in the innovation process: How shared leadership can enhance new product development, team dynamics and effectiveness. In: Pearce, C. L./Conger, J. A. (Hrsg.): Shared leadership: Reframing the hows and whys of leadership, Thousand Oaks, S. 48-76

Crozier, M./Friedberg, E. (1993): Macht und Organisation: Die Zwänge kollektiven Handelns, Königstein/Ts.

Czarniawska, B. (1997): A narrative approach to organization studies, Newbury Park u.a.

Czarniawska, B. (2001): Having hope in paralogy. In: Human Relations, 54, S. 13-21

Dachler, H. P. (1992): Management and leadership as relational phenomena. In: v. Cranach, M./Doise, W./Mugny, G. (Hrsg.): Social representations and social bases of knowledge, Lewiston, S. 169-178

Dachler, H. P. (2005): Abschied vom Subjekt. In: Resch, D./Dey, P./Kluge, A./Steyart, C. (Hrsg.): Organisationspsychologie als Dialog: Inquiring social constructionist possibilities in organizational life, Lengerich, S. 34-50

Daheim, H. (1993): Die strukturell-funktionale Theorie. In: Endruweit, G. (Hrsg.): Moderne Theorien der Soziologie, Stuttgart, S. 23-85

Daly, H. E./Cobb, J. (1994): For the common good: Redirecting the economy towards community, the environment, and a sustainable future, Boston/MA

Dammann, G. (2007): Narzissten, Egomanen, Psychopathen in der Führungsetage: Fallbeispiele und Lösungswege für ein wirksames Management, Bern

Dansereau, F./Graen, G./Haga, W. J. (1975): A vertical dyad linkage approach to leadership within formal organizations: A longitudinal investigation of role making process. In: Organizational Behavior and Human Performance, 13, S. 46-78

D'Aveni, R. (1995): Hyperwettbewerb: Strategien für die neue Dynamik der Märkte, Frankfurt am Main

Day D. V. (2001): Leadership development: A review in context. In: Leadership Quarterly, 11, S. 581–613

Day, D./O'Connor, M. (2003): Leadership development: Understanding the process. In: Murphy, S./Riggio, R. (Hrsg.): The future of leadership development, Mahwah/NJ, S. 11-28

Deal, T. E./Kennedy, A. A. (1982): Corporate cultures: The rites and rituals of corporate life, Reading/Mass.

Deeg, J. (2005): Diskontinuierlicher Unternehmenswandel: Eine integrative Sichtweise, Frankfurt am Main u.a.

Deeg, J. (2009): Organizational discontinuity: Integrating evolutionary and revolutionary change theories. In: Management Revue, 20, S. 190-208

Deeg, J./Weibler, J. (2005): Politische Steuerungsfähigkeit von Parteien. In: Schmid, J./Zolleis, U. (Hrsg.): Zwischen Anarchie und Strategie: Der Erfolg von Parteiorganisationen, Wiesbaden, S. 22-42

Deeg, J./Weibler, J. (2008): Die Integration von Individuum und Organisation, Wiesbaden

Deeg, J./Schimank, U./Weibler, J. (2009): Verhalten im Stillstand – Stillstand als Verhalten: Organisationsblockaden in der Perspektive des akteurzentrierten Institutionalismus. In: Schreyögg, G./Sydow, J. (Hrsg.): Verhalten in Organisationen (Managementforschung 19), Wiesbaden, S. 241-286

Deutsch, M. (1976): Konfliktregelung, München u.a.

Deutschmann, C./Faust, M./Jauch, P./Notz, P. (1995): Veränderungen der Rolle des Managements im Prozeß reflexiver Rationalisierung. In: Zeitschrift für Soziologie, 24, S. 436-450

Deutsche Gesellschaft für Personalführung e.V. (DGFP) (2005): Zukunftsbilder denken – Metamorphosen der Personalarbeit, Bielefeld

Dierkes, M. (1988): Unternehmenskultur und Unternehmensführung: Konzeptionelle Ansätze und gesicherte Erkenntnisse. In: Zeitschrift für Betriebswirtschaft, 58, S. 554-575

Dill, P. (1986): Unternehmenskultur: Grundlagen und Anknüpfungspunkte für ein Kulturmanagement, Bonn

Döhler, M. (2007): Hierarchie: In: Benz, A./Lütz, S./Schimank, U./Simonis, G. (Hrsg.): Handbuch Governance: Theoretische Grundlagen und empirische Anwendungsfelder, Wiesbaden, S. 46-53

Donaldson, T. E./Preston, L. E. (1995): The Stakeholder theory of the corporation: Concepts, evidence, and implications. In: Academy of Management Review, 20, S. 65-91

Doppler, K./Lauterburg, C. (2000): Change Management: Den Unternehmenswandel gestalten, 9. Aufl., Frankfurt am Main/New York

Dörler, K. (1983): Zum Begriff der Organisation. In: Die Unternehmung, 37, S. 152-165

Dörner, D. (2005): Die Logik des Misslingens – strategisches Denken in komplexen Situationen, Reinbek

Dörre, K. (1997): Unternehmerische Globalstrategien, neue Managementkonzepte und die Zukunft der industriellen Beziehungen. In: Kadritzke, U. (Hrsg.): „Unternehmenskulturen" unter Druck, Berlin, S. 15-44

Dörre, K. (2006): Prekäre Arbeit: Unsichere Beschäftigungsverhältnisse und ihre sozialen Folgen. In: Arbeit, 15, S. 183-191

Draeger-Ernst, A. (2003): Vitalisierendes Intrapreneurship – Gestaltungskonzepte und Fallstudie, München und Mering

Drath, W./McCauley, C./Palus, C./Velsor, E./O'Connor, P./McGuire, J. (2008): Direction, alignment, commitment: Toward a more integrative ontology of leadership. In: Leadership Quarterly, 19, S. 635-653

Drumm, H. J. (2004): Delegation (Zentralisation und Dezentralisation). In: Schreyögg, G./v. Werder, A. (Hrsg.): Handwörterbuch Unternehmensführung und Organisation, 4. Aufl. Stuttgart, Sp. 179-189

Dym, B./Hutson, H. (2005): Leadership in nonprofit organizations, Thousand Oaks

Edeling, T. (1999): Einführung: Der neue Institutionalismus in Ökonomie und Soziologie. In: Edeling, T./Jann, W./Wagner, D. (Hrsg.): Institutionenökonomie und neuer Institutionalismus: Überlegungen zur Organisationstheorie, Opladen, S. 6-15

Edwards, D./Potter, J. (1992): Discursive psychology, London

Edwards, M. (2005): The integral holon: A holonomic approach to organisational change and transformation. In: Journal of Organizational Change Management, 18, S. 269-288

Edwards, M. (2009a): Organizational transformation for sustainability: An integral metatheory, London

Edwards, M. (2009b): An integrative metatheory for organisational learning and sustainability in turbulent times. In: The Learning Organization, 16, S. 189-207

Edwards, M. (2009c): Visions of sustainability: An integrative metatheory for management education. In: Wankel, C./Stoner, J. (Hrsg.): Management education for global sustainability, Greenwich, S. 55-91

Eichenberg, T. (2007): Distance Leadership: Modellentwicklung, empirische Überprüfung und Gestaltungsempfehlungen, Wiesbaden

Eickhoff, M. (1996): Unternehmungsformen und -grenzen: Die Zukunft unternehmerischer Gebilde. In: Bruch, H./Eickhoff, M./Thiem, H. (Hrsg.): Zukunftsorientiertes Management, Frankfurt am Main, S. 173-185

Emirbayer, M. (1997): Manifesto for a relational sociology. In: American Journal of Sociology, 103, S. 281-317

Endenburg, G. (1998): Sociocracy as social design, Delft

Esser (2000): Soziologie. Spezielle Grundlagen, (Band 3: Soziales Handeln), Frankfurt am Main/New York

Etzioni, A. (1967): Soziologie der Organisationen, München

Faust, M./Jauch, P./Brünnecke, K./Deutschmann, C. (1995): Dezentralisierung von Unternehmen: Bürokratie- und Hierarchieabbau und die Rolle betrieblicher Arbeitspolitik, München und Mering

Faust, M./Jauch, P./Notz, P. (2000): Befreit und entwurzelt: Führungskräfte auf dem Weg zum „internen Unternehmer", München

Festing, M./Groening, Y./Weber, W. (1998): Die theoretische Erklärung der Personalpolitik aus der Perspektive des Harvard-Ansatzes. In: Martin, A./Nienhüser, W. (Hrsg.): Personalpolitik: Wissenschaftliche Erklärung der Personalpraxis, München und Mering, S. 407-431

Fischer, O./Manstead, A. S. R. (2004): Computer mediated leadership: Deficits, hypercharisma and the hidden power of social identity. In: Zeitschrift für Personalforschung, 18, S. 306-328

Fisseni, H.-J. (1998): Persönlichkeitspsychologie: Auf der Suche nach einer Wissenschaft – Ein Theorienüberblick, Göttingen

Fontin, M. (1997): Das Management von Dilemmata, Wiesbaden

Freedman, D. H. (1992): Is management still a science? In: Harvard Business Review, 70, S. 26-38

Frese, E. (2000): Grundlagen der Organisation: Konzept – Prinzipien – Strukturen, 8. Aufl., Wiesbaden

Frey, B. S./Osterloh, M. (1997): Sanktionen oder Seelenmassage? Motivationale Grundlagen der Unternehmensführung. In: Die Betriebswirtschaft, 57, S. 307-321

Friedrichs, J. (1995): Werte. In: Fuchs-Heinritz, W./Lautmann, R./Rammstedt, O./Wienold, H. (Hrsg.): Lexikon zur Soziologie, 3.. Aufl., Opladen, S. 739

Fuller, R. B/Applewhite, E. J. (1975): Synergetics, New York

Funder, M. (1999): Paradoxien der Reorganisation: Eine empirische Studie strategischer Dezentralisierung von Konzernunternehmungen und ihrer Auswirkungen auf Mitbestimmung und industrielle Beziehungen, München und Mering

Furnham, A./Ribchester, T. (1995): Tolerance of ambiguity: A review of the concept, its measurement, and its applications. In: Current Psychology, 14, S. 179-199

Gabele, E./Oechsler, W./Liebel, H. (1982): Führungsgrundsätze und Führungsmodelle, Bamberg

Gabriel, Y. (2000): Storytelling in organizations: Facts, fictions and fantasies, Oxford

Gaitanides, M. (2004): Prozessorganisation. In: Schreyögg, G./v. Werder, A. (Hrsg.): Handwörterbuch Unternehmensführung und Organisation, 4. Aufl., Sp. 1208-1218

Gaitanides, M. (2007): Prozessorganisation, 2. Aufl., München

Galbraith, J. K. (2004): The economics of innocent fraud: Truth for our time, Boston/New York

Gardner, H. (1983): Frames of mind, New York

Gardner, H. (2004): Changing minds: The art and science of changing our own and other people's minds, Cambridge

Gardner, H./Laskin, E. (1997): Leading minds: An anatomy of leadership, London

Gardner, W. L./Avolio, B. J./ Luthans, F./ May, D. R./Walumbwa, F. (2005): Can you see the real me? A self-based model of authentic leader and follower development. In: Leadership Quarterly, 16, S. 343-372

Gebert, D. (2002): Führung und Innovation, Stuttgart

Gebert, D. (2004): Dilemma-Management. In: Schreyögg, G./v. Werder, A. (Hrsg.): Handwörterbuch Unternehmensführung und Organisation, 4. Aufl., Stuttgart, Sp. 195-204

Gebert, D./Boerner, S. (1995): Manager im Dilemma, Frankfurt am Main

Geißler, K. A./Orthey, F. M. (1998): Der große Zwang zur kleinen Freiheit: Berufliche Bildung im Modernisierungsprozess, Stuttgart

Gellner, D./Hirsch, E. (Hrsg.) (2001): Inside organizations: Anthropologists at work, Oxford u.a.

Gergen, K. J. (1994): Realities and relationships: Soundings in social construction, Cambridge

Gergen, K. J. (2009): Relational being: Beyond self and community, Oxford

Gersick, C. J. G. (1991): Revolutionary change theories: A multilevel exploration of the punctuated equilibrium paradigm. In: Academy of Management Review, 16, S. 10-36

Gioia, D. A./Pitré, E. (1990): Multiparadigm perspectives on theory building. In: Academy of Management Review, 15, S. 584-602

Glasl, F. (1990): Konfliktmanagement: Ein Handbuch für Führungskräfte und Berater, Bern/Stuttgart

Glasl, F. (2004): Konflikte in Organisationen. In: Schreyögg, G./v. Werder, A. (Hrsg.): Handwörterbuch Unternehmensführung und Organisation, 4. Aufl., Stuttgart, Sp. 628-635

Göbel, E. (1993): Selbstorganisation – Ende oder Grundlage rationaler Organisationsgestaltung? In: Zeitschrift Führung und Organisation, 62, S. 389-393

Göbel, E. (1998): Theorie und Gestaltung der Selbstorganisation, Berlin

Göbel, E. (2004): Selbstorganisation. In: Schreyögg, G./v. Werder, A. (Hrsg.): Handwörterbuch Unternehmensführung und Organisation, 4. Aufl., Stuttgart, Sp. 1312-1318

Görlitz, A./Burth, H.-P. (1998): Politische Steuerung, 2. Aufl., Opladen

Goleman, D. (1997): Emotionale Intelligenz, München

Greenleaf, R. K. (1977): Servant leadership: A journey into the nature of legitimate power and greatness, New York

Greenwood, R./Hinings, C. R. (1993): Understanding strategic change: The contribution of archetypes. In: Academy of Management Journal, 36, S. 1052-1081

Gregory, J. (1983): Native views paradigms: Multiple cultures and culture conflicts in organizations. In: Administrative Science Quarterly, 28, S. 359-376

Greiner, L. (1972): Evolution and revolution as organizations grow. In: Harvard Business Review, 50, S. 37-46

Griffin, D. (2002): The emergence of leadership: Linking self-organization and ethics, London/New York

Grimm, R. (1999): Die Handhabung von Widersprüchen im strategischen Management, Frankfurt am Main u.a.

Gross, P. (1994): Die Multioptionsgesellschaft, Frankfurt am Main

Grunwald, W./Redel, W. (1989): Soziale Konflikte. In: Roth, E. (Hrsg.): Organisationspsychologie, Enzyklopädie der Psychologie, Band D/III/3, Göttingen, S. 529-551

Gutenberg, E. (1983): Grundfragen der Betriebswirtschaftslehre, Band 1: Die Produktion, 24. Aufl., Berlin u.a.

Gutschelhofer, A./Scheff, J. (Hrsg.) (1996): Paradoxes Management: Widersprüche im Management - Management der Widersprüche, Wien

Habermas, J. (1981): Theorie des kommunikativen Handelns, 2 Bände, Frankfurt am Main

Habermas, J. (1995): Theorie des kommunikativen Handelns, Band 2: Zur Kritik der funktionalistischen Vernunft, Frankfurt am Main

Hackman, J. R. (1986): The psychology of self-management in organizations. In: Pallack, M. S./Perloff, R. O. (Hrsg.): Psychology and work: Productivity, change, and employment, Washington/DC, S. 89-135

Hackstette, K. (2003): Individualistische Unternehmensführung: Eine wirtschaftsphilosophische Untersuchung, Marburg

Haken, H. (2004): Synergetics: Introduction and advanced topics, Berlin

Hall, R. H. (1998): Organizations: Structures, processes and outcomes, 7. Aufl., Upper Saddle River/NJ

Hamel, G. (2008): Das Ende des Managements: Unternehmensführung im 21. Jahrhundert, Berlin

Hamel, G./Prahalad, C. K. (1995): Die Zukunft gestalten – schon heute. In: Harvard Business Manager, 17, S. 36-42

Handy, C. (1994): The age of paradox, Boston/Mass.

Hara, N. (2009): Communities of practice: Fostering peer-to-peer learning and informal knowledge sharing in the work place, information science and knowledge management, Berlin/Heidelberg

Harney, K./Kade, J. (1990): Von der konventionellen Berufsbiographie zur Weiterbildung als biographischem Programm: Generationslage und Betriebserfahrung am Beispiel von Industriemeistern. In: Krüger, H. (Hrsg.): Abschied von der Aufklärung, Opladen, S. 211-223

Harteis, C./Heid, H./Bauer, J./Festner, D. (2001): Kernkompetenzen und ihre Interpretation zwischen ökonomischen und pädagogischen Ansprüchen. In: Zeitschrift für Berufs- und Wirtschaftspädagogik, 97, S. 222-246

Hassard, J./Keleman, M. (2002): Discourses of production and consumption in organizational knowledge: The case of the „paradigms debate". In: Organization, 9, S. 331-55

Hauschildt, J. (2004): Krisenforschung und Krisenmanagement. In: Schreyögg, G./v. Werder, A. (Hrsg.): Handwörterbuch Unternehmensführung und Organisation, 4. Aufl., Stuttgart, Sp. 706-715

Heinen, E./Dill, P. (1990): Unternehmenskultur aus betriebswirtschaftlicher Sicht. In: Simon, H. (Hrsg.): Herausforderung Unternehmenskultur, Stuttgart, S.12-24

Helmers, S. (1993): Ethnologie der Arbeitswelt: Beispiele aus europäischen und außereuropäischen Feldern, Bonn

Hendrich, W. (2000): Betriebliche Kompetenzentwicklung oder Lebenskompetenz? In: Harteis, C./Heid, H./Kraft, S. (Hrsg.): Kompendium Weiterbildung: Aspekte betrieblicher Personal- und Organisationsentwicklung, Opladen, S. 33-43

Heyse, V./Erpenbeck, J. (1997): Der Sprung über die Kompetenzbarriere: Kommunikation, selbstorganisiertes Lernen und Kompetenzentwicklung von und in Unternehmen, Bielefeld

Hildreth, P./Kimble, C. (2004): Knowledge networks: Innovation through communities of practice, London/Hershey

Hill, W./Fehlbaum, R./Ulrich, P. (1992): Organisationslehre: Band 2, 4. Aufl., Bern/Stuttgart

Hinterhuber, H. H./Krauthammer; E. (1998): Leadership – mehr als Management : Was Führungskräfte nicht delegieren dürfen, Wiesbaden

Hinterhuber, H. H./Pircher-Friedrich, A. M./Reinhardt, R./Schnorrenberg, L. J. (Hrsg.) (2007): Servant Leadership: Prinzipien dienender Unternehmensführung, Berlin

Hirschhorn, L./Barnett, C. K. (Hrsg.) (1993): The psychodynamics of organizations, Philadelphia

Hoff, E.-H./Lappe, L. (Hrsg.). (1995): Verantwortung im Arbeitsleben, Heidelberg

Holtbrügge, D. (2001): Postmoderne Organisationstheorie und Organisationsgestaltung, Wiesbaden

Hornberger, S. (2006): Individualisierung in der Arbeitswelt aus arbeitswissenschaftlicher Sicht, Frankfurt am Main u.a.

Hosking, D. M./Dachler, H. P./Gergen, K. J. (1995): Management and organization: Relational alternatives to individualism, Aldershot

Hosking, D. M./McNamee, S. (2006): The social construction of organization, Malmö u.a.

House, R. J./Aditya, R. N. (1997): The social scientific study of leadership: Quo vadis? In: Journal of Management, 23, S. 409-473

Howell, J. P./Dorfman, P. W./Kerr, S. (1986): Moderator variables in leadership research. In: Academy of Management Review, 11, S. 88-102

Hoyle, E./Wallace, M. (2008): Two faces of organizational irony: Endemic and pragmatic. In: Organization Studies, 29, S. 1427-1447

Hoyos, C. Graf (1998): Verantwortung im arbeitspsychologischen Handeln. In: Blickle, G. (Hrsg.): Ethik in Organisationen, Göttingen, S. 137-147

Hughes, P./Brecht, G. (1978): Die Scheinwelt des Paradoxons, Wiesbaden

Humphreys, J. H. (2005): Contextual implications for transformational and servant leadership. In: Management Decision, 43, S. 1410-1431

Inglehart, R. (1995): Kultureller Umbruch, Frankfurt am Main

Inkson, K./Heising, A./Rousseau, D. M. (2001): The interim manager: Protctype of the 21st-century worker? In: Human Relations, 54, S. 259-284

Intagliata, J./Ulrich, D./Smallwood, N. (2000): Leveraging leadership competencies to produce leadership brand: Creating distinctiveness by focusing on strategy and results. In: Human Resource Planning, 23, S. 12-23

Jaques, E. (1995): Why the psychoanalytic approach to understanding organizations is dysfunctional. In: Human Relations 48, S. 343-349

Jehn, K. A./Northcraft, G. B./Neale, M. A. (1999): Why differences make a difference: A field study of diversity, conflict, and performance in workgroups. In: Administrative Science Quarterly, 44, S. 741-761

Jensen, T. (2004): Telearbeit und Führung: Eine empirische Analyse der Führungsanforderungen in verteilten Arbeitsstrukturen, München und Mering

Johnson, P./Duberley, J. (2000): Understanding management research: An introduction to epistemology, London

Kappler, E. (1992): Autonomie. In: Frese, E. (Hrsg.): Handwörterbuch der Organisation, 3. Aufl., Stuttgart. S. 272-280

Kappler, E. (1995): Was kostet eine Tasse? Oder: Rechnungswesen urd Evolution. In: Kappler, E./Scheytt, T. (Hrsg.): Unternehmensführung - Wirtschaftsethik - Gesellschaftliche Evolution: Annäherung an eine verantwortungsbewusste Führungspraxis, Gütersloh, S. 297-330

Kappler, E. (2004): Bild und Realität: Controllingtheorie als kritische Bildtheorie. Ein Ansatz zu einer umfassenden Controllingtheorie, die nicht umklammert. In: Scherm, E./Pietsch, G. (Hrsg.): Controlling: Theorien und Konzeptionen. München, S. 581-610

Kasper, H. (1988): Die Prozessorientierung der Organisationstheorie – Ein Beitrag zum Organisationsmanagement. In: Hofmann, M./Rosenstiel, L. v. (Hrsg.): Funktionale Managementlehre, Berlin u.a., S. 353-382

Katz D./Kahn, R. L. (1966): The social psychology of organizations, New York u.a.

Kegan, R. (1995): In over our heads: The mental demands of modern life, Cambridge

Kelle, U./Erzberger, C. (2000): Qualitative und quantitative Methoden: Kein Gegensatz. In: Flick, U./Kardorff, E. v./Steinke, I. (Hrsg.): Qualitative Forschung: Ein Handbuch, Reinbek, S. 299-309

Kellerman, B. (2004): Bad leadership: What it is, how it happens, why it matters, Boston/MA

Kets de Vries, M. F. R. (Hrsg.) (1984): The irrational executive: Psychoanalytic explorations in management, New York

Kets de Vries, M. F. R. (1991): Organizations on the couch: Clinical perspectives on organizational behavior and change, San Francisco

Kets de Vries, M. F. R. (1992): Cheftypen zwischen Charisma, Chaos, Erfolg und Versagen, München

Kets de Vries, M. F. R. (1994): Organizational paradoxes: Clinical approaches to management, London/New York

Kets de Vries, M. F. R. (1999): What's playing in the organizational theatre? Collusive relationships in management. In: Human Relations, 52, S. 745-777

Kets the Vries, M. F. R. (2006): The leader on the couch. A clinical approach to changing people and organizations, New York

Kets de Vries, M. F. R./Miller, D. (1984): The neurotic organization: Diagnosing and changing counterproductive styles of management, San Francisco/London

Kets de Vries, M. F. R./Miller, D. (1986): Personality, culture and organization. In: Academy of Management Review, 11, S. 266-279

Kieser, A. (1988): Über die allmähliche Verfertigung der Organisation beim Reden: Organisieren als Kommunizieren. In: Industrielle Beziehungen, 5, S. 45-75

Kieser, A. (1991): Von der Morgenansprache zum «Gemeinsamen HP-Frühstück». Zur Funktion von Werten, Mythen, Ritualen und Symbolen. In: Dülfer, E. (Hrsg.): Organisationskultur, 2. Aufl., Stuttgart, S. 253–271

Kieser, A. (1993): Organisation. In: Wittmann, W. u.a. (Hrsg.): Handwörterbuch der Betriebswirtschaft, 5. Aufl., Stuttgart, Sp. 2988-3006

Kieser, A. (1994): Fremdorganisation, Selbstorganisation und evolutionäres Management. In: Zeitschrift für betriebswirtschaftliche Forschung, 46, S. 199-228

Kieser, A. (1996): Moden und Mythen des Organisierens. In: Die Betriebswirtschaft, 56, S. 21-39

Kieser, A. (1999): Die Entstehung von Organisationen – und die allmähliche Vertreibung des ethischen Handelns aus ihnen. In: Kumar, B. N./Osterloh, M./Schreyögg, G. (Hrsg.): Unternehmensethik und Transformation des Wettbewerbs: Shareholder Value, Globalisierung, Hyperwettbewerb, Stuttgart, S. 605-636

Kieser, A. (2006): Human Relations-Bewegung und Organisationspsychologie. In: Kieser, A./Ebers, M. (Hrsg.): Organisationstheorien, 6. Aufl., Stuttgart, S. 133-167

Kieser, A./Kubicek, H. (1992): Organisation, 3. Aufl., Berlin/New York

Kieser, A./Hegele, C./Klimmer, M. (1998): Kommunikation im organisatorischen Wandel, Stuttgart

Kirsch, W. (1988): Die Handhabung von Entscheidungsproblemen: Einführung in die Theorie der Entscheidungsprozesse, 3. Aufl., München

Kirsch, W. (1994): Die Handhabung von Etnscheidungsprozessen: Einführung in die Theorie der Entscheidungsprozesse, 4. Aufl., München

Klages, H./Gensicke, T. (2006): Wertesynthese – Funktional oder dysfunktional? In: Kölner Zeitschrift für Soziologie und Sozialpsychologie, 58, S. 332-351

Klein, M./Pötschke, M. (2000): Gibt es einen Wertewandel hin zum „reinen" Postmaterialismus? In: Zeitschrift für Soziologie, 29, S. 202-216

Klimecki, R. G./Lassleben, H. (1995): „Organisationale Bildung" Oder „Das Lernen des Lernens", Research-Paper Nr. 12, LfM, Fakultät für Verwaltungswissenschaft, Universität Konstanz

Klimecki, R. G./Probst, G./Eberl, P. (1991): Systementwicklung als Managementproblem. In: Staehle, W. H./Sydow, J. (1991): Managementforschung, Band 1, Berlin, S. 103-162

zu Knyphausen, D. (1991): Selbstorganisation und Führung: Systemtheoretische Beiträge zu einer evolutionären Führungskonzeption. In: Die Unternehmung, 45, S. 47-63

Kocyba, H./Schumm, W. (2002): Begrenzte Rationalität – entgrenzte Ökonomie: Arbeit zwischen Betrieb und Markt. In: Honneth, A. (Hrsg.): Befreiung aus der Mündigkeit: Paradoxien des gegenwärtigen Kapitalismus, Frankfurt am Main/New York, S. 35-64

Kocyba, H./Vormbusch, U. (2000): Partizipation als Managementstrategie, Frankfurt am Main/New York

Koestler, A. (1968): Das Gespenst in der Maschine, Wien

Kohlberg, L. (1981): Essays on moral development, Volume I: The philosophy of moral development: Moral stages and the idea of justice, San Francisco

Kornberger, M. (2003): Organisation, Ordnung und Chaos: Überlegungen zu einem veränderten Organisationsbegriff. In: Weiskopf, R. (Hrsg.): Menschenregierungskünste: Anwendungen der poststrukturalistischen Analyse auf Management und Organisation, Wiesbaden, S. 111-131

Kosiol, E. (1976): Organisation der Unternehmung, 2. Aufl., Wiesbaden

Kossbiel, H. (1990): Personalbereitstellung und Personalführung. In: Jacob, H. (Hrsg.): Allgemeine Betriebswirtschaftslehre, 5. Aufl., Wiesbaden, S. 1045-1253

Kotter, J. P./Schlesinger, L. A./Sathe, V. (1979): Organization: Text, case, and readings on the management of organizational design and change, Homewood/Ill.

Kotthoff, H. (1997): Führungskräfte im Wandel der Firmenkultur – Quasi-Unternehmer oder Arbeitnehmer, Berlin

Kotthoff, H./Wagner, A. (2008): Die Leistungsträger: Führungskräfte im Wandel der Firmenkultur – eine Follow-up-Studie, Berlin

Krämer, B./Deeg, J. (2008). Die Optimierung der virtuellen Teamarbeit: Ein integratives Managementmodell. In: Schreyögg, G./Conrad, P. (Hrsg.): Gruppen und Teamorganisation (Managementforschung 18), Wiesbaden, S. 165-208

Kreikebaum, H. (1997): Strategische Unternehmensplanung, 7. Aufl., Stuttgart

Krell, G. (1993): Vergemeinschaftung durch symbolische Führung. In: Müller-Jentsch, W. (Hrsg.): Profitable Ethik – effiziente Kultur, München und Mering, S. 39-55

Krobath, H. T. (2009): Werte: Ein Streifzug durch Philosophie und Wissenschaft, Würzburg

Kropp, W. (1997): Systemische Personalwirtschaft: Wege zu vernetzt-kooperativen Problemlösungen, München/Wien

Krüger, W. (1994): Organisation der Unternehmung, 3. Aufl., Stuttgart u.a.

Krüger, W. (1995): Stellenbeschreibung als Führungsinstrument. In: Kieser, A./Reber, G./Wunderer, R. (Hrsg.): Handwörterbuch der Führung, 2. Aufl., Stuttgart, Sp. 1986-1955

Krüger, W. (2000): Das 3W-Modell: Bezugsrahmen für das Wandelungsmanagement. In: Krüger, W. (Hrsg.): Excellence in Change: Wege zur strategischen Erneuerung, Wiesbaden, S. 15-29

Krüger, W. (2001): Organisation. In: Bea, F. X./Dichtl, E./Schweitzer, M. (Hrsg.) Allgemeine Betriebswirtschaftslehre Band 2: Führung, 8. Aufl., Stuttgart, S. 127-216

Krüger, W./Homp, C. (1997): Kernkompetenz-Management, Wiesbaden

Krummenacher, A. (1981): Krisenmanagement, Zürich

Kühl, S. (1998): Wenn die Affen den Zoo regieren: Die Tücken der flachen Hierarchie, 5. Aufl., Frankfurt am Main/New York

Kühl, S. (1999): Krise, Renaissance oder Umbau von Hierarchien in Unternehmen. Anmerkungen zur aktuellen Managementdiskussion. In: Berliner Debatte Initial, H. 3/1999, S. 3-17

Kühl, S. (2000): Das Regenmacher-Phänomen: Widersprüche und Aberglauben im Konzept der lernenden Organisation, Frankfurt am Main/New York

Kühl, S. (2001): Zentralisierung durch Dezentralisierung: Paradoxe Effekte bei Führungsgruppen. In: Kölner Zeitschrift für Soziologie und Sozialpsychologie, 53, S. 284-313

Kühl, S. (2002): Sisyphos im Management: Die vergebliche Suche nach der optimalen Organisationsstruktur, Weinheim

Kuhn, T. S. (1976): Die Struktur wissenschaftlicher Revolutionen, Frankfurt am Main

Kuhn, T. (1997): Unternehmerische Re-Organisation - Ziel, Ansätze und grundlegende Problematik. In: Wunderer, R. (Hrsg.): Mitarbeiter als Mitunternehmer, Neuwied u.a., S. 163-176

Kuhn, T./Weibler, J. (2003): Führungsethik: Notwendigkeit, Ansätze und Vorbedingungen ethikbewusster Mitarbeiterführung. In: Die Unternehmung, 57, S. 375-392

Küpers, W. (2003): Communities-of-practice (Praxisgemeinschaften). In: Wirtschaftswissen-schaftliches Studium, 32, S. 610-612

Küpers, W. (2005): Phenomenology and integral pheno-practice of embodied well-be(com)ing in organizations. In: Culture and Organization, 11, S. 221-231

Küpers, W. (2006a): Authentische und integrale, transformationale Führung: Ein Überblick über den „state-of-the-art" aus akademischer Perspektive. In: Wielens, H. (Hrsg.): Führen mit Herz und Verstand, Bielefeld, S. 335-378

Küpers, W. (2006b): Integrales Lernen in und von Organisationen (Integral learning in and of organizations). In: Integral Review, 2, S. 43-77

Küpers, W. (2007a): Integrating leadership and followership. In: International Journal of Leadership Studies, 2, S. 194-221

Küpers, W. (2007b): Integral pheno-practice of wisdom in management and organization. In: Social Epistemology, 22, S. 169-193

Küpers, W. (2008a): Perspektiven responsiver und integraler Ver-Antwortung in Organisationen und der Wirtschaft. In: Heidbrink, L. (Hrsg.): Verantwortung in der Marktwirtschaft, Frankfurt am Main, Campus-Verlag, S. 307-338

Küpers, W. (2008b): Embodied 'Inter-Learning': An integral phenomenology of learning in and by organizations. In: The Learning Organization, 15, S. 388-408

Küpers, W. (2009): Inter-Practice: Perspectives on integral Pheno-Pragma-Practice in organisations. In: International Journal of Management Practice (IJMP), 4, S. 27-50

Küpers, W./Deeg, J. (2009): Bridging troubled water? Or troubling water for bridges? Perspectives on „syntegrality" in organization studies. Paper Presented at the 27th Standing Conference on Organizatonal Symbolism: „The bridge: Connection, separation, organization", Kopenhagen/Malmö, 8.-11. Juli 2009

Küpers, W./Edwards, M. (2008): Integrating plurality: Toward an integral perspective on leadership and organisation. In: Wankel, C. (Hrsg.): 21st century management. A reference handbook, Vol. 2, Thousand Oaks u.a., S. 311-322

Küpers, W./Statler, M. (2008): Practically wise leadership: Toward an integral understanding. In: Culture and Organization, 14, S. 379-400

Küpers, W./Weibler, J. (2005): Emotionen in Organisationen, Stuttgart

Küpers, W./Weibler, J. (2008): Inter-leadership: Why and how should we think of leadership and followership integrally? In: Leadership, 4, S. 443-475

Küpper, H.-U. (1995): Steuerungsinstrumente von Führung und Kooperation. In: Kieser, A./Reber, G./Wunderer, R. (Hrsg.): Handwörterbuch der Führung, 2. Aufl., Stuttgart, Sp. 1995-2005

Küpper, H.-U. (2001): Controlling: Konzeption, Aufgaben und Instrumente, 3. Auflage, Stuttgart

Küpper, W./Felsch, A. (2000): Organisation, Macht und Ökonomie: Mikropolitik und die Konstitution organisationaler Handlungssysteme, Wiesbaden

Kurbjuweit, D. (2003): Unser effizientes Leben: Die Diktatur der Ökonomie und ihre Folgen, Reinbek

Lang, R. (2004): Informelle Organisation. In: Schreyögg, G./v. Werder, A. (Hrsg.): Handwörterbuch Unternehmensführung und Organisation, 4. Aufl., Stuttgart, Sp. 497-505

Laske, S./Weiskopf, R. (1992): Hierarchie. In: Frese, E. (Hrsg.): Handwörterbuch der Organisation, 3. Aufl., Stuttgart, Sp. 791-807

Lave, J./Wenger, E. (1991): Situated learning: Legitimate peripheral participation, Cambridge

Leana, C. R./Barry, B. (2000): Stability and change as simultaneous experiences in organizational life. In: Academy of Management Review, 25, S. 753-759

Lehner, F. (2009): Wissensmanagement: Grundlagen, Methoden und technische Unterstützung, 3. Aufl., München

Leonard, G./Murphy, M. (1995): Life we are given: A long-term program for realizing the potential of body, mind, heart, and soul, Los Angeles

Leonard-Barton, D. (1995): The wellsprings of knowledge, Cambridge/MA

Levitt, B./March, J. G. (1988): Organizational learning. In: Annual Review of Sociology, 14, S. 319-340

Levy, A./Merry, U. (1986): Organizational transformation, New York

Lewis, M. W. (2000): Exploring paradox: Toward a more comprehensive guide. In: Academy of Management Review, 25, S. 760–776

Lewis, M. W./Grimes, A. J. (1999): Metatriangulation: Building theory from multiple paradigms. In: Academy of Management Review, 24, S. 672-690

Lewis, M. W./Kelemen, M. (2002): Multiparadigm inquiry: Exploring organizational pluralism and paradox. In: Human Relations, 55, S. 251-275

Lincoln, Y./Guba E. (1985): Naturalistic inquiry, Beverley Hills/CA

Link, J. (2004): Führungssysteme, 2. Aufl., München

Lüders, C. (2000): Beobachten im Feld und Ethnographie. In: Flick, U./Kardorff, E. v./Steinke, I. (Hrsg.): Qualitative Forschung: Ein Handbuch, Reinbek, S. 384-401

Lührmann, T. (2006): Führung, Interaktion, Identität: Die neuere Identitätstheorie als Beitrag zu einer interaktionstheoretischen Fundierung der Führung, Wiesbaden

Luhmann, N. (1988): Die Wirtschaft der Gesellschaft, Frankfurt am Main

Luhmann, N. (1999): Funktionen und Folgen formaler Organsiation, 5. Aufl., Berlin

Luhmann, N. (2000): Organisation und Entscheidung, Wiesbaden

Luke, T. W. (2006): The system of sustainable degradation. In: Capitalism, Nature, Socialism, 17, S. 99-112

Macharzina, K. (1999): Unternehmensführung: Das internationale Managementwissen, 3. Aufl., Wiesbaden

Malik, F. (1996): Strategie des Managements komplexer Systeme: Ein Beitrag zur Management-Kybernetik evolutionärer Systeme, 5. Aufl., Bern u.a.

Manella, J. (2003): Der relationale Mensch, Zürich

Mangler, W.-D. (2000): Grundlagen und Probleme der Organisation, Köln

Manz, C. C./Sims, H. P. (1995a): Selbststeuernde Gruppen, Führung in. In: Kieser, A./Reber, G., Wunderer, R. (Hrsg.): Handwörterbuch der Führung, 2. Aufl., Stuttgart, Sp. 1873-1894

Manz, C. C./Sims, H. P (1995b): Business without bosses: How self-managing teams are building high-performing companies, New York

March, J. G./Simon, H. A. (1958): Organizations, New York

Marcus, B./Schuler, H. (2004): Antecedents of counterproductive behavior at work: A general perspective. In: Journal of Applied Psychology, 89, S. 647-660

Margerison, C. (1990): Team-Management, London

Margolis, J. D./Walsh, J. P. (2003): Misery loves companies: Rethinking social initiatives by business. In: Administrative Science Quarterly, 48, S. 268-306

Martin, A./Behrends, T. (1999): Betriebliche Weiterbildung im Lichte der theoretischen und empirischen Forschung. In: Martin, A./Mayrhofer, W./Nienhüser, W. (Hrsg.): Die Bildungsgesellschaft im Unternehmen?, München und Mering, S. 49-82

Martin, J./Siehl, C. (1983): Organizational culture and counterculture: An uneasy symbiosis. In: Organizational Dynamics, 12, S. 52-64

Martin, R. L. (2002): The virtue matrix: Calculating the return on corporate responsibility. In: Harvard Business Review, 80, S. 69-75

Martineau, J./Hannum, K. M. (2003): Evaluating the impact of leadership development: A professional guide, Greensboro/NC

Maslow, A. H. (1954): Motivation and personality, New York

Matje, A. (1996): Unternehmensleitbilder als Führungsinstrument: Komponenten einer erfolgreichen Unternehmensidentität, Wiesbaden

Mauws, M. K. (1995): Relationality. In: Phillips, N. (Hrsg.): Proceedings of the Annual Conference of the Adminsitrative Sciences Association of Canada, Organizational Theory Division, Windsor/Ontario, S. 71-80

May, D./Chan, A./Hodges, T./Avolio, B. (2003): Developing the moral component of authentic leadership. In: Organizational Dynamics, 32, S. 247-260

Mayntz, R. (1969): Soziologie der Organisation, Reinbek

Mayntz, R. (1985): Soziologie der öffentlichen Verwaltung, 3. Aufl., Heidelberg

Mayrhofer, W./Meyer, M. (2004): Organisationskultur. In: Schreyögg, G./v. Werder, A. (Hrsg.): Handwörterbuch Unternehmensführung und Organisation, 4. Aufl., Stuttgart, Sp. 1025-1033

Mayring, P. (2003): Qualitative Inhaltsanalyse: Grundlagen und Techniken, Weinheim

McGregor, D. (1960): The human side of enterprise, New York

McHugh, P./Merli, G./Wheeler, W (1995): Beyond business process reengineering: Towards the holonic enterprise, New York

McWilliams, A./Siegel, D. (2001): Corporate social responsibility: A theory of the firm perspective. In: Academy of Management Review, 26, S. 117–127

Meindl, J. R./Ehrlich, S. B./Dukerich, J. M. (1985): The romance of leadership. In: Administrative Science Quarterly, 30, S. 78-102

Merleau-Ponty, M. (1995): Das Sichtbare und das Unsichtbare, München

Merton, R. (1957): Social theory and social structure, 2. Aufl., Princeton

Meyer, A. D./Tsui, A. S./Hinings, C. R. (1993): Configurational approaches to organizational analysis. In Academy of Management Journal, 36, S. 1175-1195

Meyer, M./Heimerl-Wagner, P. (2000): Organisationale Veränderung: Transformationsreife und Umweltdruck. In: Die Betriebswirtschaft, 60, S. 167-181

Milgrom, P./Roberts, J. (1992): Economics, organization and management, London

Mill, R. W./Weinstein, B. (2000): Beyond shareholder value – Reconciling the shareholder and the stakeholder perspectives. In: Journal of General Management, 25, S. 79-93

Minssen, H. (1999): Von der Hierarchie zum Diskurs? Zumutungen der Selbstregulation, München und Mering

Minssen, H. (2007): Entgrenzte Arbeit – Subjektivierte Arbeit. In: Soziologische Revue, 30, S. 131-141

Mintzberg, H. (1983): Power in and around organizations, Englewood Cliffs/NJ

Mintzberg, H. (1985): The organization as political arena. In: Journal of Management Studies, 22, S. 133-154

Mintzberg, H. (2004): Managers not MBAs: A hard look at the soft practice of managing and management development, San Francisco

Mintzberg, H./Westley, F. (1992): Cycles of organizational change. In: Strategic Management Journal, 13, S. 39-59

Moldaschl, M./Sauer, D. (2000): Internalisierung des Marktes – Zur neuen Dialektik von Kooperation und Herrschaft. In: Minssen, H. (Hrsg.): Begrenzte Entscheidungen, Berlin, S. 205-224

Moldaschl, M./Voß, G.-G. (Hrsg.) (2002): Subjektivierung von Arbeit, München

Molinsky, A. L./Margolis, J. D. (2005): Necessary evils and interpersonal sensitivity in organizations. In: Academy of Management Review, 30, S. 245-268

Moore, W. E. (1972): Organization and change. In: Nisbet, R. (Hrsg.): Social change, Oxford, S. 72-82

Morgan, G. (1997): Bilder der Organisation, Stuttgart

Mudra, P. (2004): Personalentwicklung: Integrative Gestaltung betrieblicher Lern- und Veränderungsprozesse, München

Müller, G. F./Bierhoff, H. W. (1994): Arbeitsengagement aus freien Stücken – psychologische Aspekte eines sensiblen Phänomens. In: Zeitschrift für Personalforschung, 8, S. 367-379

Müller, W. R./Hurter, M. (1999): Führung als Schlüssel zur organisationalen Lernfähigkeit. In: Schreyögg, G./Sydow, J. (Hrsg.): Führung – neu gesehen (Managementforschung 9), Berlin/New York, S. 1-54

Müller-Christ, G./Weßling, G. (2007): Widerspruchsbewältigung, Ambivalenz- und Ambiguitätstoleranz. In: Müller-Christ, G./Arndt, L./Ehnert, I. (Hrsg.): Nachhaltigkeit und Widerspruch, Münster, S. 179-197

Müller-Stewens, G./Fontin, M. (1997): Management unternehmerischer Dilemmata – Ein Ansatz zur Erschließung neuer Handlungspotentiale, Stuttgart/Zürich

Müller-Stewens, G./Lechner, C. (2001): Strategisches Management: Wie strategische Initiativen zum Wandel führen, Stuttgart

Müller-Stewens, G./Lechner, C. (2005): Strategisches Management: Wie strategische Initiativen zum Wandel führen. Der General Management Navigator, 3. Aufl., Stuttgart

Müri, P. (1994): Prozessorientierung – der Schlüssel zum neuen Management. In: io Management Zeitschrift, 5/1994, S. 27-30

Naase, C. (1978): Konflikt in der Organisation: Ursachen und Reduzierungsmöglichkeiten, Stuttgart

Neck, C. P./Houghton, J. D. (2006): Two decades of self leadership theory and research: Past developments, present trends, and future possibilities. In: Journal of Managerial Psychology, 21, S. 270-295

Neubauer, W. (2003): Organisationskultur, Stuttgart

Neuberger, O. (1990): Führung (ist) symbolisiert: Plädoyer für eine sinnvolle Führungsforschung. In: Wiendieck, G./Wiswede, G. (Hrsg.): Führung im Wandel: Neue Perspektiven für Führungsforschung und Führungspraxis, Stuttgart, S. 89-129

Neuberger, O. (1994a): Personalentwicklung, 2. Aufl., Stuttgart

Neuberger, O. (1994b): Zur Ästhetisierung des Managements. In: Schreyögg, G./Conrad, P. (Hrsg.): Dramaturgie des Managements, laterale Steuerung (Managementforschung 4), Berlin, S. 1-70

Neuberger, O. (1995): Führen und gefürt werden, 5. Aufl., Stuttgart

Neuberger, O. (1995): Führungsdilemmata. In: Kieser, A./Reber, G./Wunderer, R. (Hrsg.): Handwörterbuch der Führung, 2. Aufl., Stuttgart, Sp. 533-540

Neuberger, O. (1997): Individualisierung und Organisation: Die wechselseitige Erzeugung von Individuum und Organisation durch Verfahren. In: Ortmann, G./Sydow, J./Türk, K. (Hrsg.): Theorien der Organisation: Die Rückkehr der Gesellschaft, Opladen, S. 487-522

Neuberger, O. (2000): Dilemmata und Paradoxa im Managementprozess. In: Schreyögg, G. (Hrsg.): Funktionswandel im Management: Wege jenseits der Ordnung, Berlin, S. 173-219

Neuberger, O. (2002): Führen und führen lassen, 6. Aufl., Stuttgart

Neuberger, O. (2006a): Mikropolitik: Stand der Forschung und Reflexion. In: Zeitschrift für Arbeits- und Organisationspsychologie, 50, S. 189-204

Neuberger, O. (2006b): Mikropolitik und Moral in Organisationen, 2. Aufl., Stuttgart

Neuberger, O./Kompa, A. (1987): Wir, die Firma: Der Kult um die Unternehmenskultur, Weinheim

Nienhüser, W. (1998): Ursachen und Wirkungen betrieblicher Personalstrukturen, Stuttgart

Niggl, M. (1998): Unternehmenssteuerung im Spannungsverhältnis zwischen Fremd- und Selbstorganisation: Eine strukturationstheoretische Untersuchung, Aachen

Nisbet, R. (1972): Introduction: The problem of social change. In Nisbet, R. (Hrsg.): Social change, Oxford, S. 1-45

Nolte, H. (2007): Die reflexive Organisation: Von Managementbildung zu Unternehmensflexibilität, München und Mering

North, K./Friedrich, P./Lantz, A. (2005): Kompetenzentwicklung zur Selbstorganisation. In: Arbeitsgemeinschaft Betriebliche Weiterbildungsforschung e.V. (Hrsg.): Kompetenzmessung im Unternehmen: Lernkultur- und Kompetenzanalysen im betrieblichen Umfeld, Münster, S. 601-672

North, K./Romhardt, K./Probst, G. J. B. (2000): Wissensgemeinschaften – Keimzellen lebendigen Wissensmanagements. In: io Management Zeitschrift, 7/2000, S. 52-62

Obholzer, A./Roberts, V. Z. (Hrsg.) (1994): The unconscious at work: Individual and organizational stress in the human services, London/New York

O'Connor, E. S. (1999): Minding the workers: The meaning of 'Human' and 'Human Relations' in Elton Mayo. In: Organization, 6, S. 223-246

v. d. Oelsnitz, D. (2000): Marktorientierte Organisationsgestaltung, Stuttgart

Olfert, K./Rahn, H.-J. (2005): Kompakt-Training Organisation, 4. Aufl., Ludwigshafen

Organ, D. W. (2005): Organizational citizenship behaviour: Its nature, antecedents, and consequences, London

Ortmann, G. (2003): Regel und Ausnahme: Paradoxien sozialer Ordnung, Frankfurt am Main

Ortmann, G./Sydow, J./Türk, K. (Hrsg.) (2000): Theorien der Organisation: Die Rückkehr der Gesellschaft, Opladen

Ouchi, W. G. (1981): Theory Z: How American business can meet the Japanese challenge, Reading/Mass.

Padilla, A./Hogan, R./Kaiser, R. (2007): The toxic triangle: Destructive leaders, susceptive followers and conducive environments. In: Leadership Quarterly, 18, Special Issue (Destructive leadership), S. 176-194

Pauchant, T. C. (1991): Transferential leadership: Towards a more complex understanding of charisma and organizations. In: Organization Studies, 12, S. 507-527

Pauchant T. C. (Hrsg.). (2002): Ethics and spirituality at work: Breakthroughs and pitfalls of the search for meaning in organizations, New York

Pauchant, T. C. (2005): Integral leadership: A research proposal. In: Journal of Organisational Change Management, 18, S. 211-229

Perich, R. (1992): Unternehmungsdynamik, Bern

Peters, T. J. (1993): Jenseits der Hierarchien, Düsseldorf u.a.

Peters, T. J./Waterman, R. H. (1983): Auf der Suche nach Spitzenleistungen: Was man von den bestgeführten US-Unternehmen lernen kann, Landsberg/Lech

Pfeffer, J./Salancik, G. (1978): The external control of organizations: A resource dependence perspective, New York u.a.

Piaget, J./Inhelder, B. (1977): Von der Logik des Kindes zur Logik des Heranwachsenden, Freiburg

Pietsch, G./Scherm, E. (2004): Reflexionsorientiertes Controlling. In: Scherm, E./Pietsch, G. (Hrsg.): Controlling – Theorien und Konzeptionen, München, S. 529-553

Pondy, L. R. (1975): Organisationaler Konflikt: Konzeptionen und Modelle. In: Türk, K. (Hrsg.): Organisationstheorie, Hamburg, S. 235-251

Pondy, L. R. (1992): Reflections on organizational conflict. In: Journal of Organizational Behavior, 13, S. 257-261

Pongratz, H. J. (2002): Subordination: Inszenierungsformen von Personalführung in Deutschland seit 1933, München und Mering

Pongratz, H./Voß, G. G. (1997): Fremdorganisierte Selbstorganisation – Eine soziologische Diskussion aktueller Managementkonzepte. In: Zeitschrift für Personalforschung, 11, S. 30-53

Pongratz, H. J./Voß, G. G. (2001): Erwerbstätige als „Arbeitskraftunternehmer". In: Sozial-wissenschaftliche Information, 4, S. 42-52

Popper, K. R. (2000): Vermutungen und Widerlegungen: Das Wachstum der wissenschaftli-chen Erkenntnis, Tübingen

Presthus, R. (1962): Individuum und Organisation, Frankfurt am Main

Probst, G. J. B. (1987): Selbst-Organisation: Ordnungsprozesse in sozialen Systemen aus ganzheitlicher Sicht, Berlin/Hamburg

Probst, G. J. B. (1992): Selbstorganisation. In: Frese, E. (Hrsg.): Handwörterbuch der Orga-nisation, 3. Auflage, Stuttgart, Sp. 2255-2269

Pümpin, C./Kobi, J.-M./Wüthrich, A. (1985): Unternehmenskultur: Basis strategischer Profi-lierung erfolgreicher Unternehmen. Die Orientierung, Heft 85, Bern

Rahim, M. A. (1983): A measure of styles of handling interpersonal conflict. In: Academy of Management Journal, 26, S. 386-376

Rahim, M. A. (2001): Managing conflicts in organizations, 3. Aufl., Westport/London

Rahn, H.-J. (2006): Führung von Gruppen, 5. Aufl., Frankfurt am Main

Ranson, S./Hinings, B./Greenwood, R. (1980): The structuring of organiational structures. In: Administrative Science Quarterly, 25, S. 1-17

Rauen, C. (2003): Coaching, Göttingen

Regnet, E. (2001): Konflikte in Organisationen, 2. Aufl., Göttingen/Stuttgart

Reimer, M. J. (2005): Verhaltenswissenschaftliche Managementlehre, Bern u.a.

Reindl, H. (2008): Die Ökologie des Nichtwissens: Entwicklung eines evolutionären Parado-xiemanagements anhand des systemtheoretischen Perspektivenwechsels im Wissensmana-gement, Berlin

Reiß, M. (1998): Mythos Netzwerkorganisation. In: Zeitschrift Führung und Organisation, 67, S. 224-229

Remer, A. (1992): Funktionale Theorie der Personalführung. In: Zeitschrift für Personalforschung, 6, S. 238-244

Remer, A. (2001): Management im Dilemma – von der konsistenten zur kompensatorischen Managementkonfiguration. In: Die Unternehmung, 55, S. 353-375

Resch, D./Dey, P./Kluge, A./Steyart, C. (Hrsg.) (2005): Organisationspsychologie als Dialog: Inquiring social constructionist possibilities in organizational life, Lengerich

Rickards, T./Clark, M. (2006): Dilemmas of leadership, London

Ricken, B. (2005): Entwicklung eines Instrumentes zur Analyse und Steuerung informaler Organisationsstrukturen, München und Mering

Ridder, H.-G. (2007): Personalwirtschaftslehre, 2. Aufl., Stuttgart

Riese, J. (2007): Die emotionale Seite der Widerspruchsbewältigung: Über den Zusammenhang zwischen innerer Autonomie und Ambiguitätstoleranz. In: Müller-Christ, G./Arndt, L./Ehnert, I. (Hrsg.): Nachhaltigkeit und Widerspruch, Münster, S. 199-217

Roethlisberger, F. J./Dickson, W. J. (1966): Management and the worker. 14. Aufl., Cambridge (1. Aufl. 1939)

Romhardt, K. (2002): Wissensgemeinschaften: Orte lebendigen Wissensmanagements. Dynamik – Entwicklung – Gestaltungsmöglichkeiten, Zürich

Romme, A. G./Endenburg, G. (2006): Construction principles and design rules in the case of circular design. In: Organization Science, 17, S. 287-297

Rooke, D./Torbert, W. R. (1998): Organizational transformation as a function of CEO's developmental stage. In: Organization Development Journal, 16, S. 11-28

Rosa, H. (1999): Bewegung und Beharrung: Überlegungen zu einer sozialen Theorie der Beschleunigung. In: Leviathan, 27, S. 386-414

Rose, R. A. (1988): Organizations as mulitple cultures: A rules theory analysis. In: Human Relations, 41, S. 139-170

Rosenstiel, L. v. (1989): Kann eine werteorientierte Personalpolitik eine Antwort auf den Wertewandel in der Gesellschaft sein? In: Marr, R. (Hrsg.): Mitarbeiterorientierte Unternehmenskultur: Herausforderung für das Personalmanagement der 90er Jahre, Berlin, S. 45-73

Rosenstiel, L. v. (2000): Grundlagen der Organisationspsychologie, 4. Aufl., Stuttgart

Rosenstiel, L v./Molt, W./Rüttinger, B. (2005): Organisationspsychologie, 9. Aufl., Stuttgart

Rüegg-Stürm, J./Achtenhagen, L. (2000): Management-Mode oder unternehmerische Herausforderung: Überlegungen zur Entstehung netzwerkartiger Organisations- und Führungsformen. In: Die Unternehmung, 54, S. 3-22

Rüegg-Stürm, J. (2005): Relational organizing – A new paradigm in organization theory? In: Resch, D./Dey, P./Kluge, A./Steyart, C. (Hrsg.): Organisationspsychologie als Dialog: Inquiring social constructionist possibilities in organizational life, Lengerich, S. 71-82

Rühli, E. (1992): Koordination. In: Frese, E. (Hrsg.): Handwörterbuch der Organisation, 3. Auflage, Stuttgart, Sp. 1164-1175

Sachs, J. (2008): Common wealth: Economics for a crowded planet, New York

Sackmann, S. A. (1983): Organisationskultur – Die unsichtbare Einflussgröße. In: Gruppendynamik, 14, S. 393-406

Sackmann, S. A. (1990): Möglichkeiten der Gestaltung von Unternehmenskultur. In: Lattman, C. (Hrsg.): Die Unternehmenskultur, Heidelberg; S. 153-188

Sackmann, S. A. (1992): Culture and subcultures: An analysis of organizational knowledge. In: Adminstrative Science Quarterly, 37, S. 140-161

Saffold, G. S. (1988): Culture traits, strength, and organizational performance: Moving beyond „strong" culture. In: Academy of Management Review, 13, S. 546-558

Sainsbury, R. M. (2001): Paradoxien, 2. Aufl., Stuttgart

Sathe, V. (1985): Culture and corporate realities, Homewood/Ill.

Schachinger, H. E. (2005): Das Selbst, die Selbsterkenntnis und das Gefühl für den eigenen Wert: Einführung und Überblick, 2. Aufl., Bern

Schäcke, M. (2006): Pfadabhängigkeit in Organisationen: Ursachen für Widerstände bei Reorganisationsprojekten, Berlin

Schäffer, U. (1996): Koordination durch Selbstabstimmung. In: WISU – Das Wirtschaftsstudium, 25, S. 1096-1101

Schanz, G. (1992): Organisation. In: Frese, E. (Hrsg.): Handwörterbuch der Organisation, 3. Aufl., Stuttgart, Sp. 1459-1471

Schanz, G. (1994): Organisationsgestaltung: Management von Arbeitsteilung und Koordination, 2. Aufl., München

Schanz, G. (2004): Das individualisierte Unternehmen, München und Mering

Scharmer, C. O. (2007): Theory U: Leading from the future as it emerges, Cambridge/MA

Schein, E. H. (1980): Organizational psychology, 3. Aufl., Englewood Cliffs/N.J.

Schein, E. H. (1992): Organizational culture and leadership, San Francisco

Scherer, A. G. (2006): Kritik der Organisation oder Organisation der Kritik? – Wissenschaftstheoretische Bemerkungen zum kritischen Umgang mit Organisationstheorien. In: Kieser, A. (Hrsg.): Organisationstheorien, 6. Aufl., Stuttgart, S. 1-61

Schimank, U. (1992): Steuerungstheorie als Akteurtheorie. In: Bußhoff, H. (Hrsg.): Politische Steuerung: Steuerbarkeit und Steuerungsfähigkeit – Beiträge zur Grundlagendiskussion, Baden-Baden, S. 165-192

Schimank, U. (2000): Handeln und Strukturen: Einführung in die akteurstheoretische Soziologie, Weinheim/München

Schlaffke, W./Weiss, R. (Hrsg.) (1996): Gestaltung des Wandels – Die neue Rolle der Führungskräfte, Köln

Schmeisser, W./Boden, B. (2003): Entwicklung der Telearbeit: Eine empirische Studie, München und Mering

Schmid, W. (1998): Philosophie der Lebenskunst: Eine Grundlegung, Frankfurt am Main

Schmid, W. (2004): Mit sich selbst befreundet sein, Frankfurt am Main

Schmidt, J. (1993): Die sanfte Organisationsrevolution: Von der Hierarchie zu selbsteuernden Systemen, Frankfurt am Main/New York

Schmidt, G. (2000): Einführung in die Organisation: Modelle – Verfahren – Techniken, Wiesbaden

Schön, D. A. (1983): The reflective practitioner: How professionals think in action, New York

Scholl, W. (1992): Informationspathologien. In: Frese, E. (Hrsg.) Handwörterbuch der Organisation, 3. Aufl., Stuttgart, Sp. 900-912

Scholz, C. (2000): Personalmanagement: Informationsorientierte und verhaltenstheoretische Grundlagen, 5. Aufl., München

Schreyögg, G. (1995): Umwelt, Technologie und Organisationsstruktur: Eine Analyse des kontingenztheoretischen Ansatzes, 3. Aufl., Bern u.a.

Schreyögg, G. (1999): Organisation: Grundlagen moderner Organisationsgestaltung, 3. Aufl., Wiesbaden

Schreyögg, G. (2000): Funktionswandel im Management: Problemaufriß und Thesen. In: Schreyögg, G. (Hrsg.): Funktionswandel im Management: Wege jenseits der Ordnung, Berlin, S. 15-30

Schreyögg, G./Noss, C. (1994): Hat sich das Organisieren überlebt? Grundfragen der Unternehmenssteuerung in neuem Licht. In: Die Unternehmung, 48, S. 17-33

Schreyögg, G./v. Werder, A. (2004): Organisation. In: Schreyögg, G./v. Werder, A. (Hrsg.): Handwörterbuch Unternehmensführung und Organisation, 4. Aufl., Stuttgart, Sp. 966-977

Schwan, K. (2003): Organisationsgestaltung, München

Schwarz, G. (2003): Konfliktmanagement: Konflikte erkennen, analysieren, lösen, 6. Aufl., Wiesbaden

Scott, W. R. (1995): Institutions and organizations, Thousand Oaks u.a.

Scott, W. R. (1998): Organizations: Rational, natural and open systems, 4. Aufl., Upper Saddle River/NJ

Scott, W. R. (2004): Reflections on a half-century of organizational sociology. In: Annual Review of Sociology, 30, S. 1-21

Scott, W. R./Davis, G. F. (2007): Organizations and organizing: Rational, natural and open system perspectives, Upper Saddle River/NJ

Scott-Morgan, P. (1994): Die heimlichen Spielregeln: Die Macht der ungeschriebenen Gesetze im Unternehmen, Frankfurt am Main

Seidel, E./Redel, W. (1987): Führungsorganisation, München

Seitz, M. (2006): Die Entwicklung des Hierarchiebegriffs – Sozialwissenschaftliche Untersuchung einer Ordnungskonzeption, Diss., St. Gallen

Senge, P. M. (2007): Foreword. In: Scharmer, C. O.: Theory U: Leading from the future as it emerges, Cambridge/MA, S. XI-XVIII

Shamir, B./Howell, J. M. (1999): Organizational and contextual influences on the emergence of charismatic leadership. In: Leadership Quarterly, 10, S. 257-283

Shotter, J. (1995): In conversation: Joint action, shared intentionality, and ethics. In: Psychology and Theory, 5, S. 49-73

Sievers, B. (1999): Das Management psychosozialer Dynamik und unbewußter Prozesse in Organisationen. In: Pühl, H. (Hrsg.): Supervision und Organisationsentwicklung: Handbuch 3, Opladen, S. 260-273

Sievers, B. (2001): Konkurrenz als Fortsetzung des Krieges mit anderen Mitteln. In: Schreyögg, G. /Sydow, J. (Hrsg.): Emotionen und Management (Managementforschung 11), Wiesbaden, S. 171-212

Sievers, B. (2003): Das Unbewusste in Organisationen, Gießen

Sievers, B./Ohlmeier, D./Oberhoff, B./Beumer, U. (Hrsg.) (2004): Das Unbewusste in Organisationen, Gießen

Siggelkow, N. (2002): Evolution toward fit. In: Administrative Science Quarterly, 47, S. 125-159

Simola, S. K. (2005): Organizational crisis management: Overview and opportunities. In: Consulting Psychology Journal, 57, S. 180-192

Simon, H. A. (1976): Administrative behavior: A study of decision-making processes in administrative organizations, 3. Aufl., New York/London

Spears, L. C. (1998): The power of servant-leadership, San Francisco

Speckbacher, G. (2004): Shareholder- und Stakeholder-Ansatz. In: Schreyögg, G./v. Werder, A. (Hrsg.): Handwörterbuch Unternehmensführung und Organisation, 4. Aufl., Stuttgart, Sp. 1319-1326

Stacey, R. (2001): Complex responsive processes in organizations: Learning and knowledge creation, London

Stachowiak, H. (1992): Allgemeine Modelltheorie, Wien

Staehle, W. H. (1991a): Management: Eine verhaltenswissenschaftliche Perspektive, 6. Aufl., München

Staehle, W. H. (1991b): Redundanz, Slack und lose Kopplung in Organisationen: Eine Verschwendung von Ressourcen? In: Staehle, W. H./Sydow, J. (Hrsg.): Managementforschung 1, Berlin/New York, S. 313-345

Staehle, W. H. (1999): Management: Eine verhaltenswissenschaftliche Perspektive, 8. Aufl., München

Steinke, I. (1999): Kriterien qualitativer Forschung: Ansätze zur Bewertung qualitativ-empirischer Sozialforschung, Weinheim

Steinke, I. (2000): Gütekriterien Qualitativer Forschung. In: Flick, U./Kardorff, E. v./Steinke, I. (Hrsg.): Qualitative Forschung: Ein Handbuch, Reinbek, S. 319-331

Steinle, C. (2005): Ganzheitliches Management: Eine mehrdimensionale Sichtweise integrierter Unternehmensführung, Wiesbaden

Steinle, C./Eggers, B./Hell, A. (1994): Gestaltungsmöglichkeiten und Grenzen von Unternehmungskulturen. In: Journal für Betriebswirtschaft, 44, S. 129-148

Steinmann, H./Schreyögg, G. (2005): Management: Grundlagen der Unternehmensführung: Konzepte – Funktionen – Fallstudien , 6. Aufl., Wiesbaden

Steyrer, J. (1995): Charisma in Organisationen: Sozial-kognitive und psychodynamisch interaktive Aspekte von Führung, Frankfurt am Main/New York

Stiegler, H. (1994): Überblick zu Krisenmanagement. In: Feldbauer, B./Stiegler, H. (Hrsg.) Krisenmanagement, Linz, S. 8-23

Stolz, H.-J./Türk, K. (1992): Individuum und Organisation. In: Frese, E. (Hrsg.): Handwörterbuch der Organisation, 3. Aufl., Stuttgart, Sp. 841-855

Sydow, J. (1993): Strategische Netzwerke: Evolution und Organisation, Wiesbaden

Sydow, J./Windeler, A. (2000): Steuerung von und in Netzwerken – Perspektiven, Konzepte, vor allem aber offene Fragen. In: Sydow, J./Windeler, A. (Hrsg.): Steuerung von Netzwerken: Konzepte und Praktiken, Wiesbaden, S. 1-24

Thielemann, U./Weibler, J. (2007): Betriebswirtschaftslehre ohne Unternehmensethik? Vom Scheitern einer Ethik ohne Moral. In: Zeitschrift für Betriebswirtschaft, 77, S. 179-194

Thomae, M. (2004): Management – eine Einführung. In: Bankakademie eV. (Hrsg.): Kompendium Management in Banking & Finance, 3. Aufl., Frankfurt am Main, S. 15-41

Thome, H. (2001): Mehr Postmaterialismus, mehr Wertsynthese – oder nur mehr Zufall? In: Zeitschrift für Soziologie, 30, S. 485-488

Trahair, R. C. S. (1984): The humanist temper: The life and work of Elton Mayo, New Brunswick/London

Trice, H. M./Beyer, J. M. (1993): The cultures of work organizations, Englewood Cliffs/NJ

Tsui, A. S./Pearce, J. L./Porter, L. W./Hite, J. P. (1995): Choice of employee-organization relationship: Influence of external and internal organizational factors. In: Research in Personnel and Human Resources Management, 13, S. 117-151

Tsoukas, H. (2000): Knowledge as action, organization as theory: Reflections on organizational knowledge. In: Emergence, 2, S. 104-112

Tsoukas, H./Chia, R. (2002): On organizational becoming: Rethinking organizational change. In: Organization Science, 13, S. 567-582

Türk, K. (1976): Grundlagen einer Pathologie der Organisation, Stuttgart

Türk, K. (1978): Soziologie der Organisation, Stuttgart

Türk, K. (1981): Personalführung und soziale Kontrolle, Stuttgart

Türk, K. (1989): Neuere Entwicklungen der Organisationsforschung, Stuttgart

Türk, K. (1995): Entpersonalisierte Führung. In: Kieser, A./Reber, G./Wunderer, R. (Hrsg.): Handwörterbuch der Führung, 2. Aufl., Stuttgart, Sp. 328-340

Türk, K. (1999): Organisation und moderne Gesellschaft: Einige theoretische Bausteine. In: Edeling, T./Jann, W./Wagner, D. (Hrsg.): Institutionenökonomie und Neuer Institutionalismus: Überlegungen zur Organisationstheorie, Opladen, S. 43-80

Türk, K./Lemke, T./Bruch, M. (2006): Organisation in der modernen Gesellschaft: Eine historische Einführung, 2. Aufl., Wiesbaden

Tullberg, J. (2005): Reflections upon the responsive approach to corporate social responsibility. In: Business Ethics, 14, S. 261-27

Turner, B. A. (1990): Organizational symbolism, Berlin

Uhl-Bien, M. (2006): Relational leadership theory: Exploring the social processes of leadership and organizing. In: Leadership Quarterly, 17, S. 654-676

Ulich, E. (2005): Arbeitspsychologie, 6. Aufl., Stuttgart

Ulrich, H. (1990): Symbolisches Management: Ethisch-kritische Anmerkungen zur gegenwärtigen Diskussion um die Unternehmenskultur. In: Lattmann, C. (Hrsg.): Die Unternehmenskultur, Heidelberg, S. 277-302

Vahs, D. (2007): Organisation: Einführung in die Organisationstheorie und -praxis, 6. Aufl., Stuttgart

Van der Haar, D./Hosking, D. M. (2004): Evaluating appreciative inquiry: A relational constructionist perspective. In: Human Relations, 57, S. 1017-1036

Van Velsor, E./McCauley, C. D. (2004): Introduction: Our view of leadership development. In: McCauley, C. D./Van Velsor, E. (Hrsg.): The Center for Creative Leadership handbook of leadership development, San Francisco, S. 1-22

Vanberg, V. (1982): Markt und Organisation: Individualistische Sozialtheorie und das Problem kooperativen Handelns, Tübingen

Volckmann, R. (2005): Assessing executive leadership: An integral approach. In: Journal of Organisational Change Management, 18, S. 289-302

Vormbusch, U. (2002): Diskussion und Disziplin, Frankfurt am Main/New York

Voros, J. (2008): Integral futures: An approach to futures inquiry. In: Futures, 40, S. 190-201

Voß, G. G./Pongratz, H. J. (1998): Der Arbeitskraftunternehmer. Eine neue Grundform der Ware Arbeitskraft? In: Kölner Zeitschrift für Soziologie und Sozialpsychologie, 50, S. 131-158

Voswinkel, S. (2002): Bewunderung ohne Würdigung? Paradoxien der Anerkennung doppelt subjektivierter Arbeit. In: Honneth, A. (Hrsg.): Befreiung aus der Mündigkeit: Paradoxien des gegenwärtigen Kapitalismus, Frankfurt am Main/New York, S. 65-92

Waldrop, M. M. (1996): Inseln im Chaos: Die Erforschung komplexer Systeme, Reinbek

Wall, J. A./Callister, R. R. (1995): Conflict and ist management. In: Journal of Management, 21, S. 515-558

Walgenbach, P. (2000): Kognitive Skripten und die Theorie der Strukturation. In: Beschorner, T./Pfriem, R. (Hrsg.): Evolutorische Ökonomik und Theorie der Unternehmung, Marburg, S. 93-122

Walgenbach, P./Meyer, R. (2008): Neoinstitutionalistische Organisationstheorie, Stuttgart

Walter-Busch, E. (1996): Organisationstheorien von Weber bis Weick, Amsterdam

Walter-Busch, E. (2004): Interpretative Organisationsforschung. In: Schreyögg, G./v. Werder, A. (Hrsg.): Handwörterbuch Unternehmensführung und Organisation, 4. Aufl., Stuttgart, Sp. 560-570

Walter-Busch, E. (2006): Faktor Mensch: Formen angewandter Sozialforschung der Wirtschaft in Europa und den USA, 1880-1950, Konstanz

Weber, K.-C. (2005): Neue Rollen, Schlüsselqualifizierungen und Schlüssel-(Kern)kompetenzen des mittleren Managements, München

Weber, M. (1976): Wirtschaft und Gesellschaft, 5. Aufl., Tübingen

Weber, P. (1979): Krisenmanagement: Organisation, Ablauf und Hilfsmittel der Führung in Krisenlagen, Bern u.a.

Weber, U. (2005): Neue Rollen, Schlüsselqualifikationen und Schlüssel-(Kern)kompetenzen des mittleren Management, München

Weber, W./Mayrhofer, W. (1988): Organisationskultur – zum Umgang mit einem vieldiskutierten Konzept in Wissenschaft und Praxis. In: Die Betriebswirtschaft, 48, S. 555-566

Wegge, J. (2004): Führung von Arbeitsgruppen, Göttingen

Weibler, J. (1994): Führung durch den nächsthöheren Vorgesetzten, Wiesbaden

Weibler, J. (1995): Symbolische Führung. In: Kieser, A./Reber, G./Wunderer, R. (Hrsg.): Handwörterbuch der Führung, Stuttgart, Sp. 2015-2026

Weibler, J. (1997): Unternehmenssteuerung durch charismatische Führungskräfte? Anmerkungen zur gegenwärtigen Transformationsdebatte. In: Zeitschrift Führung und Organisation, 66, S. 27-32

Weibler, J. (1998): Management: Führung von unten. In: Marktforschung und Management, 42, S. 31-32

Weibler, J. (2001): Personalführung, München

Weibler, J. (2003): Multikulturelle Personalführung und Personalentwicklung. In: Schwuchow, K./Gutmann, J. (Hrsg.): Jahrbuch Personalentwicklung & Weiterbildung: Praxis und Perspektiven, München, S. 193-202

Weibler, J. (2004a): Führung und Führungstheorien. In: Schreyögg, G./v. Werder, A. (Hrsg.): Handwörterbuch Unternehmensführung und Organisation, 4. Aufl., Stuttgart, Sp. 294-308

Weibler, J. (2004b): Führungsmodelle. In: Gaugler, E./Oechsler, W. A./Weber, W. (Hrsg.): Handwörterbuch des Personalwesens, 3. Aufl., Stuttgart, Sp. 802-816

Weibler, J. (2008): Werthaltungen junger Führungskräfte, Böckler Forschungsmonitoring 4, Düsseldorf

Weibler, J./Deeg, J. (2004): Demographischer Ansatz. In: Schreyögg, G./v. Werder, A. (Hrsg.): Handwörterbuch Unternehmensführung und Organisation, 4. Aufl., Stuttgart, Sp. 190-195

Weibler, J./Deeg, J. (2005): Personalführung in virtueller werdenden Unternehmen – Diskussionsstand und Zukunftsaussichten. In: Mroß, M. D./Thielmann-Holzmayer, C. (Hrsg.): Zeitgemäßes Personalmanagement: Erfolgreiche Bereitstellung und Nutzung von Personalvermögen, Wiesbaden, S. 77-97

Weibler, J./Küpers, W. (2008): Intelligente Entscheidungen in Organisationen – Zum Verhältnis von Kognition, Emotion und Intuition. In: Bortfeld, A./Hombergr, J./Kopfer, H./Pankratz, G./Strangmeier, R. (Hrsg.): Intelligente Entscheidungsunterstützung: Aktuelle Herausforderungen und Lösungsansätze, Wiesbaden, S.457-478

Weibler, J./Wunderer, R. (2007): Leadership and culture in Switzerland – Theoretical and empirical findings. In: Chokar, J. S./Brodbeck, F. C./House, R. J. (Hrsg.): Culture and leadership across the world: The GLOBE book of in-depth studies of 25 societies, Mahwah/NJ, S. 251-295

Weibler, J./Szabo, E./Reber, G./Brodbeck, F. C./Wunderer, R. (2001): Values and behavior orientation in leadership studies: Reflections based on findings in three German-speeking countries. In: Leadership Quarterly, 12, S. 219-244

Weick, K. E. (1977): Organization design: Organizations as self-designing systems. In: Organizational Dynamics, 6, S. 31-46

Weick, K. E. (1985): Der Prozeß des Organisierens, Frankfurt am Main

Weick, K. E. (1995): Sensemaking in organizations, Thousand Oaks u.a.

Weidermann, P. (1983): Das Management des Organisation Slack, München

Weisband, S. (Hrsg.) (2008): Leadership at a distance: Research in technologically supported work, New York

Weisbord, M. (1987): Productive workplaces: Organizing and managing for dignity, meaning and community, San Francisco/London

Welge, M. K./Holtbrügge, D. (1997): Individualisierung der Organisation. In: Scholz, C. (Hrsg.): Individualisierung als Paradigma, Stuttgart, S. 161-178

Welsch, W. (1996): Vernunft: Die zeitgenössische Vernunftkritik und das Konzept der transversalen Vernunft, Frankfurt am Main

Wenger, E. (1998): Communities of practice, learning, meaning and identity, Cambridge

Werder, L. v. (2001): Lehrbuch des kreativen Schreibens, Berlin

Werpers, K. (1999): Konflikte in Organisationen: Eine Feldstudie zur Analyse interpersonaler und intergruppaler Konfliktsituationen, Münster

Westerlund, G./Sjöstrand, S.-E. (1981): Organisationsmythen, Stuttgart

White, A. (2008): Fade, integrate or transform? The future of CSR. In: Burchell, J. (Hrsg.): The Corporate Social Responsibility Reader: Context and perspectives, London, S. 267-276

Wilber, K. (2000): Eine kurze Geschichte des Kosmos, Frankfurt am Main

Wilber, K. (2001): Eros, Kosmos, Logos: Eine Vision an der Schwelle zum nächsten Jahrtausend, Frankfurt am Main

Wild, W. (1997): Aufgaben und Rollen von Führungskräften: Neue Herausforderungen und ihre Konsequenzen, Diss., Zürich

Wilhelm, R. (2003): Prozessorganisation, München/Wien

Wilke, H. (1983): Entzauberung des Staates: Überlegungen zu einer gesellschaftlichen Steuerungstheorie, Königstein/Ts.

Wilkesmann, U./Rascher, I. (2005): Wissensmangement: Theorie und Praxis der motivationalen und strukturellen Voraussetzungen, 2. Aufl., München

Wimmer, R. (1996): Die Zukunft von Führung: Brauchen wir noch Vorgesetzte im herkömmlichen Sinn? In: Organisationsentwicklung, 4/1996, S. 46-57

Wiswede, G. (1992): Rolle, soziale. In: Gaugler, E./Weber, W. (Hrsg.): Handwörterbuch des Personalwesens, 2. Aufl., Stuttgart, Sp. 2001-2010

Wiswede, G. (1998): Soziologie: Grundlagen und Perspektiven für den wirtschafts- und sozialwissenschaftlichen Bereich, 3. Aufl., Landsberg/Lech

Withauer, K. F. (2000): Fitness der Unternehmung: Management von Dynamik und Veränderung, Wiesbaden

Wittel, A. (1997): Belegschaftskultur im Schatten der Firmenideologie: Eine ethnographische Fallstudie, Berlin

Wood, M. (2005): The fallacy of misplaced leadership. In: Journal of Management Studies, 42, S. 1101-1121

Wunderer, R. (2006): Führung und Zusammenarbeit: Eine unternehmerische Führungslehre, 6. Aufl., München/Neuwied

Wunderer, R./Dick, P. (2006): Personalmanagement – Quo vadis? Analysen und Prognosen zu Entwicklungstrends bis 2010, 4. Aufl., München

Wunderer, R./Küpers, W. (2003): Demotivation → Remotivation: Wie Leistungspotenziale blockiert und reaktiviert werden, Kriftel und Neuwied

Wunderer, R./Weibler, J. (1992): Vertikale und laterale Einflussstrategien: Zur Replikation und Kritik des „Profiles of Organizational Influence Strategies (POIS)" und seiner konzeptionellen Weiterführung. In: Zeitschrift für Personalforschung, 6, S. 515-536

Yukl, G. (2006): Leadership in organizations, 6. Aufl., Upper Saddle River/NJ

Zaleznik, A. (1984): Foreword: The promise of Elton Mayo. In: Trahair, R. C. S.: The humanist temper: The life and work of Elton Mayo, New Brunswick/London, S. 1-13

Stichwortverzeichnis

Soll- und Ist-Werte im Blick

Peter R. Preißler
Betriebswirtschaftliche Kennzahlen
Formeln, Aussagekraft, Sollwerte,
Ermittlungsintervalle
2008 | 310 S. | gebunden
€ 29,80 I ISBN 978-3-486-23888-4

Kennzahlen werden benötigt, um aus der Flut der
Informationen das Wesentliche herauszufiltern, Maßstäbe aufzustellen, die Situation des Unternehmens
objektiv darzustellen und funktionsübergreifende
Gesamtzusammenhänge herzustellen.

Dieses Buch gibt einen umfassenden und praxisorien-
tierten Überblick über die Kennzahlen zur Unternehmenssteuerung. Sie erfahren, wie Sie mit diesen
Kennzahlen arbeiten und welche Aussagen und Zielsetzungen mit den einzelnen Kennzahlen verbunden
sind. Sie erhalten mit diesem Buch einen detaillierten
Leitfaden für die Praxis zum Aufbau und zur Verwendung von aussagefähigen Kennzahlen und Kennzah-
lensystemen.

Mit Hilfe dieses Buches werden Sie in der Lage sein,
nicht nur das Unternehmen mit Ist-Werten zu durch-
leuchten, sondern auch mit Soll-Werten neue Maßstäbe zu setzen.

**Das Buch richtet sich an Studierende der Wirtschafts-
wissenschaften und Praktiker in Unternehmen.**

Über die Autoren:

Prof. Dr. rer. pol. Peter R. Preißler hat ein international
eingesetztes Controlling- und Kennzahlensystem
entwickelt.

Oldenbourg

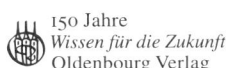
150 Jahre
Wissen für die Zukunft
Oldenbourg Verlag

Bestellen Sie in Ihrer Fachbuchhandlung oder
direkt bei uns: Tel: 089/45051-248, Fax: 089/45051-333
verkauf@oldenbourg.de

Vom Know-How zum »Do-How«

Christian Bleis I Antje Helpup
Management
Die Kernkompetenzen

2009 | 256 Seiten|gebunden | € 29,80
ISBN 978-3-486-58701-2

Wissen allein begründet noch keine Kompetenz, sondern erst die richtige Anwendung dieses Wissens. In diesem Sinne schlägt dieses Buch eine Brücke von der Management-Theorie (Know-How) zur praktischen Umsetzung (»Do-How«). Dies erfolgt mit Hilfe von Übungen, Fallbeispielen und Hinweisen zur Selbsteinschätzung und -steuerung.

Das Buch richtet sich an ambitionierte Mitarbeiter, Jungmanager, aber auch erfahrene Manager. Für sie bietet es einen aktuellen, prägnanten Überblick über die wichtigsten Aspekte rund um das Management. Dabei wird nicht nur Bekanntes kurz und knapp präsentiert, sondern es werden auch neue Blickwinkel gewährt. So bietet sich eine konsequente Betrachtung der Managementthematiken aus systemischer, kommunikativer und interaktiver Sicht. Das Werk richtet sich auch an Studierende in höheren Semestern, die hier einen aktuellen, praxisrelevanten Einblick in die Welt des Managements bekommen.

Aus dem Inhalt:
1. manum agere
2. Planungskompetenz
3. Organisationskompetenz
4. Führungskompetenz
5. Controllingkompetenz
6. Kommunikationskompetenz

Über die Autoren:
Prof. Dr. Christian Bleis ist Dozent für Internes Finanz- und Rechnungswesen an der Berufsakademie Berlin. Dr. Antje Helpup ist Professorin für Marketing an der Fachhochschule Braunschweig/Wolfenbüttel am Standort Wolfsburg.

Bestellen Sie in Ihrer Fachbuchhandlung oder direkt bei uns: Tel: 089/45051-248, Fax: 089/45051-333
verkauf@oldenbourg.de

Oldenbourg